农村饮水安全工程培训教材

村镇供水工程

主　编　孙士权

副主编　徐建求　吴方同

黄河水利出版社

·郑　州·

内容提要

本书系统阐述了村镇供水工程设计、施工和运营管理，并附有相应的例题和工程实例。全书共分4篇16章，主要包括绪论、村镇供水系统设计、村镇供水系统施工、村镇供水系统运行与管理、村镇供水工程实例等。

本书可作为农村饮水安全工程培训教材，也可供从事村镇供水工程设计、施工、运营管理的技术人员及大中专院校师生借鉴参考。

图书在版编目(CIP)数据

村镇供水工程/孙士权主编. —郑州：黄河水利出版社，2008.12

ISBN 978-7-80734-542-8

Ⅰ.村… Ⅱ.孙… Ⅲ.农村给水-给水工程 Ⅳ.S277.7

中国版本图书馆CIP数据核字(2008)第184478号

策划组稿：马广州 电话：13849108008 E-mail：magz@yahoo.cn

出版社：黄河水利出版社

地址：河南省郑州市金水路11号 邮政编码：450003

发行单位：黄河水利出版社

发行部电话：0371-66026940、66020550、66028024、66022620(传真)

E-mail：hhslcbs@126.com

承印单位：黄河水利委员会印刷厂

开本：787 mm×1 092 mm 1/16

印张：20.25

字数：468千字 印数：1—3 100

版次：2008年12月第1版 印次：2008年12月第1次印刷

定价：45.00元

《村镇供水工程》编委会

序

安全的饮用水和良好的环境卫生是人类健康生存的必需条件。村镇饮用水安全是反映村镇社会、经济发展和居民生活质量的重要标志。2000 年以来,国家加大了农村人畜饮水解困和饮水安全工作力度,但目前我国村镇饮用水和环境卫生状况形势依然严峻。据初步调查,全国村镇有 3 亿多人饮水不安全。其中:6 300 多万人饮用高氟水;约 200 万人饮用高砷水;3 800 多万人饮用“苦咸水”;约 1.9 亿人饮用水有害物质含量超标;血吸虫病区 1 100 多万人饮水不安全。此外,还有相当一部分城市水源污染严重,威胁到农村饮水水质。根据世界卫生组织报道,全球 80% 的疾病与水有关。我国村镇地区因水致病并导致贫穷的现象很普遍。改善村镇饮水水质,保障饮水安全,已成为村镇经济社会发展的第一需要。

加强村镇供水工程建设和运行管理是当前我国农村饮水安全工程持续发展的关键所在。从技术层面来讲,目前主要有两方面的因素制约着村镇供水的建设:一是村镇供水工程与城镇供水工程由于供水对象不同,以及规模、技术、经济等因素的限制,成熟的城镇供水工程理论与运行管理经验无法照搬照抄到村镇供水工程;二是目前我国把村镇供水工作归口到水利领域,从事村镇供水的基层工作人员主要是水利等相关专业出身,给水排水工程尤其是饮用水水质处理方面技术相对薄弱。而解决村镇缺水问题,是一个综合性治理工程,包括管理的加强、多方面工程经济的实施,以及村镇居民用水习惯的调整等。

《村镇供水工程》从给水排水工程角度出发,结合村镇供水工程的特点,阐述了村镇供水系统的基本概念、基本理论、设计、施工和运行管理,并附有工程实例,既有理论水平,又具有较强的实际应用价值。无论对技术人员还是对工程实践都是一本参考价值较高、实用性较强的培训教材和参考书。

长江学者、哈尔滨工业大学教授

2008 年 9 月

前言

国家“十一五”时期要解决1.6亿人的农村饮水安全问题，其中解决3 811万人高氟水、228万人高砷水、2 261万人苦咸水、血吸虫疫区不安全人口832万人、8 868万人的其他饮水安全问题（高铁、锰水、污染水及微生物病害、局部地区严重缺水等）。

本书系统阐述了村镇供水工程设计、施工和运营管理，并附有相应的例题和工程实例。全书共分4篇16章，主要包括绪论、村镇供水系统设计、村镇供水系统施工、村镇供水系统运行与管理、村镇供水工程实例等。

本书绪论由徐建求、谢敏编写；第1篇由吴方同、徐建求、王云波、贺万峰、孙士权编写；第2篇由吴方同、徐学、刘咏梅、王积建编写；第3篇由孙士权、王乃厚、余志、聂小保、禹丽娥编写；第4篇由孙士权、陈子年、陈志江编写。湖南大学许世荣教授，湖南科技大学任伯帜教授，长沙理工大学蒋昌波教授、樊鸣放和谭万春副教授等参与了本书汇审工作。

本书的出版得益于湖南省水利厅、湖南省水利工程管理局、长沙理工大学的大力支持和帮助，在此一并表示感谢。

村镇供水工程对技术性和实用性要求较强，但村镇供水具有分散性和地区差异性，针对具体工程技术需要结合当地实际情况。在编写过程中，限于作者水平，书中不足之处在所难免，敬请读者批评指正。

编　者

2008年9月

目　录

第2篇　供水系统施工

第3篇　供水系统运行与管理

第 4 篇　供水工程实例

绪　论

1　村镇供水工程现状

村镇供水工程指为解决村镇居民生活和企业生产用水，在村庄（含居民点）、乡集镇、建制镇修建的永久性供水工程。村镇供水工程可分为集中式和分散式两大类。集中式供水工程是指以村镇为单位，从水源集中取水，经净化和消毒，水质达到饮用水卫生标准后，利用配水管网统一送到用户或集中供水点的供水工程。其他以户为单位和联户建设的供水工程为分散式供水工程。

村镇供水工程是农村重要的公共基础设施。新中国成立以来，各级政府和广大受益群众投入了大量人力、物力和财力，兴建了大批村镇供水工程，村镇居民的用水状况有了很大改善。但是，由于各种原因，目前村镇供水工程还存在不少问题：

（1）饮用水水质超标问题。据初步调查，全国村镇有3亿多人饮水不安全。其中：6 300多万人饮用高氟水；约200万人饮用高砷水；3 800多万人饮用苦咸水；约1.9亿人饮用水有害物质含量超标；血吸虫病区1 100多万人饮水不安全。如湖南省南县等地区饮用水中铁、锰超标，湖南岳阳等市县还存在血丝虫水问题。除水文地质因素形成的饮用水水质问题外，饮用水源受到污染而形成的水质超标问题也很突出。

（2）水量不足、保证率低、用水不方便的问题。建设部统计资料显示：全国村镇自来水受益人口比例从1986年的14.7%提高到2005年的52.2%，其中拥有自来水的村庄比例由9.3%提高到了24.8%；2005年村庄自来水受益人口比例达到45.1%。但是相对于城市自来水受益人口比例的75%左右，还是比较低，且用水保证率低。

（3）村镇供水工程建设和管理存在问题。主要表现为管理责任不明确、管理机制不活、制度不健全、水价不到位、水费计收难、工程运行管理和维修经费不足等，这些问题导致大量工程管理不善，效益不能充分发挥，有些工程甚至过早报废，给村镇居民的生活生产带来严重影响。因此，加强村镇供水工程管理，保证工程的正常运行和持续发挥效益，是当前村镇供水工作的一项重要而紧迫的任务。

2　村镇供水工程规划

村镇供水工程的建设和管理，除符合《村镇供水工程技术规范》（SL310—2004）外，尚应符合国家现行有关标准的规定。

发展村镇供水，应制定区域供水规划和供水工程规划。区域供水规划根据规划区域内各村镇的社会经济状况、总体规划、供水现状、用水需求、区域水资源条件及其管理要求、村镇分布和自然条件等进行编制。规划内容包括供水现状分析与评价，拟建供水工程的类型、数量、布局及受益范围，各工程的主要建设内容、规模、投资估算，建设和管理的近、远期目标，保障供水工程良性运营的管理措施，以及实现规划的保障措施等。区域供水规划，能指导当地村镇供水工程的建设和管理。

根据水源的水量和水质、供水的水量和水质、供水可靠性、用水方便程度等，对村镇供水现状进行分析与评价。有符合水质、水量要求的水源时，规划建造集中式供水工程；有条件时，优先选择联片集中式供水或管网延伸式供水，水源和供水范围可跨村、镇、行政区域进行规划，但应做好协调工作。

受水源、地形、居住、电力、经济等条件限制，不适宜建造集中式供水工程时，可根据当地实际情况规划建造分散式供水工程。供水工程应按照《村镇供水工程技术规范》（SL310—2004）要求进行规划设计，合理确定其水源、供水范围、供水规模、供水方式、水厂厂址、净水工艺和管网布置。

村镇供水工程建设和管理的基本原则如下：

（1）合理利用水资源，有效保护供水水源。

（2）符合国家现行的有关生活饮用水卫生安全的规定。

（3）与当地村镇总体规划相协调，以近期为主，近、远期结合，设计年限宜为10～15年，可分期实施。

（4）充分听取用户意见，因地制宜选择供水方式和供水技术，在保证工程安全和供水质量的前提下，力求经济合理、运行管理简便。

（5）积极采用适合当地条件并经工程实践和鉴定合格的新技术、新工艺、新材料和新设备。

（6）充分利用现有水利工程。

（7）尽量避免洪涝、地质灾害的危害，或有抵御灾害的措施。

村镇供水工程建设标准：

（1）供水水质：应符合国家《生活饮用水卫生标准》（GB5749—2006）的要求。

（2）供水量：应满足不同地区、不同用水条件的要求，可参照《村镇供水工程技术规范》（SL310—2004）确定。

（3）用水方便程度：集中供水工程尽可能供水到户；无条件做到供水到户时，可分步实施。

（4）水源保证率：一般地区不低于95%，严重缺水地区不低于90%。

（5）供水水压：集中供水工程的供水水压应满足《村镇供水工程技术规范》（SL310—2004）要求。

2.1　集中式供水工程规划设计

集中式供水工程规划设计的内容包括供水规模和用水量的确定、供水水质和水压、水源及配置、供水范围和供水方式、水厂厂址选择、取水构筑物设计、泵站和调节构筑物设计、输配水设计、净水厂设计等。集中式典型供水工程设计应遵照《村镇供水工程技术规范》（SL310—2004）要求，还要注意以下几点：

（1）要合理确定供水工程的制水规模和供水规模、合理确定用水量组成与选择用水定额标准。供水规模的确定，应综合考虑需水量、水源条件、制水成本、已有供水能力、类似工程的供水情况。

（2）应详细调查和搜集规划区域水资源资料，并据此进行水源论证，选择适宜的供水水源。若规划区有多个水源可供选择,应对其水质、水量、工程投资、运行成本、施工和管理条件、卫生防护条件等进行综合比较,择优确定。干旱年枯水期设计取水量的保证率,严重缺水地区不低于90%,其他地区不低于95%。

(3)供水范围和供水方式应根据区域的水资源条件、用水需求、地形条件、居民点分布等进行技术经济比较,按照优水优用、便于管理、工程投资和运行成本合理的原则确定。

(4)水厂厂址的选择,与水源类型、取水点位置、洪涝灾害、供水范围、供水规模、净水工艺、输配水管线布置、周边环境、地形、工程地质和水文地质、交通、电源、村镇建设规划等条件有关,影响因素较多,应综合考虑,通过技术经济比较确定。

(5)输配水管道的投资占供水工程总投资的比例较大,线路的选择对其有较大影响。管道系统的布置与地形和地质条件、取水构筑物、水厂和调节构筑物的布置以及用水户的分布等有关。输配水管道的选线应使整个供水系统布局合理、供水安全可靠、节能、降低工程投资、便于施工和维护。此外,应科学、合理选择管材。

(6)根据水源水质选择适宜的净水工艺与消毒措施是水厂设计的关键。应根据原水水质、设计规模,参照相似条件下水厂的运行经验,结合当地条件,选择技术可靠、经济合理的适宜工艺和技术。水质净化方案应优先考虑采用净水构筑物方案。

(7)典型工程设计应提供以下附图:工程总平面布置图、工艺流程图、水厂平面布置图、配水管网水力计算图、水源工程布置图、构筑物高程布置图等。

2.2　分散式供水工程规划设计

分散式供水工程的形式多样,应根据当地具体条件选择:当淡水资源缺乏或开发利用困难时,可建造雨水集蓄供水工程;当水资源缺乏,但有季节性雨水或泉水时,可建造引蓄供水工程;当有良好浅层地下水或泉水,但用户少、居住分散时,可建造分散式供水井或引泉工程。

3　村镇供水工程技术路线

大部分省份农村集中供水工程启动以来,特别是实施人饮解困工程取得一些经验后,通过对一些工程的剖析,认为规模较小的集中供水工程覆盖范围有限,水源水质、水量往往难以保证,同时由于工程分散,给工程管理和日常维护工作带来诸多不便,效益发挥不理想,不利于工程长期发挥效益。如南方某市,近年来该市农村人畜饮水工程建设取得了突出的成绩,农村饮水困难状况得到了显著改善,但由于自然条件严酷、建设标准低等因素,出现广大群众饮水水质不达标、水源保证率低等饮水不安全问题。特别是实施人饮解困工程以前建成的以集雨水窖为代表的分散式人饮工程,严重受制于天然降水的影响,遇到大旱之年,蓄水不济,常常不能满足生活基本需求,缺水现象十分普遍。

村镇供水工程要根据当地的社会经济、自然条件,并按照《村镇供水工程技术规范》(SL310—2004),确定适合于当地农村饮水安全的技术路线。

(1)结合城乡一体供水系统,并充分考虑供水系统的安全性。建设适度规模的集中供水工程,优先利用现有自来水厂辐射延伸解决农村居民饮水安全问题。

(2)山丘区居住分散的农户,采取集雨、筒井等分散式供水工程解决。少数高氟水、苦咸水地区,找好水源困难时,采取特殊水处理措施,制水成本较高时,可以采用分质供水。

(3)根据村镇具体情况设置必要的水净化设施,确保向用水户提供水质达标的饮用水。

(4)农村饮水安全工程以解决农村居民生活饮用水为主,但也要照顾村镇发展的企业用水。在确定技术路线时,要合理确定供水工程的制水规模和供水规模、合理确定用水量组成与选择用水定额标准,水质净化方案应优先考虑采用净水构筑物净化水质。

第 1 篇　供水系统设计

村镇供水系统的设计主要包括水量确定、取水水源的选择、取水构筑物的设计、水处理系统的设计、管网的设计等。本篇从村镇供水的规模、供水的水源、供水的水质水压要求以及村镇经济、技术等方面阐述村镇供水系统设计。

第 1 章　水量确定及取水水源选择

村镇用水不仅包括居民生活用水等常规用水量，还包括建筑施工用水量、汽车和拖拉机用水量，部分农村还有庭院浇灌用水和农田灌溉用水。但居民散用的生活用水已包括建筑施工用水量、汽车和拖拉机用水量；庭院浇灌和农田灌溉，年用水次数有限，为非日常用水，根据村镇一般允许间断供水的特点，从供水系统的经济合理性考虑，不宜将其列入日常供水规模中，但确定水源规模时可根据具体情况适当予以考虑。

为了选择到较好的水源，可跨村、镇、行政区，从区域水资源的角度进行选择，有多水源可供选择时，应通过技术经济比较确定，并优先选择技术条件好、工程投资低、运行成本低和管理方便的水源。水源水质和水量的可靠性是水源选择的关键。

1.1　供水水量确定

村镇的用水量应根据当地实际用水需求列项，按最高日用水量进行计算。

确定供水规模时，应综合考虑现状用水量、用水条件及其设计年限内的发展变化、水源条件、制水成本、已有供水能力、当地用水定额标准和类似工程的供水情况。

连片集中供水工程的供水规模，应分别计算供水范围内各村、镇的最高日用水量。

1.1.1　居民生活用水量

生活用水是指人们从事生活活动需要的水，包括居民家庭用水，学校、机关、医院、餐馆、浴室等公共建筑的用水。其中居民生活用水量可按式(1-1)、式(1-2)计算。

$$W = Pq/1\,000 \tag{1-1}$$

$$P = P_0(1+\gamma)^n + P_1 \tag{1-2}$$

式中　W——居民生活用水量，m^3/d；

P——设计用水居民人数，人；

P_0——供水范围内的现状常住人口数，其中包括无当地户籍的常住人口，人；

γ——设计年限内人口的自然增长率,可根据当地近年来的人口自然增长率确定;

n——工程设计年限,a;

P_1——设计年限内人口的机械增长总数,可根据各村镇的人口规划以及近年来流动人口和户籍迁移人口的变化情况,按平均增长法确定,人;

q——最高日居民生活用水定额,可按表 1-1 确定,L/(人·d)。

表 1-1　最高日居民生活用水定额　(单位:L/(人·d))

主要用(供)水条件	一区	二区	三区	四区	五区
集中供水点取水,或水龙头入户且无洗涤池和其他卫生设施	30 ~ 40	30 ~ 45	30 ~ 50	40 ~ 55	40 ~ 70
水龙头入户,有洗涤池,其他卫生设施较少	40 ~ 60	45 ~ 65	50 ~ 70	50 ~ 75	60 ~ 100
全日供水,户内有洗涤池和部分其他卫生设施	60 ~ 80	65 ~ 85	70 ~ 90	75 ~ 95	90 ~ 140
全日供水,室内有给水、排水设施且卫生设施较齐全	80 ~ 110	85 ~ 115	90 ~ 120	95 ~ 130	120 ~ 180

注:1. 本表所列用水量包括了居民散养畜禽用水量、散用汽车和拖拉机用水量、家庭小作坊生产用水量。

2. 一区包括:新疆、西藏、青海、甘肃、宁夏,内蒙古西北部,陕西和山西两省黄土沟壑区,四川西部。

二区包括:黑龙江、吉林、辽宁,内蒙古西北部以外的地区,河北北部。

三区包括:北京、天津、山东、河南,河北北部以外、陕西和山西两省黄土沟壑区以外的地区,安徽、江苏两省的北部。

四区包括:重庆、贵州、云南,四川西部以外地区,广西西北部,湖北、湖南两省的西部山区。

五区包括:上海、浙江、福建、江西、广东、海南、台湾,安徽、江苏两省北部以外的地区,广西西北部,湖北、湖南两省西部山区以外的地区。

3. 取值时,应对各村镇居民的用水现状、用水条件、供水方式、经济条件、用水习惯、发展潜力等情况进行调查分析,并综合考虑以下情况:村庄一般比镇区低;定时供水比全日供水低;发展潜力小取较低值;制水成本高取较低值;村内有其他清洁水源便于使用时取较低值。

4. 本表中的卫生设施主要指洗涤池、洗衣机、淋浴器和水冲厕所等。

当实际居民生活用水量与表 1-1 有较大出入时,可按当地生活用水量统计资料适当增减。

1.1.2　公共建筑的生活用水量

公共建筑的生活用水量应根据公共建筑性质、规模及其用水定额确定。

(1)条件好的村镇,公共建筑用水量应按其使用性质、规模,根据卫生器具完善程度和区域条件,采用表 1-2 中的用水定额经计算确定。条件一般或较差的村镇,可根据具体情况对表 1-2 中公共建筑用水定额适当折减。

(2)缺乏资料时,公共建筑用水量可按居民生活用水量的 5% ~25% 估算,其中村庄为 5% ~10% 、集镇为 10% ~15% 、建制镇为 10% ~25% ;无学校的村庄不计此项。

表 1-2　集体宿舍、旅馆等公共建筑的生活用水定额及小时变化系数

序号	建筑物名称	单位	最高日生活用水定额（L）	使用时数（h）	时变化系数 K_h
1	单身职工宿舍、学生宿舍、招待所、培训中心、普通旅馆			24	3.0～2.5
	设公用盥洗室	每人每日	50～100		
	设公用盥洗室、淋浴室	每人每日	80～130		
	设公用盥洗室、淋浴室、洗衣室	每人每日	100～150		
	设单身卫生间、公用洗衣室	每人每日	120～200		
2	宾馆客房			24	2.5～2.0
	旅客	每床位每日	250～400		
	员工	每人每日	80～100		
3	医院住院部				
	设公用盥洗室	每床位每日	100～200	24	2.5～2.0
	设公用盥洗室、淋浴室	每床位每日	150～250	24	2.5～2.0
	设单独卫生间	每床位每日	250～400	24	2.5～2.0
	医务人员	每人每班	150～200	8	2.0～1.5
	门诊部、诊疗所	每病人每次	10～15	8～12	1.5～1.2
	疗养院、休养所住房部	每床位每日	200～300	24	2.0～1.5
4	养老院、托老院				
	全托	每人每日	100～150	24	2.5～2.0
	日托	每人每日	50～80	10	2.0
5	幼儿园、托儿所				
	有住宿	每儿童每次	50～100	24	3.0～2.5
	无住宿	每儿童每次	30～50	10	2.0
6	公共浴室				2.0～1.5
	淋浴	每顾客每次	100	12	
	浴盆、淋浴	每顾客每次	120～150	12	
	桑拿浴（淋浴、按摩池）	每顾客每次	150～200	12	
7	理发室、美容院	每顾客每次	40～100	12	2.0～1.5
8	洗衣房	每千克干衣	40～80	8	1.5～1.2
9	餐饮业				1.5～1.2
	中餐酒楼	每顾客每次	40～60	10～12	
	快餐店、职工及学生食堂	每顾客每次	20～25	12～16	
	酒吧、咖啡馆、茶座、卡拉 OK 房	每顾客每次	5～15	8～18	
10	商场 员工及顾客	每平方米营业厅面积每日	5～8	12	1.5～1.2
11	办公楼	每人每班	30～50	8～10	1.5～1.2

续表 1-2

序号	建筑物名称	单位	最高日生活用水定额(L)	使用时数(h)	时变化系数 K_h
12	教学、实验楼 中小学校 高等院校	 每学生每日 每学生每日	 20~40 40~50	8~9	1.5~1.2
13	电影院、剧院	每观众每场	3~5	8~12	1.5~1.2
14	健身中心	每人每次	30~50	8~12	1.5~1.2
15	体育场(馆) 运动员淋浴 观众	 每人每次 每人每场	 30~40 3	 — 4	 3.0~2.0 1.2
16	会议厅	每座位每次	6~8	4	1.5~1.2
17	客运站旅客、展览中心观众	每人次	3~6	8~16	1.5~1.2
18	菜市场地面冲洗及保鲜用水	每平方米每日	10~20	8~10	2.5~2.0
19	停车库地面冲洗水	每平方米每次	2~3	6~8	1.0

注:1. 除养老院、托儿所、幼儿园的用水定额中含食堂用水,其他均不含食堂用水。

2. 除注明外,均不含员工生活用水,员工用水定额为每人每班 40~60 L。

3. 医务建筑用水中已含医疗用水。

4. 空调用水应另计。

1.1.3 饲养畜禽用水量

集体或专业户饲养畜禽最高日用水量,应根据畜禽饲养方式、种类、数量、用水现状和近期发展计划确定。

(1)圈养时,饲养畜禽最高日用水定额可按表 1-3 选取。表中的用水定额未包括卫生清扫用水。

表 1-3 饲养畜禽最高日用水定额 (单位:L/(头或只·d))

畜禽类别	用水定额	畜禽类别	用水定额	畜禽类别	用水定额
马	40~50	育成牛	50~60	育肥猪	30~40
骡	40~50	奶牛	70~120	羊	5~10
驴	40~50	母猪	60~90	鸡/鸭	0.5~1.0/1.0~2.0

(2)放养畜禽时,应根据用水现状对按定额计算的用水量适当折减。

(3)有独立水源的饲养场可不考虑此项。

1.1.4　企业生产用水量

(1)企业生产用水量应根据企业类型、规模、生产工艺、用水现状、近期发展计划和当地的生产用水定额标准确定,也可按照表1-4的规定计算。当用水量与表1-4有较大出入时,可按当地用水量统计资料经主管部门批准,适当增减用水定额。

表1-4　各类乡镇工业生产用水定额

工业类别	用水定额	工业类别	用水定额
榨油	60～30 m^3/t	制砖	7～12 m^3/万块
豆制品加工	5～15 m^3/t	屠宰	0.3～1.5 m^3/头
制糖	15～30 m^3/t	制革	0.3～1.5 m^3/张
罐头加工	10～40 m^3/t	制茶	0.2～0.5 m^3/担
酿酒	20～50 m^3/t		

工业企业建筑,管理人员的生活用水定额可取30～50 L/(人·班);车间工人的生活用水定额应根据车间性质确定,一般宜采用30～50 L/(人·班);用水时间为8 h,小时变化系数为1.5～2.5。工业企业建筑淋浴用水定额,应根据《工业企业设计卫生标准》(GBZ1—2002)中车间的卫生特征分级确定,一般可采用40～60 L/(人·次),延续供水时间为1 h。

(2)对耗水量大、水质要求低或远离居民区的企业,是否将其列入供水范围,应根据水源充沛程度、经济比较和水资源管理要求等确定。

1.1.5　消防用水量

(1)编制村镇规划时应同时规划消防给水和消防设施,并宜采用消防、生产、生活合一的给水系统。室外消防用水量,应按需水量最大的一座建筑物计算,且不宜小于表1-5的规定。

表1-5　工厂、仓库和民用建筑一次灭火的室外消火栓用水量　(单位:L/s)

耐火等级	建筑物类别		建筑物体积 V(m^3)					
			$V≤1\,500$	$1\,500<V≤3\,000$	$3\,000<V≤5\,000$	$5\,000<V≤20\,000$	$20\,000<V≤50\,000$	$V>50\,000$
一、二级	厂房	甲、乙类	10	15	20	25	30	35
		丙类	10	15	20	25	30	40
		丁、戊类	10	10	10	15	15	20
	仓库	甲、乙类	15	15	25	25	—	—
		丙类	15	15	25	25	35	45
		丁、戊类	10	10	10	15	15	20
	民用建筑		10	15	15	20	25	30

续表 1-5

耐火等级	建筑物类别		建筑物体积 $V(m^3)$					
			$V \leqslant 1\ 500$	$1\ 500 < V \leqslant 3\ 000$	$3\ 000 < V \leqslant 5\ 000$	$5\ 000 < V \leqslant 20\ 000$	$20\ 000 < V \leqslant 50\ 000$	$V > 50\ 000$
三级	厂房(仓库)	乙、丙类	15	20	30	40	45	—
		丁、戊类	10	10	15	20	25	35
	民用建筑		10	15	20	25	30	—
四级	丁、戊类厂房(仓库)		10	15	20	25	—	—
	民用建筑		10	15	20	25	—	—

注:1. 室外消火栓用水量应按消防用水量最大的一座建筑物计算。成组布置的建筑物应按消防用水量较大的相邻两座计算。

2. 国家级文物保护单位的重点砖木或木结构的建筑物,其室外消火栓用水量应按三级耐火等级民用建筑的消防用水量确定。

3. 铁路车站、码头和机场的中转仓库其室外消火栓用水量可按丙类仓库确定。

可燃材料堆场、可燃气体储罐(区)的室外消防用水量不应小于表 1-6 的规定。

表 1-6　可燃材料堆场、可燃气体储罐(区)的室外消防用水量　(单位:L/s)

名称		总储量或总容量	消防用水量
粮食 W(t)	土圆囤	$30 < W \leqslant 500$	15
		$500 < W \leqslant 5\ 000$	25
		$5\ 000 < W \leqslant 20\ 000$	40
		$W > 20\ 000$	45
	席穴囤	$30 < W \leqslant 500$	20
		$500 < W \leqslant 5\ 000$	35
		$5\ 000 < W \leqslant 20\ 000$	50
棉、麻、毛、化纤百货 W(t)		$10 < W \leqslant 500$	20
		$500 < W \leqslant 1\ 000$	35
		$1\ 000 < W \leqslant 5\ 000$	50
稻草、麦秸、芦苇等易燃材料 W(t)		$50 < W \leqslant 500$	20
		$500 < W \leqslant 5\ 000$	35
		$5\ 000 < W \leqslant 10\ 000$	50
		$W > 10\ 000$	60
木材等可燃材料 $V(m^3)$		$50 < V \leqslant 1\ 000$	20
		$1\ 000 < V \leqslant 5\ 000$	30
		$5\ 000 < V \leqslant 10\ 000$	45
		$V > 10\ 000$	55

续表1-6

名称	总储量或总容量	消防用水量
煤和焦炭 W(t)	$100 < W \leqslant 5\ 000$	15
	$W > 5\ 000$	20
可燃气体储罐(区) V(m^3)	$500 < V \leqslant 10\ 000$	15
	$10\ 000 < V \leqslant 50\ 000$	20
	$50\ 000 < V \leqslant 100\ 000$	25
	$100\ 000 < V \leqslant 200\ 000$	30
	$V > 200\ 000$	35

注:固定容积的可燃气体储罐的总容积按其几何容积(m^3)和设计工作压力(绝对压力,10^5 Pa)的乘积计算。

消防水池的容量应满足在火灾延续时间内消防用水量的要求。甲、乙、丙类液体储罐和易燃、可燃材料堆场的火灾延续时间,不应小于4 h,其他建筑不应小于2 h。

(2)允许短时间间断供水的村镇,当上述用水量之和高于消防用水量时,确定供水规模可不单列消防用水量,但设计配水管网时应按规定设置消火栓。

1.1.6　浇洒道路和绿地用水量

浇洒道路和绿地用水量,经济条件好或规模较大的镇可根据需要适当考虑,其余镇、村可不计此项。

1.1.7　管网漏失水量和未预见水量

管网漏失水量和未预见水量之和,宜按上述用水量之和的10%～25%取值,村庄取较低值,规模较大的镇区取较高值。

1.1.8　设计水量变化系数

(1)时变化系数,应根据各村镇的供水规模、供水方式,生活用水和企业用水的条件、方式和比例,结合当地相似供水工程的最高日供水情况综合分析确定。全日供水工程的时变化系数,可按表1-7确定。

表1-7　全日供水工程的时变化系数

供水规模 w (m^3/d)	$w > 5\ 000$	$5\ 000 \geqslant w > 1\ 000$	$1\ 000 \geqslant w \geqslant 200$	$w < 200$
时变化系数 K_h	1.6～2.0	1.8～2.2	2.0～2.5	2.3～3.0

注:企业日用水时间长且用水量比例较高时,时变化系数可取较低值;企业用水量比例很低或无企业用水量时,时变化系数可在2.0～3.0范围内取值,用水人口多、用水条件好或用水定额高的取较低值。

(2)定时供水工程的时变化系数,可在3.0～4.0范围内取值,日供水时间长、用水人口多的取较低值。

(3)日变化系数应根据供水规模、用水量组成、生活水平、气候条件,结合当地相似供水工程的年内供水变化情况综合分析确定,可在1.3~1.6范围内取值。

1.1.9　其他水量

另外,水源取水量可按供水规模加水厂自用水量确定;利用已有渠道输水时,应考虑渠道的蒸发、渗漏损失量;有庭院浇灌和农田灌溉需求时,还应根据具体情况适当考虑庭院浇灌用水量和农田灌溉用水量。

水厂自用水量确定如下:水厂自用水量应根据原水水质、净水工艺和净水构筑物(设备)类型确定。采用常规净水工艺的水厂,可按最高日用水量的5%~10%计算;只进行消毒处理的水厂,可不计此项;采用电渗析工艺的水厂,可按电渗析器日产淡水能力的120%计算。

1.2　供水水源的选择

1.2.1　水源选择的一般原则

由于村镇在地理位置、气候特征等方面相差悬殊,并且水源类型多、水源水质差异大,在进行水源选择时应结合村镇水源特点考虑以下几个方面。

1.2.1.1　水质良好,水量充沛,便于卫生防护及管理

对于水源水质良好而言,应根据《地面水环境质量标准》(GB3838—88)判别水源水质优劣及是否符合要求。作为生活饮用水水源,其水质要符合《生活饮用水卫生标准》(GB5749—2006)中有关水源水质的Ⅲ类水域质量标准,乡镇企业生产用水的水源水质还应根据各种生产工艺要求而定,并符合标准规定的Ⅳ类水域水质标准。对于水量充沛而言,除保证当前生活、生产需水量外,还应满足一定时期内社会经济发展的需要。对于工程设计而言,就是在设计年限内,按设计枯水量保证率(水量充沛,干旱年枯水期设计取水量的保证率,严重缺水地区不低于90%,其他地区不低于95%),进行水量平衡分析计算,确定水量能否满足设计年限内生活、生产用水需要。采用地下水作为饮水水源,应有确切的水文、地质资料,若无确切的水文、地质资料,可根据本区域其他已建地下水工程来估算来水量,取水量必须小于允许开采量,严禁盲目开采。天然河流(无坝取水)的取水量应不大于该河流枯水期的可取水量。当无坝取水时,河流枯水期可取水量的大小应根据河流的水深、宽度、流速、流向和河床地形因素并结合取水构筑物形式来确定,一般情况下可取水源占枯水流量的15%~25%,当取水量占枯水量的百分比较大时,则应对取水量作充分论证。水库的取水量应与农田灌溉相结合考虑,并通过水量平衡分析,确定在设计枯水量保证率的条件下能否满足供水与灌溉的要求,若不能同时满足则需分清主次,采取相应措施解决供水与灌溉之间的矛盾。

1.2.1.2　符合卫生要求的地下水应优先作为饮用水水源

一般情况下,采用地下水源具有下列优点:取水条件及取水构筑物简单,便于施工和运行管理;通常地下水水质较好,无须澄清处理,当水质不符合要求时,水处理工艺比地表

水简单,故处理构筑物投资和运行费用较为节省;便于靠近用户建立水源,从而降低给水系统,特别是输水管和管网的投资,节省输水运行费用,同时也提高了给水系统的安全可靠性;便于分期修建;便于建立卫生防护区。并且江河水、水库水受到工业废水、农药、化肥及人为污染严重,给水处理增加了难度。因此,优先选择地下水具有一定的经济现实意义。按照开采和卫生条件,选择地下水源时,通常按泉水、承压水(或层间水)、潜水的顺序。对于工业企业生产用水水源而言,若取水量不大,或不影响当地饮用需要,也可采用地下水源。否则应采用地表水。采用地表水源时,须先考虑自天然河道中取水的可能性,而后考虑需调节径流的河流,地下水径流有限,一般不适合用水量很大的情况,有时即使地下水储量丰富,还应作具体技术经济分析。例如,由于大量开采地下水引起取水构筑物过多、过于分散,取水构筑物的单位水量造价相对上升及运行管理复杂等问题。有时地下水埋深过大,将增加抽水能耗。若过量开采地下水,还会造成建筑物沉降、塌陷,田地干裂等现象,引起人员伤亡,农作物枯死,造成巨大的经济损失。

1.2.1.3　有条件的地方应尽量以地势高的水库或山泉水作为水源

地势高的水库水可以靠重力输送,自流供水,工艺简单可行,减少输水成本,节约工程投资,并有良好的工程效益。山泉水水质良好,一般无须净化处理,且不易受污染,水处理设施简单,运行成本低,是理想的给水水源。

1.2.1.4　选择水源要对原水水质进行分析化验

江河水、水库水易受地面因素影响,一般浊度及细菌含量较高,可通过常规净化消毒处理去除。地下水受形成、埋藏、补给影响,通常含有较多矿物质,情况较为复杂,当确认该水源水质会引起某些地方疾病时,选择水源应慎重,如高氟水地区应尽量采取打深井、引用泉水或水库水等措施,当遇到铁、锰含量较高的地下水和高浊度等特殊水源时要对其他水源进行经济技术方案比较,选择一种较为经济合理的水源。

1.2.1.5　与农田、水利等方面的综合运用

选择水源时,必须配合经济、计划部门制定水资源开发利用规划,全面考虑、统筹安排、正确处理与给水工程有关部门(如农业灌溉、水力发电、航运、木材流送、水产、旅游及排水等)的关系,以求合理地运用和开发水资源,特别是对水资源比较贫乏的地区,合理开发利用水资源对所在地区的全面发展具有决定性意义。例如:利用经处理后的污水灌溉农田;在工业给水系统中采用循环复用给水,提高水的重复利用率,减少水源取水量,以解决生活用水或工企业大量用水和农业生产用水的矛盾。此外,随着我国建设事业的发展,水资源的进一步开发利用,将有越来越多的河流实现径流调节,水库水源除了农业灌溉、水力发电,还可根据实际情况及需要作水产养殖、供水、旅游等用途。因此,水库水源的综合利用也是非常重要的。

1.2.2　水源选择的顺序

村镇水源情况差异大,有些地方还存在着多种水源,在选择水源时可依照以下顺序考虑:①可直接饮用或经消毒等简单处理即可饮用的水源,如泉水、深层地下水(承压水)、浅层地下水(潜水)、山溪水、未污染的洁净水库水和未污染的洁净湖泊水;②经常规净化处理后即可饮用的水源,如江、河水,受轻微污染的水库水及湖泊水等;③便于开采,但需

经特殊处理后方可饮用的地下水源,如含铁、锰量超过《生活饮用水卫生标准》(GB5749—2006)的地下水源,高氟水;④缺水地区可修建收集雨水的装置或构筑物(如水窖等),作为分散式给水水源。

1.2.3　地表水水源

地表水水源常能满足大量用水的需要,常采用地表水作为供水的首选水源。地表水取水中取水口位置的选择非常关键,其选择是否恰当,直接影响取水的水质和水量、取水的安全可靠性、投资、施工、运行管理以及河流的综合利用。

在选择取水构筑物位置时必须根据河流水文、水力、地形、地质、卫生等条件综合研究,提出几个可能的取水位置方案,进行技术经济比较,在条件复杂时,尚需进行水工模型试验,从中选择最优的方案,选择最合理的取水构筑物位置。

1.2.3.1　水质因素

(1)取水水源应选在污水排放出口上游 100 m 以上或 1 000 m 以下的地方,当江、河边水质不好时,取水口宜伸入江、河中心水质较好处取水,并应划出水源保护范围。

(2)受潮汐影响的河道中污水的排放和稀释很复杂,往往顶托来回时间较长。因此,在这类河道上兴建取水构筑物时,应通过调查论证后确定。

(3)在泥沙较多的河流,应根据河道横向环流规律中泥沙的移动规律和特性,避开河流中含沙量较多的河流地段。在泥沙含量沿水深有变化的情况下,应根据不同深度的含沙量分布,选择适宜的取水高程。

(4)取水口选择在水流畅通和靠主流的深水地段,避开河流的回流区或“死水区”,以减少水中漂浮物、泥沙等的影响。

1.2.3.2　河床与地形

取水河段形态特征和岸形条件是选择取水口的重要因素,取水口位置应根据河道水文特征和河床演变规律,选在比较稳定的河段,并能适应河床的演变。不同类型河段取水位置的选择见表 1-8。

(1)在弯曲河段上,取水构筑物位置宜设在水深岸陡、含泥沙量少的河流的凹岸,并避开凹岸主流的顶冲点,一般宜选在顶冲点的稍下游处,即$(0.3\sim0.4)L$内,如图 1-1 所示。

(2)在顺直河段上,取水构筑物位置宜设在河床稳定、深槽主流近岸处,通常也就是河流较窄、流速较大、水较深的地点。取水构筑物处的水深一般要求不小于 2.5 ~ 3.0 m。

(3)在有河漫滩的河段上,应尽可能避开河漫滩,并要充分估计河漫滩的变化趋势。在有沙洲的河段上,应离开沙洲 500 m 以上,当沙洲有向取水方向移动趋势时,这一距离还需适当加大,如图 1-2 所示。

(4)在有支流汇入的河段上,应注意汇入口附近“泥沙堆积堆”的扩大和影响,取水口应与汇入口保持足够的距离,如图 1-2 所示,一般取水口多设在汇入口干流的上游河段。

表 1-8　不同类型河段取水选址参考表

河段类型		示意图	说明
平原河段	顺直微变段	边滩 H 宜建处 深槽 不宜建处	(1)应选在深槽稍下游处 (2)应注意边滩是否会下移动
	有限弯曲段	H 宜建处 深槽 不宜建处	(1)宜选在凹岸弯顶稍下游处 (2)不应选在凸岸
	蜿蜒弯曲段	不宜建处 H H	(1)不宜建址 (2)必须建址时,参照平原河段的有限弯曲段 (3)谨防自然裁弯或切滩
	分汊段	不宜建处 衰亡之汊 潜洲 江心洲 江心洲 发展之汊 H 可建处 宜建处	(1)宜选在较稳定或发展的汊,不应选在衰亡之汊 (2)分汊口门前建址应注意汊道变迁影响
山区河段	非冲积性段	不宜建处 深沱 宜建处	(1)宜选在急流卡口上游缓水段及水深流稳的沱内 (2)妥善布置头部,避免破坏沱内流态
	半冲积性段	宜建处 深槽 不宜建处 不宜建处 宜建处	(1)图为顺直微弯段 (2)弯曲段参照有限弯曲段、山区河的非冲积性段 (3)分汊段参照平原河段的分汊段、山区河的非冲积性段

注:○—宜建处;△—可建处;×—不宜建处;H—必要时护岸位置;(深槽符号)—深槽。

(5)在分汊的河段,应将取水口选在主流河道的深水地段;在有潮汐的河道上,取水口宜选在海潮倒灌影响范围以外。

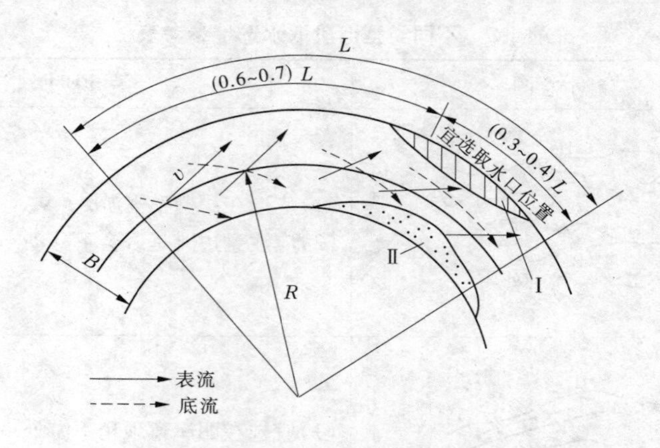

图 1-1　凹岸河段取水口

Ⅰ—泥沙最小区；Ⅱ—泥沙淤积区

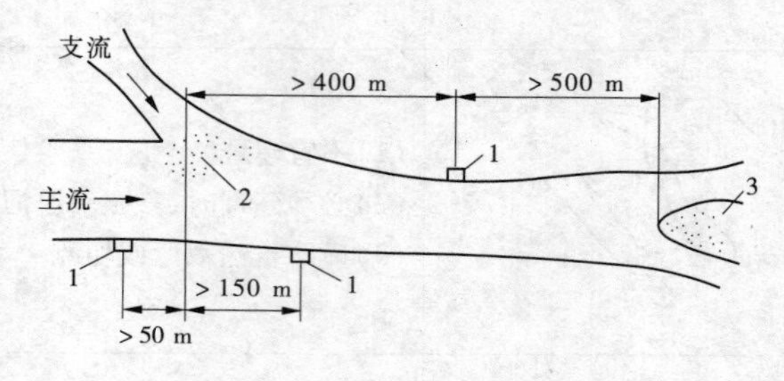

图 1-2　两江(河)汇合处取水口位置示意

1—取水口；2—堆积堆；3—沙洲

1.2.3.3　人工构筑物或天然障碍物

河流上常见的人工构筑物(如桥梁、丁坝、码头等)和天然障碍物，往往引起河流水流条件的改变，从而使河床产生冲刷或淤积，故在选择取水构筑物位置时，必须加以注意。

(1)桥梁。由于桥孔缩减了水流断面，因而上游水流滞缓，造成淤积，抬高河床，冬季产生冰坝。因此，取水口应设在桥前滞流区以上 0.5～1.0 km 或桥后 1.0 km 以外的地方。

(2)丁坝。由于丁坝将主流挑离本岸，通向对岸，在丁坝附近形成淤积区(见图 1-3)，因此取水构筑物如与丁坝同岸，则应设在丁坝上游，与坝前浅滩起点相距不小于 150 m。取水构筑物也可设在丁坝的对岸(需要有护岸设施)，但不宜设在丁坝同一岸侧的下游，因主流已经偏离，容易产生淤积。此外，残留的施工围堰、突出河岸的施工弃土、陡崖、石嘴对河流的影响类似丁坝。

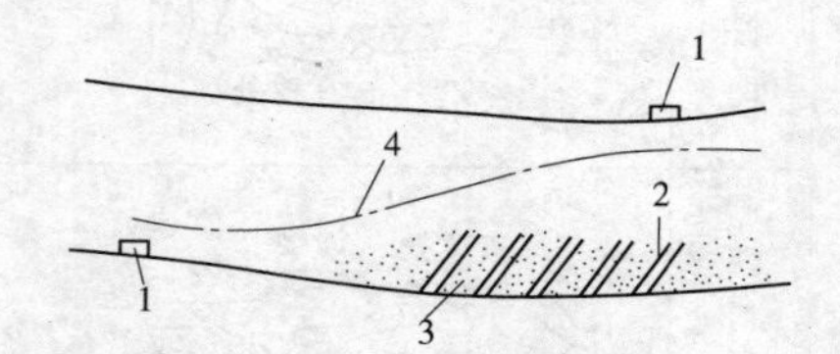

图 1-3　取水口与丁坝布置

1—取水口；2—丁坝系统；3—淤积区；4—主流线

(3)拦河闸坝。闸坝上游流速减缓，泥沙易于淤积，故取水口设在上游时应选在闸坝附近、距坝底防渗铺砌起点 100～200 m 处。当取水口设在闸坝下游时，由于水量、水位和水质都受到闸坝调节的影响，并且闸坝泄洪或排沙时，下游可能产生冲刷和泥沙涌入，因此取水口不宜与闸坝靠得太近,而应设在其影响范围以外。取水构筑物宜设在拦河坝影响范围以外的地段。

(4)码头。取水口不宜设在码头附近,如必须设置时,应布置在受码头影响范围以外,最好伸入江心取水,以防止水源受到码头装卸货物和船舶停靠时污染。

1.2.3.4　工程地质及施工条件

(1)取水构筑物应设在地质构造稳定、承载力高的地基上,不宜设在淤泥、断层、流砂层、滑坡、风化严重的岩层和岩溶发育地段。在地震地区不宜将取水构筑物设在不稳定的陡坡或山脚下。取水构筑物也不宜设在有宽广河漫滩的地方,以免进水管过长。

(2)选择取水构筑物位置时,要尽量考虑到施工条件,除要求交通运输方便,有足够的施工场地外,还要尽量减少土石方量和水下工程量,以节省投资,缩短工期。

1.2.4　地下水水源

地下水水源一般水质较好,不易被污染,但径流量有限。一般而言,由于开采规模较大的地下水的勘察工作量很大,开采水量会受到限制。采用地下水水源时一般按泉水、承压水、潜水的顺序考虑。

地下水取水中关键是确定地下水水源地。水源地的选择,对于大中型集中供水,是确定取水地段的位置与范围;对于小型分散供水而言,则是确定水井的井位。它不仅关系到建设的投资,而且关系到是否能保证取水设施长期经济、安全地运转和避免产生各种不良环境地质作用。水源地选择是在地下水勘察的基础上,由有关部门批准后确定的。

1.2.4.1　集中式供水水源地的选择

进行水源地选择,首先考虑的是能否满足需水量的要求,其次是它的地质环境与利用条件。

(1)水源地的水文地质条件。取水地段含水层的富水性与补给条件,是地下水水源地的首选条件。因此,应尽可能选择在含水层层数多、厚度大、渗透性强、分布广的地段上取水。如选择冲洪积扇中、上游的砂砾石带和轴部,河流的冲积阶地和高漫滩,冲积平原的古河床,厚度较大的层状与似层状裂隙和岩溶含水层,规模较大的断裂及其他脉状基岩含水带。

在此基础上,应进一步考虑其补给条件。取水地段应有较好的汇水条件,应是可以最大限度地拦截区域地下径流的地段,或接近补给水源和地下水的排泄区;应是能充分夺取各种补给量的地段。例如:在松散岩层分布区,水源地尽量靠近与地下水有密切联系的河流岸边;在基岩地区,应选择在集水条件最好的背斜倾没端、浅埋向斜的核部、区域性阻水界面迎水一侧;在岩溶地区,最好选择在区域地下径流的主要径流带的下游,或靠近排泄区附近。

(2)水源地的地质环境。在选择水源地时,要从区域水资源综合平衡的观点出发,尽量避免出现新旧水源地之间、工业和农业用水之间、供水与矿山排水之间的矛盾。也就是说,新建水源地应远离原有的取水或排水点,减少互相干扰。

为保证地下水的水质,水源地应远离污染源,选择在远离城市或工矿排污区的上游;应远离已污染(或天然水质不良)的地表水体或含水层的地段;避开易于使水井淤塞、涌砂或水质长期浑浊的流砂层或岩溶充填带;在滨海地区,应考虑海水入侵对水质的不良影响;为减少垂向污水渗入的可能性,最好选择在含水层上部有稳定隔水层分布的地段。此外,水源地应选在不易引起地面沉降、塌陷、地裂等有害工程地质作用的地段上。

(3)水源地的经济性、安全性和扩建前景。在满足水量、水质要求的前提下,为节省建设投资,水源地应靠近供水区,少占耕地;为降低取水成本,应选择在地下水浅埋或自流地段;河谷水源地要考虑水井的淹没问题;人工开挖的大口径取水工程,则要考虑井壁的稳固性。当有多个水源地方案可供选择时,未来扩大开采的前景条件,也常常是必须考虑的因素之一。

1.2.4.2 小型分散式水源地的选择

以上集中式供水水源地的选择原则,对于基岩山区裂隙水小型水源地的选择,也基本上是适合的。但在基岩山区,由于地下水分布极不普遍和不均匀,水井的布置将主要取决于强含水裂隙带的分布位置。此外,布井地段的地下水位埋深、上游有无较大的补给面积、地下水的汇水条件及夺取开采补给量的条件也是确定基岩山区水井位置时必须考虑的条件。

1.2.5 雨水水源

对于地面水和地下水都极端缺乏,或对这些常规水资源的开采十分困难的山区,解决水的问题只能依靠雨水资源。此类地区地形、地质条件不利于修建跨流域和长距离引水工程,而且即使水引到了山上,由于骨干水利工程能提供的水源往往是一个点,如水库、枢纽,或者是一条线,如渠道,广大山区则是一个面,因此要向分散居住在山沟里的农户供水是十分困难的。而要把水引下山到达为沟壑分割成分散、破碎的地块进行灌溉,更是难题。同时高昂的供水成本农户难以承担,使工程的可持续运行和效益发挥成为问题。对居住分散、居民多数为贫困人群的山区,应当采用分散、利用就地资源、应用适用技术、便于社区和群众参与全过程的解决方法。与集中的骨干水利工程比较,雨水集蓄利用工程恰恰具有这些特点。雨水是就地资源,无须输水系统,可以就地开发利用;作为微型工程,雨水集蓄工程主要依靠农民的投入修建,产权多属于农户,农民可以自主决定它的修建和管理运用,因而十分有利于农民和社区的参与。而且现代规模巨大的水利工程往往伴生一系列的生态环境问题,雨水集蓄利用不存在大的生态环境问题,是“对生态环境友好”的工程。要实现缺水山区的可持续发展,雨水集蓄利用是一种不可替代的选择。

对于地表水、地下水缺乏或开采利用困难,且多年平均降水量大于 250 mm 的半干旱地区和经常发生季节性缺水的湿润、半湿润山丘地区,以及海岛和沿海地区,可利用雨水集蓄解决人畜饮用、补充灌溉等用水问题。

第2章　取水构筑物设计

村镇集中式供水工程的取水构筑物可分为地表水和地下水取水构筑物。地表水取水水源主要是河流、湖泊、水库、海水等。而地下水取水形式主要包括管井、大口井、辐射井、渗渠和泉室等。

2.1　地表水取水构筑物设计

2.1.1　地表水取水工程概述

地表水水体所处的地理环境各异,受自然因素的影响不尽相同,加之人为因素的影响,使得地表水水体具有各自的特性。地表水种类、性质和取水条件的差异,使地表水取水构筑物有多种类型和分法。

按地表水的种类分:河流、湖泊、水库、海水取水构筑物。

按取水构筑物的构造分:固定式和移动式取水构筑物。固定式包括岸边式、河床式、斗槽式、低坝和底栏栅式取水构筑物。移动式包括浮船取水、缆车式取水和潜水泵直接取水。

固定式取水适用于各种取水量和各种地表水源。固定式取水构筑物具有取水可靠、维护管理简单、适应范围广等优点,但投资较大、水下工程量较大、施工期长。

移动式取水适用于水源水位变幅大,供水要求急和取水量不大的情况,多用于河流、水库和湖泊取水。移动式取水构筑物具有投资小、施工期短、见效快、水下工程量小、对水源水位变化适应性强、便于分期建设等优点,但维护管理复杂,易受水流、风浪、航运的影响,取水可靠性差。

取水构筑物的类型选择时,应根据取水量和水质要求,结合河床地形、河床冲淤、水位变幅、冰冻和航运等情况以及施工条件,在保证取水安全可靠的前提下,通过技术经济比较确定。

2.1.2　固定式取水构筑物

2.1.2.1　**岸边式取水构筑物**

直接从江河岸边取水的构筑物,称为岸边式取水构筑物,由进水间和泵房两部分组成。它适用于江河岸边较陡、地质条件好且河床河岸稳定,主流近岸且岸边有足够的水深,水质较好,水位变幅不大且能保证设计枯水位时安全取水的河段。

根据进水间和泵房间的关系,岸边式取水构筑物的基本型式为合建式与分建式两种。

1)*合建式岸边取水构筑物*

进水间与泵房合建在一起的取水构筑物称合建式岸边取水构筑物,如图2-1所示。

河水从进水孔进入进水间的进水室，再经过格网进入吸水室后由水泵送至水厂或用户。进水孔上设有格栅拦截水中粗大的漂浮物。设在进水间中的格网用以拦截水中细小的漂浮物。

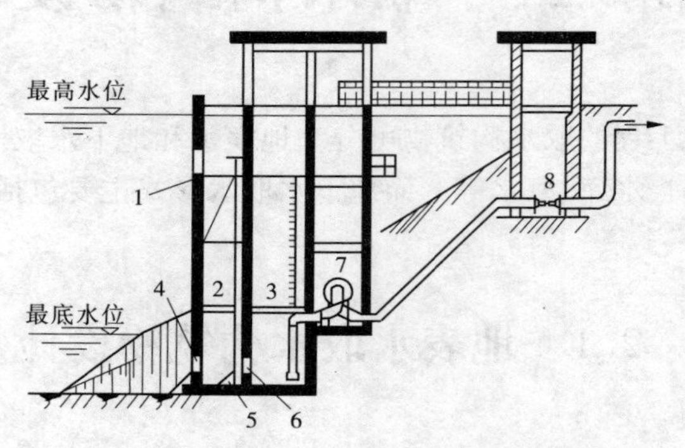

图 2-1　合建式岸边取水构筑物

1—进水间；2—进水室；3—吸水室；4—进水孔；
5—格栅；6—格网；7—泵房；8—阀门井

合建式的优点是布置紧凑，总建筑面积小；吸水管路短，运行、管理方便。但该构筑物要求岸边水深相对较大、河岸较陡，对地质条件要求相对也较高，土建结构复杂，施工困难。

根据地质条件、供水要求及水位变化可将合建式岸边取水构筑物的基础设计成阶梯式或水平式。

(1)阶梯式。当地基条件较好时，进水间与泵房的基础可以建在不同的标高上，呈阶梯式布置(见图 2-1)。

阶梯式可以利用水泵吸水高度以减小泵房的基建高度，节省土建投资，便于施工和降低造价。但该布置要求地质条件相对较高，以保证进水间与泵房不会因不均匀沉降而产生裂缝，从而导致渗水或结构的破坏；由于泵轴高于设计最低水位，水泵启动时需要抽真空。

(2)水平式。当地基条件较差时，进水间与泵房的基础建在相同标高上，呈水平布置(见图 2-2)。

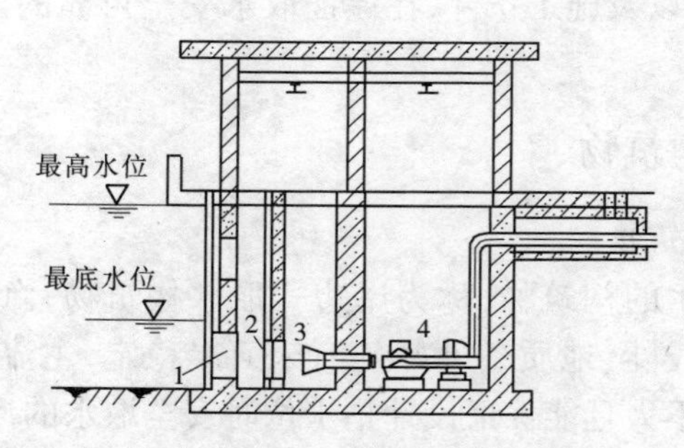

图 2-2　合建式岸边取水构筑物(Ⅰ)

1—进水口；2—格网；3—集水井；4—泵房

为了避免产生不均匀沉降,或者由于供水安全性要求高,水平式水泵需要自灌启动。该布置对地基要求相对较低,水泵随时可自灌启动,布置方便,运行可靠,供水安全性较高。但由于泵房间建筑面积和深度都较大,土建费用增加,因而造价高,检修不便,通风及防潮条件差,操作管理不方便。

为了缩小泵房面积,减小泵房深度,降低泵房造价,可采用立式泵或轴流泵取水(见图2-3),电机设在泵房上层。在水位变化较大的河流上,水中漂浮物不多,取水量不大时,也可采用潜水泵取水,潜水泵和潜水电机设在岸边进水间内。

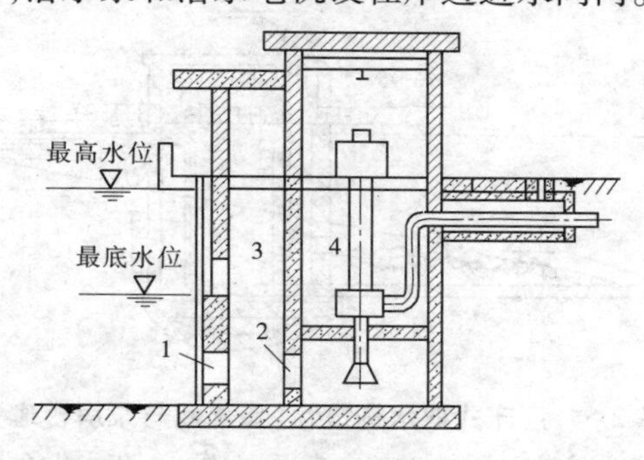

图2-3　合建式岸边取水构筑物(Ⅱ)

1—进水口;2—格网;3—集水井;4—泵房

2)分建式岸边取水构筑物

当河岸地质条件较差,进水间不宜与泵房合建,建造合建式对河道端面及航道影响较大,或者水下施工有困难时,采用分建式岸边取水构筑物(见图2-4)。

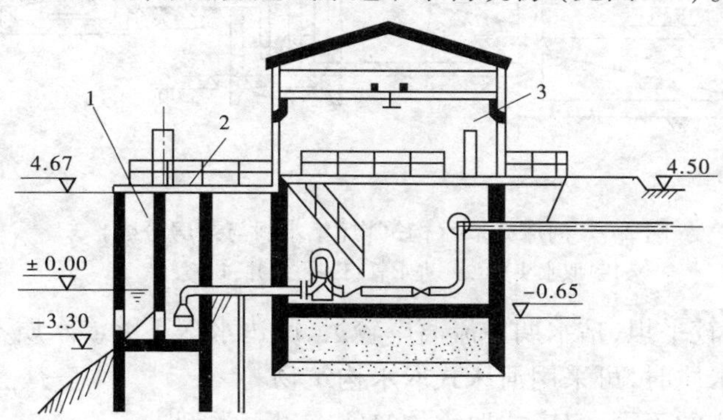

图2-4　分建式岸边取水构筑物

1—进水间;2—引桥;3—泵房

分建式进水间设在岸边,泵房则建于岸内地质条件较好的地点,但不宜距进水间太远,以免吸水管过长;进水间与泵房之间常采用引桥连接,有时也采用堤坝连接。分建式土建结构简单,施工容易,但操作管理不便,吸水管路较长,增加了水头损失,运行安全性不如合建式。

小型岸边式取水构筑物的平面形状主要有圆形、矩形等。圆形平面结构性能好,便于施工,但水泵、设备等不好布置,面积利用率不高;矩形构筑物结构性能不及圆形,但便于机组、设备布置。

2.1.2.2 河床式取水构筑物

河床式取水构筑物与岸边式基本相同，利用伸入江河中心的进水管和固定在河床上的取水头部取水的构筑物，称为河床式取水构筑物。河床式取水构筑物由取水头部、进水管、集水井(集水间)和泵房等部分组成。河水经取水头部的进水孔流入，沿进水管流至集水间，然后由泵抽走。集水间与泵房可以合建(见图 2-5)，也可以分建(见图 2-6)。

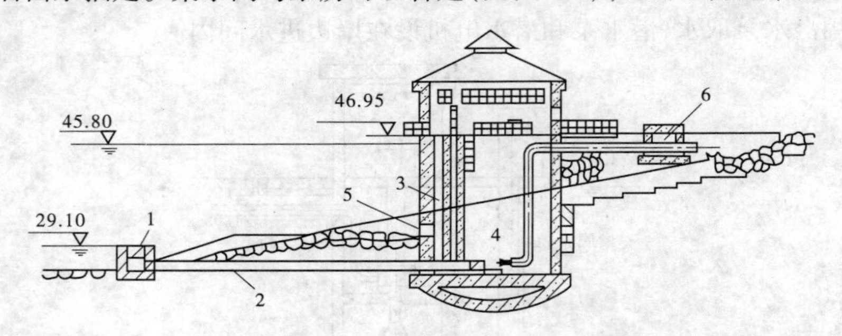

图 2-5 河床式取水构筑物(集水间与泵房合建)

1—取水头部；2—自流管；3—集水井；4—泵房；5—进水孔；6—阀门井

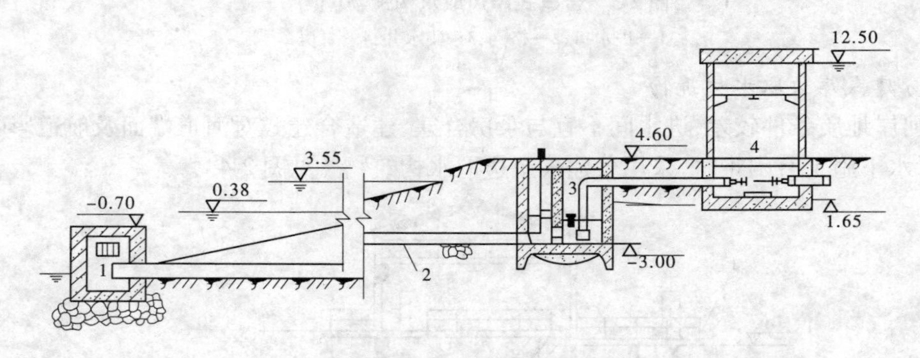

图 2-6 河床式取水构筑物(集水间与泵房分建)

1—取水头部；2—进水管；3—集水井；4—泵房

河床稳定，河岸较平坦，枯水期主流离岸较远，岸边水深不够或水质不好，但河中心具有足够水深或较好水质时，可采用河床式取水构筑物。

按照进水管形式的不同，河床式取水构筑物有以下类型。

1)自流管取水

由于自流管淹没在水中，河水在重力作用下，从取水头部流入集水井，经格网进入吸水井，然后由水泵抽走，这种取水方式可合建(见图 2-5)或分建(见图 2-6)。

在河流水位变幅较大，洪水期历时较长，水中含沙量较高时，为避免在洪水期引入底层含沙量较多的水，可在集水间壁上开设进水孔(见图 2-5)，或设置高位自流管(见图 2-10)，以便在洪水期取上层含沙量较少的水。

自流管取水的集水井设于河岸，可不受水流冲击和冰凌碰击，也可不影响河床水流；河水靠重力自流，工作较可靠；在非洪水期，利用自流管取得河心较好的水而在洪水期利用集水间壁上的进水孔或设置的高位自流管取得上层水质较好的水；冬季保温、防冻条件比岸边式好。但取水头部伸入河床，检修和清洗不便；敷设自流管时，开挖土石方量较大；洪水期河底易发生淤积，河水主流游荡不定，从而影响取水。

在河床较稳定，河岸平坦，主流距离河岸较远；河岸水深较浅且岸边水质较差；自流管埋深不大或在河岸可开挖隧道以敷设自流管等情况下从河中取水时适宜于采用自流管取水。

2）虹吸管取水

图 2-7 为虹吸管式取水构筑物。河水从取水头部靠虹吸作用流至集水井中，然后由水泵抽走。当河水位高于虹吸管顶时，无须抽真空即可自流进水；当河水位低于虹吸管顶时，须先将虹吸管抽真空方可进水。

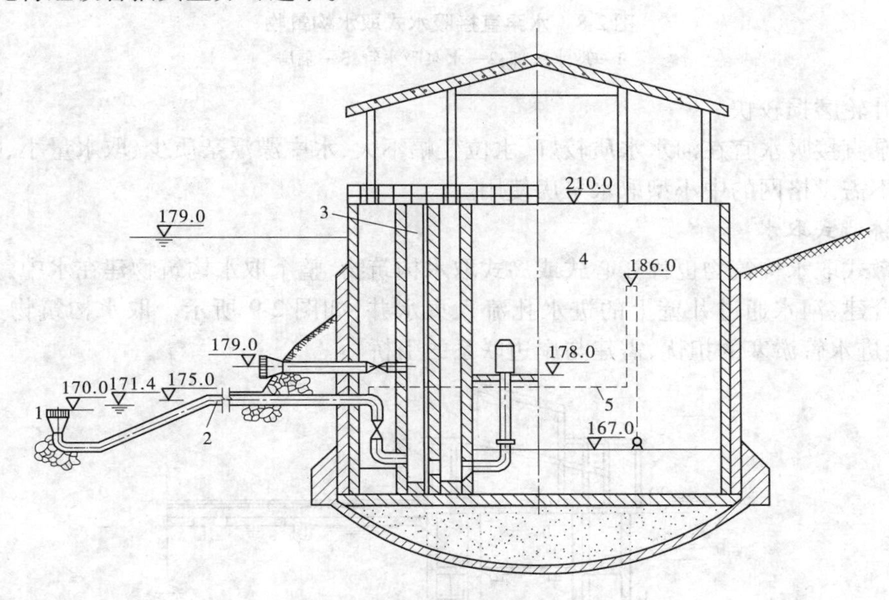

图 2-7　虹吸管式取水构筑物

1—取水头部；2—虹吸管；3—集水井；4—泵房；5—真空系统

虹吸管取水利用虹吸高度（虹吸管高度最大可达 7 m），减小管道埋深，减少水下施工的施工量和自流管的大量开挖，缩短工期，节约投资。但虹吸管对管材及施工质量要求较高，运行管理要求严格，并须保证严密不漏气；需要装置真空设备；虹吸管管路相对较长，容积也大，真空引水水泵启动时间较长，工作可靠性不如自流管。

在河水水位变幅较大，河滩宽阔，河岸较高，自流管埋设较深；枯水期主流离岸较远而水位较低；管道需要穿越防洪堤等情况下从河中取水时适宜于采用虹吸管取水。

3）水泵直接吸水

图 2-8 为水泵直接吸水式取水构筑物。不设集水井，水泵吸水管直接伸入河中取水。该取水方式在高于取水水位时，情形与自流管相似；在低于取水水位时，情形则与虹吸管引水相似，设计应考虑按自流管或虹吸管处理。

由于不设集水井，利用水泵吸水高度，可以减小水泵房埋深，结构简单，施工方便，造价较低。但要求施工质量较高，不允许吸水管漏气；在河流泥沙颗粒较大时，易受堵塞且

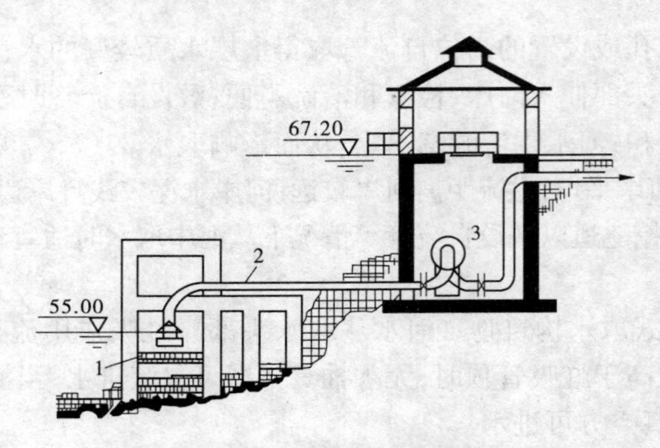

图 2-8　水泵直接吸水式取水构筑物

1—取水头部;2—水泵吸水管;3—泵房

对水泵叶轮磨损较快。

水泵直接吸水宜在河水水质较好、水位变幅不大、水中漂浮杂质少、取水量小、吸水管不长且不需设格网的中小型取水泵房使用。

4)桥墩式取水

桥墩式取水构筑物也称江心式或岛式取水构筑物,整个取水构筑物建在水中,集水井与泵房合建,河水通过井壁上的进水孔流入集水井,如图 2-9 所示。取水构筑物无进水管,免除进水管淤塞的担忧,需建与岸边联系的引桥。

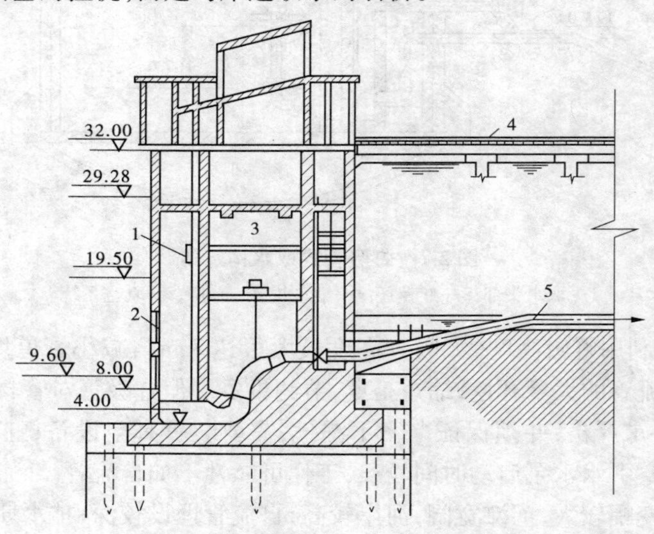

图 2-9　桥墩式取水构筑物

1—集水井;2—进水孔;3—泵房;4—引桥;5—出水管

由于取水构筑物建在江内,缩小了水流过水断面,容易造成附近河床冲刷;基础埋深较大,施工复杂,造价昂贵,管理不便,影响航运,非特殊情况一般不采用。

在大河,河床地质条件较好,含沙量较高,取水量较大,岸坡平缓,岸边无建泵房条件的情况下使用。

根据桥墩式取水构筑物取水泵房的结构形式和特点，泵房可分为湿井型、淹没型、瓶型、框架型等。

湿井型取水泵房如图2-10所示，采用深井泵取水，集水井设在泵房下部，其优点是结构简单，面积较小，造价较低，操作条件较好，但检修水泵时需吊装全部泵管，拆卸及安装工作量大。

淹没型取水泵房如图2-11所示。其优点是交通廊道沿岸坡地形修建，比较隐蔽，土石方量较少，构筑物所受浮力小，结构简单，造价较低，适宜在水位变幅较大，河岸平缓，岸坡稳定，洪水期历时不长，漂浮物较少时采用。泵房的通风和采光条件差，操作管理、设备检修以及运输不便，结构防渗要求高。

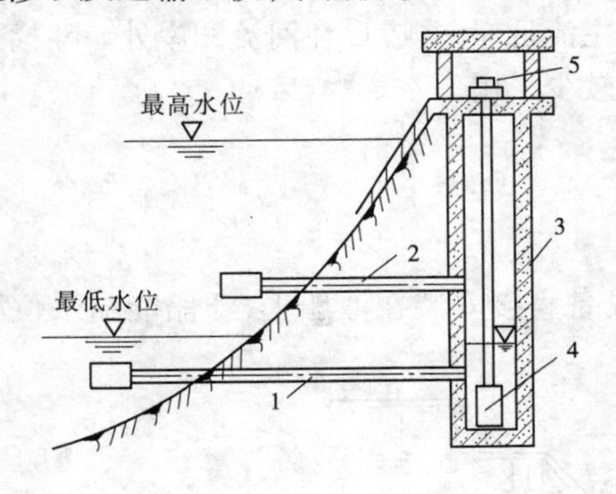

图2-10　湿井型取水泵房

1—低位自流管；2—高位自流管；3—集水井；4—深水井；5—水泵电动机

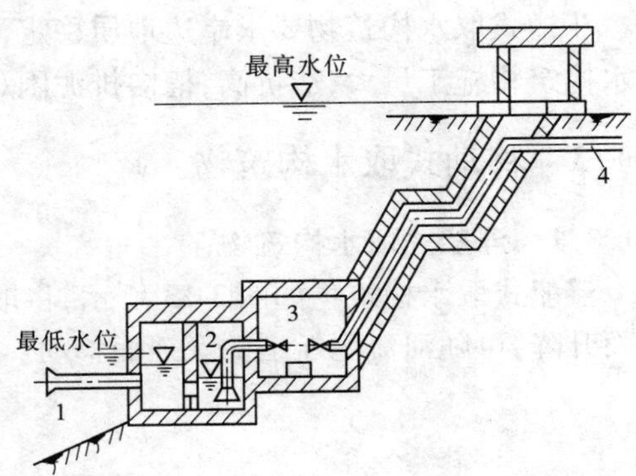

图2-11　淹没型取水泵房

1—自流管；2—集水井；3—泵房；4—出水管

2.1.2.3　斗槽式取水构筑物

在岸边式或河床式取水构筑物之前设置“斗槽”进水口（见图2-12），称为斗槽式取水

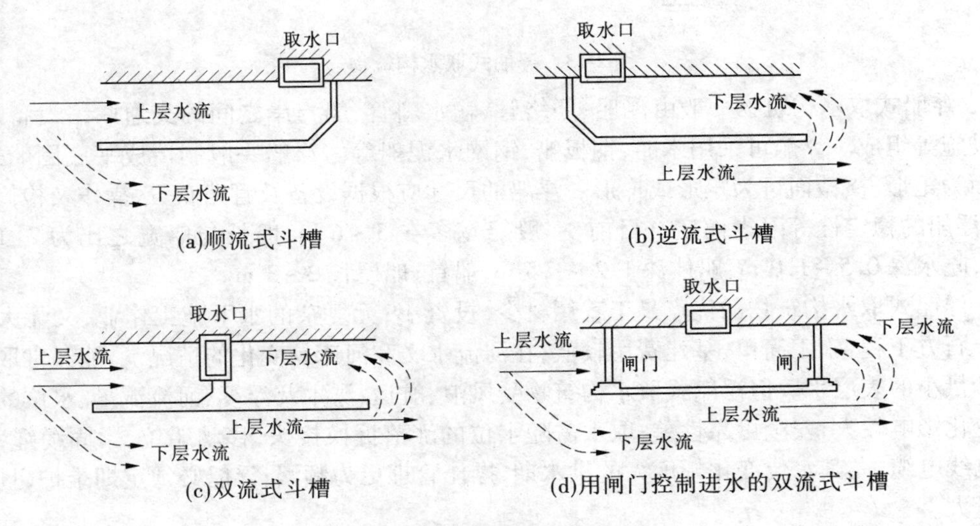

图2-12　斗槽式取水构筑物

构筑物。

因斗槽中流速较小，水中泥沙易于沉淀、潜冰易于上浮，从而减少泥沙和冰凌进入取水口，进一步改善水质。当河流含沙量大、冰凌严重，取水量要求大时宜采用斗槽式取水构筑物。

按斗槽中水流方向与河水方向的关系有顺流式、逆流式、双流式斗槽（见图 2-12）。

由于斗槽中水流流速变缓，泥沙易于沉降，而水内冰则上浮，因此泥沙多分布于斗槽底部，冰凌多集中于表层。顺流式斗槽适用于含泥沙多而冰凌不严重的河流；逆流式斗槽适用于冰凌严重而泥沙较少的河流；双流式斗槽控制进水方向后，可作为顺流式或逆流式使用，既可在夏秋季防泥沙，又可在冬季防冰凌，故适用于含沙量大且冰凌又严重的河流。

斗槽式取水构筑物要求岸边地质稳定，河水主流近岸，并应设在河流凹岸处。斗槽式取水构筑物施工量大，造价高，槽内排泥困难，现较少采用。

2.1.3 移动式取水构筑物

2.1.3.1 浮船式取水构筑物

浮船式取水构筑物如图 2-13 所示，将取水设备直接安装在浮船上，浮船能随水位涨落而升降，可随河流主航道的变迁而移动。

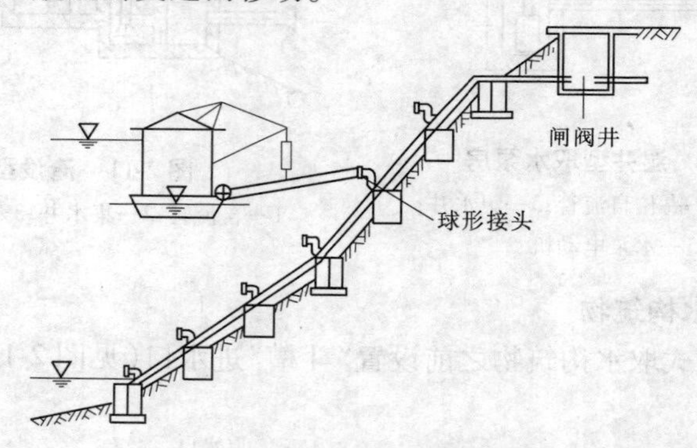

图 2-13 浮船式取水构筑物

浮船式取水构筑物一般由浮船、联络管、输水斜管、船与岸之间的交通联络设备、锚固设施等组成。浮船可采用木船、钢板船、钢网水泥船等。浮船一般制造成平底围船式，平面为矩形，横截面可为矩形或梯形。浮船的尺寸应根据设备及管路布置、操作及检修要求、浮船的稳定性等因素而定。目前，一般船宽多在 5 ~ 6 m，船长与船宽之比为 2∶1 ~ 3∶1，吃水深 0.5 ~ 1.0 m，船体深 1.2 ~ 1.5 m，船首、船尾长 2 ~ 3 m。

浮船式取水构筑物的优点是工程用材少，投资小；无复杂的水下施工作业，又无大量的土石方工程，施工简单，基建费用较低；在河流水文和河床易变化的情况下，能经常取得含沙量小的表层水。但浮船式取水构筑物受风浪、航运、漂木及浮筏、河流流量、水位的急剧变化影响较大，安全可靠性差；取水需随水位的涨落拆换接头，移动船位，紧固缆绳，收放电线电缆，尤其水位变化幅度大的洪水期，操作管理更为频繁；浮船必须定期维护，且工作量大。

浮船式取水构筑物适用于河岸比较稳定，河床冲淤变化不大，岸坡角度在 20° ~ 30°；

水位变化幅度在10～35 m,枯水期水深不小于1.5～2 m,河水涨落速度在2 m/h以内;水流平缓,风浪不大;河流漂浮物少、无冰凌且不易受漂木、浮筏、船只等撞击等条件下。

考虑供水规模、供水安全程度等因素,浮船的数量一般情况下不少于两只,若可间断供水或有足够容积的调节水池,可考虑设置一只。

1)浮船式取水构筑物取水位置的选择

浮船式取水构筑物取水位置的选择应注意以下几点:

(1)河岸有适宜的坡度。岸坡过于平缓,不仅联络管增长,而且移船不方便,容易搁浅。采用摇臂式连接时,岸坡宜陡些。

(2)设在水流平缓、风浪小的地方,以利于浮船的锚固和减小颠簸。在水流湍急的河流上,浮船位置应避开急流和大回流区,并与航道保持一定距离。

(3)尽量避开河漫滩和浅滩地段。

2)浮船式取水构筑物的布置

水泵在浮船上的竖向布置可为上承式(见图2-14(a))和下承式(见图2-14(b))。

上承式布置,水泵机组安装在甲板上。设备安装和操作方便,船体结构简单,通风条件较好,可适于各种船体,但重心偏高,稳定性差。

下承式布置,水泵机组安装在甲板以下的船体骨架上,其重心低且稳定性好,可降低水泵的吸水高度。但下承式通风条件差,操作管理不便,因吸水管需穿越船舷,只适于钢板船。

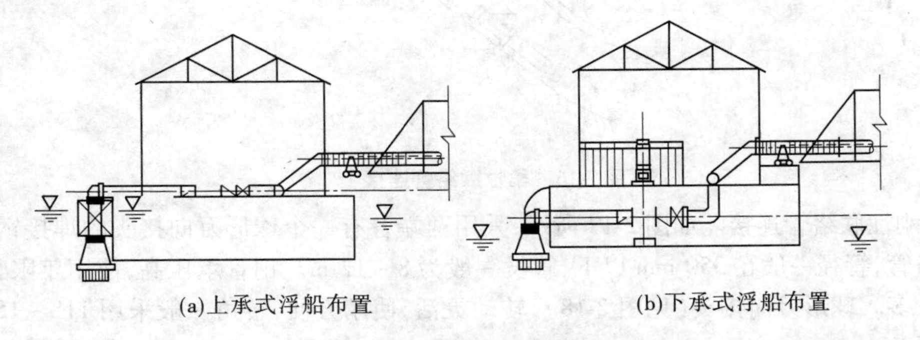

(a)上承式浮船布置　(b)下承式浮船布置

图2-14　浮船的竖向布置

水泵机组平面布置形式有纵向和横向布置(见图2-15)。一般双吸泵多布置成纵向,单吸泵多布置成横向。机组布置时应考虑重心的位置,一般机组布置重心偏于吸水侧。

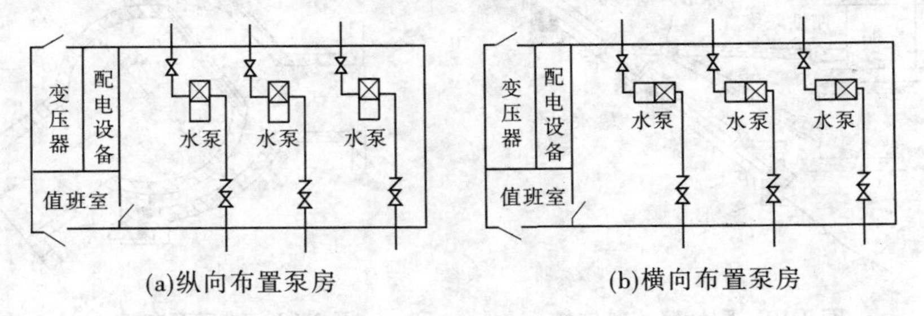

(a)纵向布置泵房　(b)横向布置泵房

图2-15　泵房布置

3) 浮船的平衡与稳定

为了保证运行安全,浮船应在正常运转、风浪作用、移船、设备装运时均能保持平衡与稳定。首先应通过设备布置使浮船在正常运转时接近平衡。在其他情况下(如不平衡),可用平衡水箱或压舱重物来调整平衡。为保证操作安全,在移船和风浪作用时,浮船的最大横倾角以不超过 7°~8°为宜。为了防止沉船事故,应在船舱中设水密隔舱。

4) 联络管和输水管

浮船随河水涨落而升降,随风浪而摇摆,因此船上水泵压水管与岸边输水管之间的联络管应转动灵活。常用的连接方式有阶梯式和套筒式。

a. 阶梯式连接

按选用连接管材的不同,又分为柔性连接和刚性连接。

(1) 柔性联络管连接。如图 2-16 所示,采用两端带有法兰接口的橡胶软管作联络管,管长一般 6~8 m。橡胶软管使用灵活,接口方便,但承压一般不大于 490 kPa,使用寿命较短,管径较小(一般为 350 mm 以下),故适宜在水压和水量不大时采用。

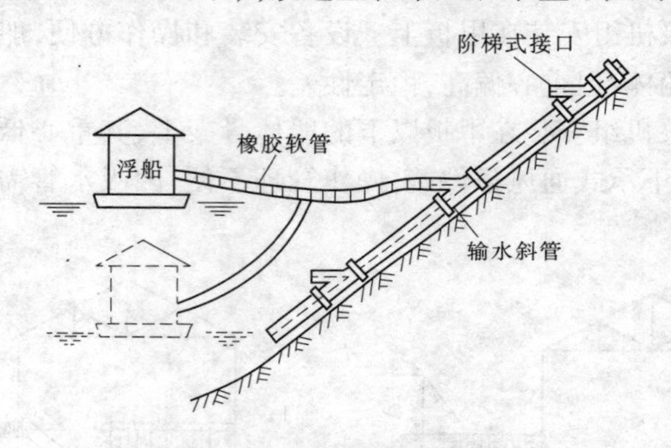

图 2-16　柔性联络管连接

(2) 刚性联络管连接。如图 2-17 所示,采用两端各有一个球形万向接头的焊接钢管作为联络管,管径一般在 350 mm 以下,管长一般为 8~12 m。钢管承压高,使用年限长,故采用较多。球形万向接头(见图 2-18),转动灵活,使用方便,转角一般采用 11°~15°,制造较复杂。

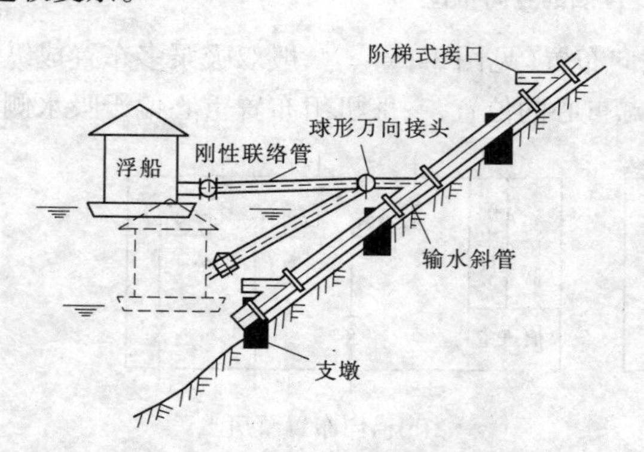

图 2-17　刚性联络管连接

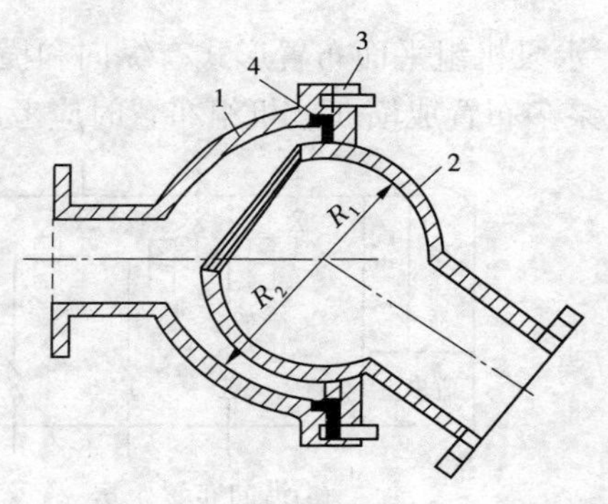

图 2-18　球形万向接头

1—外壳;2—球心;3—压盖;4—油麻填料

阶梯式连接,由于受联络管长度和球形接头转角的限制,在水位涨落超过一定范围时,就需移船和换接头,操作较麻烦,须短时间停止取水。但船靠岸较近,连接比较方便,可用在水位变幅较大的河流。

b. 套筒式连接

套筒式连接又可称为摇臂式连接。该连接的联络管由钢管和几个套管旋转接头组成。水位涨落时,联络管可以围绕岸边支墩上的固定接头转动。这种连接的优点是不需要拆换接头,不用经常移船,能适应河流水位的大幅涨落,管理方便,不中断供水,因此采用广泛。但洪水时浮船离岸较远,上下交通不便。

由于 1 个套筒接头只能在 1 个平面上转动,因此 1 根联络管上需要设置 5 个或 7 个套筒接头,才能适应浮船上下、左右摇摆运动。

图 2-19(a)为由 5 个套筒接头组成的摇臂式联络管。由于联络管偏心,两端套筒接头受到较大的扭力,接头填料易磨损漏水,从而降低接头转动的灵活性与严密性。这种接头只在水压较低、联络管重量不大时采用。

图 2-19(b)为由 7 个套筒接头组成的摇臂式联络管。这种连接,由于套筒接头处受力较均匀,增加了接头转动的灵活性与严密性,故能适应较高水压和较大水量的要求,并能使船体在远离岸边时,能作水平位移,以避开洪水主流及航运、漂木等的冲撞。

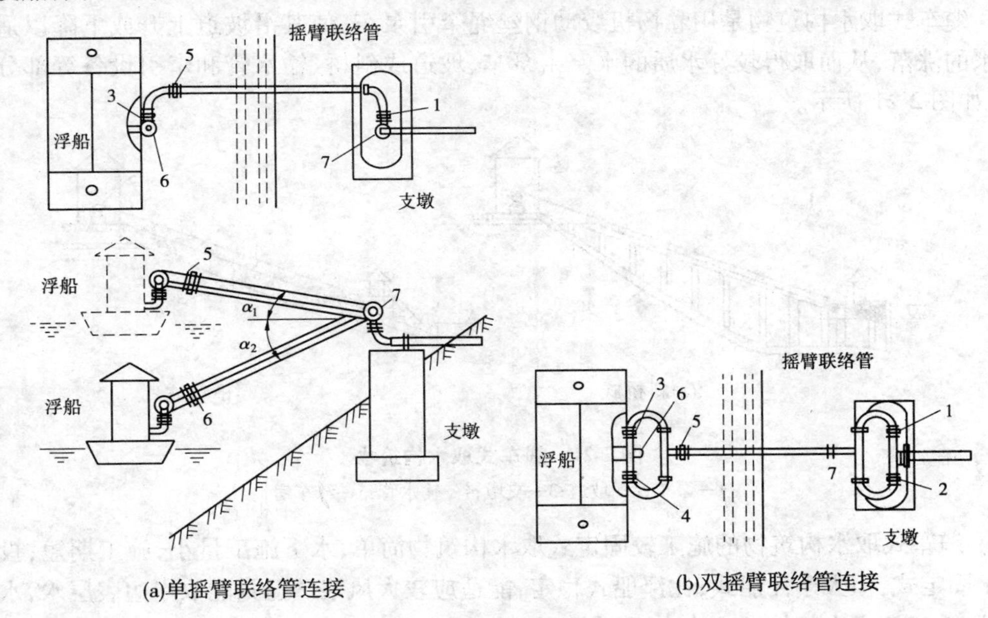

(a)单摇臂联络管连接　　(b)双摇臂联络管连接

图 2-19　套筒式连接

c. 输水管

输水管一般沿岸敷设。当采用阶梯式连接时,输水管上每隔一定距离设置叉管。叉管垂直高度差取决于输水管的坡度、联络管长度、活动接头的有效转角等,一般在 1.5 ~ 2.0 m。在常年低水位处布置第一个叉管,然后按高度差布置其余叉管。当有两条以上输水管时,各输水管上的叉管在高程上应交错布置,以便于浮船交错移位。

5)浮船的锚固

浮船需用缆索、撑杆、锚链等锚固(见图 2-20)。锚固方式应根据浮船停靠位置的具体条件决定。用系缆索和撑杆将船固定在岸边,适宜在岸坡较陡,江面较窄,航运频繁,浮船靠近岸边时采用。在船首尾抛锚与岸边系留相结合的形式,锚固更为可靠,同时还便于浮船移动。它适用于岸坡较陡、河面较宽、航运较少的河段。在水流急、风浪大、浮船离岸较远时,除首尾抛锚外,还应增设角锚。

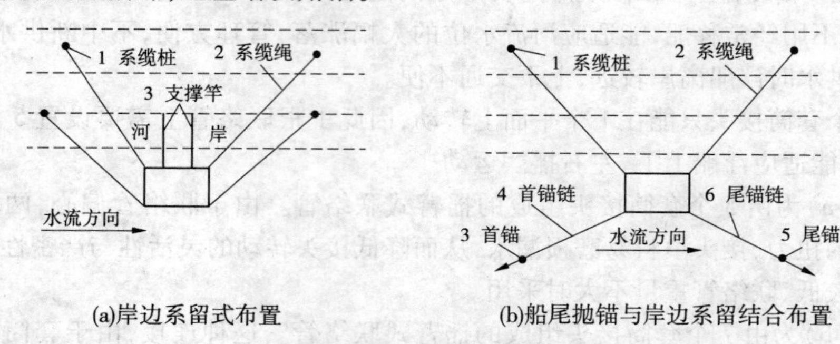

(a)岸边系留式布置　　(b)船尾抛锚与岸边系留结合布置

图 2-20　浮船式取水构筑物的锚固

2.1.3.2　缆车式取水构筑物

缆车式取水构筑物是用卷扬机绞动钢丝绳牵引泵车,使其沿坡道上升或下降以适应河水的涨落,从而取得较好水质的水。由泵车、坡道或斜桥、输水管和牵引设备等部分组成,如图 2-21 所示。

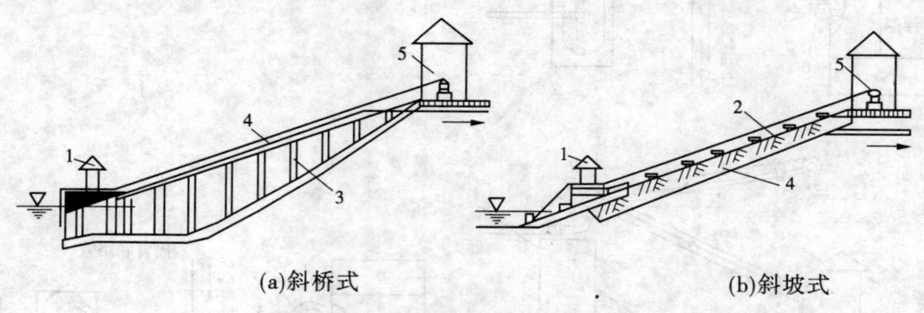

(a)斜桥式　　(b)斜坡式

图 2-21　缆车式取水构筑物

1—泵车;2—坡道;3—支墩;4—输水管;5—绞车房

缆车式取水构筑物的施工较固定式取水构筑物简单,水下施工量小,施工期短;投资小于固定式,但大于浮船式;比浮船式稳定,能适应较大风浪。但只能取岸边表层水,水质较差;生产管理人员较固定式多,移车困难,安全性差;取水位置固定,需经常按水位涨落拆装接头,在水位变化较大的情况下,不如浮船取水机动灵活;泵车内面积和空间较小,工作条件较差。

适用条件为河水涨落在 10 ~ 35 m,涨落速度不大于 2 m/h;河床比较稳定,河岸地质条件较好,且岸坡有适宜的角度(一般在 10° ~ 28°);河段顺直,靠近主流;河流漂浮物较少、无冰凌且不易受漂木、浮筏、船只等撞击。

缆车式取水构筑物各部分构造如下。

1)泵车与水泵

当取水量不大、允许中断供水时,可考虑采用一部泵车。当供水量较大、供水可靠性要求较高时,应考虑选用两部或两部以上的泵车,每部泵车选用2~3台水泵。泵车上的水泵宜选用吸水高度不小于4 m、Q—H特性曲线较陡的水泵,以减少移车次数,并在河流水位变化时,取水量变化不致太大。

泵车的平面布置主要是机组与管路的布置。由于受坡道的倾角、轨距的影响,泵车尺寸不宜过大,小型泵车面积为12~20 m^2。

小型水泵机组宜采用平行布置(见图2-22),将机组直接布置在泵车的桁架上,使机组重心与泵车轴线重合,运转时振动小,稳定性好。大中型机组宜采用垂直布置(见图2-23),机组重心落在两桁架之间,机组放在短腹杆处,振动较小。

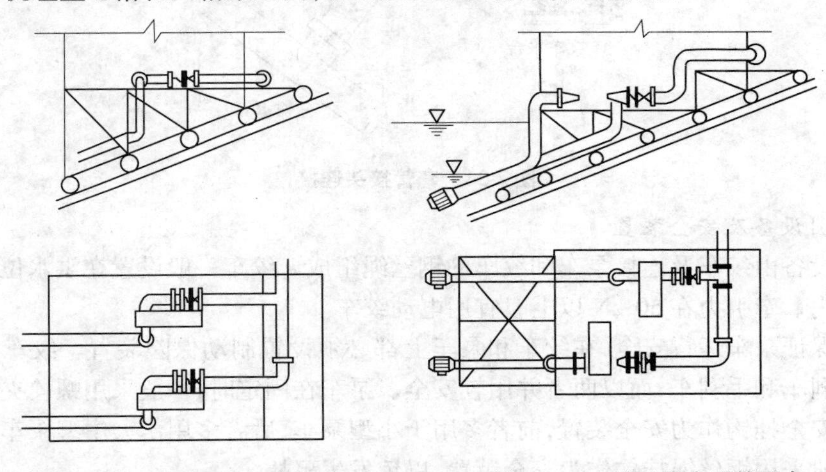

图2-22　水泵平行布置的泵车　　图2-23　水泵垂直布置的泵车

泵车车厢净高,在无起吊设备时采用2.5~3.0 m;有起吊设备时采用4.0~4.5 m。泵车的下部车架为型钢组成的桁架结构,在主桁架的下节点处装有2~6对滚轮。

2)坡道

坡道的坡度一般为10°~25°,有斜坡式和斜桥式(见图2-21)。当岸边地质条件较好、坡度适宜时,可采用斜坡式坡道;当岸坡较陡或河岸地质条件较差时,可采用斜桥式坡道。斜桥式坡道基础可做成整体式、框式挡土墙和钢筋混凝土框格式。坡道顶面应高出地面0.5 m左右,以免积泥。斜桥式坡道一般采用钢筋混凝土多跨连续梁结构。

在坡道基础上敷设钢轨,当吸水管直径小于300 mm时,轨距采用1.5~2.5 m;当吸水管直径为300~500 mm时,轨距采用2.8~4.0 m。

坡道上除设有轨道外,还设有输水管、安全挂钩座、电缆沟、接管平台及人行道等。当坡道上有泥沙淤积时,应在尾车上设置冲沙管及喷嘴。

3)输水管

一般一部泵车设置一根输水管。输水管沿斜坡或斜桥敷设。管上每隔一定距离设置叉管,以便与联络管相接。叉管的高差主要取决于水泵吸水高度和水位涨落速度,一般采用1~2 m。当采用曲臂式联络管时,叉管高差可取2~4 m。

在水泵出水管与叉管之间的联络管上需设置活动接头，以便移车时接口易于对准。活动接头有橡胶软管、球形万向接头、套筒旋转接头和曲臂式活动接头等。橡胶软管使用灵活，但使用寿命较短，一般用于管径 300 mm 以下。套筒接头由 1～3 个旋转套筒组成(见图 2-24)，装拆接口较方便，使用寿命较长，应用较广。

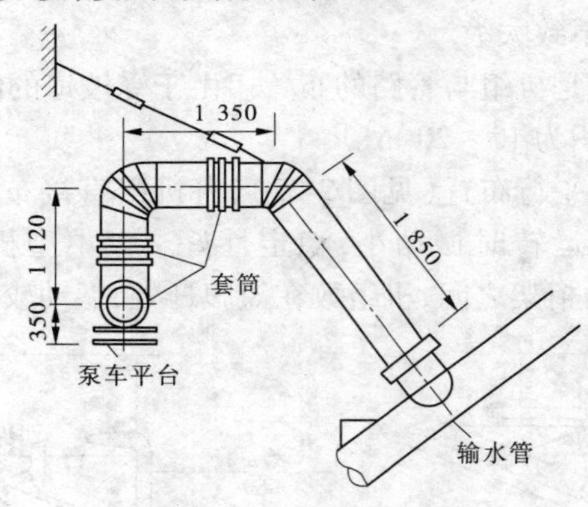

图 2-24　套管接头连接

4)牵引设备及安全装置

牵引设备由绞车及连接泵车和绞车的钢丝绳组成。绞车一般设置在洪水位以上岸边的绞车房内。牵引力在 50 kN 以上时宜用电动绞车。

为了保证泵车运行安全，在绞车和泵车上都必须设置制动保险装置。绞车制动装置有电磁铁刹车和手刹车，而以两者并用较安全。泵车在固定时，一般采用螺栓夹板式保险卡或钢杆安全挂钩作为安全装置，前者多用于小型泵车，后者多用于大中型泵车。泵车在移动时一般采用钢丝绳挂钩作为安全装置，以免发生事故。

2.1.4　湖泊和水库取水构筑物

2.1.4.1　湖泊和水库的水文、水质特征

1)水量与水位

湖泊、水库的水位与其蓄水量有关，而蓄水量一般呈季节性变化，一般夏秋季节出现最高水位，冬末春初则为最低水位。水位变化除与蓄水量有关外，还会受风向与风速的影响。在风的作用下，向风岸水位上升，而背风岸水位则下降。水位的变化幅度，在不同的湖泊、水库，又有其不同的特点。一般情况下，湖泊流域面积与自身水体表面积的比值越大，水位变幅越大；蓄水构造越窄、越深，水位变幅越大。人工水库较天然湖泊水位变幅大。

2)水生生物

由于湖泊、水库中的水流流动缓慢，阳光照射使水面表层温度较高，有利于水生生物的生长，水生生物十分丰富。水生生物的存在使水的色度增加，且产生臭味。在风的作用下，一些漂浮生物聚集在下风向，可造成取水构筑物的阻塞。

3)沉淀作用

湖泊、水库具有良好的沉淀作用，水中泥沙含量低，浊度变化不大。但在河流入口处，

由于水流突然变缓,易形成大量淤积。河流挟沙量越大,淤积现象越严重。一般取水口应考虑设在淤积影响小的位置。

4)含盐量

湖泊、水库的水质与补给水水源的水质、水量流入和流出的平衡关系、蒸发量的大小、蓄水构造的岩性等有关。一般用于给水水源的多为淡水湖,水质基本上具有内陆淡水的特点。不同的湖泊或水库,水体的化学成分不同。对同一湖泊或水库,位置不同,水体的化学成分和含盐量也不一样。

5)风浪

湖泊或水库水面宽广,在风的作用下常会产生较大的浪涌现象。由于水的浸润和浪击作用,可以造成岸基崩塌,在迎风岸这种现象更为明显。

2.1.4.2 湖泊和水库取水构筑物位置选择

取水构筑物位置选择应注意以下几点:

(1)不要选择在湖岸芦苇丛生处附近。一般在这些区域有机物丰富,水生生物较多,水质较差,尤其是螺丝类软体水底动物会吸附在进水孔上,产生严重的堵塞现象。

(2)不要选择在夏季主风向的向风面的凹岸处。这些位置有大量的浮游生物集聚,并且死亡的残骸沉入湖底腐烂后,使水质恶化,水的色度增加,且产生臭味。

(3)为了防止泥沙淤积取水头部,取水构筑物的位置应远离支流的汇入口,而应选在靠近大坝附近,这里水深较大,水的浊度也较小,也不易出现泥沙淤积现象。

(4)取水构筑物应建在坡度较小、岸高不大的基岩或植被完整的湖边或库边,其稳定性较好。

2.1.4.3 湖泊和水库取水构筑物的类型

1)隧洞式取水和引水明渠取水

在水深大于10 m的湖泊或水库中取水可采用引水隧洞或引水明渠取水。隧洞式取水构筑物可采用水下岩塞爆破法施工(见图2-25)。就是在选定的取水隧洞的下游端,先行挖掘修建引水隧洞,在接近湖底或库底的地方预留一定厚度的岩石——岩塞,最后采用水下爆破的办法,一次炸掉预留岩塞,从而形成取水口。这一方法在国内外均获得采用。

2)分层取水的取水构筑物

为避免水生生物及泥沙的影响,应在取水构筑物不同高度设置取水窗(见图2-26)。这种取水方式适宜于深水湖泊或水库。在不同季节、不同水深,深水湖泊或水库的水质相差较大。例如,在夏秋季节,表层水藻类较多,在秋末这些漂浮生物死亡沉积于库底或湖底,因腐烂而使水质恶化发臭。在汛期,暴雨后的地面径流带有大量泥沙流入湖泊水库,使水的浊度骤增,显然泥沙含量越靠湖底库底越高。采用分层取水的方式,可以根据不同水深的水质情况,取得低浊度、低色度、无嗅的水。

3)自流管式取水构筑物

在浅水湖泊和水库取水,一般采用自流管或虹吸管把水引入岸边深挖的吸水井内,然后水泵的吸水管直接从吸水井内抽水,泵房与吸水井既可合建,也可分建。图2-27所示为自流管合建式取水构筑物。

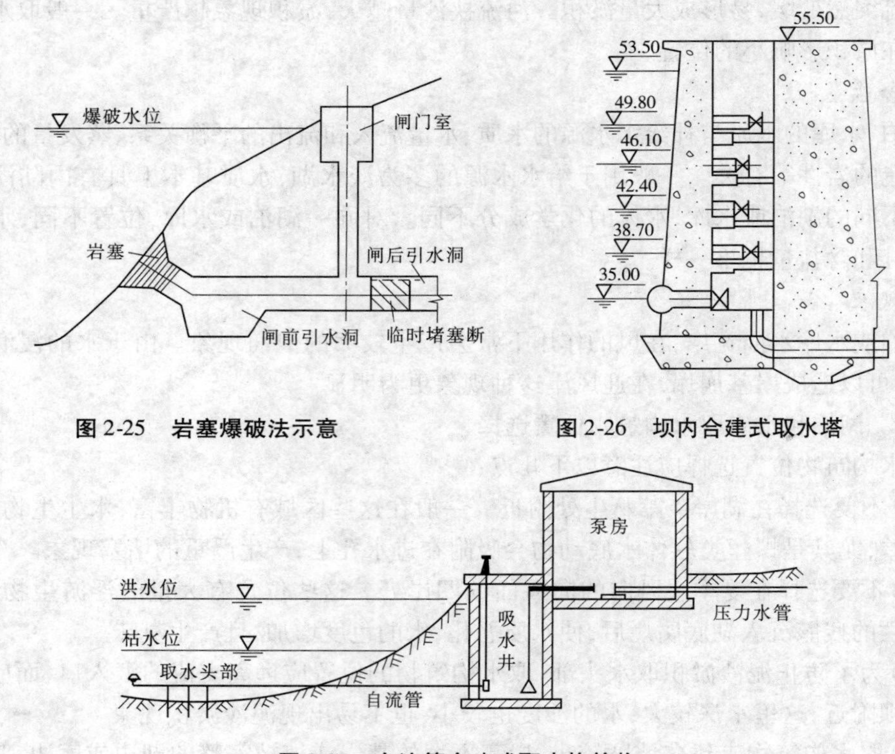

图 2-25　岩塞爆破法示意

图 2-26　坝内合建式取水塔

图 2-27　自流管合建式取水构筑物

2.1.5　山区浅水河流取水构筑物

2.1.5.1　山区河流及取水方式的特点

1）山区河流的特点

（1）流量和水位变化幅度很大，水位波动幅度大，洪水持续时间不长。在枯水期内流量很小，水层很浅。有时出现多股细流，甚至地面断流。暴雨之后，山洪暴发，洪水流量可为枯水流量的数十、数百倍或更大。

（2）水质变化剧烈。枯水期水流清澈见底。暴雨后，水质骤然浑浊，含沙量大，漂浮物多。雨过天晴，水又变清澈。

（3）河床常为砂、卵石或岩石组成。河床坡度陡，比降大，有时甚至出现 1 m 以上的大滚石。

（4）北方某些山区河流潜冰（水内冰）期较长。

2）山区取水方式的特点

（1）由于山区河流枯水期流量很小，因此取水量所占比例很大，可达 70% ~90% 以上。

（2）由于枯水期水层浅薄，因此取水深度不足，需要修筑低坝抬高水位，或者采用底部进水等方式解决。

（3）由于洪水期推移质多，粒径大，因此修建取水构筑物时，要考虑能将推移质顺利排除，不致造成淤塞或冲击。

2.1.5.2　山区浅水河流取水构筑物形式

根据山区河流取水的特点，取水构筑物常采用低坝式(活动坝和固定坝)或底栏栅式。当河床为透水性良好的砂砾层，含水层较厚，水量较丰富时，也可采用大口井或渗渠取地下渗流水。

1)低坝式取水

当山区河流取水深度不足、不通船、不放筏，且推移质不多时，可在河流上修筑低坝来抬高水位和拦截足够的水量。低坝式取水有固定式和活动式两种。低坝式取水适用于小型山区河流。

a. 固定式低坝取水

固定式低坝取水枢纽由拦河低坝、冲砂间、进水闸或取水泵站等部分组成，其布置如图2-28所示。固定式拦河坝一般由混凝土或浆砌块石做成溢流坝型式，坝高1～2 m。

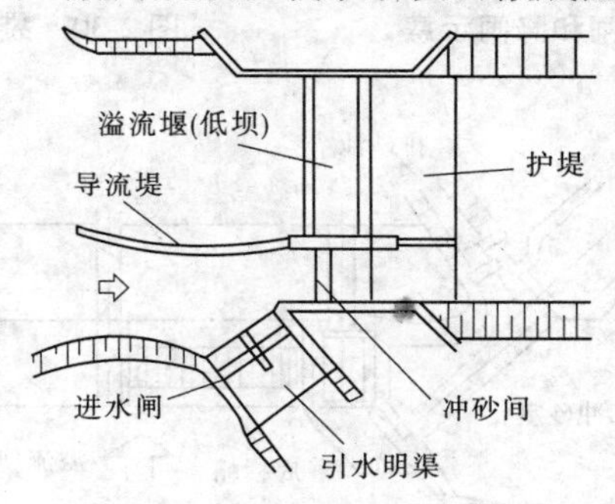

图2-28　低坝取水装置

坝的上游河床应用黏土或混凝土作防渗铺盖。当采用黏土铺盖时，还需在上面铺设30～50 cm厚的砌石层加以保护。坝下游一定范围内也需用混凝土或浆砌块石铺筑护坦，护坦上有时设有齿槛、消力墩等辅助消能设施，防止河床冲刷。

冲沙闸设在溢流坝的一侧，利用坝上下游的水位差将坝上沉积的泥沙排至下游。进水闸的轴线与冲沙闸轴线的夹角为30°～60°，以便在取水的同时进行排沙，使含沙较少的表层水从正面进入进水闸，而含沙较多的底层水则从侧面由冲沙闸泄至下游。

b. 活动式低坝取水

低水头活动坝种类较多，如浮体闸(见图2-29)、袋形橡胶坝(见图2-30)、设有活动闸门(平板闸门或弧形闸门)的水闸、水力自动翻板闸等。

袋形橡胶坝是用合成纤维(尼龙、卡普隆、锦纶、维纶)织成的帆布，布面塑以橡胶，黏合成一个坝袋，锚固在坝基和边墙上，然后用水或空气充胀，形成坝体挡水。当水和空气排除后，坝袋塌落便能泄水。

活动坝既能挡水又能泄水，在洪水期能减少上游淹没面积，且能便于冲走坝前沉积的泥沙，因此采用较多，但维护管理较复杂。

2)底栏栅式取水构筑物

底栏栅式取水构筑物由拦河低坝、底栏栅、引水廊道、沉砂池、取水泵站等组成，如图2-31所示。

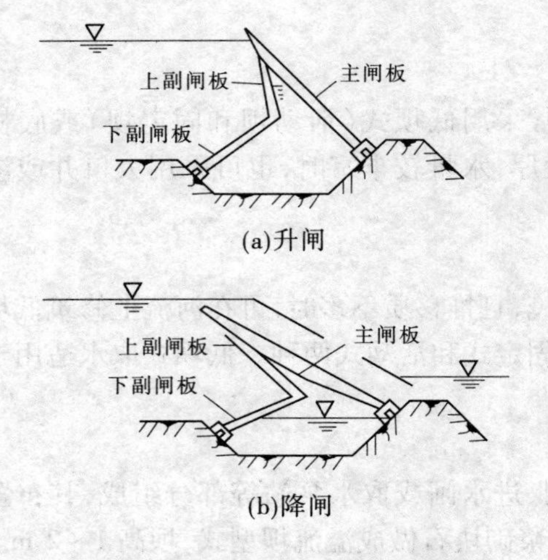

图 2-29　浮体闸升闸和降闸示意

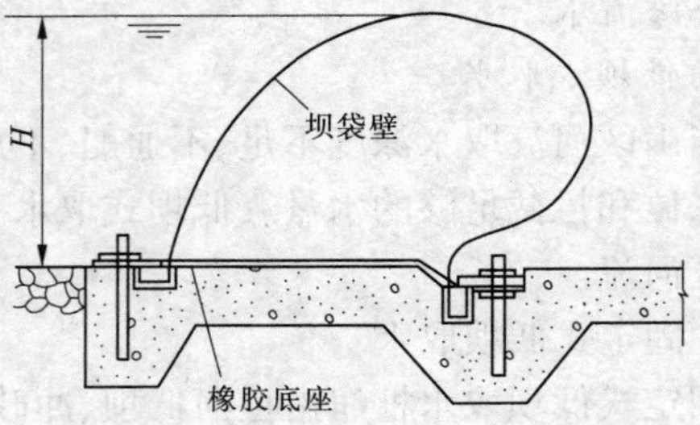

图 2-30　袋形橡胶坝断面

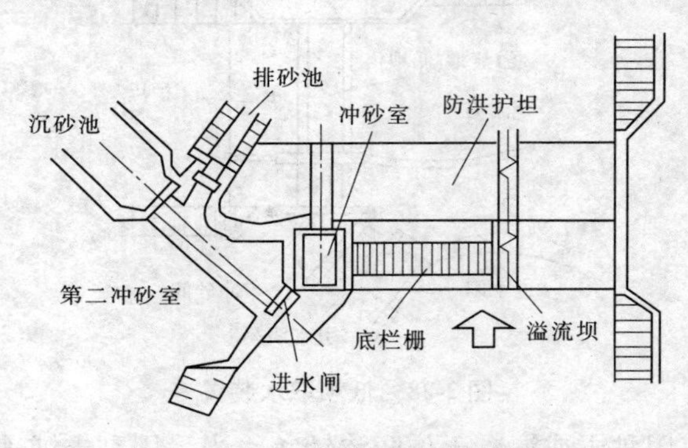

图 2-31　底栏栅式取水构筑物布置

（1）拦河低坝：用以拦截水流，抬高水位。坝轴与水流垂直布置，坝身用混凝土或浆砌块石筑成。坝顶一般高出河底 0.5 ~ 1.0 m。溢流坝段的顶面应较栏栅坝段的顶面高 0.3 ~ 0.5 m，以便常水位时水流能全部从栏栅上通过。为防止冲刷，坝下游应做陡坡、护坦和消力设施。

（2）底栏栅：用以拦截水中大粒径推移质和漂浮物，不使其进入引水廊道。栏栅栅条断面以梯形为好，不易堵塞和卡石。栅条宽度多为 8 ~ 25 mm，栅条净距一般采用 6 ~ 10 mm，最大 20 mm。为利于水流带动推移质顺利越过栏栅泄至下游，并减轻大石块对栏栅的冲击，栏栅应向下游以 0.1 ~ 0.2 的坡度敷设。

（3）引水廊道：一般采用矩形断面。水流按无压考虑，因此廊道内水面以上应留有 0.2 ~ 0.3 m 的保护高度。为避免泥沙淤积，廊道内的流速应从起端到末端逐渐增大，并应大于不淤流速。一般起端流速不小于 1.2 m/s，末端流速不小于 2.0 ~ 3.0 m/s。

（4）沉砂池：沉砂池用以去除水中粗颗粒泥沙，可做成直线型或曲线型。直线型沉砂池一般为矩形，采用一格或两格，每格宽 1.5 ~ 2.0 m，长 15 ~ 20 m。起端水深 2.0 ~ 2.5 m，底坡 0.1 ~ 0.2。池中沉淀的泥沙利用水力定期冲走。

由于在低坝上设有顶部带栏栅的引水廊道，河水流经坝顶时，一部分水通过栏栅流入引水廊道，经过沉砂池去除粗颗粒泥沙后，再由水泵抽走，其余河水经坝顶溢流，并将大粒径推移质、漂浮物及冰凌带至下游。当取水量大、推移质多时，可在底栏栅一侧设置冲砂室和进水闸（或岸边进水口）。冲砂室用以排泄坝上游沉积的泥沙。进水闸用以在栏栅及引水廊道检修，或冬季河水较清时进水。它通过坝顶带栏栅的引水廊道取水。

底栏栅式取水构筑物适宜河床较窄、水深较浅、河底纵坡较大、大颗粒推移质特别多的山溪河流，且取水量占河水总量比例较大时的情况，一般建议取水量不超过河道最枯流量的1/4～1/3。

2.2　地下水取水构筑物设计

2.2.1　地下水取水工程概述

由于地下水类型、埋藏深度、含水层性质等各不相同，开采和取集地下水的方法及取水构筑物型式也各不相同。取水构筑物有管井、大口井、辐射井、复合井及渗渠等，其中以管井和大口井最为常见。大口井用于取集浅层地下水，地下水埋深通常小于12 m，含水层厚度为5～20 m。管井用于开采深层地下水。管井深度一般在200 m以内，但最大深度也可达1 000 m以上。渗渠可用于取集含水层厚度在4～6 m、地下水埋深小于2 m的浅层地下水，也可取集河床地下水或地表渗透水。渗渠在我国东北和西北地区应用较多。辐射井一般用于取集含水层厚度较薄而不能采用大口井的地下水。含水层厚度薄、埋深大、不能用渗渠开采的，也可采用辐射井来开采地下水，故辐射井适应性较强，但施工困难。复合井适用于地下水位较高、厚度较大的含水层。有时在已建大口井中再打入管井成为复合井，以增加井的出水量和改善水质。

在规模较大的地下水取水工程中，常由很多取水井（管井或大口井）组成一个井群系统。按取水方法和集水方式，井群系统可分自流井井群、虹吸式井群、卧式泵取水井群、深井泵取水井群。当承压含水层的静水位高出地表时，可以用管道将水直接汇集至清水池、加压泵站或直接送入给水管网，这种井群系统为自流井井群。由虹吸管将各水井水汇入集水井，再由泵输送入清水池或管网，这种井群系统为虹吸式井群。当地下水位较高，井的最低动水位距地面不深(6～8 m)时，可采用卧式泵取水，且当井距不大时，可不用集水井，直接用吸水管或总连接管与各井相连吸水，这种井群系统称为卧式泵取水井群。当井的动水位低于地面10～12 m时，一般不能用虹吸管或卧式泵取水，需要用深井泵（包括深井潜水泵）取水，这种井群系统称为深井泵取水井群。

2.2.2　管井

管井又称机井，指用凿井机械开凿至含水层中，用井管保护井壁，垂直地面的直井。管井能用于各种岩性、埋深、含水层厚度和多层次含水层，管井是地下水取水构筑物中应用最为广泛的一种形式。管井按揭露含水层的类型划分，有潜水井和承压井；按揭露含水层的程度划分，有完整井和非完整井（见图2-32）。管井直径一般为50～1 000 mm，井深可达1 000 m以上。管井常用直径大多小于500 mm，井深不超过200 m。

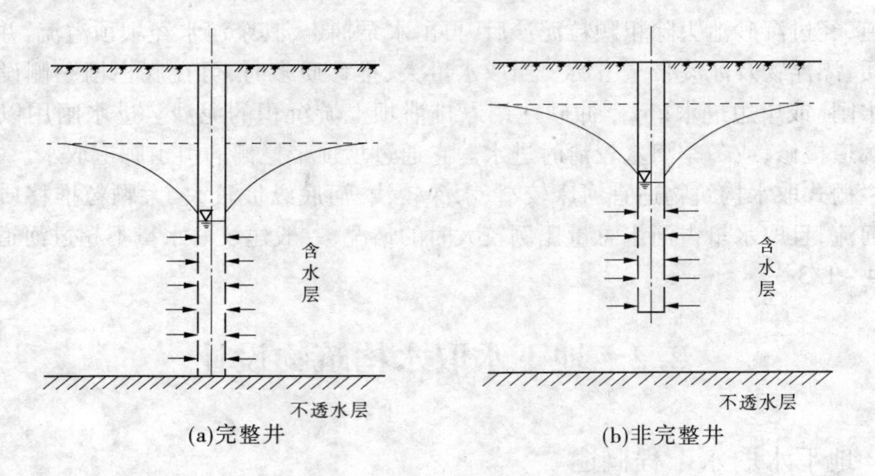

图 2-32　管井

2.2.2.1　管井的构造

常见的管井构造由井室、井管、过滤器及沉淀管所组成(见图 2-33)。当有几个含水层,且各层水头相差不大时,可用如图 2-33(b)所示的双层过滤器管井。当抽取结构稳定的岩溶裂隙水时,管井也可不装井管和过滤器,仅在上部覆盖层和基岩风化带设护口井管。此外,在有坚硬覆盖层的砂质承压含水层中,也可采用无过滤器管井。

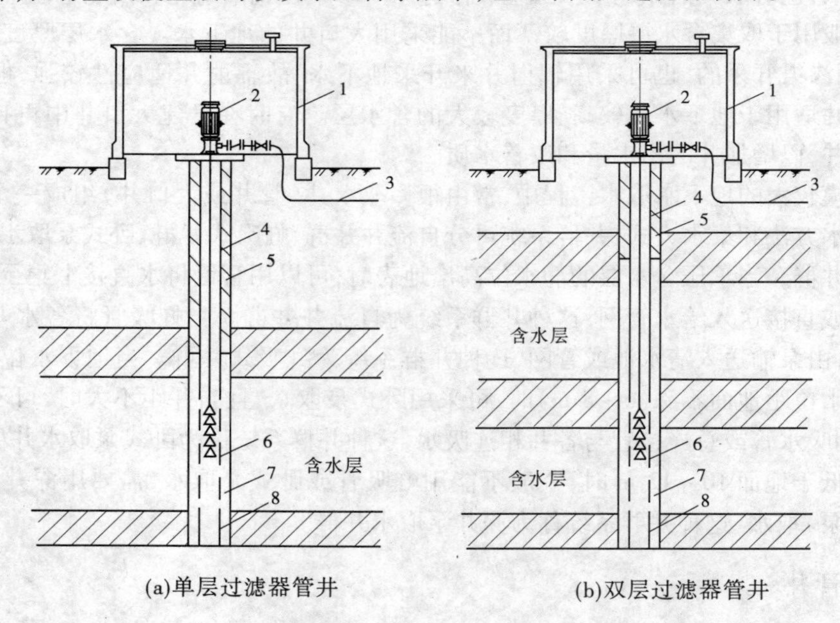

图 2-33　管井的一般构造

1—井室;2—深井泵;3—压水管;4—井管;5—黏土封闭层;6—过滤器;7—规格填砾;8—沉淀管

1)井室

井室是用以安装各种设备(如水泵、电机、阀门及控制柜等)、保持井口免受污染和进行维护管理的场所。为保证井室内设备正常运行，井室应有一定的采光、采暖、通风、防水和防潮设施；为防止井室积水流入井内，井口应高出井室地面0.3～0.5 m；为防止地下含水层被污染，井口一般用优质黏土或水泥等不透水材料封闭，密封高度一般不少于3 m。

水泵的选择应满足供水时的流量和扬程要求，一般根据井的出水量、静水位、动水位和井深、井径等因素来决定。管井常用的水泵有深井泵、潜水泵和卧式水泵等。深井泵实际上是一种立式单吸分段式多级离心水泵，可获得较大的扬程，使用不受地下水位埋深的影响；潜水泵具有结构简单、使用方便、重量轻、运转平稳和无噪声等优点，在小流量管井中得到广泛使用；卧式水泵受其吸水高度的限制，常用于地下水动水位较高的管井中。

井室的形式在很大程度上取决于抽水设备，同时也要考虑到气候、水源地卫生等条件的影响，深井泵房可以建成地面式、地下式或半地下式。地面式深井泵房（见图2-33）在维护管理、防水、防潮、采光、通风等方面均优于地下式泵房，一般大流量深井泵房通常采用地上式，地下式深井泵站较适宜于北方寒冷地区，井室内一般无须采暖。

2）井管

井管也称井壁管，安装于不需进水的地层（如咸水含水层、出水量小的黏性土层等），用以加固井壁、隔离水质较差或水头较低的含水层。井管应具有足够的强度，不弯曲，内壁平滑、圆整，有较强的抗腐蚀性能。井管可以是钢管、铸铁管、钢筋混凝土管、石棉水泥管、塑料管等。一般情况下，钢管适用的井深范围不受限制；铸铁管一般适用于井深小于250 m范围；钢筋混凝土管一般井深不得大于150 m；当井深较小时可采用塑料管。井管直径应按水泵类型、吸水管外形尺寸等确定，通常大于或等于过滤器的内径。当采用深井泵或潜水泵时，井管内径应大于水泵下部最大外径100 mm。

在井管与井壁间的环状空间应填入不透水的黏土，形成隔水带，称做黏土封闭层。

3）过滤器

过滤器是管井的重要组成部分，俗称花管。它连接于井管，安装在含水层中，带有孔眼或缝隙，用以集水和保持填砾与含水层的稳定。它的构造、材质、施工安装质量对管井的出水量、含沙量和工作年限有很大影响，所以是管井构造的核心。对过滤器的基本要求是：有足够的强度和抗腐蚀性，具有良好的透水性能，能保持人工填砾层和含水层的稳定性。

过滤器主要由过滤骨架和过滤层组成。过滤骨架主要起支撑作用，也可直接用做过滤器。过滤层起着过滤作用，有分布于骨架外的密集缠丝、带孔眼的滤网及砾石充填层等。

工程上常用的过滤骨架有两种结构形式，即管状骨架和钢筋骨架。管型按其上的孔眼特征又分为圆孔及条孔两种。当用做过滤器时，分别称为圆孔过滤器、条孔过滤器和钢筋骨架过滤器。

由不同骨架和不同过滤层可组成各种过滤器。现将几种常用的过滤器简述如下（见图2-34）。

（1）骨架过滤器：只由骨架组成，不带过滤层。仅用于井壁不稳定的基岩井圆孔、条孔，过滤器可以用钢、铸铁、钢筋混凝土、塑料等材料加工而成。过滤器孔眼的直径或宽度、排列方式及间距与用料强度、含水层的孔隙率及其粒径有关。按含水层的粒径选择适

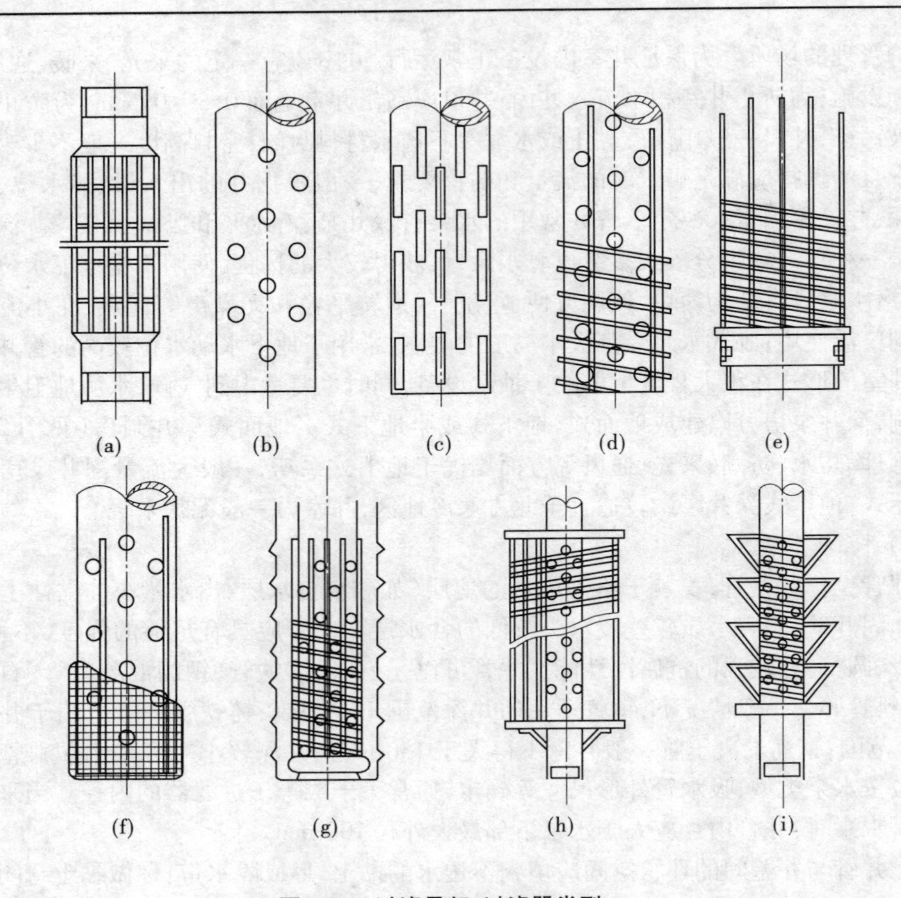

图 2-34　过滤骨架、过滤器类型

(a)钢筋骨架;(b)圆孔;(c)条孔;(d)、(e)缠丝;(f)包网;(g)填砾;(h)笼状填砾;(i)筐状填砾

宜的孔眼尺寸能使洗井时含水层内细小颗粒通过其孔眼被冲走,而留在过滤器周围的粗颗粒形成透水性良好的天然反滤层,如图 2-35 所示。这种反滤层对保持含水层的渗透稳定性,提高过滤器的透水性,改善管井的工作性能(如扩大管井实际进水面积、减小水头损失),提高管井单位出水量,延长使用年限都有很大作用。同时,受管材强度的制约,各种管材允许孔隙率为:钢管 30% ~35%、铸铁管 18% ~25%、钢筋混凝土管 10% ~15%、塑料管 10%。表 2-1 为不填砾的过滤器进水孔眼直径或宽度与含水层粒径的关系数据。圆孔孔眼布置间距为孔径的 1 ~2 倍,条孔的长度约为宽度的 10 倍。

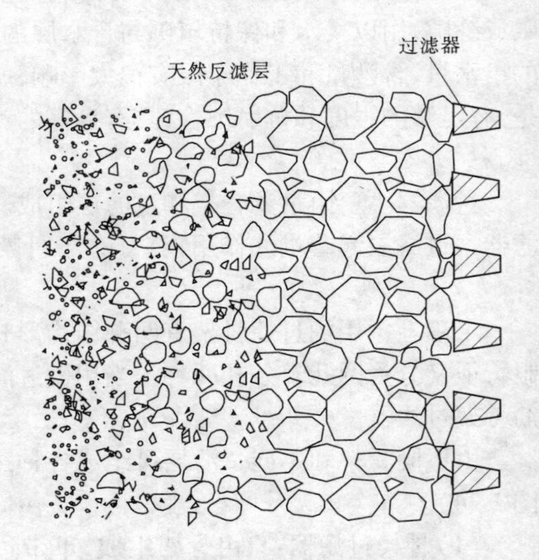

图 2-35　过滤器周围的天然反滤层

表2-1　过滤器的进水孔眼直径或宽度

过滤器名称	进水孔眼直径或宽度	
	岩层不均匀系数($\frac{d_{60}}{d_{10}}<2$)	岩层不均匀系数($\frac{d_{60}}{d_{10}}>2$)
圆孔过滤器	$(2.5\sim3.0)d_{50}$	$(3.0\sim4.0)d_{50}$
条孔和缠丝过滤器	$(1.25\sim1.5)d_{50}$	$(1.5\sim2.0)d_{50}$
包网过滤器	$(1.5\sim2.0)d_{50}$	$(2.0\sim2.5)d_{50}$

注:1. d_{60}、d_{50}、d_{10}是指分别通过含水层颗粒重量60%、50%、10%的筛孔孔径。
2. 较细砂层取小值,较粗砂层取大值。

当用圆孔过滤器作其他过滤器的骨架时,圆孔直径一般采用10~25 mm。当用条孔作其他过滤器的骨架时,条孔宽度一般采用10~15 mm或更大一些。

钢筋骨架是由两端的短管、直径16 mm的竖向钢筋(间距30~40 mm)和支撑环(间距250~300 mm)焊接而成的管状物,每节长3~4 m,一般仅用于不稳定的裂隙岩、砂岩或砾岩含水层。钢筋骨架用料省、易加工、孔隙率大,但其抗压强度较低,不宜用于深度大于200 m的管井和侵蚀性较强的含水层。

(2)缠丝过滤器:由上述各种过滤骨架和直径为6 mm、间距为40~50 mm的竖向垫筋(如为钢筋骨架时,则不需设垫筋)及缠丝组成。缠丝为金属丝或塑料丝。一般采用直径2~3 mm的镀锌铁丝;在腐蚀性较强的地下水中宜用不锈钢等抗蚀性较好的金属丝。生产实践中还曾试用尼龙丝、玻璃纤维增强塑料丝等强度高、抗蚀性强的非金属丝代替金属丝,取得较好的效果。缠丝的间距应根据含水层颗粒组成,参照表2-2确定。

表2-2　填砾过滤器填砾规格和缠丝间距一览表

含水层颗粒分类	筛分结果(以筛分以后的重量计算)	填入砾石直径(mm)	过滤器缠丝间距(mm)
卵石	颗粒>3 mm　占90%~100%	24~30	5
砾石	颗粒>2.25 mm　占85%~90%	18~22	5
砾石	颗粒>1 mm　占80%~85%	7.5~10	5
粗砂	颗粒>0.75 mm　占70%~80%	6~7.5	5
粗砂	颗粒>0.5 mm　占70%~80%	5~6	4
中砂	颗粒>0.4 mm　占60%~70%	3~4	2.5
中砂	颗粒>0.3 mm　占60%~70%	2.5~3	2
中砂	颗粒>0.25 mm　占60%~70%	2~2.5	1.5
细砂	颗粒>0.2 mm　占50%~60%	1.5~2	1
细砂	颗粒>0.15 mm　占50%~60%	1~1.5	0.75
细砂含泥	颗粒>0.15 mm　占40%~50%(含泥不超过50%)	1~1.5	0.75
粉砂	颗粒>0.1 mm　占50%~60%	0.75~1	0.5~0.75
粉砂含泥	颗粒>0.1 mm　占40%~50%(含泥不超过50%)	0.75~1	0.5~0.75

缠丝的效果较好,且制作简单、经久耐用,适用于中砂、粗砂、砾石和卵石等含水层。若含水层颗粒太细,要求缠丝间距太小,加工常有困难,此时可在缠丝过滤器外充以砾石。

(3)包网过滤器:由骨架、支撑垫筋和滤网组成,滤网外再绕以稀疏的护丝(条)以保护滤网。滤网一般采用直径为 0.2 ~ 1 mm 的铜丝网,网眼大小也可根据含水层颗粒组成,参照表 2-1 确定。过滤器的微小铜丝易被电化学腐蚀并堵塞,因此也有用不锈钢丝网或尼龙网取代黄铜丝网的。

包网过滤器与缠丝过滤器相同,适用于中砂、粗砂、砾石、卵石等含水层,但由于包网过滤器阻力大,易被细砂堵塞,易腐蚀,因而已逐渐为缠丝过滤器取代。

(4)填砾过滤器:以上述各种过滤器或过滤骨架为支撑骨架,在其周围铺填与含水层颗粒有一定级配关系的砾石层而形成的管井过滤器。工程中应用较广泛的是在缠丝过滤器外围填砾石组成的缠丝填砾过滤器。

这种人工围填的砾石层又称人工反滤层(见图 2-36)。过滤器周围能形成天然反滤层的必要条件是含水层中含有骨架颗粒,所以不是所有含水层都能形成效果良好的天然反滤层。因此,工程上常用人工反滤层取代天然反滤层。

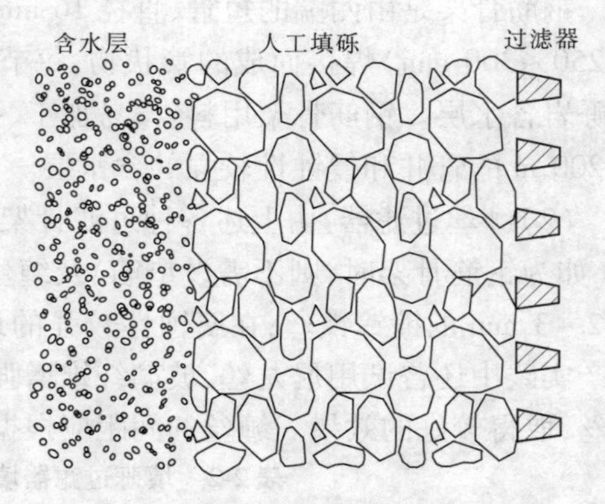

图 2-36　过滤器周围的人工反滤层(填砾)

填砾过滤器适用于各类砂质含水层和砾石、卵石含水层,过滤器的进水孔尺寸等于过滤器壁上所填砾石的平均粒径。填砾粒径和含水层粒径之比应为:

$$\frac{D_{50}}{d_{50}} = 6 \sim 8 \qquad (2\text{-}1)$$

式中　D_{50}——能通过填砾颗粒总重量 50% 的筛孔孔径;

d_{50}——能通过含水层颗粒总重量 50% 的筛孔孔径。

填砾颗粒 D_{50} 和含水层颗粒 d_{50} 之比如控制在式(2-1)的范围内,人工填砾层一般能截留住含水层中的骨架颗粒,使含水层保持稳定,且细小的非骨架颗粒则随出水排走,故具有较好的透水能力。

从试验观察,在式(2-1)级配比范围内,填砾厚度为填砾粒径的 3 ~ 4 倍时,即能保持含水层的稳定。一般当含水层为粗砂、砾石、卵石时,填砾厚度为 150 mm;当含水层为中、细、粉砂时,填砾厚度为 200 mm。在施工条件允许时,还可再加大填砾层厚度,因为加大填砾层厚度实际上是加大了填砾层和含水层的接触面积(也即进水断面面积),从而降低了进水流速和进水水头损失,改善了含水层稳定性,提高了井的产水量。

各类含水层填入砾石的粒径和相应过滤器缠丝间距,也可参考表 2-2 确定。

由于填砾层在建成运行中可能出现下沉现象,为此,填砾层应超过过滤器顶 8 ~ 10 m。

为了克服人工填砾在施工中的困难,填砾过滤器另外一种类型是将砾石和过滤器事先组合在一起,即在过滤器外预先做好装填砾石的笼架或筐架,然后将砾石装填于其中,这样组成的过滤器分别称其为笼状填砾过滤器、筐状填砾过滤器,如图 2-34(h)、(i)所示。

(5)砾石水泥过滤器：由水泥浆胶结砾石制成，又称为无砂混凝土过滤器。被水泥浆胶结的砾石，其孔隙仅有一部分被水泥填充，故有一定透水性。其孔隙率与砾石的粒径、水灰比、灰石比有关，一般可达20%。常用砾石粒径为3～7 mm，灰石比为1∶4～1∶5，水灰比为0.28～0.35。砾石水泥过滤器取材容易、制作简单、成本低廉，但由于此种过滤器重量大、强度较低，在细、粉砂或含铁量较高的含水层中易堵塞，故使用时最好在过滤器外填入一定规格的砾石，并且井深以不超过150 m为宜。

4)沉淀管

沉淀管接在过滤器的下面，用以沉淀进入井内的细小砂粒和自地下水中析出的沉淀物，以防在日后的运行中因沉积物堆积而堵塞过滤器，影响管井出水量。其长度根据井深和含水层出砂量而定，一般为2～10 m。井深小于20 m，沉淀管长度取2 m；井深大于90 m，沉淀管长度取10 m。

2.2.2.2　管井出水量计算

管井出水量的计算是确定在最大允许的水位降落量时井的出水量，或在给定井的出水量条件下确定井中相应的水位降落值。影响管井出水量的因素有很多，如含水层的厚度、含水层的渗透系数、地下水的渗流情况、地下水的补给条件、管井的构造等，因此精确计算管井的出水量较为困难。管井的出水量计算有理论公式计算法和经验公式计算法。由于地下水的运动较为复杂，一些水文地质参数也较难精确确定，故采用理论公式计算虽较为简便，但计算精度比较差。经验公式避开水文地质参数等的求解，根据现场的抽水试验资料建立拟合方程，其结果能较好符合井的实际情况。

1)管井水力计算的理论公式

a.稳定流情况下井的水力计算

(1)承压含水层完整井(见图2-37)计算公式为：

$$Q=\frac{2\pi KmS_0}{\ln\dfrac{R}{r_0}}=\frac{2.73KmS_0}{\lg\dfrac{R}{r_0}} \tag{2-2}$$

(2)无压含水层完整井(见图2-38)计算公式为：

$$Q=\frac{\pi K(H^2-h_0^2)}{\ln\dfrac{R}{r_0}}=\frac{1.37K(2HS_0-S_0^2)}{\lg\dfrac{R}{r_0}} \tag{2-3}$$

式中　Q——井的出水量，m^3/d；

K——渗透系数，m/d；

R——影响半径，m；

S_0——出水量为Q时，井外壁的水位降落值，m；

r_0——过滤器的半径，m；

m——承压含水层的厚度，m；

h_0——出水量为Q时，井外壁的水位至含水层底板的距离，m；

H——无压含水层的厚度，m。

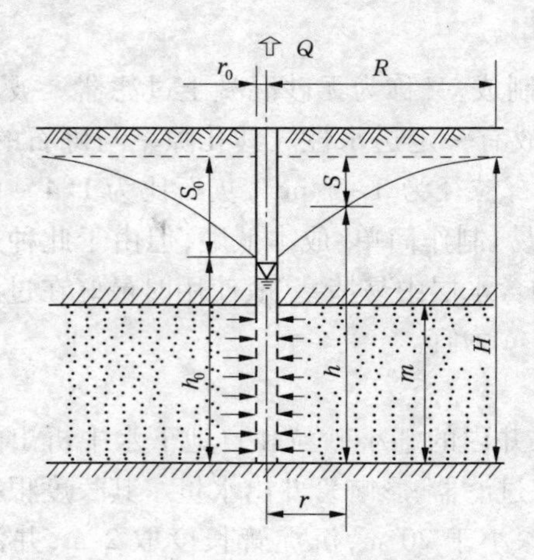

图 2-37　承压含水层完整井计算简图

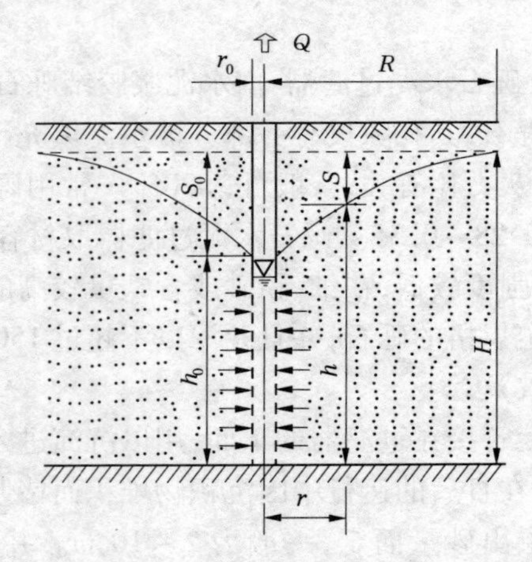

图 2-38　无压含水层完整井计算简图

计算公式中的 K、R、H、m 等参数，可以根据水文地质勘探资料确定。其中渗透系数 K 可以由现场的抽水试验确定，当无抽水条件时，可以参照水文地质条件类似地区的 K 值或经验参数（见表 2-3）取值。影响半径 R 最好通过现场的抽水试验确定，或参照水文地质条件类似地区资料或经验参数（见表 2-4）取值。

表 2-3　地层渗透系数 K 经验值

地层	地层颗粒		渗透系数 K（m/d）
	粒径（mm）	所占比重（%）	
黏土			近于 0
粉质黏土			0.1 ~ 0.25
黄土			0.25 ~ 0.5
粉土			0.5 ~ 1
粉砂	0.05 ~ 0.1	70 以下	1 ~ 5
细砂	0.1 ~ 0.25	>70	5 ~ 10
中砂	0.25 ~ 0.5	>50	10 ~ 25
粗砂	0.5 ~ 1.0	>50	25 ~ 50
极粗的砂	1 ~ 2	>50	50 ~ 100
砾石夹砂			75 ~ 150
带粗砂的砾石			100 ~ 200
漂砾石			200 ~ 500
圆砾大漂石			500 ~ 1 000

表 2-4　不同地层的影响半径 R 经验值

地层	地层颗粒		影响半径 R
	粒径(mm)	所占比重(%)	(m)
粉砂	0.05~0.1	70 以下	25~50
细砂	0.1~0.25	>70	50~100
中砂	0.25~0.5	>50	100~300
粗砂	0.5~1.0	>50	300~400
极粗的砂	1~2	>50	400~500
小砾石	2~3		500~600
中砾石	3~5		600~1 500
粗砾石	5~10		1 500~3 000

(3)承压含水层非完整井的计算。马斯盖特(Muskat,M.)在裘布依稳定流理论的基础上,应用空间映射和势流叠加原理导出有限厚承压含水层非完整井(见图 2-39)计算公式:

$$Q=\frac{2.73KmS_0}{\frac{1}{2\bar{h}}\left(2\lg\frac{4m}{r_0}-A\right)-\lg\frac{4m}{R}} \tag{2-4}$$

式中　$\bar{h}=\frac{L}{m}$ ——过滤器插入含水层的相对深度;

$A=f(\bar{h})$——由辅助图(图 2-40)确定的函数值;

L——过滤器长度,m;

其余符号含义同前。

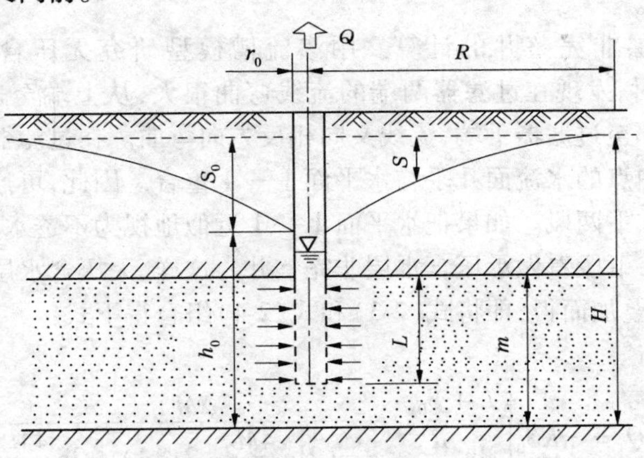

图 2-39　承压含水层非完整井计算简图

从图 2-40 可以看出,当$\bar{h}=1$ 时,$A=0$,则式(2-4)变成完整井的计算式,$\bar{h}=1$ 即 $L=m$,这说明式(2-4)是合理的。但当$\bar{h}$很小时,A 变得较大,这时有可能使得式(2-4)分母中$\left(2\lg\frac{4m}{r_0}-A\right)\to 0$,则式(2-4)将变为:

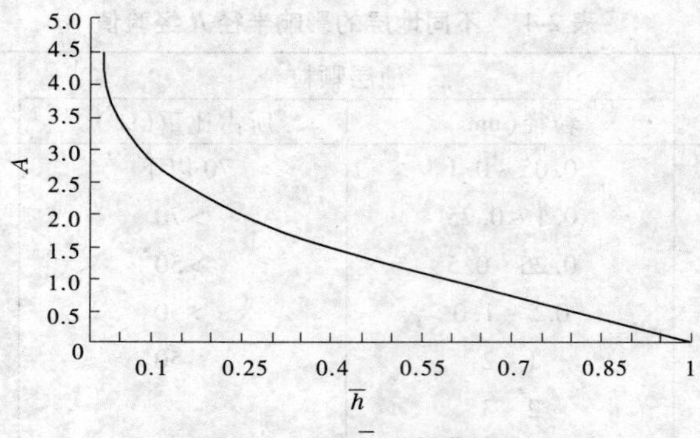

图 2-40 $A \sim \bar{h}$ 函数曲线

$$Q = \frac{2.73KmS_0}{-\lg\frac{4m}{R}} = \frac{2.73KmS_0}{\lg\frac{R}{4m}} \tag{2-5}$$

这就成了和半径为 $4m$(m 为承压含水层的厚度)的承压完整井的流量一样,也就是说,当$\bar{h}$很小时,承压非完整井的流量比同条件下完整井的流量大很多,这显然是不合理的。经验证明,当 $L/r_0>5$ 及 $r_0/m\leqslant 0.01$ 时,式(2-4)可以得到比较满意的计算结果,计算误差不超过10%。

对很厚的含水层(当 $L\leqslant 0.3m$,m 为承压含水层的厚度),可用巴布希金(Бабущкин. В. Д)得出的适用无限厚承压含水层非完整井公式:

$$Q = \frac{2.73KLS_0}{\lg\frac{1.32L}{r_0}} \tag{2-6}$$

式中符号含义同前。

(4)无压含水层非完整井的计算。用渗流槽模型研究无压含水层非完整井(见图2-41)水流特点时,发现在过滤器两端的流线弯曲很大,从上端至过滤器中部,弯曲程度逐渐变缓,从中部至过滤器下端,流线又向相反方向弯曲。在过滤器中部流线近似于平面径向流动,通过中点的水流面几乎与水平面Ⅰ—Ⅰ重合。因此,可通过水平面Ⅰ—Ⅰ把整个渗流区分为上、下两段。如果把水平面Ⅰ—Ⅰ近似地视为不透水层,则上段可以看做无压含水层完整井,下段看做承压含水层非完整井。这样,无压含水层非完整井的出水量可从上述两段水量叠加而得,即将式(2-3)和式(2-4)组合得下式:

$$Q = \pi KS_0\left[\frac{L+S_0}{\ln\frac{R}{r_0}} + \frac{2M}{\frac{1}{2\bar{h}}\left(2\ln\frac{4M}{r_0} - 2.3A\right) - \ln\frac{4M}{R}}\right] \tag{2-7}$$

式中 $M = h_0 - 0.5L$;

$\bar{h} = \frac{0.5L}{M}$;

$A = f(\bar{h})$,由辅助图(图2-40)查得。

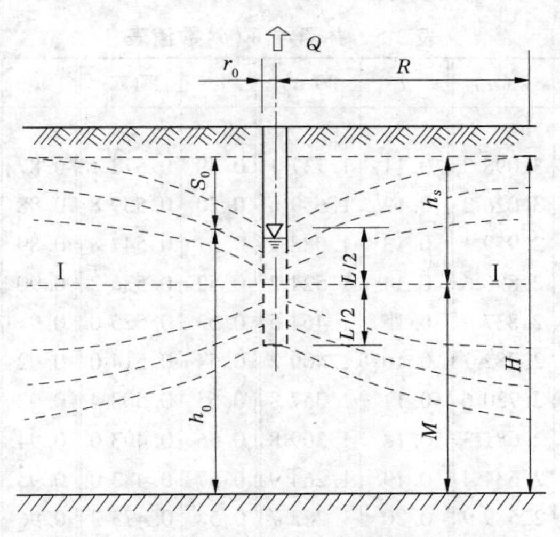

图2-41　无压含水层非完整井计算简图

b.非稳定流情况下井的水力计算

裘布依型稳定流公式是建立在开采条件下地下水各运动要素不随时间发生变化的稳定流阶段，显然严格意义上的稳定流在实际工程中是不存在，但这类公式具有简单、使用方便等优点，而近似于公式假设条件的情况在工程实际中还大量存在，因此上述稳定流公式仍具有一定的实用价值。包含时间变量的泰斯(C. V. Theis)公式是非稳定流理论的基本公式。泰斯非稳定流理论认为在抽水过程中地下水的运动状态是随时间而变化的，即动水位不断下降，降落漏斗不断扩大，直至含水层的边缘或补给水体。非稳定流理论公式除在抽水试验中确定水文地质参数有重要意义外，还可评价地下水的开采量、预报地下水位下降值。以下介绍非稳定流承压、无压含水层完整井非稳定流计算公式。

(1)承压含水层完整井的泰斯公式：

$$S = \frac{Q}{4\pi T}W(u) \tag{2-8}$$

$$W(u) = -0.5772 - \ln u + \sum_{n=1}^{\infty}(-1)^{n+1}\frac{u^n}{n \cdot n!} \tag{2-9}$$

$$u = \frac{r^2}{4at} \tag{2-10}$$

式中　Q——井的出水量，m^3/d；

S——水井以恒定出水量 Q 抽水 t 时间后，观测点处的水位降落值，m；

T——导水系数，m^2/d，$T = Km$，其中 K 为渗透系数，m/d，m 为承压含水层厚度，m；

r——观测点至井中心的距离，m；

$W(u)$——井函数，为一收敛级数，可从井函数数值表(表2-5)查得；

u——井函数自变量，由式(2-10)计算；

a——承压含水层压力传导系数，m^2/d；$a = \frac{T}{\mu_S}$，此处 μ_S 为储水系数(又称弹性给水度)，μ_S 或 a 值由现场抽水试验确定；

t——抽水时间，d。

表 2-5　井函数 $W(u)$ 数值表

u	$W(u)$	u	$W(u)$	u	$W(u)$	u	$W(u)$	u	$W(u)$	u	$W(u)$
0	∞										
1×10^{-12}	27.053 8	0.026	3.098 3	0.11	1.737 1	0.49	0.572 1	0.87	0.274 2	3.5	0.007 0
2×10^{-12}	26.360 7	0.028	3.026 2	0.12	1.659 6	0.50	0.559 8	0.88	0.269 4	3.6	0.006 2
5×10^{-12}	25.444 4	0.030	2.959 1	0.13	1.588 9	0.51	0.547 8	0.89	0.264 8	3.7	0.005 5
1×10^{-11}	24.751 2	0.032	2.896 6	0.14	1.524 2	0.52	0.536 2	0.90	0.260 2	3.8	0.004 8
2×10^{-11}	24.058 1	0.034	2.837 9	0.15	1.464 5	0.53	0.525 0	0.91	0.255 7	3.9	0.004 3
5×10^{-11}	23.141 8	0.036	2.782 7	0.16	1.409 2	0.54	0.514 0	0.92	0.251 4	4.0	0.003 8
1×10^{-10}	22.448 7	0.038	2.730 6	0.17	1.357 8	0.55	0.503 4	0.93	0.247 1	4.1	0.003 4
2×10^{-10}	21.755 5	0.040	2.681 3	0.18	1.309 8	0.56	0.493 0	0.94	0.242 9	4.2	0.003 0
5×10^{-10}	20.839 2	0.042	2.634 4	0.19	1.264 9	0.57	0.483 0	0.95	0.238 8	4.3	0.002 6
1×10^{-9}	20.146 1	0.044	2.589 9	0.20	1.222 7	0.58	0.473 2	0.96	0.234 7	4.4	0.002 4
2×10^{-9}	19.452 9	0.046	2.547 4	0.21	1.182 9	0.59	0.463 7	0.97	0.230 8	4.5	0.002 1
5×10^{-9}	18.536 6	0.048	2.506 8	0.22	1.145 4	0.60	0.454 4	0.98	0.226 9	4.6	0.001 9
1×10^{-8}	17.843 5	0.050	2.467 9	0.23	1.109 9	0.61	0.445 4	0.99	0.223 1	4.7	0.001 7
2×10^{-8}	17.150 3	0.052	2.430 6	0.24	1.076 3	0.62	0.436 6	1.00	0.219 4	4.8	0.001 5
5×10^{-8}	16.234 0	0.054	2.394 9	0.25	1.044 3	0.63	0.428 0	1.10	0.186 0	4.9	0.001 3
1×10^{-7}	15.540 9	0.056	2.360 4	0.26	1.013 9	0.64	0.419 7	1.20	0.158 4	5.0	0.001 2
2×10^{-7}	14.847 7	0.058	2.327 3	0.27	0.984 9	0.65	0.411 5	1.30	0.135 5		
5×10^{-7}	13.931 5	0.060	2.295 3	0.28	0.957 3	0.66	0.403 6	1.40	0.116 2		
1×10^{-6}	13.238 3	0.062	2.264 5	0.29	0.930 9	0.67	0.395 9	1.50	0.100 0		
2×10^{-6}	12.545 2	0.064	2.234 7	0.30	0.905 7	0.68	0.388 3	1.60	0.086 3		
5×10^{-6}	11.628 9	0.066	2.205 8	0.31	0.881 5	0.69	0.381 0	1.70	0.074 7		
1×10^{-5}	10.935 7	0.068	2.177 9	0.32	0.858 4	0.70	0.373 8	1.80	0.064 7		
2×10^{-5}	10.242 6	0.070	2.150 9	0.33	0.836 1	0.71	0.366 8	1.90	0.056 2		
5×10^{-5}	9.326 3	0.072	2.124 6	0.34	0.814 8	0.72	0.359 9	2.00	0.048 9		
1×10^{-4}	8.633 2	0.074	2.099 1	0.35	0.794 2	0.73	0.353 3	2.10	0.042 6		
2×10^{-4}	7.940 2	0.076	2.074 4	0.36	0.774 5	0.74	0.346 7	2.20	0.037 2		
5×10^{-4}	7.024 2	0.078	2.050 4	0.37	0.755 5	0.75	0.340 4	2.30	0.032 5		
1×10^{-3}	6.331 6	0.080	2.027 0	0.38	0.737 1	0.76	0.334 1	2.40	0.028 5		
2×10^{-3}	5.639 4	0.082	2.004 2	0.39	0.719 5	0.77	0.328 0	2.50	0.024 9		
5×10^{-3}	4.726 1	0.084	1.982 0	0.40	0.702 4	0.78	0.322 1	2.60	0.021 9		
0.010	4.037 9	0.086	1.960 4	0.41	0.685 9	0.79	0.3163	2.70	0.019 2		
0.012	3.857 6	0.088	1.939 3	0.42	0.670 0	0.80	0.310 6	2.80	0.016 9		
0.014	3.705 4	0.090	1.918 8	0.43	0.654 6	0.81	0.305 1	2.90	0.014 8		
0.016	3.573 9	0.092	1.898 7	0.44	0.639 7	0.82	0.299 6	3.00	0.013 1		
0.018	3.458 1	0.094	1.879 1	0.45	0.625 3	0.83	0.294 3	3.10	0.011 5		
0.020	3.354 7	0.096	1.860 0	0.46	0.611 4	0.84	0.289 1	3.20	0.010 1		
0.022	3.261 4	0.098	1.841 2	0.47	0.597 9	0.85	0.284 0	3.30	0.009 0		
0.024	3.176 4	0.100	1.822 9	0.48	0.584 8	0.86	0.279 1	3.40	0.007 9		

因式(2-9)为收敛级数,当抽水时间 t 较长、u 值相当小时,级数求和项可以忽略,因此得:

$$W(u) \approx -0.5772 - \ln u = \ln \frac{1}{u} - \ln 1.78 = \ln \frac{2.25at}{r^2} \tag{2-11}$$

则式(2-8)简化为:

$$S = \frac{Q}{4\pi T} \ln \frac{2.25at}{r^2} \tag{2-12}$$

式(2-12)简单,使用方便,当 $u \leqslant 0.01$ 时,其计算结果与泰斯公式结果较为近似;当 u 较大时,$W(u)$ 收敛较慢,计算结果误差较大。

(2)无压含水层完整井的泰斯公式:

$$h^2 = H^2 - \frac{Q}{2\pi K} W(u) \tag{2-13}$$

$$u = \frac{r^2}{4at} \tag{2-14}$$

式中　h——距井中心 r 处含水层动水位高度,m;

H——无压含水层厚度,m;

a——在无压含水层,a 为水位传导系数,m^2/d,$a = Kh/\mu$,此处 μ 为给水度;

其余符号含义同前。

当 u 很小时,式(2-13)也可简化为下面的近似公式:

$$h^2 = H^2 - \frac{Q}{2\pi K} \ln \frac{2.25at}{r^2} \tag{2-15}$$

式中符号含义同前。

2)管井水力计算的经验公式

在工程实践中常根据水源地或水文地质条件相似地区的抽水试验所得的 $Q \sim S$ 曲线进行井的出水量计算。这种方法的优点在于不必考虑井的边界条件,避开水文地质参数,并能综合井的各种复杂因素的影响,因此计算结果比较符合实际情况。

用经验公式的计算方法是,在抽水试验的基础上找出符合井的出水量 Q 和水位降落值 S 之间的关系方程式。根据所得方程,即可求出在给定水位降落值时井的出水量,或据已定的井的出水量,求出井的水位降落值。

实际工程中常见的 $Q \sim S$ 曲线,有直线型、抛物线型、幂函数型及半对数型等数种,分述如下(四种 $Q \sim S$ 曲线,列于表 2-6)。

(1)直线型方程(见图 2-42):

$$Q = qS \tag{2-16}$$

此式与承压含水层裘布依公式(2-2)相类似,同属直线型。单位出水量 q(即通过 $Q \sim S$ 坐标原点的直线斜率)可用下式计算:

$$q = \frac{\sum QS}{\sum S^2} \tag{2-17}$$

(2)抛物线型方程(见图 2-43):

$$S = aQ + bQ^2 \tag{2-18}$$

表 2-6 井的出水量 Q 和水位降落值 S 关系曲线

曲线类型	经验公式	$Q \sim S$ 曲线	转化后的公式	转化后的曲线
直线型	$Q = qS$	$Q=f(S)$ 图 2-42		
抛物线型	$S = aQ + bQ^2$	$Q=f(S)$ 图 2-43	$S_0 = a + bQ$ $S_0 = S/Q$	$S_0 = f(Q)$ 图 2-44
幂函数型	$Q = a\sqrt[m]{S}$	$Q=f(S)$ 图 2-45	$\lg Q = \lg a + \frac{1}{m}\lg S$	$\lg Q = f(\lg S)$ 图 2-46
半对数型	$Q = a + \lg S$	$Q=f(S)$ 图 2-47	$Q = a + b\lg S$	$Q = f(\lg S)$ 图 2-48

式中 a 和 b 为待定系数。式(2-18)两端除以 Q,得:

$$\frac{S}{Q} = a + bQ \tag{2-19}$$

令 $S_0 = S/Q$,则:

$$S_0 = a + bQ \tag{2-20}$$

在 $S_0 \sim Q$ 坐标中,式(2-20)为一直线(见图2-44)。a 为直线在纵轴上的截距,b 为直线的斜率,因而从图2-44可求得待定系数 a 和 b。如用最小二乘法,可按下式计算:

$$a = \frac{\sum S_0 - b\sum Q}{n} \tag{2-21}$$

$$b = \frac{n\sum S - \sum S_0 \sum Q}{n\sum Q^2 - (\sum Q)^2} \tag{2-22}$$

式中 n 为抽水试验的水位降落次数,下同。

(3)幂函数型方程(见图2-45):

$$Q = a\sqrt[m]{S} \tag{2-23}$$

式中 a、m 为待定系数。将式(2-23)两端取对数,得:

$$\lg Q = \lg a + \frac{1}{m}\lg S \tag{2-24}$$

在 $\lg Q \sim \lg S$ 坐标中,式(2-24)为一直线(见图2-46)。直线在纵轴上的截距为 $\lg a$,斜率为 $1/m$,因而从图2-46可直接求出待定系数 a、m。如用最小二乘法,可按下式计算:

$$m = \frac{n\sum(\lg S)^2 - (\sum \lg S)^2}{n\sum(\lg S \cdot \lg Q) - \sum \lg S \sum \lg Q} \tag{2-25}$$

$$\lg a = \frac{\sum \lg Q}{n} - \frac{1}{m} \cdot \frac{\sum \lg S}{n} \tag{2-26}$$

(4)半对数型方程(见图2-47):

$$Q = a + b\lg S \tag{2-27}$$

式中 a、b 为待定系数。式(2-27)在 $Q \sim \lg S$ 坐标中为一直线(见图2-48)。直线在纵轴上的截距为 a,斜率为 b,因而从图2-48可直接求出待定系数 a、b。如用最小二乘法,可按下式计算:

$$a = \frac{\sum Q - b\sum \lg S}{n} \tag{2-28}$$

$$b = \frac{n\sum(Q\lg S) - \sum Q \sum \lg S}{n\sum(\lg S)^2 - (\sum \lg S)^2} \tag{2-29}$$

井的构造形式对抽水试验结果有较大的影响,所以试验井的构造应尽量接近设计井,否则应进行适当修正。此外,为避免产生严重的计算误差,不允许利用水位降落很小的试验资料来计算水位降落很大时的出水量。一般,设计井的水位降落值不能超过抽水试验中最大降落值的1.5~2.0倍。

2.2.3　大口井

大口井因其井直径较大而得名。大口井是广泛用于开采浅层地下水的取水构筑物。一般井径大于1.5 m即可视为大口井,常用大口井直径为5~8 m,最大不宜超过10 m。井深一般在15 m以内。农村或小型给水系统也有采用直径小于5 m的大口井,城市或大型给水系统也有采用直径大于 8 m 的大口井。大口井有完整式和非完整式之分。完整大口井贯穿整个含水层，只有井壁进水，适用于含水层颗粒粗、厚度薄（5～8 m）、埋深浅的含水层，但因井壁进水孔容易堵塞，从而影响进水效果而较少采用；在浅层含水层厚度较大（大于 10 m）时，应建造不完整大口井，井身未贯穿整个含水层，因而井壁和井底均可进水，进水范围大，集水效果好，调节能力强，是较为常用的井型。

大口井具有构造简单、取材容易、施工方便、使用年限长、容积大而能兼起调节水量作用等优点，在中小城镇、铁路、农村供水中应用较广。但大口井深度浅，对潜水水位变化适应性差，采用时必须注意地下水位变化。

2.2.3.1　大口井的构造

大口井的构造如图 2-49 所示。主要由井口（井台）、井筒和进水部分组成。

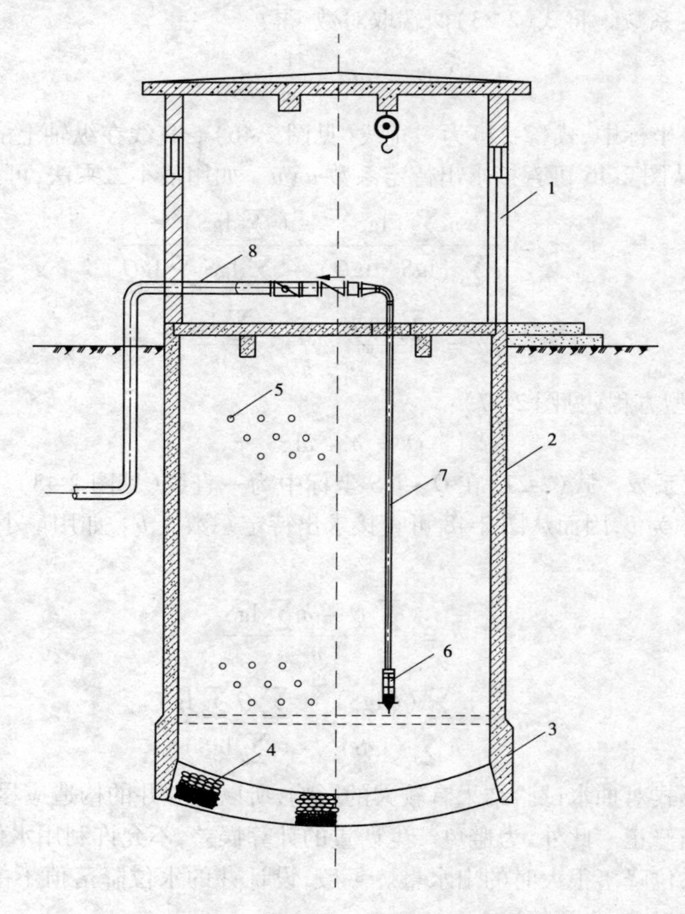

图 2-49　大口井的构造（与泵房合建）

1—泵房；2—井筒；3—刃脚；4—井底反滤层；
5—井壁透水孔；6—潜水泵；7—出水管；8—出水总管

1）井口

大口井地表以上部分，主要作用是防止洪水、污水以及杂物从井口或沿井壁进入井内,井口应高出地表0.5 m以上,并在井口周边修建宽度为1.5 m的排水坡。如覆盖层为透水层,排水坡下面还应填以厚度不小于1.5 m的夯实土层。在井口以上部分,有的和泵站合建的,其工艺布置要求与一般泵站相同;如与泵站分建,只设井盖,井盖上设人孔和通风口。

2)井筒

进水部分以上的一段,通常用钢筋混凝土或砖、石砌筑而成,用以加固井壁与隔离不良水质的含水层。

用沉井法施工的大口井,为了在井筒下沉过程中用以切削土层,便于下沉,在井筒最下端设有钢筋混凝土刃脚。为减小摩擦力和防止井筒下沉过程中受障碍物的破坏,刃脚外缘应凸出井筒5~10 cm,刃脚高度一般不小于1.2 m。

大口井外形通常为圆筒形,圆筒形井筒易保证垂直下沉、受力条件较好、节省材料、对周围地层扰动很少、利于进水。但圆筒形井筒在沉井法施工时井壁紧贴土层,下沉时摩擦阻力较大。深度较大的大口井常采用阶梯圆形井筒,此种井筒为变断面结构,具有圆形井筒的优点,下沉时摩擦力相对较小。

3)进水部分

进水部分包括井壁进水孔(或透水井壁)和井底反滤层。

(1)井壁进水孔。常用的井壁进水孔有水平孔、斜形孔两种。水平孔容易施工,应用较多。壁孔一般为100~200 mm直径的圆孔或100 mm×150 mm~200 mm×250 mm矩形孔,交错排列于井壁,孔隙率一般为15%左右。进水孔内装填一定级配的滤料层以保持含水层的渗透性,孔的两侧设置不锈钢丝网以防止滤料漏失。斜形孔多为圆形,孔倾斜角度不超过45°,孔径一般为100~200 mm,孔外侧设有格网。斜形进水孔滤料稳定,易于装填和更换,是一种较优的进水孔类型。

(2)透水井壁。透水井壁由无砂混凝土制成,有砌块筑成或整体浇筑等形式,每隔1~2 m设一道钢筋混凝土圈梁,以加强井壁。无砂混凝土大口井结构简单、制作方便、造价低,但在细粉砂土层和含铁地下水中易堵塞。

(3)井底反滤层。由于井壁进水孔易堵塞,多数大口井主要依靠井底进水,因此井底反滤层的质量极为重要。一般铺设3~4层,每层厚200~300 mm,滤料自下而上逐渐变粗。当含水层为粉砂、细砂层时,可适当增加层数和厚度;当含水层为均匀性较好的砾石、卵石层时,则可不必铺设反滤层。井底反滤层滤料的级配与井壁进水孔相同,如铺设厚度不均匀或滤料不符合规格,都可以导致堵塞和翻砂,使出水量降低。

2.2.3.2　大口井的出水量计算

大口井出水量计算有理论公式和经验公式等方法。经验公式与管井计算时相似。以下仅介绍应用理论公式计算大口井出水量的方法。

因大口井有井壁进水、井底进水或井壁井底同时进水等方式,所以大口井出水量计算不仅随水文地质条件而异,还与其进水方式有关。

(1)井壁进水的大口井,可按完整式管井出水量计算式(2-2)和式(2-3)进行计算。

(2)井底进水的大口井,对无压含水层的大口井,当井底至含水层底板的距离大于或等于井的半径($T \geq r$)时,按巴布希金(Бабущкин. В. Д)公式计算(见图2-51)。

$$Q = \frac{2\pi KS_0 r}{\frac{\pi}{2} + \frac{r}{T}(1 + 1.185\lg\frac{R}{4H})} \tag{2-30}$$

式中 Q——井的出水量，m^3/d；

S_0——出水量为 Q 时，井的水位降落值，m；

K——渗透系数，m/d；

R——影响半径，m；

H——含水层厚度，m；

T——含水层底板到井底的距离，m；

r——井的半径，m。

承压含水层的大口井也可应用式(2-30)计算，将公式中的 T、H 均替换成承压含水层厚度即可。

当含水层很厚($T \geqslant 8r$)时，可用福尔希海默(Forchheimer, P.)公式计算：

$$Q = AKS_0 r \tag{2-31}$$

式中 A——系数，当井底为平底时，$A=4$，当井底为球形时，$A=2\pi$；

其余符号含义同前。

(3)井壁井底同时进水的大口井，可用出水量叠加方法进行计算。对于无压含水层(见图2-50)，井的出水量等于无压含水层井壁进水的大口井的出水量和承压含水层中的井底进水的大口井出水量的总和：

$$Q = \pi KS_0\left[\frac{2h - S_0}{2.3\lg\frac{R}{r}} + \frac{2r}{\frac{\pi}{2} + \frac{r}{T}(1 + 1.185\lg\frac{R}{4H})}\right] \tag{2-32}$$

式中符号含义如图2-51所示，其余与前同。

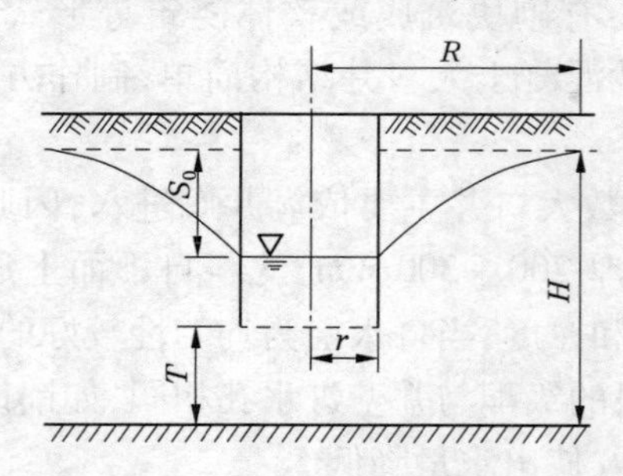

图2-50 无压含水层中井底进水的大口井计算简图

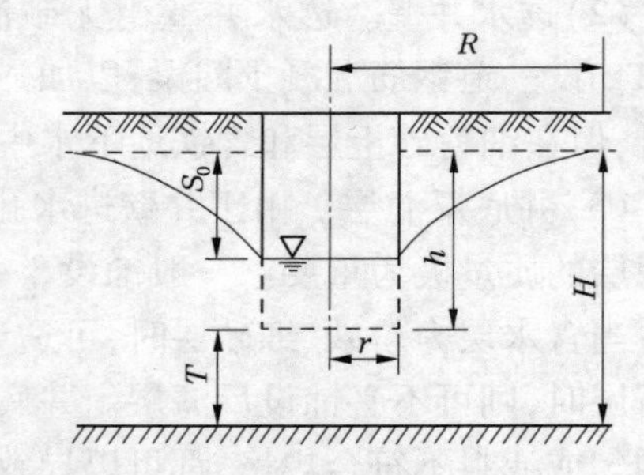

图2-51 无压含水层中井底井壁进水的大口井计算简图

2.2.4 复合井

2.2.4.1 复合井的形式与构造

复合井是大口井与管井的组合，它是由非完整式大口井和井底以下设有一根至数根管井过滤器所组成的分层或分段取水系统(见图2-52)。复合井适用于地下水位较高、厚度较大的含水层，相对大口井更能充分利用厚度较大的含水层，增加井的出水量。

新建复合井一般应先施工管井，建成的管井井口应临时封闭牢固。大口井施工时不得碰撞管井，且不得将管井作任何支撑使用。在建成的大口井中，如果水文地质条件适当，可在大口井井底打入管井过滤器将其改造为复合井，以增加井出水量、改良出水水质。模型试验资料表明，当含水层厚度为大口井半径3～6倍或含水层透水性较差时，采用复合井出水量增加较为显著。

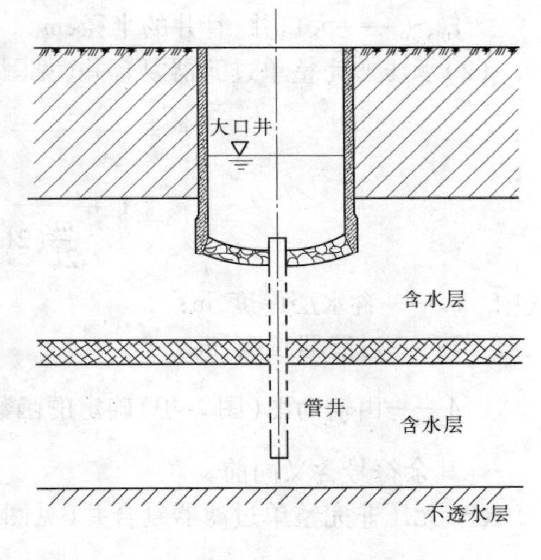

图2-52　复合井

复合井的大口井部分的构造与前述大口井相同。

加大复合井的过滤器直径，可加大管井部分的出水量，但同时也会增加对大口井井底进水的干扰，故过滤器直径不宜过大，一般为200～300 mm。

当含水层较厚时，以采用非完整过滤器为宜，一般$L/m<0.75$（L为过滤器长度，m为含水层厚度）。由于过滤器与大口井互相干扰，以及在此情况下过滤器下端滤流强度较大，故过滤器的有效长度应比管井稍大。

适当增加过滤器数目可增加复合井出水量。但从模型试验资料可知，过滤器数目增至3根以上时，复合井出水量增加甚少。

2.2.4.2　**复合井出水量的计算**

复合井应用虽较早，但对其出水量计算问题的研究甚少。在估算复合井出水量时，一般采用大口井和管井两者单独工作条件下的出水量之和，并乘以互相影响系数，计算公式如下：

$$Q=\xi(Q_a+Q_l) \tag{2-33}$$

式中　Q——复合井出水量，m^3/d；

Q_a、Q_l——同一情况下大口井、管井单独工作时的出水量，m^3/d；

ξ——互相影响系数。

根据式(2-33)，只要求得相应的ξ值，就可以由对应的取水井计算公式确定复合井的出水量。ξ值与过滤器根数、完整程度及管径等有关。以下介绍应用较多的单过滤器复合井的ξ值计算公式。

(1)承压、无压完整单过滤器复合井的ξ值计算：

$$\xi=\frac{1}{1+\dfrac{\ln\dfrac{R}{r_0}}{\ln\dfrac{R}{r'_0}}} \tag{2-34}$$

式中　R——影响半径，m；

r_0、r'_0——大口井、管井的半径,m。

(2)承压非完整单过滤器复合井(见图2-53)的ξ值计算:

$$\xi = \frac{1}{1 + \dfrac{\ln \dfrac{R}{r_0}}{\dfrac{m}{2L}(2\ln \dfrac{4m}{r'_0} - A) - \ln \dfrac{4m}{R}}} \tag{2-35}$$

式中　m——含水层厚度,m;

L——过滤器长度,m;

A——由辅助图(图2-40)确定的函数值,$A = f(\dfrac{L}{m})$;

其余符号含义同前。

(3)无压非完整单过滤器复合井(见图2-54)的ξ值计算:

$$\xi = \frac{1}{1 + \dfrac{\ln \dfrac{R}{r_0}}{\dfrac{T}{2L}(2\ln \dfrac{4T}{r'_0} - A) - \ln \dfrac{4T}{R}}} \tag{2-36}$$

式中　T——大口井井底至含水层底板高,m;

其余符号含义同前。

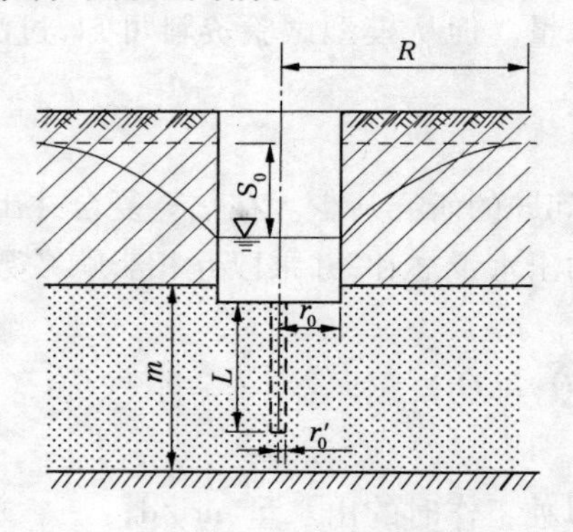

图2-53　承压非完整复合井

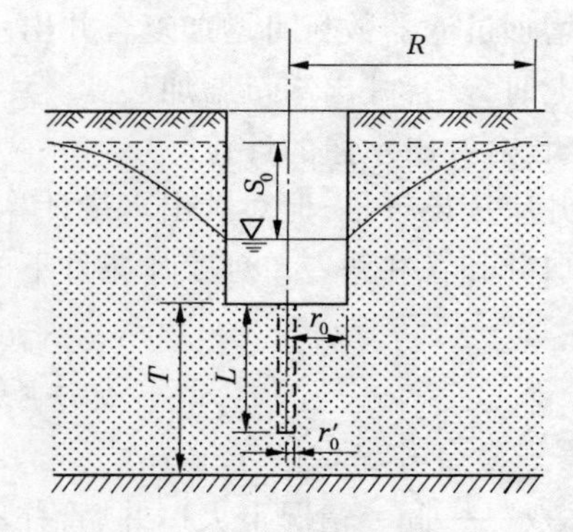

图2-54　无压非完整复合井

2.2.5　辐射井

2.2.5.1　辐射井的构造

辐射井是由大口径竖井和竖井内沿含水层水平方向布设的多根辐射管组成,由于水平管呈辐射状分布,故称辐射井。辐射井按集水井是否进水可分为两种形式:一种是集水井井底与辐射管同时进水;二是井底封闭,仅由辐射管集水,如图2-55所示。前者适用于厚度较大(5~10 m)的含水层,但集水井井底与辐射管的集水范围在高程上相近,互相干扰较大。后者适用于较薄(≤5 m)的含水层,但由于集水井封底,辐射管施工和维修相对较为方便。

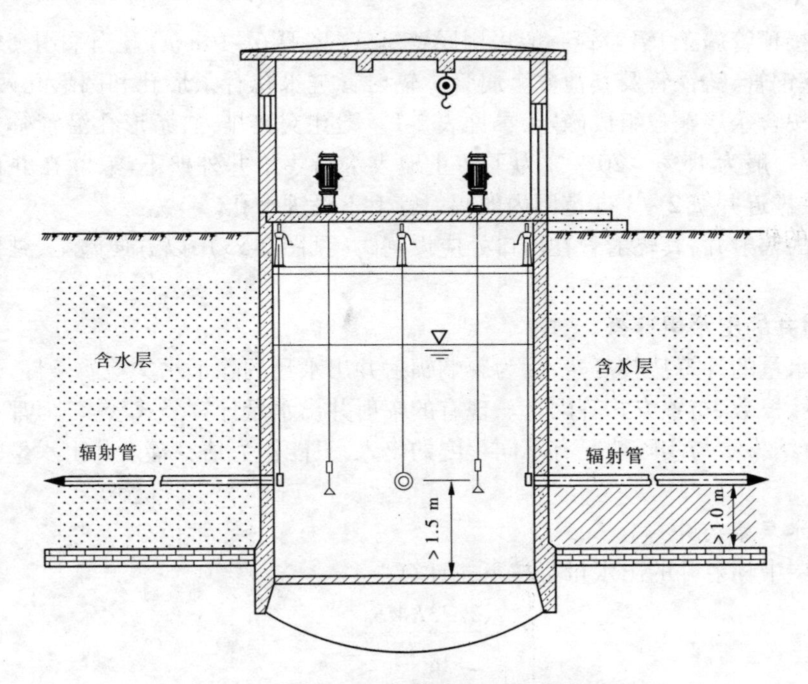

图2-55　井底封闭单层辐射管的辐射井

辐射井是一种适应性较强的取水构筑物。一般不能用大口井开采的、厚度较薄的含水层以及不能用渗渠开采的厚度薄、埋深大的含水层,可用辐射井开采。此外,辐射井对开发位于咸水上部的淡水透镜体,较其他取水构筑物更为适宜。辐射井与常规管井相比,有以下优点:出水量大、大范围控制地下水位、寿命长、运行费用低、维护方便。但辐射井的施工难度较高,施工质量和施工技术水平直接影响出水量的大小。

辐射井由两个组成部分,即集水井和辐射管。

1)集水井

集水井的作用主要有:汇集从辐射管来的水;安放抽水设备、辐射管闸阀以及作为辐射管施工的场地;对于不封底的集水井还可起到取水井的作用。我国多数辐射井都采用不封底的集水井,用以扩大井的出水量,但不封底的集水井对辐射管施工及维护均不方便。集水井直径不应小于3 m,通常采用圆形钢筋混凝土井筒。

2)辐射管

辐射管的配置可分为单层或多层,每层根据补给情况铺设4~8根辐射管。为保证进水效率,最下层辐射管距含水层底板的距离不应小于1 m,但此距离不宜过大,以保证在大的水位降落条件下能获得较大的出水量。此外,最下层辐射管还应高出集水井井底1.5 m以上,便于顶管施工。多层进水量大,但相互干扰也大,为减小互相干扰,各层应有一定间距。当辐射管直径为100~150 mm时,层间间距可采用1~3 m。

辐射管的直径和长度,视水文地质条件和施工条件而定。辐射管直径一般为75~100 mm。当地层补给条件好、含水层颗粒粗、透水性强、施工条件许可时,宜采用大管径。辐射管长度一般在30 m以内。当设在潜水含水层中时,迎地下水水流方向的辐射管宜长一些。为利于集水和排沙,辐射管应向集水井倾斜一定坡度(1/200~1/100)。

为便于直接顶管施工，辐射管一般采用厚壁钢管（壁厚 6 ~ 9 mm）。当采用套管施工时，可采用薄壁钢管、铸铁管及其他非金属管。辐射管进水孔有条形孔和圆形孔两种，其孔径或缝宽应按含水层颗粒组成确定，参见表 2-1。圆孔交错排列，条形孔沿管轴方向错开排列，孔隙率一般为 15% ~ 20%。为了防止地表水沿集水井外壁下渗，除在井口外围夯填黏土外，在靠近井壁 2 ~ 3 m 范围内的辐射管上不设进水孔。

对于封底的辐射井，其辐射管在出口处应设闸阀（见图 2-55），以方便施工、维修和控制水量。

2.2.5.2 辐射井的出水量计算

辐射井出水量的计算比较复杂，因为影响辐射井出水量的除了水文地质条件，还有辐射管管径、长度、根数、布置方式等因素。现有的辐射井出水量计算公式较多，但都有一定的局限性，计算结果常与实际情况有不同程度的出入，只能作为估算辐射井出水量时的参考。

1）承压含水层辐射井

承压含水层中辐射井的出水量可按下式计算：

$$Q = \frac{2.73KMS_0}{\lg \frac{R}{r_a}} \tag{2-37}$$

$$r_a = 0.25^{1/n} \cdot L \tag{2-38}$$

式中　Q——辐射井出水量，m^3/d；

S_0——集水井外壁水位降落值，m；

K——渗透系数，m/d；

R——影响半径，m；

M——承压含水层厚，m；

r_a——等效大口井半径，m；

L——辐射管长度，m；

n——辐射管根数。

式（2-38）实质上假设在同一含水层有一个半径为 r_a 的等效大口井，其出水量与计算的辐射井相等。这样，可以利用裘布依公式近似计算辐射井的出水量。这种假设的依据源于辐射井产生的人工渗流场具有统一的降落漏斗，与一般水井相似，计算时为了满足等效原则，应根据辐射管的进水条件，为理想大口井构造一个具有等效作用的引用半径 r_a。求定 r_a 有多种经验公式，式（2-38）是其中之一。在辐射管长度有限且铺设较密的条件下，r_a 也可用下式来计算：

$$r_a = \sqrt{\frac{A}{\pi}} \tag{2-39}$$

式中　A——辐射管分布范围圈定的面积，m^2。

2）无压含水层辐射井

无压含水层中辐射井的出水量计算简图如图 2-56 所示，可按下式计算：

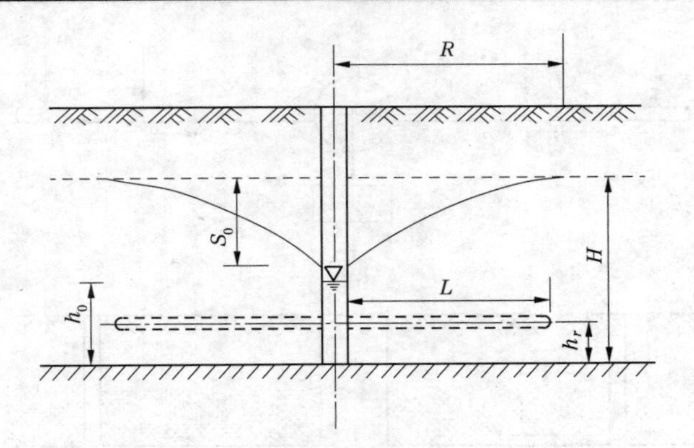

图 2-56　无压含水层中辐射井计算简图

$$Q = qn\alpha \tag{2-40}$$

$$\alpha = \frac{1.609}{n^{0.6864}} \tag{2-41}$$

$$q = \frac{1.36K(H^2 - h_0^2)}{\lg \frac{R}{0.75L}} \tag{2-42}$$

式中　Q——辐射井出水量,m^3/d;

n——辐射管根数;

α——辐射管间干扰系数,按式(2-41)计算;

q——单根辐射管的出水量,m^3/d,按式(2-42)计算;

K——渗透系数,m/d;

H——含水层厚度,m;

h_0——井外壁动水位至含水层底板高,m;

R——影响半径,m;

L——辐射管长度,m。

当 $h_r > h_0$(h_r 为辐射管中心至含水层底板高,m)时,q 由下式计算:

$$q = \frac{1.36K(H^2 - h_0^2)}{\lg \frac{R}{0.25L}} \tag{2-43}$$

式中符号含义同前。

2.2.6　渗渠

2.2.6.1　渗渠的型式

渗渠即水平铺设在含水层中的集水管(渠)。渗渠可用于集取浅层地下水,如图 2-57、图 2-58 所示。也可铺设在河流、水库等地表水体之下或旁边,集取河床地下水或地表渗透水。由于集水管是水平铺设的,也称水平式地下水取水构筑物。

渗渠,按其补给水源可分为以集取地表水为主的渗渠和以集取地下水为主的渗渠两种。前者是把渗渠埋设在河床下,集取河流垂直渗透水;后者是把渗渠埋设在河岸边滩地

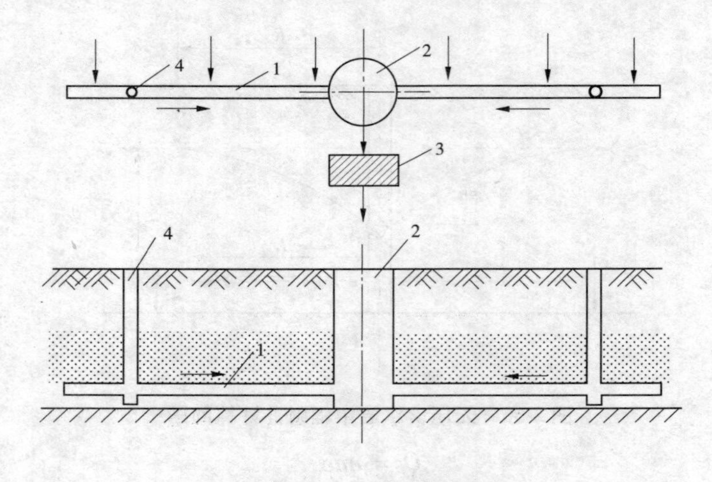

图 2-57　完整式渗渠

1—集水管;2—集水井;3—泵站;4—检查井

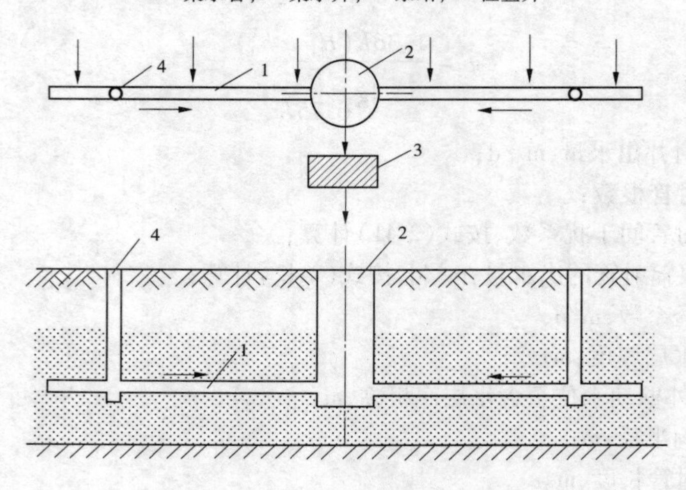

图 2-58　非完整式渗渠

1—集水管;2—集水井;3—泵站;4—检查井

下,以集取部分河床潜流水和来自河岸上第四纪含水层中的地下水。以集取地下水为主的渗渠,一般水质较好,水量比较稳定,效果较好,使用年限长,因而采用的也较多;至于以集取地表水为主的渗渠,产水量虽然很大,但受河水水质的变化影响甚为明显,如当河水较浑浊时,渗渠出水水质往往很差,而且容易淤塞,检修管理麻烦,使用年限也较短,如果河水浊度常年较小,上述缺点可能减少。

渗渠的埋深一般在 4 ~7 m,很少超过 10 m。因此,渗渠通常只适用于开采埋藏深度小于 2 m、厚度小于 6 m 的含水层。渗渠,按埋设位置和深度不同,又可分为完整式(见图 2-57)和非完整式(见图 2-58)两种。完整式渗渠是在薄含水层的条件下,埋设在基岩上;非完整式渗渠是在较厚的含水层条件下,埋设在含水层中。完整式渗渠所以埋设在基岩上,主要靠加大水位降落量,最大限度地开采地下水,从而增大渗渠产水量。但在较厚含水层中,为了减少施工困难,降低工程造价,多把渗渠设在施工技术和抽水设备允许条件下的含水层一定深度中，同样可以集取较多的地下水。从生产实践中看，采用完整式渗渠比较普遍，产水量较大；而采用非完整式渗渠却较少，因为在较厚含水层中，采用大口井或管井取水，工程造价要比渗渠造价低得多，不仅开采量大，而且施工容易，进度快。除非在打井机具缺乏，而用水量又甚小的情况下，才采用非完整式渗渠。无论是以集取地表水为主的渗渠，还是以集取地下水为主的渗渠，都可以按其所在的含水层厚度不同而选用完整式或非完整式渗渠。

渗渠平面布置，应根据水文、水文地质、补给来源以及河水水质等条件而定，一般可分为平行于河流、垂直于河流和平行与垂直于河流组合等三种形式。无论哪种形式，都适用于以集取地表水为主的渗渠和以集取地下水为主的渗渠。一般大、中型渗渠取水工程，由于取水量较大，集水管较长，采用平行于河流或平行与垂直于河流组合的两种形式比较多，而采用垂直于河流的形式较少；至于小型渗渠取水工程，由于取水量较小，集水管较短，占地不多，多采用垂直于河流的形式，可以较多地截取地下水和河床潜流水。哪种形式经济合理，应通过经济技术比较，因地制宜地选用。

2.2.6.2　渗渠的构造

渗渠通常由水平集水管、集水井、检查井和泵站所组成。

1)集水管

集水管一般为穿孔钢筋混凝土管；水量较小时，可用穿孔混凝土管、陶土管、铸铁管；也可用带缝隙的干砌块石或装配式钢筋混凝土暗渠。

带孔眼的钢筋混凝土管，一般就地人工浇筑制作，每节长度最好为1 m。每米长孔眼总面积为管壁总面积的5%～10%，如果管道结构允许，最好采用孔隙率的8%～15%。管壁进水孔形式分圆形和长条形两种。圆形孔的孔径，一般采用20～30 mm，布置成梅花状，孔眼内大外小，以防堵塞。孔眼净距为2～2.5 d(d为孔眼直径)。长条形孔眼尺寸，一般宽为20 mm，长为60 mm，也有的长为100 mm，条缝净间距为：纵向50～100 mm，环向20～50 mm。进水孔眼一般布置范围在1/3～1/2管径以上(从管底上算起)的管周壁上，下部一般不设孔眼，以防下部泥沙流入管内，造成管内淤积，影响集水管的集水效果。常用管径为400 mm、500 mm、600 mm、800 mm和1 000 mm等五种。埋设深度为2.0 m、3.0 m、4.0 m、5.0m和6.0 m等五种。

2)人工反滤层

为了防止含水层中细小颗粒泥沙进入集水管中，造成管内淤积，必须在集水管和含水层中间铺设人工反滤层。人工反滤层设计、铺设的好坏也是渗渠出水效果好坏的重要条件之一，因而滤层厚度和滤料颗粒级配是否合理，直接影响渗渠产水量、出水水质和使用年限。人工反滤层设计要根据渗渠取水形式不同而异，即分为集取地下水为主和集取地表水为主的渗渠人工反滤层两种。

反滤层的层数、厚度和滤料粒径计算，和大口井井底反滤层相同。集取地下水为主的渗渠人工反滤层如果缺乏颗粒直径分析资料，而含水层又为砂卵石时，可按下列规格选用：第一层粒径为5～10 mm，厚度为300 mm；第二层粒径为10～30 mm，厚度为200～300 mm；第三层粒径为30～70 mm，厚度为200 mm；总厚度为700～800 mm。

集取地表水为主的渗渠人工反滤层的滤料级配，外层以上，一般回填河砂，但必须干净,不要混有杂草泥块,粒径一般0.25 ~1.0 mm,厚约1 m。下面三层反滤层分别采用粒径为1 ~4 mm、4 ~8 mm、8 ~32 mm,各层厚度约150 mm,也有的粒径略大些。但总的说来,要比集取地下水为主的渗渠反滤层滤料粒径小,尤其是外层滤料粒径要小些。反滤层总厚度以厚些为宜,但这要看河水水质情况而定,水质好的,可以薄些;水质差的,较浑浊的,反滤层要厚些。这主要因为河水浊度常年变化较大,如果反滤层厚度太薄,粒径略大,会影响渗渠的出水水质。

3)检查井

为便于检修、清通,集水管端部、转角、变径处以及每50 ~150 m均应设检查井。检查井的形式分为全埋式、半埋式和地面式三种。全埋式即检查井全部埋于地下,井盖略高于集水管,且上部填以反滤层。适用于河水冲刷程度较大,渗渠不需要经常检修与清扫的给水工程中。其缺点是井埋设较深,寻找或检修均很不方便。半埋式检查井是将井口埋在地面下0.5 ~1.0 m,优点是除有利于人防保护外,还可防止被洪水冲毁井口;缺点是由于井盖埋在地下,一旦检修,不易找出井位。在集取地表水为主的渗渠中,多采用半埋式检查井。地面式检查井,即井口露出地面,多用于集取地下水为主的渗渠,便于检修,但必须注意采用封闭式井盖。井盖材料可用铸铁或钢筋混凝土。井盖底部周围用胶垫圈将井盖垫好止水,然后用螺栓将井盖固定在井座上,以防泥沙从井盖缝隙进入渗渠。

2.2.6.3　渗渠的出水量计算

渗渠出水量计算,应根据水文地质参数、开采储量评价、选用渗渠类型以及布置形式等资料和条件进行计算。因为所选用的渗渠类型和布置形式不同,所采用的水文地质计算公式也有不同。比如,选用集取地下水为主的渗渠,所用的水文地质计算公式就不同于集取河水为主的渗渠所用的计算公式,选用完整式渗渠所用的水文地质计算公式也不同于非完整式的水文计算公式。由于渗渠的埋设条件比较多,水文地质计算公式也比较多。但是,比较有实用价值的公式也不多,往往同生产实际出入较大。因此,在选择水文地质计算公式时,应当特别慎重。目前,我国在计算渗渠产水量时,多采用国外的水文地质计算公式。由于我国很少进行这方面的理论研究工作,又没有积累长期生产观测资料,所以多少年来,还没有我国自己的一些符合我国各种水文地质特点、比较完整的理论计算公式。因此,在实际使用中,发现有些水文地质计算公式所算出的结果同实际相差甚远,往往高达4 ~6倍之多。但是,也有些公式,还是比较接近于生产实际的。以下仅介绍几种常见的渗渠出水量计算公式。

(1)铺设在无压含水层中的渗渠。完整式渗渠(见图2-59)出水量计算公式:

$$Q = \frac{KL \cdot (H^2 - h_0^2)}{R} \tag{2-44}$$

式中　Q——渗渠出水量,m^3/d;

K——渗透系数,m/d;

R——影响半径(影响带宽),m;

L——渗渠长度,m;

H——含水层厚度,m;

h_0——渗渠内水位距含水层底板高度,m。

非完整式渗渠(见图 2-60)出水量计算公式:

$$Q = \frac{KL \cdot (H^2 - h_0^2)}{R} \cdot \left(\frac{t + 0.5r_0}{h_0}\right)^{\frac{1}{2}} \cdot \left(\frac{2h_0 - t}{h_0}\right)^{\frac{1}{4}} \tag{2-45}$$

式中　t——渗渠水深,m;

r_0——渗渠半径,m;

其余符号含义同前。

上式适用于渠底和底板距离不大时。

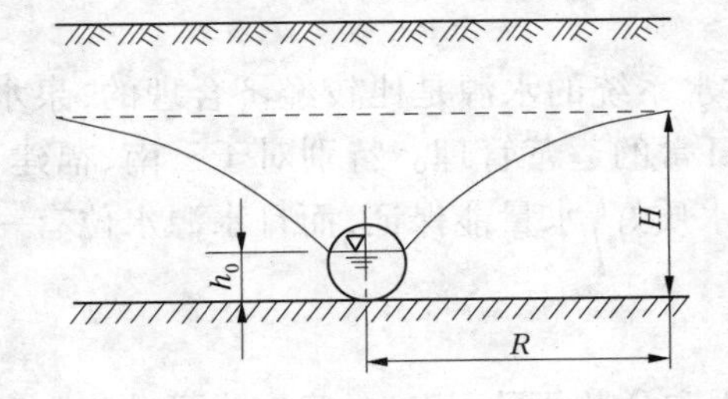

图 2-59　无压含水层完整式渗渠计算简图

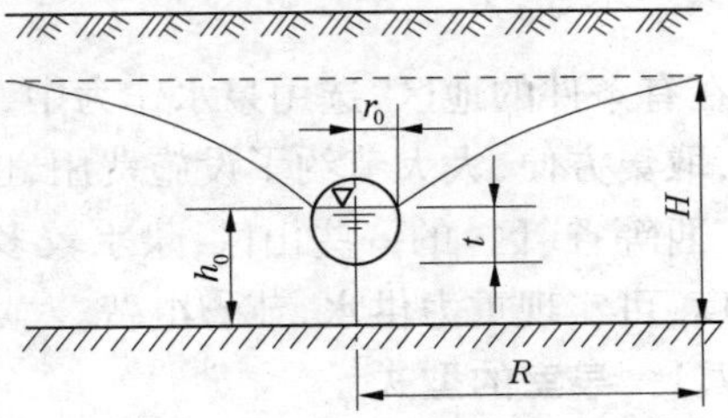

图 2-60　无压含水层非完整式渗渠计算简图

(2)平行于河流铺设在河滩下的渗渠。平行于河流铺设在河滩下,同时集取岸边地下水和河床潜流水的完整式渗渠出水量计算公式(见图 2-61):

$$Q = \frac{KL}{2L_0} \cdot (H_1^2 - h_0^2) + \frac{KL}{2R} \cdot (H_2^2 - h_0^2) \tag{2-46}$$

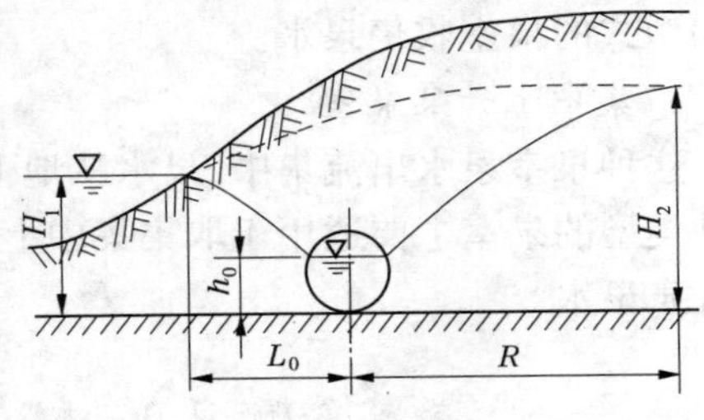

图 2-61　河滩下完整式渗渠计算简图

式中　H_1——河水位距底板的高度,m;

H_2——岸边地下水位距底板的高度,m;

L_0——渗渠中心至河流水边线的水平距离,m;

其余符号含义同前。

(3)铺设在河床下的渗渠。铺设在河床下集取河床潜流水的渗渠出水量计算公式:

$$Q = \alpha LK \frac{H_Y - H_0}{A} \tag{2-47}$$

对于非完整式渗渠,A 值可由下式求得:

$$A = 0.37\lg\left[\tan\left(\frac{\pi}{8}\frac{4h - d}{T}\right)\cot\left(\frac{\pi}{8}\frac{d}{T}\right)\right] \tag{2-48}$$

对于完整式渗渠,A 值为:

$$A = 0.73\lg\left[\cot\left(\frac{\pi}{8} \cdot \frac{d}{T}\right)\right] \tag{2-49}$$

式中　α——淤塞系数,河水浊度低时,采用 0.8,中等浑浊取 0.6,浊度很高时,采用 0.3,也可根据经验选取;

H_Y——河水位至渗渠顶的距离,m;

H_0——渗渠的剩余水头，m，当渗渠内为自由水面时，$H_0=0$，一般采用 $H_0=0.5\sim1.0$ m；

T——含水层厚度，m；

h——床面至渠底的高度，m；

d——渗渠直径或宽度，m；

其余符号含义同前。

2.2.7 泉室

在有条件的地区，选用泉水作为中、小型供水系统的水源是比较经济合理的，泉水水质好，取集方便，大大节约了设施费用，也便于日常的运营管理。特别对于云南、福建、广东、广西等省（区）的一些山区，泉水较多，不仅水质好，水量能保证，而且水源水位有一定的高度，可实现重力供水，节省电费。

2.2.7.1 泉室的型式

泉分为上升泉和下降泉，其出流方式有集中和分散两种，相应的泉室也可分为上升泉泉室和下降泉泉室，集中泉泉室和分散泉泉室等。设计时应按不同性质的泉水分别选用不同型式的泉室收集泉水。

1）集中上升泉泉室

这种泉室泉水出流集中，泉水从地下或从河床中向上涌出，泉室底部进水，见图2-62。这种类型的泉室主要适用于取集集中上升泉泉水或主要水量从一两个主泉眼涌出的分散上升泉泉水。

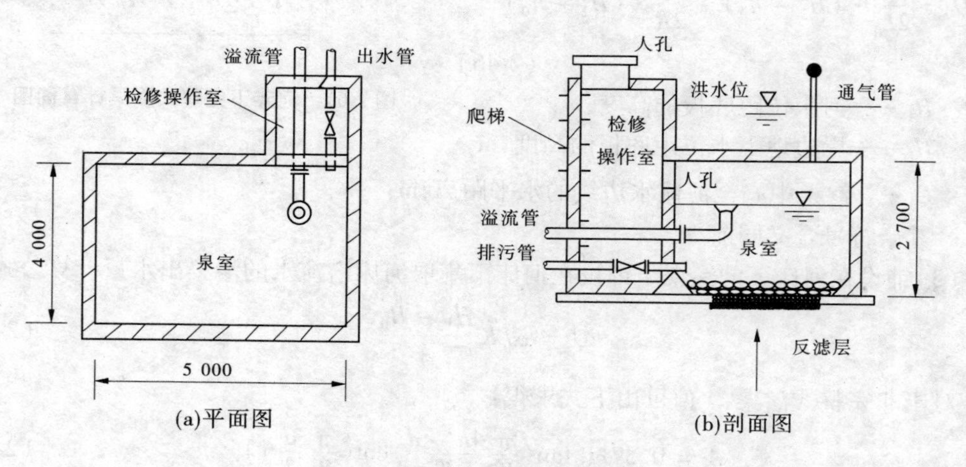

图 2-62　集中上升泉泉室构造

2）集中下降泉泉室

这种泉室泉水也是集中流出的，但泉水是从山坡、岩石等的侧壁流出，泉室侧壁进水，见图2-63。这种类型的泉室主要适用于取集集中下降泉泉水或主要水量从一两个主泉眼流出的分散下降泉泉水。

3)分散泉泉室

这种泉室泉眼分散,取水时用穿孔管埋入泉眼区,先将水收集于管中,再集于泉室中,见图2-64。这类泉室主要适用于取集分散泉泉水。

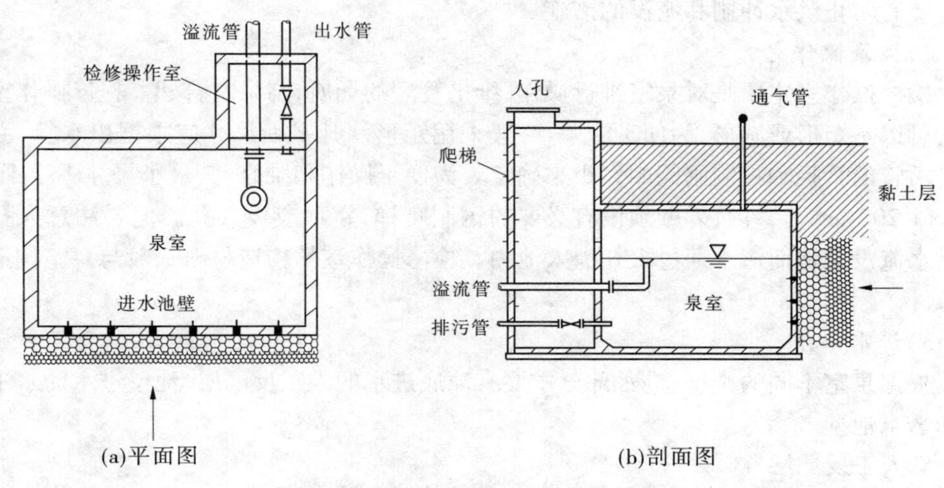

图2-63　集中下降泉泉室构造

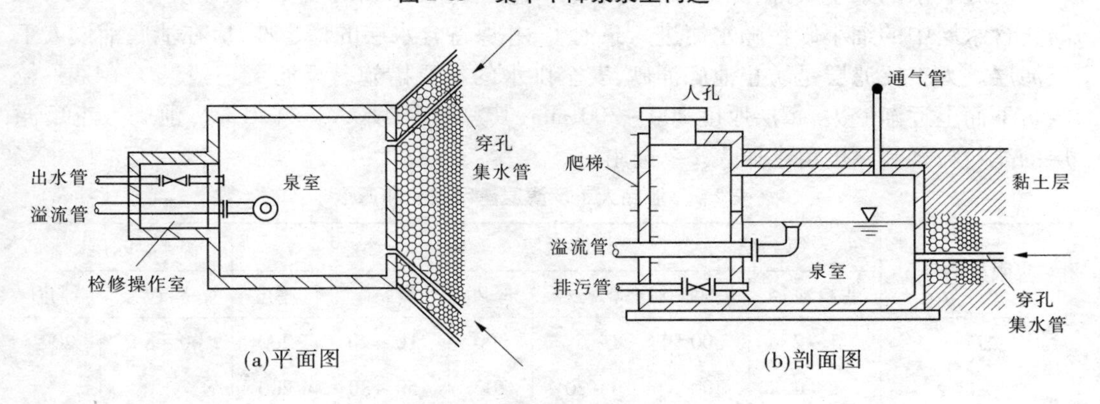

图2-64　分散泉泉室构造

2.2.7.2　泉室构造设计

泉室主要由泉室、检修操作室及进水部分组成。

1)泉室

泉室可以是矩形或圆形,通常用钢筋混凝土浇筑或用砖、石、预制混凝土块、预制钢筋混凝土圈砌筑而成。泉室可根据泉水水质、周围环境设为封闭式或敞开式。如泉水水质好,不需要进行水质处理,一般为了使泉水不被污染,要求设成封闭式。如泉水水质较差,需要进行净化处理,周围无落叶或其他杂物污染泉室中泉水,或泉眼较分散,范围较大,不宜做成封闭泉室时,也可设成敞开式泉室。为避免地面污水从池口或沿池外壁侵入泉室而污染泉水,敞开式泉室池口应高出地面0.5 m以上,泉室周围要修建1.5 m以上的排水坡。如在渗透性土壤处,排水坡下面还应填一定厚度黏土层或做一薄层混凝土层。泉室中水深可根据泉室容积大小,在1.5~4.0 m之间选择。若泉水涌水量太大,施工不便,或泉眼处工程地质为基岩,难以开挖,泉室水深可适当减小,但也要保证出水管管顶淹没在水中不小于1 m水深,以便避免空气进入出水管。设计时还应考虑设置一些附属管道和配件,如出水管、溢流管、排污管、通气管及控制闸阀等。在低洼地区、河滩上或河床中的泉室要有防止洪水冲刷和淹没的措施。

2)检修操作室

检修操作室主要是对泉室进行操作、维护管理的场所,与泉室合建。检修操作室平面形状可以是矩形或圆形,为便于施工,一般采用矩形。其平面尺寸应根据出水管、溢流管及排污管的管径和控制闸阀的大小来确定。为便于操作和维修,其最小尺寸不小于1 200 mm×1 200 mm。室内、外壁须设有必要的钢制爬梯,室顶应设人孔。但要注意人孔不能被洪水淹没及地面污水通过人孔灌入池内。检修操作室的构造材料一般与泉室构造材料一致。

3)进水部分

根据泉室不同的类型,进水部分主要有池底进水的人工反滤层、池壁进水的水平进水孔和透水池壁。

a. 人工反滤层

池底进水的泉室底部,除大颗粒碎石、卵石及裂隙岩出水层外,一般砂质含水层中,为防止含水层中的细小砂粒随水流进入泉池中,并保持含水层的稳定性,应在池底铺设人工反滤层。人工反滤层是防止池底涌砂,安全供水的重要措施。反滤层一般设3~4层,粒径自下而上逐渐变大,每层厚度200~300 mm,其总厚度为0.4 ~1.0 m。池底人工反滤层的滤料粒径和厚度可参照表2-7选用。

表2-7　池底人工反滤层滤料粒径和厚度　(单位:mm)

泉眼处砂质	第一层		第二层		第三层		第四层	
	滤料粒径	厚度	滤料粒径	厚度	滤料粒径	厚度	滤料粒径	厚度
细砂	1~2	300	3~6	300	10~20	200	60~80	200
中砂	2~4	300	10~20	200	50~80	200		
粗砂	4~8	200	20~30	200	60~100	200		
极粗砂	8~15	150	20~40	200	100~150	250		
砂砾石	15~30	200	50~150	200				
碎石、卵石及裂隙岩	不设人工反滤层							

b. 水平进水孔和透水池壁

水平进水孔和透水池壁是两种主要泉室池壁的进水形式。

水平进水孔,由于容易施工而采用较多。在孔内滤料级配合适的情况下,堵塞较轻。一般做成直径100~200 mm的圆孔或100 mm×150 mm~200 mm×250 mm的矩形孔。进水孔内的填料2~3层,一般为2层,其级配按泉眼处含水颗粒组成确定,可参照

$D/d_i \leqslant (7\sim8)$计算,其中 D 是与含水层接触的第一层滤料粒径,d_i 是含水层计算粒径。当含水层为细砂或粉砂时,$d_i = d_{40}$;为中砂时,$d_i = d_{30}$;为粗砂时,$d_i = d_{20}$。两相邻层粒径比一般为2~4。当泉眼周围含水层为砂砾或卵石时,可采用直径为 25~50 mm 不填滤料层的圆形进水孔。进水孔应布置在动水位以下,在进水侧池壁上交错排列,其总面积可达池壁部分面积的 15%~20%。

透水池壁具有进水面积大、进水均匀、施工简单和效果好等特点。透水池壁布置在动水位以下,采用砾石水泥混凝土(无砂混凝土),孔隙率一般为 15%~25%,砾石水泥混凝土透水池壁每高 1~2 m 设一道钢筋混凝土圈梁,梁高为 0.1~0.2 m,其设计数据可参照表 2-8。

表 2-8　砾石水泥混凝土池壁设计数据

砾石粒径(mm)	10~20	5~10	3~5
水灰比	0.38	0.42	0.46
混凝土标号	90	100	80
适用泉眼处砂质	粗砂、砾石、卵石	粗砂、中砂	中砂、细砂

2.2.7.3　泉室水位及容积的确定

1)泉室水位的确定

在泉室设计中,池中水位的设计非常重要。池中水位设计过低,不能充分利用水头,造成能量浪费,也会使泉池开挖过深,施工困难。水位设计过高,会使泉路改道,造成取水量不能满足要求或取不到水,甚至造成泉室报废。泉室中的设计水位可考虑略低于测定泉眼枯流量时的水位(一般为 300~500 mm),这样可保证泉水向泉室内汇集,取到所需的水量,保证供水安全可靠。

2)泉室容积的确定

泉室不同于一般的取水构筑物,在设计中,其容积大小的确定是比较复杂的,通常要考虑泉水量的大小、供水系统特性等。例如泉水量很大,任何时候均大于最高日最大用水量,则泉室容积就可设置小些;如果泉水量不很大,泉室要起到调节水量作用,则泉室设计容积就要大些。因此,泉室的容积要视其在供水系统中所起的作用而定,通常按如下几种情况考虑。

a. 泉室起取、集水作用

泉水量很大,泉室以后设有调节设施,这时泉室在供水系统中只起到取水、集水作用,其容积就不需要很大,泉室能罩住主泉眼,满足检修、清掏时人能进入池内操作即可,一般为 30~100 m^3。对于日用水量较大的供水系统,泉室容积可按 10~30 min 的停留时间来计算。

b. 泉室起预沉池作用

泉室后设有调节设施,泉水中大颗粒泥沙含量较高,经自然沉淀后可以去除。这时泉室既起到取水、集水作用又起到预沉池作用。其容积除要保证能罩住主泉眼,满足检修、清掏时人能进入池内操作外,还要满足不小于 2 h 的停留时间,对于供水量较大的供水系统,泉室的容积可按 2 h 停留时间计算或按试验确定的停留时间计算。

c. 泉室起调节作用

泉水水质好,不需要净化处理,泉水水位高,能满足重力供水,消毒后可直接供给用户;泉水量稳定,但不能在任何时候满足大于最高日最大用水量;泉眼处工程地质条件好,施工方便。在这些情况下,可将泉室容积设置大些。供水系统中可不再设置清水池和水塔(或高地水池),泉室起调节水量作用。泉室的容积应根据泉水出流水量和用水量变化曲线来确定。缺乏资料时,中、小型供水系统可按日用水量的 20% ~40% 确定,对于极小型供水系统,泉室容积可达到日用水量的 50% 以上。

2.3 集雨装置设计

水窖是指在地表以下人工构筑的蓄水设施,其作用是存蓄天然降雨或通过引水管(沟)将沟溪、泉水等输送到窖中蓄存,供山区人畜饮水或抗旱灌溉。水窖是解决贫困山区人畜用水的常用雨水集蓄供水设施。

2.3.1 水窖的特点

水窖供水系统与其他大型饮水工程相比,具有如下特点:

(1)适应性强。水窖是解决缺水山区,特别是严重缺水的石灰岩深山区人畜饮水的首选形式。在此类地区,人口相对较少,居住分散,地理位置较高,经济条件差,无能力建集中供水工程,因而水窖蓄水技术是其首选方案。

(2)工程规模小,施工技术简便,工期短。为管理方便,一般一户建一个水窖。在农闲季节备料,春秋季施工,开挖、凿石、运料等工作均可由各户根据自己的情况安排施工。由于水窖大部分是采用浆砌石结构,其施工无特别复杂的技术要求,在乡镇水利站技术人员的指导下,农村中的石匠均可承担此任务,不需要专业施工队伍承建,可节省施工费。由于水窖由各户自己完成,各户可根据自己家庭的劳动力情况安排施工,开挖土石方与运料工作可同时展开,而且每家每户可同时进行,因而可使工期大大缩短。从已建成的其他水源(深井、大口井)联村供水工程工期情况看,从备料到施工至竣工,一般较快的也需 8 ~10个月完成,而水窖工程每户最多用 1 ~2 个月即可完成。与联村供水工程相比,可节约工期 80% 以上。

(3)可就地取材,降低建窖费用。缺水山区一般为不发达的贫穷地区,大多为石灰岩地层,优质的石灰岩石材比较丰富。在这一地区兴建浆砌石水窖,可充分利用石材丰富的优势,就地取材,无须花钱购买,可大大节约建窖费用。据初步统计,建一个20 ~50 m^3 的浆砌石水窖,加上用少量的钢筋(水窖盖板用)和水泥外,一般总投资在1 500 ~2 500 元。如果开挖、运料等工作由各户自己出工,建窖费用还可降低。

(4)供水成本低廉,节约能源。用喷灌机向水窖灌水,对于一个 20 ~50 m^3 的水窖,一般 1 ~2 h 即可灌满,每小时需交运行费用 10 ~40 元,每立方米水成本为 0.5 ~0.8 元,每户一年灌窖 2 次,总费用一般为 20 ~80 元,因而农民易于承受。另外,当使用泉水灌窖时,供水成本更可降低。同时在取水时,采用手压泵或自来水取水,可随用随取,不受供电条件限制,因而可节约能源。

(5)方便管理,用水卫生。由于水窖为每户建一个,一般建在自家院内或房屋附近,易于管理。同时由于各户各用自己的水窖,对水费的收缴无其他因素干扰,易及时足额上缴。另外,水窖一般不会轻易地受到污染,其周围环境也易于保护,使用水达到卫生要求。

2.3.2　水窖的设计

2.3.2.1　窖址选择

选择窖址应符合以下原则:

(1)方便集雨。窖址应选择在地形、地势低洼,平坦之处,以便控制较大的集雨面积,或便于将附近季节性沟溪、泉水引入窖内;

(2)安全可靠。窖址应选择在地质稳定,无裂缝、陷坑和溶洞的位置上,尽量避开滑坡体地段,同时还应注意排涝、防淤。

(3)自压供水。窖址应选择在比农户居住地稍高的位置,利用地形高差形成的自然水头将水引进到农户家中,一般不需要配置提水、加压设备,节约能源。

2.3.2.2　水窖容量的确定

水窖容量的大小应根据农户用水量和降雨量的多少确定,一是要保证每窖每年集满三窖水,二是要保证满足农户一年内的人畜饮水需求。

(1)年生活用水量可根据人口数和表2-9中的平均日生活用水定额确定。

表2-9　雨水集蓄供水工程居民平均日生活用水定额　(单位:L/(人·d))

分区	半干旱地区	半湿润、湿润地区
生活用水定额	10~30	30~50

(2)年饲养牲畜用水量可根据牲畜种类、数量和表2-10中的平均日饲养牲畜用水定额确定。

表2-10　雨水集蓄供水工程平均日饲养牲畜用水定额　(单位:L/(头·d))

牲畜种类	大牲畜	羊	猪	禽
饲养牲畜用水定额	30~50	5~10	15~20	0.5~1.0

如某高山缺水地区,根据当地实际情况,用水量标准为:每天每人10 L,每头牛30 L,每头猪10 L。水窖容量按照两种典型农户设计:第一种为4口人、1头牛、2头猪,则年需水量为32.9 m^3,水窖设计容量为11 m^3;第二种为6口人、1头牛、4头猪,则年需水量为47.5 m^3,水窖设计容量为16 m^3。

2.3.2.3　水窖结构设计

水窖是雨水集蓄工程中最常用的设施之一,也是集蓄雨水系统的核心。按砌筑水窖材料可分为砖砌、石砌、混凝土窖和土窖;按结构型式可分为自然土拱盖窖、混凝土拱窖和窑窖。对混凝土窖,按施工方法又可分为现浇式和预制装配式。

水窖的结构决定着投资的大小和施工的难易程度。一般而言,浆砌石水窖施工简便,价格低,可由项目村各户根据统一的设计标准单独进行施工。钢筋混凝土水窖施工相对复杂,投资相对较高,必须由专业施工队进行施工。

水窖由窖体、沉淀过滤池、进出水管和排污清淤设施组成,其结构见图2-65。具体设计如下:

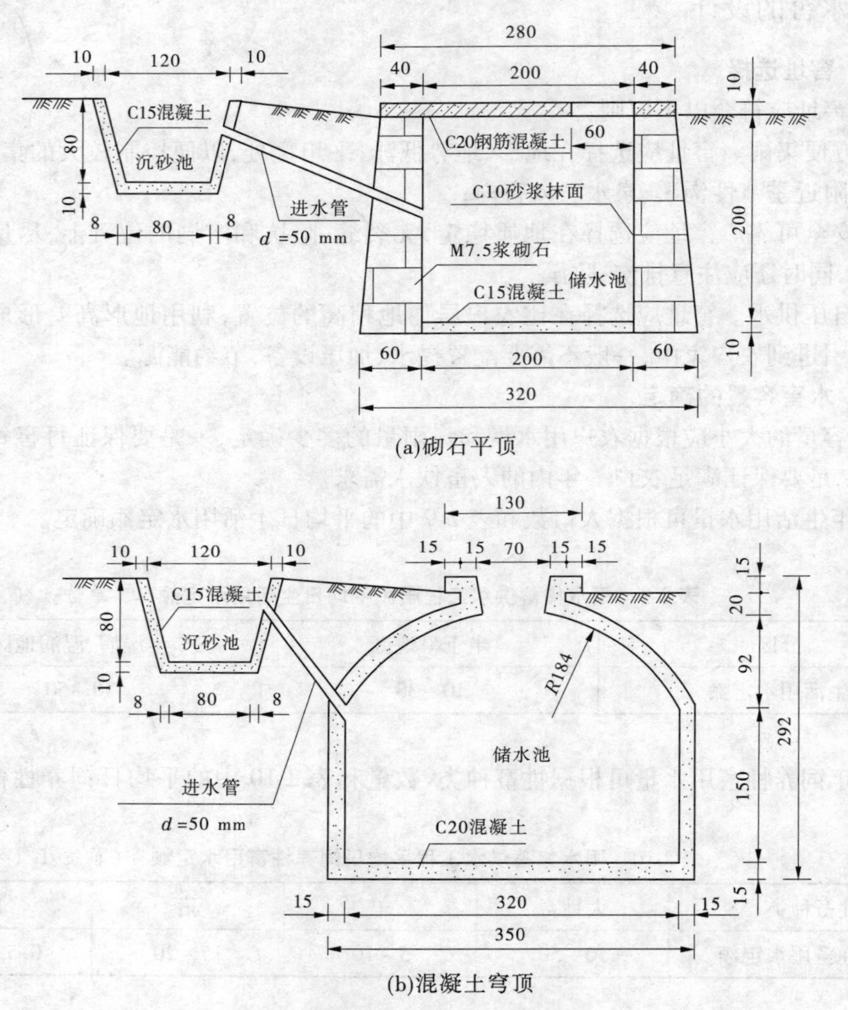

图2-65　水窖结构剖面图(16 m³)　(单位:cm)

(1)窖体。窖身是水窖的主体,窖身的最优形状应为球形,但施工难度较大。从受力角度及省工、省材料出发,将水窖修建为圆柱形。由于土石山区地质稳定性差,故不推荐土窖,常用衬护及抹面的砖、石、混凝土窖。窖底在夯实的基础上砌石、砌砖或现浇混凝土并预留检查孔,检查孔用C20钢筋混凝土预制盖板封闭。

(2)沉淀过滤池。一般水窖要保证人畜饮水要求,水质要求较高,故所有水窖均应修建一个长×宽×高=1.2 m×0.8 m×1.0 m,厚12 cm的砖砌过滤池,为平式过滤。滤料分层为:5～20 mm卵石厚10 cm,0.5～2 mm粗砂厚20 cm,5～40 mm卵石厚20 cm。一般每隔半年应更换或清洗滤料一次。对未修建硬化(混凝土、砖铺地面、砌石)集雨场而直接引沟道或地表径流的水窖,在过滤池前应修建沉淀池,含泥雨水首先经沉淀池沉淀后再进入过滤池,经过滤后再引入水窖,沉淀池应比过滤池高 0.6 m, 沉淀池一般建成 12 cm 厚的砖砌抹面的方池,其尺寸为:长×宽×高=2 m×1 m×1 m。

(3)进出水管。进水管为沉淀池与过滤池、过滤池与水窖之间连接引水管道,为较快接引大雨,集中降雨产生的汇流,一般要求管道为 40 mm 以上管径。出水管为取用水管道,一般采用 25 mm 管道安装于窖底部,接至农户家中。

(4)排污清淤。建窖时,应在窖底修建直径 0.6 m、深 0.3 m 的集污坑并在集污坑内底部设 32 mm 排污管,引出窖外,并用闸阀控制。若因条件限制,不能安装出水、排污管时,则需采取人工取水、水泵或虹吸管吸水,人工清淤。

2.3.2.4　其他类型的水窖

1)装配式水窖

装配式水窖由上部顶拱、下部圆柱体及窖底组成,在顶拱部分的中央设有检修孔,同时设有进水孔、放水孔、排污孔和溢流孔等,见图 2-66。

水窖上部拱顶部分由梯形预制块组成,梯形预制块数随水窖直径的不同而不同。

下部圆柱体则根据农户所需水窖容积大小由 1~5 层混凝土预制块装配而成,边壁预制块采用定型尺寸。

考虑到预制、运输及结构的要求,各预制块的厚度均为 50 mm,由 M10 水泥砂浆胶结成整体。

为了沉集污物,窖底部分最好做成椭球形,并在最低处布置排污管,或人工定时清淤。

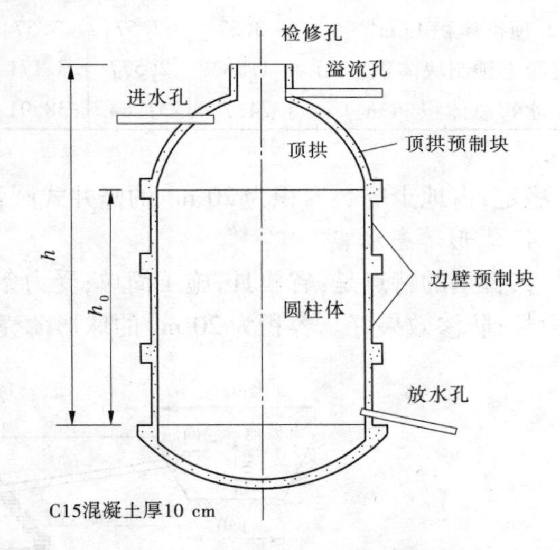

图 2-66　装配式水窖结构剖面

装配式水窖的窖顶、窖底采用混凝土,窖壁采用砂浆防渗的水窖总深度不宜大于 6.5 m,最大直径不宜大于 4.5 m,顶拱的矢跨比不宜小于 0.3。考虑到装配式水窖的设计、施工及一般农户的用水需求,装配式水窖最大直径取为 5.0 m,顶拱矢跨比取为 0.3~0.4,圆柱体最大层数为 5 层。常用的水窖容积一般为 20~80 m^3。通过对窖体容积进行组合和前述力学计算,得出常用的装配式水窖设计参数,见表 2-11。

2)砖拱水窖

埋石混凝土砖砌拱水窖有施工简单、窖体稳定性好、质量可靠、使用寿命长、取土提水、清淤方便等优点。缺点是施工工艺复杂,需由专业队伍组织施工。容积为 30 m^3 的砖拱水窖结构剖面如图 2-67 所示。

3)竖井式圆弧型水窖

此窖型的特点是:省工省料,投资少;牢固耐久,因深埋地下,相对温差变化不大,水质

表 2-11 装配式水窖设计参数

项目	直径(m) 窖筒水深 h_0(m)							
	3.0			4.0			5.0	
	3.00	4.00	5.00	2.00	3.00	4.00	2.00	3.00
容积 V(m^3)	21.21	28.27	35.34	25.13	37.70	50.27	39.27	58.90
每层预制块数(块)	18	18	18	25	25	25	31	31
层数(层)	3	4	5	2	3	4	2	3
总预制块数(块)	54	72	90	50	75	100	62	93
矢跨比	0.3	0.3	0.3	0.3	0.3	0.3	0.4	0.4
窖口直径(m)	0.6	0.6	0.6	0.8	0.8	0.8	0.8	0.8
检修孔周长(m)	1.88	1.88	1.88	2.51	2.51	2.51	2.51	2.51
顶拱预制块数(块)	12	12	12	12	12	12	24	24
顶拱预制块上宽(m)	0.16	0.16	0.16	0.20	0.20	0.20	0.10	0.10
顶拱预制块下宽(m)	0.78	0.78	0.78	1.03	1.03	1.03	0.65	0.65
顶拱体积 V(m^3)	3.57	3.57	3.57	8.44	8.44	8.44	23.82	23.82
混凝土预制块体积(m^3)	1.983	2.577	3.171	2.018	2.843	3.668	2.825	4.848
水窖总体积 V(m^3)	24.78	31.84	38.91	33.57	46.14	58.71	63.09	82.72

好、稳定;占地少等。容积为 20 m^3 的竖井式圆弧型砖拱水窖结构剖面如图 2-68 所示。

4)球形薄壳水窖

其窖型的特点是:省模具,施工简单;受力条件好,安全;工程量小,省工,造价低;使用寿命长;防渗效果好。容积为 20 m^3 的球形薄壳砖拱水窖结构剖面如图 2-69 所示。

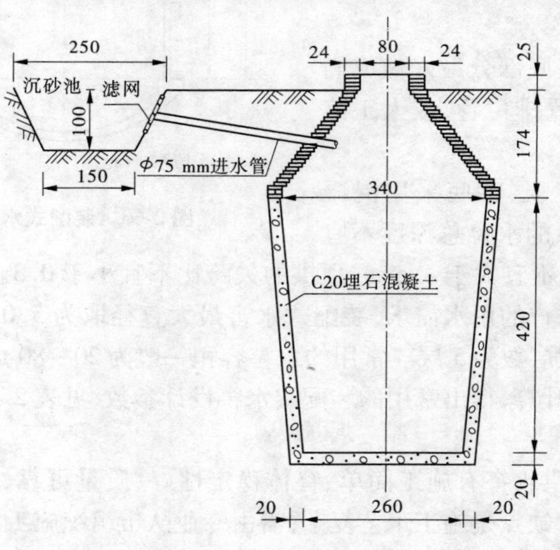

图 2-67 砖拱水窖结构剖面图 (单位:cm)

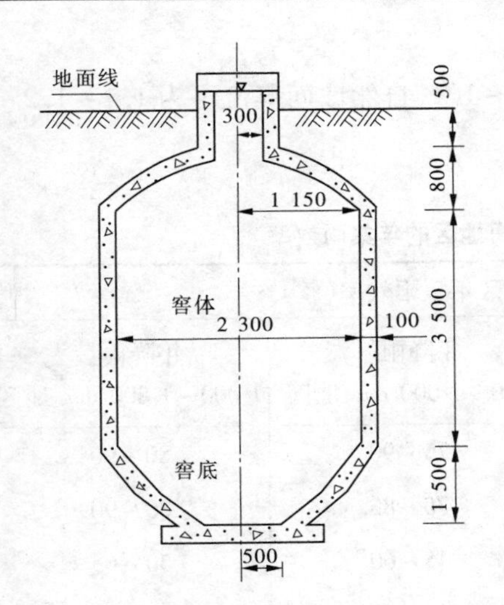

图2-68 竖井式圆弧型水窖结构剖面图

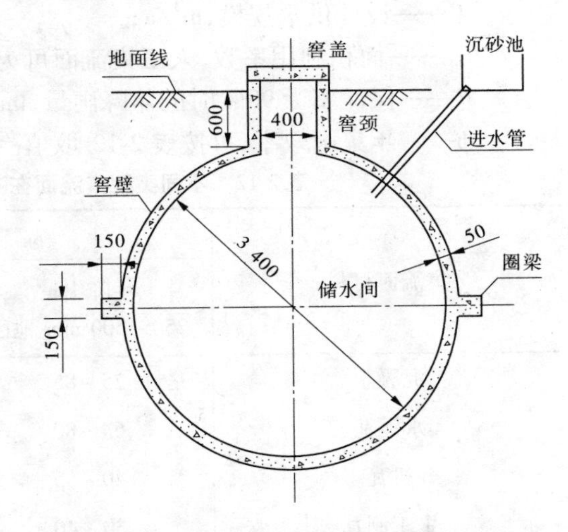

图2-69 球形薄壳水窖结构剖面图

2.3.2.5 集雨场设计

水窖集雨场包括自然集雨场和人工集雨场。自然集雨场是将房屋屋顶、庭院、道路、河沟及人工开挖的绕山截雨沟等能汇集雨水的场地作为集雨场收集雨水入沉淀池。应特别注意,集雨场不能设在厕所、畜牲圈等位置,以防止污水汇入造成二次污染或细菌等有害物质混入汇集水流。

1)屋檐集水

在瓦房屋檐下安装 $\phi110$ mm(朝上部分剖开)UPVC 管和引水立管,经粗滤池过滤后进入水窖。对于平屋顶屋面,则利用檐沟汇集屋面雨水,安装引水立管即可。

屋檐集水的优点主要有:第一,屋檐集水较其他饮水工程投资小、效益大,用户自己使用,便于管理和维护;第二,屋檐集水以屋顶代替收水场地,节省了土地,减少了受地面水造成的人畜粪便污染,改善了引水卫生质量,降低了肠道传染疾病的发病率,摆脱了地方性氟中毒的危害。

屋檐集水的缺点主要是由于近年来生态环境的改变,年降雨量有减少的趋势,特别是春季,收集水量有限。

2)地面集水

为解决屋檐集水集水量受限制的弊端,可人工增设集雨场。人工集雨场是对集雨面进行人工硬化处理或铺设防渗层,从而增加单位面积的集水流量,减少雨水冲刷而引起的集水含沙量。永久性专门集雨场宜用混凝土、浆砌石、浆砌砖抹面或者铺设塑料布而成的平整场地进行集雨。其优点是集雨时径流系数高,径流中含沙量低,能够干净、卫生地汇集雨水,低渗漏,同等面积集雨量远大于素土夯实集雨场。

3)集流面水平投影面积的计算

自然集雨场、人工集雨场的集流面水平投影面积,可按式(2-50)计算确定:

$$F = 1\,000WK_1/(P\phi) \tag{2-50}$$

式中 F——集流面水平投影面积,m^2;

W——设计供水规模，m^3/a；

K_1——面积利用系数，人工集流面可为 1.05 ~ 1.1，自然坡面集流可为 1.1 ~ 1.2；

P——保证率为 90% 时的年降雨量，mm；

ϕ——年集雨效率，可按表 2-12 取值。

表 2-12 不同类型集流面在不同降雨地区的年集雨效率

集流面材料	地区年集雨效率(%)		
	年降雨量 250 ~ 500 mm 地区	年降雨量 500 ~ 1 000 mm 地区	年降雨量 1 000 ~ 1 800 mm 地区
混凝土	75 ~ 85	75 ~ 90	80 ~ 90
水泥瓦	65 ~ 80	70 ~ 85	80 ~ 90
机瓦	40 ~ 55	45 ~ 60	50 ~ 65
手工制瓦	30 ~ 40	45 ~ 60	45 ~ 60
浆砌石	70 ~ 80	70 ~ 85	75 ~ 85
良好的沥青路面	70 ~ 80	70 ~ 85	75 ~ 85
乡村常用土路土碾场和庭院地面	15 ~ 30	25 ~ 40	35 ~ 55
水泥土	40 ~ 55	45 ~ 60	50 ~ 65
化学固结土	75 ~ 85	75 ~ 90	80 ~ 90
完整裸露塑料膜	85 ~ 92	85 ~ 92	85 ~ 92
塑料膜覆中粗砂或草泥	30 ~ 50	35 ~ 55	40 ~ 60
自然土坡(植被稀少)	8 ~ 15	15 ~ 30	30 ~ 50
自然土坡(林草地)	8 ~ 15	15 ~ 25	25 ~ 45

4）蓄水构筑物的有效容积计算

蓄水构筑物的有效容积，应根据设计供水规模和降雨量保证率为 90% 时的最大连续干旱天数、复蓄次数确定，可按式(2-51)计算：

$$V = K_2 W/(1 - \alpha) \tag{2-51}$$

式中 V——有效蓄水容积，m^3；

K_2——容积系数，半干旱地区可取 0.8 ~ 1.0，湿润、半湿润地区可取 0.25 ~ 0.4；

α——蒸发、渗漏损失系数，封闭式构筑物可取 0.05，开敞式构筑物可取 0.1 ~ 0.2。

第3章　供水处理系统设计

村镇供水处理的任务是用不同的方法与装置改变原水的主要水质指标,以满足用户的用水要求,提高水的质量,解决原水不能满足用户要求的矛盾。而完成这一任务的前提就是水处理系统优良的设计。本章主要内容包括供水处理原理、常规水处理工艺和特种水处理的设计方法及应用实例。

3.1　供水处理原理

村镇供水处理主要涉及原水的水质情况、水处理方法与装置、用户的水质要求三方面的内容。

3.1.1　原水中的杂质

原水是指从水源取得而未经过处理的水。水源主要包括地下水和地表水,其中地表水主要包括江河水、湖泊水及水库水、海水。无论原水取自地下水源还是地表水源,都不同程度地含有各种各样的杂质。归纳起来,这些杂质按尺寸大小和存在形态可分成悬浮物、胶体和溶解物三大类。

3.1.1.1　悬浮物和胶体杂质

悬浮物尺寸较大,易于在水中下沉或上浮。悬浮物在水中下沉或上浮取决于其比重,易于下沉的一般是比重较大的大颗粒泥沙及矿物质废渣等,能够上浮的一般是体积较大而比重小的某些有机物。悬浮物可以通过沉淀或气浮的方法得以去除。

胶体颗粒尺寸小,在水中具有稳定性,可以长期保持分散悬浮的特性。水中所存在的胶体通常有黏土、细菌、病毒、腐殖质、蛋白质、有机高分子物质等。

悬浮物和胶体是使水产生浑浊现象的根源。其中有机物,如腐殖质及藻类等,还会造成水的色、臭、味。随生活污水排入水体的病菌、病毒及致病原生动物会通过水传播疾病。

悬浮物和胶体一般是生活饮用水处理的去除对象。粒径大于4.0 mm的泥沙去除较易,通常在水中可自行下沉。而粒径较小的悬浮物和胶体杂质,须投加混凝剂方可去除。

3.1.1.2　溶解杂质

溶解杂质与水构成均相体系,外观透明,是真溶液。溶解杂质包括有机物和无机物两类。无机溶解物是指水中的低分子和离子,它们中有的溶解杂质可使水产生色、臭、味。有机溶解杂质主要来源于水源污染,也有天然存在的,如水中的腐殖质。

受污染水中杂质多种多样,天然水体中,溶解杂质主要有溶解气体和离子。溶解气体主要有氧、氮和二氧化碳,有时也含有少量硫化氢。天然水中所含主要阳离子有Ca^{2+}、Mg^{2+}、Na^{+},主要阴离子有HCO_3^-、SO_4^{2-}、Cl^-。此外,还含有少量K^+、Fe^{2+}、Mn^{2+}、Cu^{2+}及$HSiO_3^-$、CO_3^{2-}、NO_3^-等离子。所有这些离子,主要来源于矿物质的溶解,也有部分可能来源于水中有机物的分解。

由于各种天然水源所处环境、条件及地质状况各不相同,水源所含离子种类及含量也有很大差别。当水源受到工业废水严重污染时,水中杂质将更趋复杂。

3.1.2　水质标准

水质是指水的使用性质,是水及其中的杂质共同表现的综合特性。水质好坏是一个相对的概念,不能全面反映水的物理学、化学和生物学特性。通常都采用水质指标来衡量水质的优劣。能反映水的使用性质的一种量都可称为水质指标,水质指标表示水中杂质的种类和数量,水质指标又叫水质参数。绝大多数的水质指标都是指一种水中的具体成分,如水中各种溶解离子;另外还有一类称为替代参数(surrogate parameter)的水质参数。替代参数也称为集体参数(collective parameter),总溶解固体 TDS、浊度、色度等就是替代参数。水质标准是用水对象(包括饮用和工业用水等)所要求的各项水质参数应达到的指标和限值。不同用水对象,要求的水质标准不同。随着科学技术的进步和水源污染日益严重,水质标准也是在不断修改、补充之中。

3.1.2.1　生活饮用水卫生标准

生活饮用水水质与人类健康和生活使用直接相关,故世界各国对饮用水水质标准极为关注。20 世纪初,饮用水水质标准主要包括水的外观和预防传染病的项目,以后开始重视重金属离子的危害,80 年代则侧重于有机污染物的防治。我国自 1956 年颁发《生活饮用水卫生标准》(试行)直至 1986 年实施的《生活饮用水卫生标准》(GB5749—85)的 30 年间,共进行了 4 次修订。2006 年对 GB5749—85 第一次修订,2007 年 7 月 1 日实施。标准自实施之日起代替《生活饮用水卫生标准》(GB5749—85)。

生活饮用水水质应符合下列基本要求,以保证用户饮水安全。生活饮用水中不应含有病原微生物,生活饮用水中化学物质不应危害人体健康,生活饮用水中放射性物质不应危害人体健康。生活饮用水的感官性状良好,生活饮用水应经消毒处理。生活饮用水水质应符合附录《生活饮用水卫生标准》(GB5749—2006)(见附录 2)。集中式供水出厂水中消毒剂限值、出厂水和管网末梢水中消毒剂余量均应符合附录 2 表 2 的要求。村镇集中式供水和分散式供水的水质因条件限制,部分指标可暂按照附录 2 表 4 执行,其余指标仍按附录 2 表 1、表 2 和表 3 执行。当发生影响水质的突发性公共事件时,经市级以上人民政府批准,感官性状和一般化学指标可适当放宽。其中常规指标(regular indices)是能反映生活饮用水水质基本状况的水质指标。非常规指标(non-regular indices)是根据地区、时间或特殊情况需要的生活饮用水水质指标。

3.1.2.2　乡镇企业用水水质标准

不同的企业类型,水质要求也各不相同,所要求的用水水质标准也就不同。

一般工艺用水的水质要求高,不仅要求去除水中悬浮杂质和胶体杂质,而且需要不同程度地去除水中的溶解杂质。食品、酿造及饮料工业的原料用水,水质要求应当高于生活饮用水的要求。纺织、造纸工业用水,要求水质清澈,且对易于在产品上产生斑点从而影响印染质量或漂白度的杂质含量,加以严格限制。如铁和锰会使织物或纸张产生锈斑,水的硬度过高会使织物或纸张产生钙斑。在电子工业中,零件的清洗及药液的配制等都需要纯水。特别是半导体器件及大规模集成电路的生产,几乎每道工序均需“高纯水”进行清洗。

对锅炉补给水水质的基本要求是:凡能导致锅炉、给水系统及其他热力设备腐蚀、结垢及引起汽水共腾现象的各种杂质,都应大部或全部去除。锅炉压力和构造不同,水质要求也不同。锅炉压力愈高,水质要求也愈高。当水的硬度符合要求时,即可避免水垢的产生。此外,许多工业部门在生产过程中都需要大量冷却水,用以冷凝蒸汽以及工艺流体或设备降温。冷却水首先要求水温低,同时对水质也有要求,如水中存在悬浮物、藻类及微生物等,会堵塞管道和设备。因此,在循环冷却系统中,应控制在管道和设备中由于水质所引起的结垢、腐蚀和微生物繁殖。

总之,乡镇企业用水种类繁多,用水量较大。各种企业用水对水质的要求由有关工业部门制定。

3.1.3　供水处理方法

供水处理的任务是通过必要的处理方法去除水中杂质,使之符合生活饮用或工业使用要求的水质。水处理方法应根据水源水质和用水对象对水质的要求确定。在供水处理中,为了达到某一种处理目的,往往几种方法结合使用。

3.1.3.1　常规处理工艺

“混凝—沉淀—过滤—消毒”称为生活饮用水的常规处理工艺。我国以地表水为水源的水厂主要采用这种工艺流程。但根据水源水质不同,还可增加或减少某些处理构筑物。

“混凝—沉淀—过滤”通常称为澄清工艺。处理对象主要是水中悬浮物和胶体杂质。原水加药后,经混凝使水中悬浮物和胶体形成絮体,而后通过沉淀池进行重力分离,然后利用粒状滤料过滤截留水中杂质,用以进一步降低水的浑浊度。完善而有效的混凝、沉淀和过滤,不仅能有效地降低水的浊度,对水中某些有机物、细菌及病毒等的去除也是有一定效果的。根据原水水质不同,在上述澄清工艺系统中还可适当增加或减少某些处理构筑物。例如,处理高浊度原水时,往往需设置预沉池或沉砂池;原水浊度很低时,可以省去沉淀构筑物而进行原水加药后的直接过滤。但在生活饮用水处理中,过滤是必不可少的。

消毒是灭活水中的致病微生物,通常在过滤以后进行。主要消毒方法是在水中投加消毒剂。当前我国普遍采用的消毒剂是氯,也有采用次氯酸钠、二氧化氯、臭氧、漂白粉等。消毒工艺是保证饮用水安全的一道有力屏障。

3.1.3.2　特殊水处理

1)除臭、除味

当原水中臭、味严重,而采用澄清和消毒工艺系统不能达到水质要求时方才采用。除臭、除味的方法取决于水中臭、味的来源。例如:对于水中有机物所产生的臭和味,可用活性炭吸附或氧化法去除;对于溶解性气体或挥发性有机物所产生的臭和味,可采用曝气法去除;因藻类繁殖而产生的臭和味,可采用微滤机或气浮法去除藻类,也可在水中投加除藻药剂;因溶解盐类所产生的臭和味,可采取适当的除盐措施等。

2007年5月底太湖蓝藻大规模暴发,导致以太湖为水源水的水厂出水臭味严重,采用高锰酸钾氧化和活性炭吸附的方法成功除臭。

2）除铁、除锰

当饮用水中的铁、锰含量超过生活饮用水卫生标准时，需采取除铁、锰措施。常用的除铁、锰方法有自然氧化法和接触氧化法。还可采用药剂氧化法、生物氧化法及离子交换法等。通过上述处理方法（离子交换法除外），使溶解性二价铁和锰分别转变成三价铁和四价锰的沉淀物而去除。

除铁、锰工艺系统的选择应根据是否单纯除铁还是同时除铁、锰，原水中铁、锰含量及其他有关水质特点确定。

3）除氟

氟是有机体生命活动所必需的微量元素之一，但长期饮用高氟水会引起氟中毒，典型病症是氟斑牙（斑釉齿）和氟骨症。当水中含氟量超过1.0 mg/L时，需采取除氟措施。

除氟方法基本可分成三类：第一类是骨炭、活性氧化铝（镁）、沸石进行吸附与离子交换的物理分离法；第二类是采用氢氧化铝、氯化铝和硫酸铝等铝盐混凝共沉淀或采用氧化钙、氢氧化钙、氯化钙、石灰等钙盐共沉淀的化学方法；第三类是采用电解、电渗析法的电化学法。在美国，公认的饮水除氟方法有六种：活性氧化铝、离子交换、电渗析、反渗透、骨炭和混凝沉淀，其中USEPA推荐方法为活性氧化铝和反渗透。我国1985年版的《给排水设计手册》中推荐四种方法，即吸附过滤、混凝沉淀、离子交换和电渗析。

4）硬水软化

软化处理对象主要是水中钙、镁离子。软化方法主要有离子交换法、药剂软化法。离子交换法使水中钙、镁离子与阳离子交换剂上的离子互相交换以达到去除的目的；药剂软化法是在水中投入药剂，如石灰、苏打等使钙、镁离子转变为沉淀物而从水中分离出来。

5）淡化和除盐

淡化和除盐的处理对象是水中各种溶解盐类，包括阴、阳离子。将高含盐量的“苦咸水”处理到符合生活饮用水要求时的处理过程，一般称为咸水“淡化”；制取纯水及高纯水的处理过程称为水的“除盐”。

淡化和除盐主要方法有蒸馏法、离子交换法、电渗析法及反渗透法等。离子交换法是通过阴、阳离子交换剂分别与水中的阴、阳离子相交换过程；电渗析法是利用阴、阳离子交换膜能够分别透过阴、阳离子的特性，在外加直流电场作用下使水中阴、阳离子被分离出去；反渗透法是利用高于渗透作用的压力施于含盐水以便水通过半渗透膜而盐类离子被阻留下来。电渗析法和反渗透法属于膜分离法，通常用于高含盐量水的淡化或离子交换法除盐的前处理工艺。膜处理方法处理成本较高，且膜容易堵塞，不宜用于农村饮用水的处理。

6）高浊度水处理

一般含沙量为10～100 kg/m^3，沉淀时泥和水有明显界面的水称为高浊度水。高浊度水处理流程和常规水处理流程的区别主要在于调蓄水池和预沉池的设置以及沉淀池的考虑。处理流程如下：

（1）根据原水含沙量和出水水质要求、工程规模、沙峰延续时间确定流程，为保证安全供水，流程中应考虑调蓄水池。进水含沙量小于40 kg/m^3、沉淀水浊度大于3 NTU时，可用常规处理工艺。

（2）一般采用二级沉淀处理流程，对于个别水量小、水质要求不高的水厂也可采用常规处理流程。

(3)黄河中、上游和长江上游高浊度水处理时,因泥沙粒径较大,会磨损水泵,且易在常规流程中的絮凝池和沉淀池底部淤积而难以消除,因此较多采用预沉池,以减轻大颗粒泥沙、浮冰和杂草对净水工艺的危害。

(4)黄河中、上游和长江上游的西部小城镇水厂,宜采用两级甚至三级混凝沉淀和过滤工艺。

7)含藻水处理

当藻类含量大于100万个/L时会妨碍水厂常规处理,使出厂水难以符合饮用水标准的原水,称为含藻水。含藻水的处理方法具体主要有硫酸铜、预氯化等灭藻以及强化混凝沉淀、气浮法、生物处理等。设计时应根据试验研究或相似条件下水厂的运行经验,通过技术经济比较确定处理方法。

预加氯或二氧化氯可杀灭藻类,并防止藻类堵塞输水管和滤池。为减小消毒副产物的影响,出厂水和管网水的氯仿和四氯化碳含量应符合生活饮用水水质标准。

对常规混凝沉淀加以强化,可以大大提高除藻效率。常用的强化混凝方法有:在使用常规絮凝剂时,调节pH值或加入一定量的活化硅酸及有机高分子助凝剂(如聚丙烯酰胺等)。

在浊度较低的原水中投加泥浆可提高原水浊度和混凝除藻效果。投加泥浆的原水加絮凝剂后进入到絮凝池,可以增加絮凝颗粒和强度,使藻类,尤其是预加氯后的死藻较容易在沉淀池中沉淀去除,从而减轻后续滤池的负担。此法工艺简单,费用较低,但须增添泥浆配置和投加设备。泥浆的投加量以使原水浊度保持在80~150NTU为宜。如加泥量过多,浊度太高,反而会增加投泥量、絮凝剂用量和排泥次数。泥浆必须选用腐殖质及有机物少的山泥。

气浮法可以用于处理含藻类较多(>10万个/L)的原水,其工作原理是比重与水接近的颗粒(如藻类)不易沉淀,然而向水中通入大量微小气泡时,可以黏附在颗粒上,并快速上浮,从而达到固液分离的目的。此外,气浮法还可用于低温低浊水(原水水温小于4℃,浊度小于100 NTU)、色度高的原水、沉淀效果较差的原水的处理。

3.2 村镇水处理工艺选择

村镇供水处理工艺、处理构筑物或一体化净水器的选择,应根据原水水质、设计规模,参照相似条件下水厂的运行经验,结合当地条件,通过技术经济比较确定。

下面介绍几种典型的供水处理工艺流程。

(1)当水源水质符合相关标准时,可采用以下净水工艺:

①对水质良好的地下水,可只进行消毒处理。

②原水有机物含量较少,浊度长期不超过20 NTU、瞬间不超过60 NTU时,可采用慢滤加消毒或接触过滤加消毒的净水工艺。原水采用双层滤料或多层滤料滤池直接过滤,习惯称“一次净化”。

③原水浊度长期低于500 NTU、瞬间不超过1 000 NTU时,可采用混凝沉淀(或澄

清)、过滤加消毒的净水工艺。混凝沉淀(或澄清)及过滤构筑物为水厂中主体构筑物,这一流程习惯上常称二次净化。

④原水含沙量变化较大或浊度经常超过500 NTU时,可在常规净水工艺前采取预沉措施;高浊度水应按《高浊度水给水设计规范》(CJJ40)的要求进行净化。

(2)限于条件,选用水质超标的水源时,可采用以下净水工艺:

①微污染地表水可采用强化常规净水工艺,或在常规净水工艺前增加生物预处理或化学氧化处理,也可采用滤后深度处理。

②含藻水宜在常规净水工艺中增加气浮工艺,并符合《含藻水供水处理设计规范》(CJJ32)的要求。

③铁、锰超标的地下水应采用氧化、过滤、消毒的净水工艺。

④氟超标的地下水可采用活性氧化铝吸附、混凝沉淀或电渗析等净水工艺。

⑤“苦咸水”淡化可采用电渗析或反渗透等膜处理工艺。

(3)设计水量大于1 000 m^3/d的工程宜采用净水构筑物,其中:设计水量1 000～5 000 m^3/d的工程可采用组合式净水构筑物;设计水量小于1 000 m^3/d的工程可采用慢滤或净水装置。

水厂运行过程中排放的废水和污泥应妥善处理,并符合环境保护和卫生防护要求;贫水地区,宜考虑滤池反冲洗水的回用。

确定水处理工艺应结合村镇居民居住状况与当地水源条件和水质要求考虑,水处理工艺应力求简便、实用可靠、价廉。

3.3　混　凝

混凝是指水中胶体粒子以及微小悬浮物的聚集过程。混凝阶段的处理对象主要是水中悬浮物和胶体物质,是水处理工艺中十分重要的一个环节。实践表明,混凝过程的完善程度对后续沉淀、过滤处理影响很大。

3.3.1　混凝机理

3.3.1.1　水中胶体的稳定性和胶体脱稳

胶体稳定性是指胶体粒子在水中长期保持分散悬浮状态的特性。从水处理角度而言,凡沉降速度十分缓慢的胶体粒子以至微小悬浮物,均被认为是“稳定”的。这样的悬浮体系在水处理领域即被认为是“稳定体系”。胶体稳定性分动力学稳定和聚集稳定两种。

为使胶体颗粒能通过碰撞而聚集,就需要消除或降低胶体颗粒的稳定因素,这一过程称为脱稳。

供水处理中,胶体颗粒的脱稳可分为两种情况:一种是通过混凝剂的作用,使胶体颗粒本身的双电层结构起了变化,ζ电位降低或消失,胶体稳定性破坏;另一种是胶体颗粒的双电层结构未起多大变化,主要是通过凝聚剂的媒介作用,使颗粒彼此聚集。严格地说,后一种情况不能称为脱稳,但从水处理的实际效果而言,两者都达到了使颗粒彼此聚集的效果,因此习惯上都称之为脱稳。供水处理中通过加入混凝剂实现水中微小颗粒的脱稳聚集,形成大而密实的絮体,在沉淀池里沉淀出来。

3.3.1.2　混凝机理

胶体的脱稳方式随着采用混凝剂品种和投加量等因素而变化,加入混凝剂发生混凝作用的机理一般可分为以下几种:

(1)吸附和电性中和。当向水中投加电解质盐类时,水中的离子浓度将增加,这就使胶体颗粒能较多地吸附水中反离子,其结果使扩散层的厚度减小,ζ 电位降低。如果胶体吸附的反离子在吸附层内已达到平衡,则 ζ 电位降为零。扩散层厚度减小或 ζ 电位降低将使颗粒之间作用的斥力减小,这就有可能使颗粒聚集。按照这一机理,高价电解质离子的混凝效果将优于低价电解质离子。

当采用铝盐或铁盐作为混凝剂时,随溶液 pH 值的不同可以产生各种不同的水解产物。若 pH 值较低,水解产物带有正电荷,供水处理中原水的胶体颗粒多为带负电荷的,因而带正电荷的铝或铁盐的水解产物可以对原水胶体颗粒的电荷起中和作用。由于水解产物形成的胶体与原水中胶体带不同的电荷,因而当它们接近时,总是互相吸引的,这就导致颗粒的相互聚集,这种凝聚机理在水处理中很重要。铝盐、铁盐及阳离子型聚合物都是通过这一机理达到凝聚的。

(2)网捕或卷扫。当金属盐或金属氧化物和氢氧化物的投加量足以达到沉淀金属氢氧化物或金属碳酸盐时,水中的胶体颗粒可被这种沉析物形成时所网捕或卷扫。此时胶体颗粒的结构没有大的改变,这种作用基本上是一种机械作用。胶体颗粒可以成为沉淀物形成的核心。所需混凝剂的量与原水杂质含量成反比,当水中胶体物质较多时,混凝剂的投加量反而减少。

(3)吸附架桥。当向溶液投加高分子物质时,不仅带异性电荷的高分子物质与胶粒具有强烈吸附作用,不带电甚至带有与胶粒同性电荷的高分子物质与胶粒也有吸附作用。拉曼(Lamer)等通过对高分子物质吸附架桥作用的研究认为:当高分子链的一端吸附了其一胶粒后,另一端又吸附另一胶粒,形成"胶粒－高分子－胶粒"的絮凝体,高分子物质在这里起了胶粒与胶粒之间相互结合的桥梁作用,故称吸附架桥作用。当高分子物质投量过多时,若全部胶粒的吸附面均被高分子覆盖,两胶粒接近时,就受到高分子相互排斥的阻碍而不能聚集。排斥力可能来源于胶粒与胶粒之间高分子受到压缩变形(像弹簧被压缩一样)而具有排斥势能,也可能由于高分子之间的电性斥力(对带电高分子而言)或水化膜。因此,高分子物质投量过少不足以将胶粒架桥联结起来,投量过多将产生"胶体保护"作用,使溶液再稳。最佳投量应是既能把胶粒快速絮凝起来,又可使絮凝起来的最大胶粒不易脱落。

根据吸附原理,胶体表面高分子覆盖率为1/2时絮凝效果最好。但在实际水处理中,胶粒表面覆盖率无法测定,故高分子混凝剂投量通常由试验确定。

3.3.2　混凝剂和助凝剂

3.3.2.1　混凝剂

应用于饮用水处理的混凝剂应符合混凝效果好、对人体健康无害、使用方便、货源充足、价格低廉的基本要求。混凝剂种类很多,按化学成分可分为无机和有机两大类。

无机混凝剂品种较少,目前主要是铁盐和铝盐及其聚合物,在水处理中用的最多。有机混凝剂品种很多,主要是高分子物质,但在水处理中的应用比无机的少。

1)无机混凝剂

在无机混凝剂中,应用最广的是铝盐和铁盐金属盐类。铝盐混凝剂主要有硫酸铝、明矾、聚合氯化铝、聚合硫酸铝。铁盐混凝剂主要有三氯化铁、硫酸亚铁、聚合硫酸铁、聚合氯化铁。

(1)硫酸铝[$Al_2(SO_4)_3 \cdot 18H_2O$ 或 $Al_2(SO_4)_3 \cdot 14H_2O$]。硫酸铝有固、液两种形态,固态硫酸铝产品有精制和粗制两种,精制硫酸铝为白色结晶体,比重约为1.62,$Al_2(SO_4)_3$含量不小于15%,不溶解杂质含量不大于0.5%,价格较贵。粗制硫酸铝的$Al_2(SO_4)_3$含量不小于14%,不溶解杂质含量不大于24%,价格较低,但质量不稳定,且不溶解杂质量过多,会增加药液配制和废渣排除方面的操作问题。

硫酸铝使用方便,但水温低时,硫酸铝水解较困难,形成的絮凝体比较松散,效果不及铁盐混凝剂。

(2)明矾[$KAl(SO_4)_2 \cdot 12H_2O$ 或 $NH_4Al(SO_4)_2 \cdot 12H_2O$]。$KAl(SO_4)_2 \cdot 12H_2O$ 是硫酸铝和硫酸钾的复合盐(钾矾),为无色或白色结晶体,比重1.76,属天然矿物。明矾起混凝作用的仍是硫酸铝成分,混凝特性与硫酸铝一样。

(3)聚合铝。聚合铝包括聚合氯化铝(PAC)和聚合硫酸铝(PAS)等。目前,使用最多的是聚合氯化铝,聚合氯化铝又名碱式氯化铝或羟基氯化铝。它是以铝灰或含铝矿物作为原料,采用酸溶或碱溶法加工制成。由于原料和生产工艺不同,产品规格也不一致。

聚合铝作用机理与硫酸铝相似,但它的效能优于硫酸铝。在相同水质下,投加量比硫酸铝少,对水的pH值变化适应性较强等。实际上,聚合氯化铝可看成氯化铝($AlCl_3$)在一定条件下经水解、聚合逐步转化成 $Al(OH)_3$ 沉淀过程中的各种中间产物。

聚合氯化铝的化学式有好几种形式,化学式$[Al_2(OH)_nCl_{6-n}]_m$是其中之一,也有的写为$Al_n(OH)_mCl_{3n-m}$。实际上,几种化学式都是同一物质即聚合氯化铝的不同表达形式,只是从不同概念上表达铝化合物的基本结构形式。

聚合硫酸铝(PAS)也是聚合铝类混凝剂之一。聚合硫酸铝中的SO_4^{2-}具有类似羟桥的作用,可把简单铝盐水解产物桥联起来,促进了铝的水解聚合反应。不过,聚合硫酸铝目前生产上还应用较少。

(4)三氯化铁。三氯化铁($FeCl_3 \cdot 6H_2O$)是铁盐混凝剂中常用的一种。通常是具有金属光泽的褐色结晶体,杂质较少,溶解较易。一般,三价铁适用的pH值范围较广,形成的絮凝体较紧密,易沉淀,处理低温或低浊水效果较铝盐好。但三氯化铁腐蚀性较强,且容易吸水潮解,不易保管。

(5)硫酸亚铁($FeSO_4 \cdot 7H_2O$)。硫酸亚铁是半透明绿色结晶体,俗称“绿矾”。硫酸亚铁在水中溶解度较大,离解出的是Fe^{2+},水解产物只是单核配合物,不如Fe^{3+}的混凝效果。同时,残留于水中的Fe^{2+}会使处理后的水带色,特别是当Fe^{2+}与水中有色胶体作用后,将生成颜色更深的溶解物。使用硫酸亚铁时,应将Fe^{2+}氧化成Fe^{3+}。氧化方法有氯化、曝气等。

(6)聚合铁。聚合铁包括聚合硫酸铁(PFS)和聚合氯化铁(PFC)。聚合硫酸铁是碱式硫酸铁的聚合物,其化学式中$[Fe_2(OH)_n(SO_4)_{3-n/2}]_m$中的$n<2,m>10$,它是一种红褐色的黏性液体。制备聚合硫酸铁有好几种方法,但目前基本上都是以硫酸亚铁为原料,采用不同氧化方法,将硫酸亚铁氧化成硫酸铁,同时控制总硫酸根和总铁的摩尔比,使氧化过程中部分羟基取代部分硫酸根而形成碱式硫酸铁$Fe_2(OH)_n(SO_4)_{3-n/2}$。碱式硫酸铁易于聚合而产生聚合硫酸铁。

2)有机高分子混凝剂

有机高分子混凝剂分天然和人工合成两类,在供水处理中,人工合成的高分子絮凝剂应用越来越多。这类混凝剂均为巨大的线性分子,每一大分子由许多链节组成且常含带电基团,故又被称为聚合电解质。按基团带电情况,又可分为阳离子型、阴离子型、两性型、非离子型四种。水处理中常用的是阳离子型、阴离子型和非离子型三种高分子混凝剂,两性型使用极少。

非离子型聚合物的主要品种是聚丙烯酰胺(PAM)和聚氧化乙烯(PEO),其中PAM是使用最为广泛的人工合成有机高分子混凝剂(其中包括水解产品)。聚丙烯酰胺的混凝效果在于对胶体表面具有强烈的吸附作用,在胶体之间形成桥联。通常以HPAM作助凝剂以配合铝盐或铁盐作用,效果显著。

3.3.2.2　助凝剂

当单用混凝剂不能取得良好效果时,而投加某些辅助药剂以提高混凝效果的药剂称为助凝剂。助凝剂也有很多种,大体分以下两类。

1)改善絮凝体结构的高分子助凝剂

当使用铝盐或铁盐混凝剂产生的絮凝体细小而松散时,可利用高分子助凝剂的强烈吸附架桥作用,使细小松散的絮凝体变得粗大而密实。常用的高分子助凝剂有聚丙烯酰胺、活化硅酸及骨胶等。

活化硅酸配合铝盐或铁盐使用效果较好,对处理低温、低浊水较为有效,但活化硅酸制造和使用较麻烦。它只能现场调制,即日使用,否则易形成冻胶。

海藻酸钠是多糖类高分子物质,是将海生植物用碱处理制得的。用以处理较高浊度的水效果较好,但价格昂贵,生产上使用不多。

聚丙烯酰胺及其水解产物是高浊度水处理中使用最多的助凝剂。投加这类助凝剂可大大减少铝盐或铁盐混凝剂用量。

此外,黏土和沉淀污泥等,均可作为改善絮凝体结构的助凝剂。

2)调节或改善混凝条件的药剂

当原水碱度不足而使混凝剂水解困难时,可投加碱剂(通常用石灰)以提高水的pH值,当原水受到严重污染,有机物过多时,可用氧化剂(通常用氯气)以破坏有机物干扰;当采用硫酸亚铁时,可用氯气将亚铁氧化成铁。这类药剂本身不起混凝作用,只能起辅助混凝的作用。

应当指出,这里所说的助凝剂含义较广。生产上所指的助凝剂,主要是高分子助凝剂。

总之,混凝剂和助凝剂品种的选择及其用量,应根据原水悬浮物含量及性质、pH值、碱度、水温、色度等水质参数,原水凝聚沉淀试验或相似条件水厂的运行经验,结合当地药剂供应情况和水厂管理条件,通过技术经济比较确定。常用的混凝剂可选用聚合氯化铝、硫酸铝、三氯化铁、明矾等,高浊度水可选用聚丙烯酰胺作助凝剂,低温低浊度水可选用活化硅酸或聚丙烯酰胺作助凝剂。当原水碱度较低时,可采用石灰乳液作助凝剂。

3.3.3 混凝剂的配制和投加

3.3.3.1 混凝剂的溶解和溶液的配制

水厂规模不同、混凝剂品种不同,溶解设备也往往不同。混凝剂的配制一般在溶解池与溶液池中进行。配制时先将混凝剂加入溶解池中,用机械或水力搅拌使混凝剂溶解,然后将溶解好的药液放入溶液池,用水稀释成规定的浓度。水力搅拌是用高压水冲动药剂,一般仅用于中、小型水厂和易溶药剂。在村镇小水厂中一般采用溶解缸和溶液缸进行配制。

溶解池、搅拌设备及管配件等,均应有防腐措施或采用防腐材料,使用 $FeCl_3$ 混凝剂时尤需注意。而且 $FeCl_3$ 溶解时放出大量的热,这一点应加以注意。当直接使用液态混凝剂如液态聚合氯化铝时,溶解池自不必要,但需设置稀释池和贮液池。

混凝剂的配制溶液浓度是指单位体积药液中所含混凝剂的重量,用百分比表示。如配制浓度为10%即指100 L溶液中有10 kg混凝剂。一般水厂配制浓度在5%~20%,较小水厂控制在1%~2%。

药剂溶解完毕后,可用耐腐泵或射流泵将浓药液送入溶液池,同时用自来水稀释到所需浓度,以便投加。

溶液池的容积:

$$W_1 = \frac{24 \times 100aQ}{1\ 000 \times 1\ 000cn} = \frac{aQ}{417cn} \tag{3-1}$$

式中 Q——处理的水量,m^3/h;

a——混凝剂最大投加量,mg/L;

c——溶液浓度,(%);

n——每日调制次数,一般不超过3次。

溶解池的容积一般按(0.2~0.3)W_1计算。

3.3.3.2 混凝剂溶液的投加

为保证混凝剂的准确有效投加,投药设备应满足以下基本要求:投量准确且能随时方便调节。混凝剂的投加量与原水水质、混凝剂品种、水温、混合方法等许多因素有关,一般是通过试验和实际观察确定的。

计量设备有多种,如直接使用定量投药泵,采用转子流量计、电磁流量计。比较简单的是孔口计量设备,在村镇水厂比较常用。

混凝剂的投加方法是根据投药点的不同而确定的,一般分为重力投加与压力投加两种。重力投加是依靠重力作用把混凝剂加入原水中的投加方法,通常需要设置高位溶液池或直接在投加点投加。当投加点选择在水泵的吸水管或吸水管喇叭口时,称为泵前投加,泵前重力投加是利用水泵叶轮的高速转动使混凝剂迅速地分散到原水中。这种方法能满足混合工艺要求，节省混凝剂。但对水泵叶轮有一定的腐蚀作用，尤其是采用铁盐作混凝剂时。采用泵前重力投加要求投药点到反应设施的距离较近，一般不大于100 m。当取水泵站距反应池较远时，可采用泵后直接投加，即将混凝剂直接加注在水泵的出水管上或投加在混合池入口处。

压力投加是采用水射器在水泵出水管上用压力投药的方式。

3.3.4　混合设备

混合的作用在于使混凝剂迅速均匀地扩散在原水中，以创造良好的水解和聚合条件。因此，混合应该快速剧烈，整个过程要求在10～30 s内完成，最多不超过2 min。混合设备很多，我国常用的有三类。

最简单的混合方法是水泵混合，将药剂投在一级泵站吸水喇叭口处或吸水管中，利用水泵叶轮的高速转动达到快速而剧烈混合的目的。水泵混合效果好，不需另建混合设施，但须注意防腐。水泵混合通常用于取水泵站靠近水厂处理构筑物的地方，两者间距不宜大于150 m。

当水泵与水厂相距较远时，可采用管道混合，即将药剂投加在水厂进水管中，借助管中流速进行混合，管中流速不宜小于1 m/s，投药点后的管内水头损失不小于0.3～0.4 m。投药点至末端出口距离以不小于50倍管道直径为宜。为提高混合效果，可在管道内增设孔板或文丘里管。这种管道混合简单易行，无须另建混合设备，但混合效果不稳定，管中流速低时，混合不充分。

目前广泛使用的管式混合器是“管式静态混合器”。混合器内按要求安装若干固定混合单元。每一混合单元由若干固定叶片按一定角度交叉组成。水流和药剂通过混合器时，将被单元体多次分割、改向并形成涡旋，达到混合的目的。这种混合器构造简单，无活动部件，安装方便，混合快速而均匀。

此外，还可采用机械混合池，但在村镇水厂中不常用。规模较小的村供水站，一般建议不单独修建混合池（槽），而是采用简易的投药（混凝剂）设施，如水泵混合和管式混合等方式。

3.3.5　絮凝设备

当药剂与原水充分混合后，水中胶体和悬浮物质发生凝聚产生细小矾花（絮体）。这些细小矾花还需要通过絮凝池进一步形成沉淀性能良好、粗大而密实的矾花，以便在沉淀池中去除。絮凝中必须控制一定的流速，创造适宜的水力条件。在反应池的前部，因水中的颗粒细小，流速要大，以利颗粒碰撞黏结；到了絮凝池的后部，矾花颗粒逐步黏结变大，此时的流速应适当减小，以免矾花破碎。因此，絮凝池内的流速应按由大到小进行设计。

絮凝池的种类较多，村镇水厂中常用的有折板絮凝池、机械絮凝池、网格絮凝池等。

3.3.5.1　折板絮凝池

考虑到村镇水厂的规模较小，水量变化不大，在村镇水厂中可采用折板絮凝池，见图3-1及图3-2。

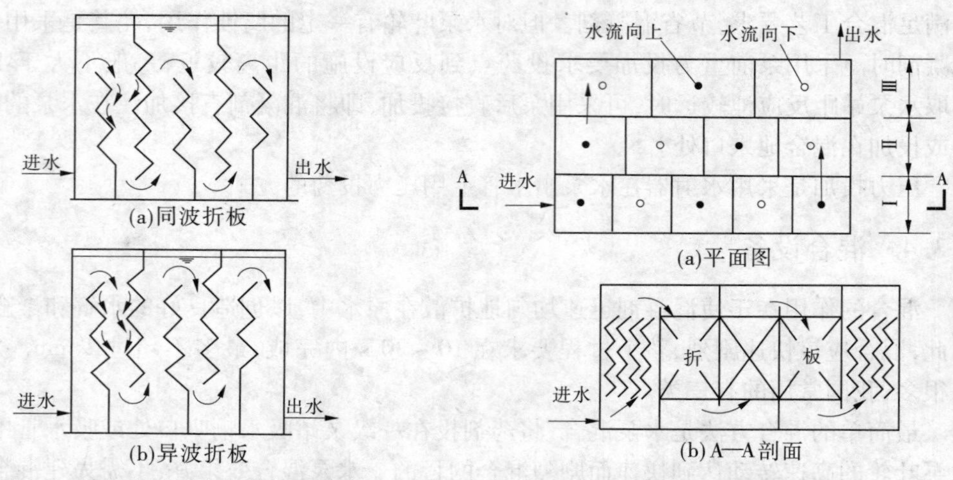

图 3-1　单通道折板絮凝池剖面示意　　图 3-2　多通道折板絮凝池示意

折板絮凝池一般分为三段,三段中折板布置可分别采用异波折板、同波折板和平行直板。折板可采用钢丝网、水泥或其他无毒材料制作,折板夹角 90°~120°,波高一般采用 0.25~0.40 m。运行时的控制流速:第一段 0.25~0.35 m/s,第二段 0.15~0.25 m/s,第三段 0.10~0.15 m/s。絮凝时间以 8~15 min 为宜。

折板絮凝池的优点是:絮凝时间短,絮凝效果好,容积小并且省能省药,但要设排泥设施,安装维修较困难。

3.3.5.2　**机械絮凝池**

机械絮凝池利用电动机经减速装置驱动搅拌器对水进行搅拌,故水流的能量消耗来源于搅拌机的功率输入。搅拌器有桨板式和叶轮式等,目前我国常用前者。乡镇水厂一般用垂直轴式。搅拌强度逐格减小,其措施:或者搅拌机转速递减,或者桨板数或桨板面积递减,通常采用前一方式。为适应水质、水量的变化,搅拌速度应能调节。搅拌设备应注意防腐。

机械絮凝池效果较好,并能适应水质变化。但需机械设备,因而增加了机械维修工作。

桨板式机械絮凝池主要设计参数如下:

池内一般设 3~4 挡搅拌机。各挡搅拌机之间用隔墙分开以防止水流短路。隔墙上、下交错开孔。开孔面积按穿孔流速决定。穿孔流速以不大于下一挡桨板外缘线速度为宜。为增加水流紊动性,有时在每格池子的池壁上设置固定挡板。

桨板:每台搅拌器上桨板总面积为水流截面面积的 10%~20%,不宜超过 25%,以免池水随桨板共同旋转而减弱搅拌效果,桨板长度不大于叶轮直径的 75%,宽度取 10~30 cm。

叶轮旋转线速,即叶轮半径中心点旋转线速度:第一格采用 0.5 m/s,逐格减少,最末一格采用 0.1~0.2 m/s,不得大于 0.3 m/s。

絮凝时间:通常采用 15~20 min。

【例题 3-1】　某镇水厂设计出水量 3 万 m^3/d,设计成折板絮凝池。

解:水厂设计水量为30 000 m^3/d,自用水系数取5%。折板絮凝池设计成2组。

(1)每组絮凝池设计水量为:

$$Q=\frac{30\ 000\times1.05}{2\times24}=656.25(m^3/h)=0.182\ 25\ m^3/s$$

(2)单组絮凝池有效容积为:

$$V=QT=\frac{656.25}{60}\times15\approx164(m^3) \tag{3-2}$$

式中　V——单组絮凝池有效容积,m^3;

Q——单组设计处理水量;

T——絮凝时间,一般采用8~15 min,设计中采用$T=15$ min。

(3)絮凝池长度为:

$$L'=\frac{V}{H'B}=\frac{164}{4.55\times6}\approx6.0(m) \tag{3-3}$$

式中　L'——絮凝池长度,m;

H'——有效水深,设计中取为4.55 m;

B——单池池宽,m,设计中取为6.0 m。

(4)折板布置及尺寸。絮凝池的絮凝过程分为三段:第一段$v_1=0.3$ m/s;第二段$v_2=0.2$ m/s;第三段$v_3=0.1$ m/s。絮凝池长度方向用隔墙分成三段,各段格宽均为1.0 m,各分为2格,共分成6格。隔墙厚为0.15 m,外端墙厚为0.3 m。则絮凝池总长度为:$L=6.0+5\times0.15+2\times0.3=7.35(m)$。

絮凝池第一、二格为第一絮凝段,采用单通道异波折板;第三、四格为第二絮凝段,采用单通道同波折板;第五、六格为第三絮凝段,采用直板。

折板采用钢丝水泥板,折板宽度0.5 m,厚度0.035 m,折角90°,折板净长度0.8 m(见图3-3)。

(5)各折板的间距及实际流速:

第一、二格折板的间距:$b_1=\frac{Q}{v_1L}=\frac{0.182\ 25}{0.3\times1.0}=0.6$,考虑到折板厚度,每格放置10行折板,每格分成9个通道;

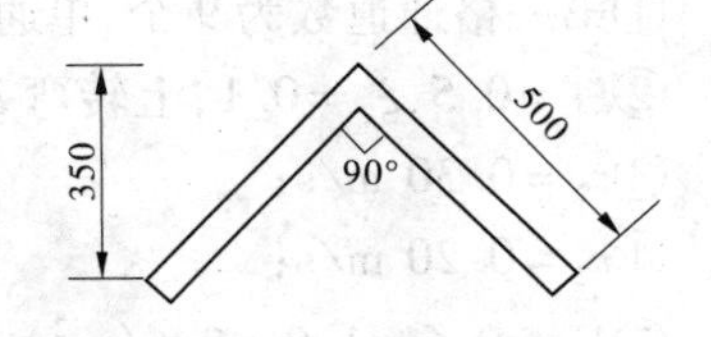

图3-3　折板尺寸示意图　(单位:mm)

第三、四格折板的间距:$b_2=\frac{Q}{v_2L}=\frac{0.182\ 25}{0.2\times1.0}=0.9$,考虑到折板厚度,每格放置7行折板,每格分成6个通道;

第五、六格折板的间距:$b_3=\frac{Q}{v_3L}=\frac{0.182\ 25}{0.1\times1.0}=1.8$,考虑到折板厚度,每格放置4行折板,每格分成3个通道。

第一段中相对折板波谷处的流速为:

$$v_{1谷}=\frac{Q}{b_谷L}=\frac{0.182\ 25}{(0.6+2\times0.35)\times1.0}\approx0.14(m/s)$$

第一段中相对折板波峰处的流速为:

$$v_{1峰} = \frac{Q}{b_{峰} L} = \frac{0.182\,25}{0.6 \times 1.0} \approx 0.3(\text{m/s})$$

第二段各处的实际流速 $v_2 \approx 0.2$ m/s；第三段 $v_3 \approx 0.1$ m/s。

(6)水头损失 h：

1)第一、二格为单通道异波折板

$$\sum h = nh + h_i = n(h_1 + h_2) + h_i \quad (\text{m})$$

$$h_1 = \xi_1 \frac{v_1^2 - v_2^2}{2g} \quad (\text{m})$$

$$h_2 = \left[1 + \xi_2 - (\frac{F_1}{F_2})^2\right]\frac{v_1^2}{2g} \quad (\text{m})$$

$$h_i = \xi_3 \frac{v_0^2}{2g} \quad (\text{m})$$

式中　$\sum h$——总水头损失，m；

h——一个缩放的组合水头损失，m；

h_i——转弯或孔洞的水头损失，m；

h_1——渐放段水头损失，m；

h_2——渐缩段水头损失，m；

ξ_1——渐放段阻力系数；

ξ_2——转弯或孔洞的阻力系数；

ξ_3——渐缩段阻力系数；

F_1——相对峰的面积，m^2；

F_2——相对谷的面积，m^2。

计算数据如下：

①第一格通道数为 9 个，单通道在高度方向的缩放组合的个数为 4 个，$n = 4 \times 9 = 36$；

②$\xi_1 = 0.5$，$\xi_2 = 0.1$，上转弯 $\xi_3 = 1.8$，下转弯或孔洞 $\xi_3 = 3.0$；

③$v_1 = 0.30$ m/s；

④$v_2 = 0.20$ m/s；

⑤$F_1 = 0.6 \times 1.0 = 0.6(\text{m}^2)$；

⑥$F_2 = [0.6 + (2 \times 0.35)] \times 1.0 = 1.3(\text{m}^2)$；

⑦上转弯或下转弯各为 4.5 次，取转弯高 0.6 m，$v_0 = \frac{0.182\,25}{1.0 \times 0.6} = 0.30(\text{m/s})$；

⑧渐放段水头损失：

$$h_1 = \xi_1 \frac{v_1^2 - v_2^2}{2g} = 0.5 \times \frac{0.3^2 - 0.2^2}{2 \times 9.81} = 1.27 \times 10^{-3}(\text{m})$$

⑨渐缩段水头损失：

$$h_2 = \left[1 + \xi_2 - (\frac{F_1}{F_2})^2\right]\frac{v_1^2}{2g} = \left[1 + 0.1 - \left(\frac{0.6}{1.3}\right)^2\right] \times \frac{0.3^2}{2 \times 9.81} = 4.07 \times 10^{-3}(\text{m})$$

⑩转弯或孔洞的水头损失：

$$h_i = 4.5\xi_3 \frac{v_0^2}{2g} = 4.5 \times (1.8 + 3.0) \times \frac{0.3^2}{2 \times 9.81} = 99.1 \times 10^{-3}(\mathrm{m})$$

总水头损失：

$$\sum h = n(h_1 + h_2) + h_i = 36 \times (1.27 \times 10^{-3} + 4.07 \times 10^{-3}) + 99.1 \times 10^{-3}$$

$$= 291.34 \times 10^{-3} \approx 0.291(\mathrm{m})$$

第二格的计算同第一格。

2)第三、四格为单通道同波折板

$$\sum h = nh + h_i$$

计算数据如下：

①第三格通道数为6，$n = 4 \times 6 = 24$；

②转角为90°，$\xi = 0.6$，上转弯或下转弯各为3次；

③$v = 0.2$ m/s。

$$\sum h = n\xi \frac{v^2}{2g} + h_i = 24 \times 0.6 \times \frac{0.2^2}{2 \times 9.81} + 3\xi_3 \frac{v_0^2}{2g} = 0.095(\mathrm{m})$$

第四格的计算同第三格。

3)第五、六格为单通道直板

$$\sum h = n\xi \frac{v^2}{2g}$$

式中　ξ——转弯处的阻力系数；

n——转弯个数；

v——平均流速。

计算数据如下：

①第五格通道数为3，两块直板180°，上转弯或下转弯各为1.5次；

②180°转弯，$\xi = 3.0$；

③$v = 0.10$ m/s。

$$\sum h = n\xi \frac{v^2}{2g} = 1.5 \times 3.0 \times \frac{0.10^2}{2 \times 9.81} = 2.3 \times 10^{-3} \approx 0.0023(\mathrm{m})$$

第六格的计算同第五格。

(7)絮凝池的停留时间：

第一段的水力停留时间为：

$$t_1 = \frac{H'}{v_1} = \frac{4.55}{0.3} \times 9 \times 2 = 273(\mathrm{s})$$

第二段的水力停留时间为：

$$t_2 = \frac{H'}{v_2} = \frac{4.55}{0.2} \times 6 \times 2 = 273(\mathrm{s})$$

第三段的水力停留时间为：

$$t_3 = \frac{H'}{v_3} = \frac{4.55}{0.1} \times 3 \times 2 = 273(\mathrm{s})$$

（8）絮凝池各段的 G 值及校核：

$$G = \sqrt{\frac{\rho g h}{\mu t}}, 水温\ T = 20\ ℃, \mu = 1 \times 10^{-3}\ \text{Pa} \cdot \text{s}$$

第一段（异波折板）

$$G_1 = \sqrt{\frac{\rho g h_1}{\mu t}} = \sqrt{\frac{1\ 000 \times 9.81 \times 0.288 \times 2}{273 \times 1 \times 10^{-3}}} = 143.86(\text{s}^{-1})$$

第二段（同波折板）

$$G_2 = \sqrt{\frac{\rho g h_2}{\mu t}} = \sqrt{\frac{1\ 000 \times 9.81 \times 0.095 \times 2}{273 \times 1 \times 10^{-3}}} = 82.6(\text{s}^{-1})$$

第三段（直板）

$$G_3 = \sqrt{\frac{\rho g h_3}{\mu t}} = \sqrt{\frac{1\ 000 \times 9.81 \times 0.002\ 3 \times 2}{273 \times 1 \times 10^{-3}}} = 12.85(\text{s}^{-1})$$

絮凝池的总水头损失：

$$\sum h = 0.291 \times 2 + 0.095 \times 2 + 0.002\ 3 \times 2 = 0.777(\text{m})$$

絮凝时间：

$\sum t = 273 \times 3 = 819(\text{s}) = 13.65\text{min}$，满足絮凝时间的基本要求。

$GT = (143.86 + 82.6 + 12.85) \times 819 = 195\ 994.89 > 1.0 \times 10^4$，满足要求。

（9）折板絮凝池布置。在絮凝池各段每格隔墙底部设200 mm×200 mm 排泥孔，池底设2%坡度，坡向沉淀池，在过渡段设 DN200 排泥管。

3.4　沉　淀

沉淀就是使原水或已经过混凝作用的水中固体颗粒依靠重力的作用，从水中分离出来的过程。完成沉淀过程的构筑物称为沉淀池。

目前，村镇水厂常用的沉淀池有平流式沉淀池、斜板斜管沉淀池和自然沉淀。

3.4.1　平流式沉淀池

平流式沉淀池是应用较早、比较简单的一种沉淀形式。它是用砖石或钢筋混凝土建造的矩形水池。既可用于自然沉淀，也可用于混凝沉淀。所谓自然沉淀就是原水中不投加混凝剂，颗粒在沉淀过程中不改变其大小、形状和密度的沉淀，一般用做预沉处理。而混凝沉淀是原水中加入混凝剂，在沉淀过程中，颗粒由于碰撞吸附的作用而改变其大小、形状和密度的沉淀。平流式沉淀池具有构造简单、造价低、操作方便、处理效果稳定、潜力较大的优点，同时也有平面面积大、排泥较困难的缺点。

平流式沉淀池根据其作用分成四个部分，即进水区、沉淀区、积泥区和出水区。

进水区的作用是使水流均匀地分布在整个进水截面上，并尽量减少紊流扰动和偏流、股流的影响，以利于絮体沉淀和防止积泥冲起。通常将絮凝池和沉淀池间的隔墙做成穿孔花墙，洞口形状采用喇叭形，孔口流速不宜大于0.15～0.2 m/s。

沉淀区的作用是使杂质与水分离,是沉淀池的主体部分。为了提高沉淀分离效果,对其主要的设计参数作了规定。

池深:一般采用有效水深为3~3.5 m,超高0.3~0.5 m,池深3.3~4.0 m。

池长:

$$L = 3.6\ vT \quad (\mathrm{m}) \tag{3-4}$$

式中 v——池内平均水平流速,一般为10~25 mm/s;

T——沉淀时间,一般采用1~3 h。

根据经验,池长与池宽之比不得小于4:1,池长与池深之比宜大于10:1。池宽较大时,应采用导流墙将平流式沉淀池进行纵向分格,每个宽度宜为3~8 m,不宜大于15 m。

积泥区的作用是存积污泥,以便采用人工或机械设备及时排除。排泥斗应设置在沉淀池起端,村镇水厂的沉淀池一般采用多斗重力排泥或穿孔管排泥。

出水区的作用是均匀地汇集沉淀后的表层清水。一般采用溢流堰式和淹没孔口式两种出流方式。溢流堰可分为平顶堰和齿形堰。施工时必须使堰顶保持水平。淹没孔口式的孔口应均匀布置在整个池宽上,孔口一般位于水面下12~15 cm处,孔口中心必须在同一水平线上,孔口流速宜为0.6~0.7 m/s,孔径20~30 mm,孔口水流应自由跌落到出水渠中。

为缓和出水区附近的流线过于集中,应尽量增加出水堰的长度,以降低堰口的流量负荷。堰口溢流率一般小于500 $m^3/(m \cdot d)$。目前,我国常用的增加堰长的办法是增加出水支渠,形成指形出水渠。

3.4.2 斜板斜管沉淀池

斜板斜管沉淀池是在平流式沉淀池基础上发展起来的一种新型沉淀池。它的特点是在沉淀池中装置许多间隔较小的平行倾斜板或倾斜管,具有沉淀效率高,在同样出水条件下比平流式沉淀池的容积小,占地面积少的优点。

斜板斜管沉淀池之所以能提高生产能力,主要是增加了沉淀面积和改善了水力条件。根据浅池理论:当流量和颗粒的沉降速度一定时,沉淀效率与沉淀面积成正比,与池深和池的容积无关。即沉淀面积越大,沉淀效率越高。在沉淀池中加设了斜板,增加了沉淀面积,同时使颗粒沉降距离大大缩短,另外,使过水断面的水力半径 R 因湿周的增大而减小,从而改善了水力条件,有利于提高沉淀效率。

斜板斜管沉淀池按水流的方向,分为上向流、侧向流、下向流三种,目前大多数水厂主要采用上向流,即水流方向与沉泥方向相反。斜板斜管沉淀池主要由配水整流区、斜管斜板区、集水区、积泥区等部分组成,见图3-4。

斜管区由六角形截面(内切圆直径为25 mm)的蜂窝状斜管组件组成。斜管与水平面成60°角,放置于沉淀池中。水流自下向上流动,清水在池顶用穿孔集水管收集;污泥在池底也用穿孔排污管收集,排入下水道。

斜管沉淀池的底部配水区高度不宜小于0.5 m,以便均匀配水。为了使水流均匀地进入斜管下的配水区,絮凝池出口一般应考虑整流措施,可以采用缝隙栅条配水,缝隙前狭后宽,也可用穿孔墙。整流配水孔的流速一般要求不大于絮凝池出口流速,通常在0.15 m/s以下。

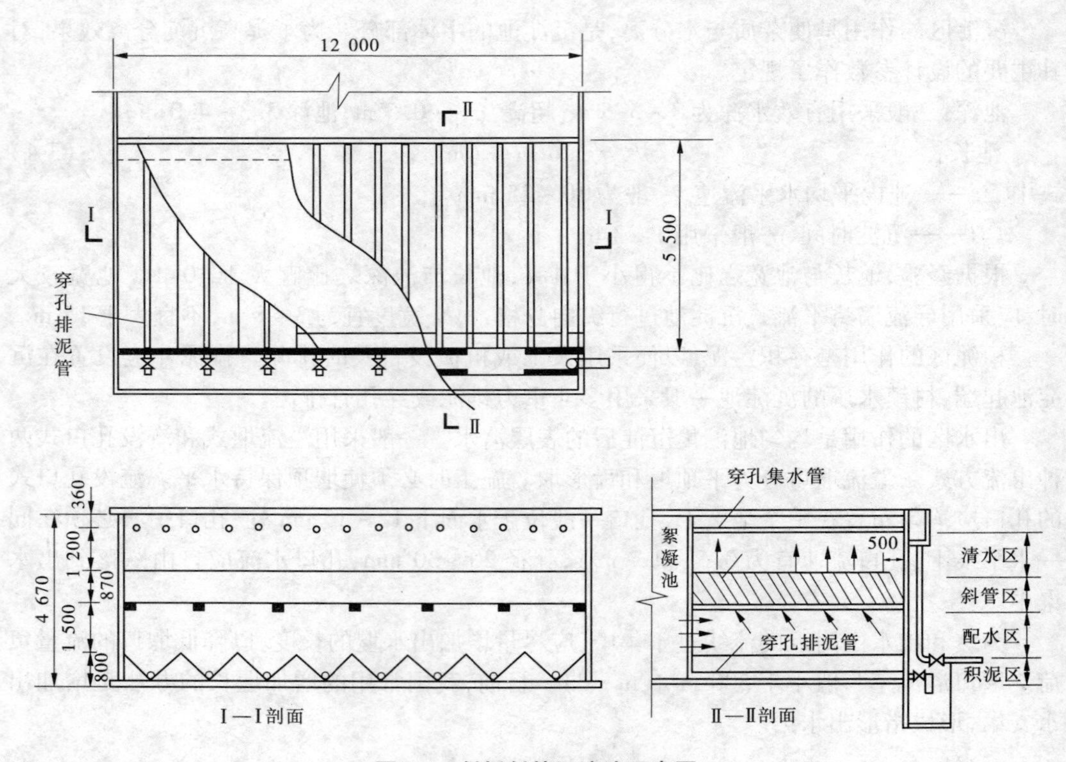

图 3-4　斜板斜管沉淀池示意图

斜管斜板对材料的要求是无毒无味、耐水耐久、薄而轻、便于加工。目前，使用的有塑料、木材、石棉水泥板、玻璃钢等。定型的斜管管径大都为 25 ~ 35 mm。长度 1 m，倾斜角通常为 60°。

中、小规模的斜管斜板沉淀池通常采用穿孔管排泥。穿孔管设在三角槽内，管径一般不小于 150 mm，孔径 20 ~ 30 mm，孔距 0.3 ~ 0.6 m，孔眼向下与垂线成 45° ~ 60°交叉排列。穿孔管可采用钢管、钢筋混凝土管和铸铁管。

规范规定斜管沉淀池的表面负荷为 9 ~ 11 $m^3/(m^2 \cdot h)$（2.5 ~ 3.0 mm/s）。目前，生产上倾向采用较小的表面负荷以提高沉淀池出水水质。

3.4.3　自然沉淀

当原水含沙量变化较大或浊度经常超过 500 NTU 时，宜采用天然池塘或人工水池进行自然沉淀；自然沉淀不能满足要求时，可投加混凝剂加速沉淀。

自然沉淀池应根据沙峰期原水悬浮物含量及其组成、沙峰持续时间、水源保证率、排泥条件、设计规模、预沉后的浊度要求、地形条件、原水沉淀试验并参照相似条件下的运行经验进行设计，并符合以下要求：

（1）预沉时间可为 8 ~ 12 h，有效水深宜为 1.5 ~ 3.0 m，池顶超高不宜小于 0.3 m，池底设计存泥高度不宜小于 0.3 m。

（2）出水浊度应小于 500 NTU。

(3)应有清淤措施，自然沉淀池宜分成两格并设跨越管。

(4)当水源保证率较低时，自然沉淀池可兼作调蓄池，有效容积应根据水源枯水流量确定。

【例题3-2】　设计日产水量为5万 m^3 的平流式沉淀池。水厂本身用水占5%，采用两组池子。

解：(1)每组设计流量：

$$Q = \frac{50\ 000 \times 1.05}{2 \times 24} = 1\ 093.75(m^3/h) = 0.304\ m^3/s$$

(2)设计数据的选用：

沉淀池有效水深 H 为3.23 m(池深一般为3.0～3.5 m)，实际池深3.5 m(包括保护高)。

沉淀池停留时间　$T = 1.5$ h

沉淀池水平流速　$v = 14$ mm/s

(3)计算：

沉淀池长　$L = 3.6v \times T = 3.6 \times 14 \times 1.5 = 75.6(m)$，取76 m

式中，v 为水平流速，宜取10～25 mm/s，设计取为14 mm/s。

沉淀池宽　$$B = \frac{QT}{HL} = \frac{1\ 093.75 \times 1.5}{3.23 \times 76} = 6.68(m)$$

絮凝池与沉淀池之间采用穿孔布水墙。穿孔墙上的孔口流速采用0.2 m/s，则孔口总面积为 $0.304/0.2 = 1.52(m^2)$。每个孔口尺寸定为15 cm × 8 cm，则孔口数为 $\frac{1.52}{0.15 \times 0.08} = 127$(个)。

沉淀池放空时间按3 h计，则放空管直径为：

$$d = \sqrt{\frac{0.7BLH^{0.5}}{T}} = \sqrt{\frac{0.7 \times 6.68 \times 76 \times 3.23^{0.5}}{3 \times 3\ 600}} = 0.243(m)$$，采用DN250。

出水渠断面宽度采用 $B' = 1.0$ m，出水渠起端水深：

$$H = 1.73\sqrt[3]{\frac{Q^2}{gB'^2}} = 1.73\sqrt[3]{\frac{0.304^2}{9.81 \times 1.0^2}} = 0.37(m)$$

为保证堰口自由落水，出水堰保护高采用0.1 m，则出水渠深度为0.47 m。

(4)水力条件校核：

水流截面面积　$M = 6.68 \times 3.23 = 21.58(m)$

水流湿周　$\chi = 6.68 + 2 \times 3.23 = 13.14(m)$

水力半径　$$R = \frac{21.58}{13.14} = 1.64(m)$$

弗劳德数　$$Fr = \frac{v^2}{Rg} = \frac{1.4^2}{164 \times 981} = 1.2 \times 10^{-5}$$

雷诺数　$$Re = \frac{vR}{\upsilon} = \frac{1.4 \times 164}{0.01} = 22\ 960$$(按水温20 ℃计算)

【例题3-3】　设计产水量为1 200 m^3/d 的斜板斜管沉淀池，取水厂自用水系数为

5%。

解:(1)设计两座斜板斜管沉淀池,单池的设计水量为:

$$Q = \frac{Q_{设}(1+k)}{24n} = \frac{1\ 200(1+5\%)}{24 \times 2} = 26.25\ (\mathrm{m^3/h}) = 0.007\ 3\ \mathrm{m^3/s} \tag{3-5}$$

式中 Q——单池设计水量;

$Q_{设}$——设计日出水量,$\mathrm{m^3/d}$,本设计中 $Q_{设} = 1\ 200\ \mathrm{m^3/d}$;

k——水厂用水量占设计日用水量的百分比,一般采用5%~10%,此处取5%;

n——沉淀池个数,一般采用不少于2个,取 $n=2$。

(2)平面尺寸计算。

沉淀池清水区面积:

$$A = \frac{Q}{q} = \frac{26.25}{10} = 2.625(\mathrm{m^2}) \tag{3-6}$$

式中 A——斜板斜管沉淀池的表面面积,$\mathrm{m^2}$;

q——表面负荷,$\mathrm{m^3/(m^2 \cdot h)}$,一般采用 $9.0 \sim 11.0\ \mathrm{m^3/(m^2 \cdot h)}$,此处取 $q = 10\ \mathrm{m^3/(m^2 \cdot h)}$。

①沉淀池长度及宽度:

设计中取沉淀池长度 $L=2.5$ m,则沉淀池宽度

$$B = \frac{A}{L} = \frac{2.625}{2.5} = 1.05(\mathrm{m})$$

为了配水均匀,进水区布置在25 m长度方向一侧。

②沉淀池总高度:

$$H = h_1 + h_2 + h_3 + h_4 + h_5 = 0.4 + 1.0 + 0.87 + 1.2 + 0.83 = 4.3(\mathrm{m}) \tag{3-7}$$

式中 H——沉淀池总高度,m;

h_1——保护高度,m,一般用0.3~0.5 m,此处取 $h_1 = 0.4$ m;

h_2——清水区高度,m,一般采用1.0~1.5 m,此处取 $h_2 = 1.0$ m;

h_3——斜板区高度,m,斜板长度为1.0 m,安装倾角60°,则 $h_3 = 1 \times \sin 60° = 0.87$ (m);

h_4——配水区高度,m,一般不小于1.0~1.5 m,此处取 $h_4 = 1.2$ m;

h_5——排泥槽高度,m,此处取 $h_5 = 0.83$ m。

③进水系统设计:

沉淀池进水采用穿孔花墙,孔口总面积

$$A_2 = \frac{Q}{v} = \frac{0.007\ 3}{0.18} = 0.040\ 5(\mathrm{m^2}) \tag{3-8}$$

式中 A_2——孔口总面积,$\mathrm{m^2}$;

v——孔口流速,m/s,一般取值不大于0.15~0.20 m/s,设计中取 $v = 0.18$ m/s。

每个孔口的尺寸定为10 cm×4 cm,则孔口数为10个。进水孔位置应在斜板以下、沉淀区以上部位。

④沉淀池出水设计:

沉淀池的出水采用穿孔集水管,管径采用200 mm,每池设一根,穿孔总面积

$$A_3 = \frac{Q}{v_1} = \frac{0.007\,3}{0.6} = 0.012(\mathrm{m}^2) \tag{3-9}$$

设每个孔口直径5 cm,则孔口的个数

$$N = \frac{A_3}{F} = \frac{0.012}{3.14 \times 0.025^2} \approx 6(个) \tag{3-10}$$

式中　F——每个孔口的面积,m^2。

两池的穿孔集水管汇水至出水总渠,出水总渠宽为0.1 m,深为0.1 m。

⑤沉淀池排泥系统设计:

采用穿孔管进行重力排泥,每天排泥一次,穿孔管管径为200 mm,管上开孔孔径为25 mm,孔间距0.4 mm。沉淀池底部为一条排泥槽,排泥槽顶宽2.0 m,底宽0.5 m,斜面与水平夹角约为45°,排泥槽斗高为0.83 m。

⑥沉淀池斜管选择:

斜管长度一般为0.8~1.0 m,设计中取为1.0 m,斜管管径一般为25~35 mm,设计中取为30 mm;斜管为聚丙烯材料,厚度为0.4~0.5 mm。

⑦核算:

核算雷诺数 Re

斜管内的水流速度

$$v_2 = \frac{Q}{A_1 \sin\theta} = \frac{0.007\,3}{2.5/10.3 \times \sin 60^\circ} = 0.003\,4(\mathrm{m/s}) = 0.34\ \mathrm{cm/s} \tag{3-11}$$

式中　v_2——斜管内的水流速度,m/s;

θ——斜管安装倾角,采用60°。

雷诺数

$$Re = \frac{Rv_2}{\upsilon} \tag{3-12}$$

式中　R——水力半径,cm,$R = \frac{d}{4} = \frac{30}{4} = 7.5(\mathrm{mm}) = 0.75\ \mathrm{cm}$;

v——水平流速,cm/s;

υ——水的运动黏度,cm^2/s。

设计中当水温 $t = 20$ ℃时,水的运动黏度 $\nu = 0.01\ \mathrm{cm}^2/\mathrm{s}$,则

$$Re = \frac{0.75 \times 0.34}{0.01} = 25.5 < 500$$

满足设计要求。

核算弗劳德数 Fr

$$Fr = \frac{v_2^2}{Rg} = \frac{0.34^2}{0.75 \times 981} = 1.57 \times 10^{-4} \tag{3-13}$$

Fr 介于0.000 1~0.001之间,满足设计要求。

核算斜管中的沉淀时间

$$T = \frac{l_1}{v_2} = \frac{1.0}{0.003\,4} = 294(\mathrm{s}) = 4.90\ \mathrm{min} \tag{3-14}$$

满足设计要求,一般沉淀时间在2~5 min。

3.5　澄　清

澄清池是利用池中积聚的活性泥渣与原水中的杂质颗粒相互接触、吸附，使杂质从水中分离出来，从而达到使水变清的构筑物。

澄清池的特点是在一个构筑物中完成混合、絮凝、沉淀三个过程。由于利用活性泥渣加强了混凝过程，加速了固、液分离，提高了澄清效率。但澄清池对水量、水质、水温的变化适应性差，要求管理技术较高。

泥渣层的形成方法，通常是在澄清池开始运转时，在原水中加入较多的凝聚剂，并适当降低负荷，经过一定时间运转后，逐步形成。当原水浊度低时，为加速泥渣层的形成，也可投加黏土。

澄清池的种类和型式较多，基本上可分为泥渣循环型和泥渣过滤型两类。泥渣循环型澄清池的原理是利用机械或水力的作用，使部分活性泥渣循环回流，在回流的过程中，活性泥渣不断地接触、吸附原水中的杂质，使杂质从水中分离出来。

泥渣过滤型澄清池又称泥渣悬浮型澄清池，它的工作情况是加药后的原水由下而上通过悬浮状态的泥渣层时，使水中脱稳杂质与高浓度的泥渣颗粒碰撞凝聚并被泥渣层拦截下来。这种作用类似过滤作用，浑水通过悬浮层即获得澄清池，其主要池型有悬浮澄清池和脉冲澄清池。

由于泥渣过滤型澄清池在管理上要求高，因此一般村镇中、小水厂较多地采用泥渣循环型澄清池。其主要池型有水力循环澄清池和机械搅拌澄清池。

3.5.1　水力循环澄清池

水力循环澄清池的构造见图3-5。

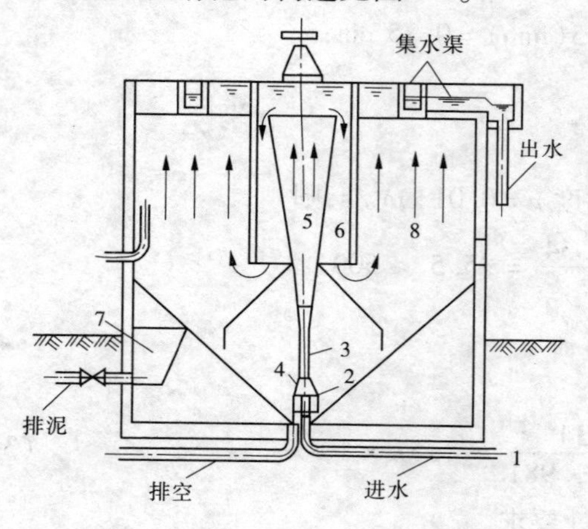

图3-5　水力循环澄清池

1—进水管；2—喷嘴；3—喉管；4—喇叭口；5—第一絮凝室；6—第二絮凝室；7—泥渣浓缩室；8—分离室

其主要由四个部分组成：①进出水系统，包括进水管、出水槽、出水管；②混凝系统，包括喷嘴、喉管、喇叭口、第一絮凝室和第二絮凝室；③分离系统，包括分离室；④排泥系统，包括浓缩室、排泥管、放空管。

原水从池底进入，先经喷嘴2高速喷入喉管3。因此，在喉管下部喇叭口4附近造成真空而吸入回流泥渣。原水与回流泥渣在喉管3中剧烈混合后，被送入第一絮凝室5和第二絮凝室6。从第二絮凝室流出的泥水混合液，在分离室中进行泥水分离。清水向上，泥渣则一部分进入泥渣浓缩室7、一部分被吸入喉管重新循环，如此周而复始。原水流量与泥渣回流量之比,一般为1∶2至1∶4。喉管和喇叭口的高度可用池顶的升降阀进行调节。

水力循环澄清池适用于村镇中、小水厂。国家有标准图集,单池产水量40～320 m^3/h。进水悬浮物含量一般要求小于2 000 mg/L。

3.5.2 机械搅拌澄清池

机械搅拌澄清池,主要由进水管、配水槽、絮凝室、分离区、集水区、污泥浓缩室、搅拌设备等组成,见图3-6。

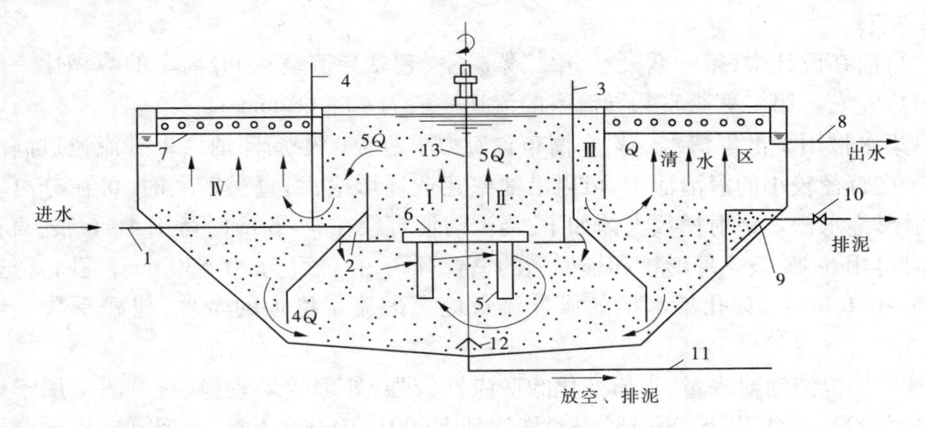

图3-6　机械搅拌澄清池剖面示意图

1—进水管;2—三角配水槽;3—透气管;4—投药管;5—搅拌桨;6—提升叶轮;7—集水槽;8—出水管;9—泥渣浓缩室;10—排泥阀;11—放空管;12—排泥罩;13—搅拌轴

Ⅰ—第一絮凝室;Ⅱ—第二絮凝室;Ⅲ—导流室;Ⅳ—分离室

机械搅拌澄清池的工作原理:原水由进水管1通过环形三角配水槽2的缝隙均匀流入第一絮凝室。因原水中可能含有气体,会积在三角槽顶部,故应安装透气管3。混凝剂投注点按实际情况和运转经验确定,可加在水泵吸水管内,亦可由投药管4加入澄清池进水管、三角配水槽等处。

搅拌设备由提升叶轮6和搅拌桨5组成。提升叶轮装在第一、第二絮凝室的分隔处。搅拌设备的作用是:第一,提升叶轮将回流水从第一絮凝室提升至第二絮凝室,使回流水中的泥渣不断在池内循环;第二,搅拌桨使第一絮凝室内的水体和进水迅速混合,泥渣随水流处于悬浮和环流状态。因此,搅拌设备使接触絮凝过程在第一、第二絮凝室内得到充分发挥。回流流量为进水流量的3～5倍,图中表示回流量为进水流量的4倍。搅拌设备宜采用无线变速电动机驱动,以便随进水水质、水量变动而调整回流量或搅拌强度。但是生产实践证明,一般转速在5～7 r/min,平时运转中很少调整搅拌设备的转速,因而也可采用普通电动机通过蜗轮蜗杆变速装置带动搅拌设备。

第二絮凝室设有导流板(图中未绘出),用以消除因叶轮提升时所引起的水的旋转,使水流平稳地经导流室Ⅲ流入分离室Ⅳ。分离室中下部为泥渣层,上部为清水层。清水向上经集水槽7流至出水管8。清水层须有1.5～2.0 m深度,以便在排泥不当而导致泥渣层厚度变化时,仍可保证出水水质。

主要设计参数和设计内容如下:

(1)清水区上升流速一般采用0.8～1.1 mm/s。

(2)水在澄清池内总停留时间可采用1.2～1.5 h。

(3)叶轮提升流量可为进水流量的3～5倍。叶轮直径可为第二絮凝室内径的70%～80%,并应设调整叶轮转速和开启度的装置。

(4)原水进水管的管中流速一般在1 m/s左右,进水管进入环形配水槽后向两侧环流配水,故三角配水槽的断面应按设计流量的一半确定。配水槽和缝隙的流速均采用0.4 m/s左右。

(5)目前在设计中,第一絮凝室、第二絮凝室(包括导流室)和分离室的容积比一般控制在2∶1∶7左右。第二絮凝室和导流室的流速一般为40～60 mm/s。

(6)集水槽用于汇集清水。集水槽布置应力求避免产生局部地区上升流速过高或过低现象。在直径较小的澄清池中,可以沿池壁建造环形槽;当直径较大时,可在分离室内加设辐射形集水槽。辐射槽数大体如下:当澄清池直径在3～6 m时可用4～6条,直径大于6 m时可用6～8条。环形槽和辐射槽的槽壁开孔,孔径可为20～30 mm。孔口流速一般为0.5～0.6 m/s。穿孔集水槽的设计流量应考虑流量增加的余地,超载系数一般取1.2～1.5。

机械搅拌澄清池对水量、水质变化的适应性较强,处理效果较稳定,一般适用于进水悬浮物在5 000 mg/L以下,短时间内允许达到5 000～10 000 mg/L。但需要机械搅拌设备,维修麻烦。

3.6　过　滤

3.6.1　过滤的作用与机理

过滤是让水通过具有孔隙的粒状滤料层,如石英砂滤料,利用滤料与杂质间吸附、筛滤、沉淀、拦截等作用,截留水中的细微杂质,使水得到澄清的工艺过程。滤池通常置于沉淀池或澄清池之后。进水浊度一般在10度以下。滤后水浊度必须达到饮用水标准。当原水浊度较低(一般在100度以下),且水质较好时,也可采用原水直接过滤。

过滤不仅可以进一步降低水的浊度,而且水中有机物、细菌乃至病毒等将随水的浊度降低而被部分去除。至于残留于滤后水中的细菌、病毒等在滤后消毒过程中也将容易被杀灭,为滤后消毒创造了良好条件。在饮用水的净化工艺中,过滤是不可缺少的,它是保证饮用水卫生安全的重要措施。

滤料层能截留杂质使水变清的主要原因如下:

(1)机械筛滤作用。滤料层一般由砂粒组成,砂粒之间的孔隙能截留比孔隙尺寸大的杂质,当孔隙因截留杂质变小后,较小的杂质也随之被截留下来。

(2)接触凝聚作用。经沉淀或澄清处理后的水,在通过滤层与砂粒接触时,由于分子引力的作用,水中细微杂质被表面面积较大的砂粒所吸附,使水澄清。

(3)另外,在慢滤池中还具有筛滤作用。慢滤池在经过一段时间使用后,滤料表面形成滤膜,滤膜中微生物分泌一种起凝聚作用的酶,它能使细小杂质吸附在砂粒上。滤膜中微生物还起着直接吞噬细菌净化水质的作用。

3.6.2　滤料、承托层和配水系统

3.6.2.1　滤料

滤料的质量对滤池正常工作关系很大,滤料要有足够的机械强度,能抵抗在过滤、冲洗过程中造成的磨损与破碎;有较高的化学稳定性,滤料溶于水后不能产生有害有毒成分;要有适当的颗粒级配。

石英砂是使用最广泛的滤料。在双层和多层滤料中,常用的还有无烟煤、石榴石、磁铁矿、金钢砂等。在轻质滤料中,有聚苯乙烯及陶粒等。

滤料的粒径表示颗粒的大小,颗粒的级配是指滤料颗粒的大小及在此范围内不同颗粒粒径所占的比例。滤料颗粒粒径、级配要恰当。滤料级配的控制参数是最小粒径、最大粒径和不均匀系数 K_{80},K_{80} 越大,表示粗、细颗粒的尺寸相差越大,滤料越不均匀,K_{80} 越小,则滤料越均匀。

对各种滤料的颗粒粒径、级配、滤层厚度的要求,见表3-1。

表3-1　滤料级配及滤层厚度

类别	粒径(mm)	滤料组成 不均匀系数 K_{80}	厚度(mm)
单层石英砂滤料	$d_{max}=1.2$ $d_{min}=0.5$	<2.0	700
双层滤料	无烟煤 $d_{max}=1.2$ $d_{min}=0.8$	<2.0	300~400
	石英砂 $d_{max}=1.2$ $d_{min}=0.5$	<2.0	400
三层滤料	无烟煤 $d_{max}=1.6$ $d_{min}=0.8$	<1.7	450
	石英砂 $d_{max}=0.8$ $d_{min}=0.5$	<1.5	230
	重质矿石 $d_{max}=0.5$ $d_{min}=0.25$	<1.7	70

3.6.2.2　承托层

设置在滤料层和配水系统之间的砾石层称为承托层。它的作用一方面是能均匀集水,并防止滤料进入配水系统;另一方面是在反冲洗时能均匀布水。承托层的材料一般采用天然卵石或碎石,颗粒最小尺寸2 mm,最大尺寸32 mm,自上而下分层敷设。其粒径和

厚度见表3-2。

表3-2　快滤池大阻力配水系统承托层的粒径和厚度

层次(自上而下)	尺寸(mm)	厚度(mm)
1	2～4	100
2	4～8	100
3	8～16	100
4	16～32	100

3.6.2.3　配水系统

配水系统的作用在于使冲洗水均匀分布在整个滤池平面上。通常采用大阻力配水系统和小阻力配水系统两种形式。带有干管(渠)和穿孔支管的"丰"字形配水系统,称为大阻力配水系统;小阻力配水系统不采用穿孔管,而是底部有较大的配水空间,其上铺设阻力较小的格栅、滤板、滤头等。

大阻力配水系统配水均匀,结构复杂,需要较大的冲洗水头,一般适用于单池面积较小的滤池。小阻力配水系统构造简单,所需的冲洗水头较低,但配水均匀性较差,一般用于无阀滤池和虹吸滤池。

3.6.3　滤池反冲洗

为清除滤层中所截留的污物,恢复滤池的过滤能力,一般当水头损失增至一定程度以致滤池产水量减少或由于滤过水质不符合要求时,滤池便须停止过滤进行反冲洗。快滤池冲洗方法主要有高速水流反冲洗,气、水反冲洗,表面助冲加高速水流反冲洗。

高速水流反冲洗是利用流速较大的反向水流冲洗滤料层,使整个滤层达到流态化状态,且具有一定的膨胀度。截留于滤层中的污物,在水流剪力和滤料颗粒碰撞摩擦双重作用下,从滤料表面脱落下来,然后被冲洗水带出滤池。冲洗效果取决于冲洗流速、滤层膨胀度和冲洗时间。

冲洗强度是以 cm/s 计的反冲洗流速,换算成单位面积滤层所通过的冲洗流量,称"冲洗强度",以 L/(s·m)计,1 cm/s = 10 L/(s·m^2)。

反冲洗时,滤层膨胀后所增加的厚度与膨胀前厚度之比,称滤层膨胀度,滤层膨胀度的不同会直接影响滤层的孔隙率。

当冲洗强度或滤层膨胀度符合要求但冲洗时间不足时,也不能充分地清洗掉包裹在滤料表面上的污泥,同时,冲洗废水也排除不尽而导致污泥重返滤层。如此长期下去,滤层表面将形成泥膜。因此,必要的冲洗时间应当保证。根据生产经验,冲洗时间可按表3-3采用。实际操作中,冲洗时间也可根据冲洗废水的允许浊度决定。

高速水流反冲洗方法操作方便,池子结构和设备简单,是广泛采用的一种冲洗方式。但冲洗耗水量大,冲洗结束后滤料上细下粗分层明显。为此,可采用气、水反冲洗方法,既提高冲洗效果,又节省冲洗水量。同时,冲洗时滤层不一定需要膨胀或仅有轻微膨胀,冲洗结束后,滤层不产生或不明显产生上细下粗分层现象,即保持原来滤层结构,提高滤层

表3-3　冲洗强度、膨胀度和冲洗时间

滤层	冲洗强度（L/(s·m²)）	膨胀度（%）	冲洗时间（min）
石英砂滤料	12～15	45	7～5
双层滤料	13～16	50	8～6
三层滤料	16～17	55	7～5

含污能力。但气、水反冲洗需增加气冲设备（鼓风机或空气压缩机和储气罐），池子结构及冲洗操作也较复杂，近年来新建滤池气、水反冲洗也日益增多。

气、水反冲洗利用上升空气气泡的振动可有效地将附着于滤料表面的污物擦洗下来，使之悬浮于水中，然后再用水反冲把污物排出池外。因为气泡能有效地使滤料表面污物破碎、脱落，故水冲强度可降低，即可采用所谓"低速反冲"。气、水反冲洗操作方式有以下几种：

（1）先用空气反冲，然后再用水反冲。

（2）先用气、水同时反冲，然后再用水反冲。

（3）先用空气反冲，然后用气、水同时反冲，最后再用水反冲（或漂洗）。

冲洗程序、冲洗强度及冲洗时间的选用需根据滤料种类、密度、粒径级配及水质水温等因素确定，也与滤池构造形式有关。

3.6.4　滤池

滤池按滤速的大小可分为快滤池和慢滤池两种。快滤池又分普通快滤池、无阀滤池、虹吸滤池等，目前村镇小水厂最常用的是无阀滤池、普通快滤池。无阀滤池不设闸阀，而是利用虹吸原理进行自动过滤和冲洗的，因而管理较为方便。无阀滤池按其工作条件可分为重力式无阀滤池和压力式无阀滤池。普通快滤池一般具有四个阀门，为减少阀门，可以用虹吸管代替进水阀门和排水阀门，习惯上称"双阀滤池"。

3.6.4.1　重力式无阀滤池

重力式无阀滤池的构造见图3-7。

过滤时的工作情况是：浑水经进水分配槽1，由进水管2进入虹吸上升管3，再经伞形顶盖4下面的挡板5后，均匀地分布在滤料层6上，通过承托层7、小阻力配水系统8进入底部配水区9。滤后水从底部配水区经连通渠（管）10上升到冲洗水箱11。当水箱水位达到出水渠12的溢流堰顶时，溢入渠内，最后流入清水池。水流方向如图3-7中箭头所示。

开始过滤时，虹吸上升管与冲洗水箱中的水位差H_0为过滤起始水头损失。随着过滤时间的延续，滤料层水头损失逐渐增加，虹吸上升管中水位相应升高，管内原存空气受到压缩，一部分空气将从虹吸下降管出口端穿过水封井进入大气。当水位上升到虹吸辅助管13的管口时，水从辅助管流下。依靠下降水流在管中形成的真空和水流的挟气作用，抽气管14不断将虹吸管中空气抽出，使虹吸管中真空度逐渐增大。其结果，一方面虹吸上升管中水位升高。同时，虹吸下降管15将排水水封井中的水吸上至一定高度。

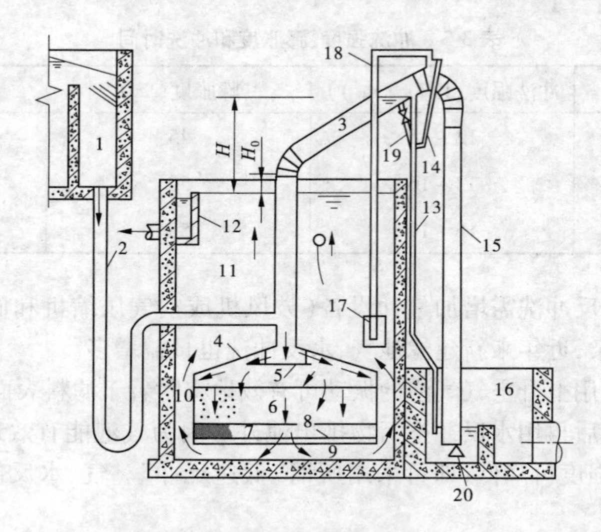

图 3-7　重力式无阀滤池的构造

1—进水分配槽;2—进水管;3—虹吸上升管;4—伞形顶盖;5—挡板;6—滤料层;7—承托层;8—配水系统;9—底部配水区;10—连通渠;11—冲洗水箱;12—出水渠;13—虹吸辅助管;14—抽气管;15—虹吸下降管;16—水封井;17—虹吸破坏斗;18—虹吸破坏管;19—强制冲洗管;20—冲洗强度调节器

自动冲洗过程:随着过滤的进行,滤层不断截留水中杂质,使滤层的阻力逐渐增加,因而虹吸上升管 3 中的水位逐渐升高。当虹吸上升管中水位上升到越过虹吸管顶端而下落时,管中真空度急剧增加,达到一定程度时,下落水流与下降管中上升水柱汇成一股冲出管口,把管中残留空气全部带走,形成连续虹吸水流。这时,由于滤层上部压力骤降,促使冲洗水箱内的水循着过滤时的相反方向进入虹吸管,滤料层因而受到反冲洗。冲洗废水由排水水封井 16 排出。冲洗时水流方向如图 3-7 中箭头所示。在冲洗过程中,水箱内水位逐渐下降。当水位下降到虹吸破坏斗 17 以下时,虹吸破坏管 18 把小斗中的水吸完。管口与大气相通,虹吸破坏,冲洗结束,过滤重新开始。

辅助管口至冲洗水箱最高水位差即为期终允许水头损失值 H,一般采用 $H=1.5\sim2.0$ m。如果在滤层水头损失还未达到最大允许值而因某种原因(如出水水质不符要求)需要冲洗时,可打开强制冲洗管阀门进行人工强制冲洗。重力式无阀滤池的平面形状常为方形,大多以双格作为一个组合单元,单池产水量 40 ~ 400 m^3/h。

3.6.4.2　压力式无阀滤池

压力式无阀滤池是在压力作用下进行工作的一种无阀滤池。其流程简单,当原水悬浮物小于 150 mg/L 时,可进行一次净化。压力式无阀滤池通常和水塔建在一起,过滤水贮存于水塔中,靠水塔的压力供给用户。滤池的冲洗水也贮存于水塔中。特别适用于小型、分散、天然水质较好的村镇自来水工程。

压力式无阀滤池的工作过程参见图 3-8。原水采用泵前加药 2 后,直接由水泵 1 自上而下进入压力滤池 10,过滤后的清水借助水泵压力经集水系统压入水塔内冲洗水箱 4,冲洗水箱贮满后,溢流入调节水塔 3 从出水管 11 流出配送给用户。

在过滤过程中,因不断截留杂质,滤层的过滤阻力增加,为了克服不断增加的阻力,水泵的扬程也逐渐提高，此时虹吸上升管5中的水位随之增高，当水位上升到虹吸辅助管7的管口时，就和重力式无阀滤池原理一样，使滤池开始冲洗。冲洗时水泵利用自动装置自行关闭，停止进水。当冲洗水箱中水位下降到虹吸破坏管9管口时，空气进入虹吸管，虹吸作用破坏，反冲洗自动结束。随后水泵自动开启，过滤重新开始。

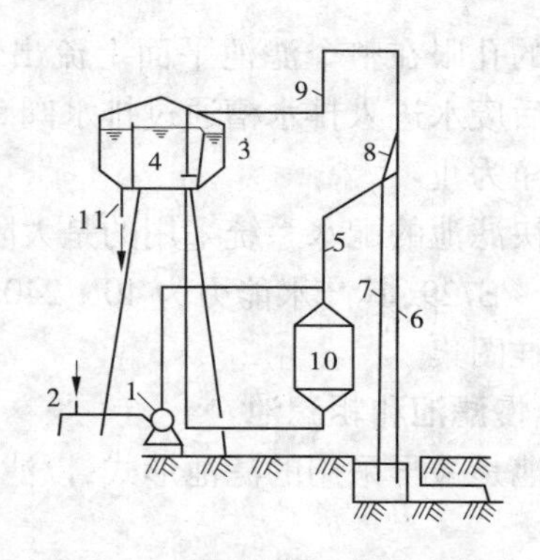

图3-8　压力式无阀滤池示意

1—水泵；2—加药；3—水塔；4—冲洗水箱；
5—虹吸上升管；6—虹吸下降管；7—虹吸辅助管；
8—抽气管；9—虹吸破坏管；
10—滤池；11—水塔出水管（至用户）

压力式无阀滤池可采用国家标准图集S755，其产水能力为10～45 m^3/h。

3.6.4.3　普通快滤池

普通快滤池的构造如图3-9所示。

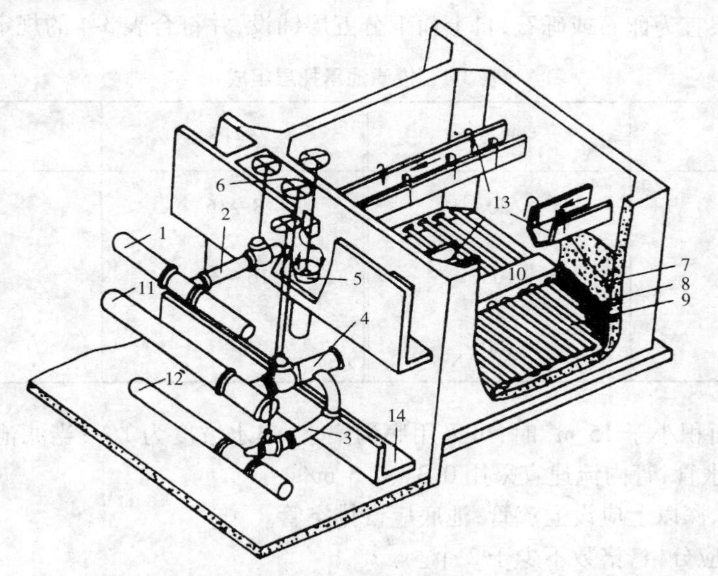

图3-9　普通快滤池构造剖视图（箭头表示冲洗水流方向）

1—进水总管；2—进水支管；3—清水支管；4—冲洗水支管；5—排水阀；
6—浑水渠；7—滤料层；8—承托层；9—配水支管；10—配水干管；
11—冲洗水总管；12—清水总管；13—冲洗排水槽；14—废水渠道

过滤过程：经沉淀或澄清后的水由进水总管1、进水支管2、浑水渠6进入池内。经冲洗排水槽13由上而下通过滤料层7、承托层8，由配水支管9收集，再经配水干管10、清水支管3、清水总管12流出池外。

冲洗过程：关闭进水支管和清水支管上的阀门；开启冲洗水支管4阀门和排水阀5，冲洗水便从冲洗水总管11、冲洗水支管4进入滤池底部，通过配水支管9和配水支管上均匀分布的孔眼在整个滤池平面上流出,自下而上穿过承托层和滤料层,对滤料进行冲洗。冲洗后废水进入排水槽通过排水阀5、废水渠道14排入下水道。冲洗一直进行到滤料基本洗净为止。

普通快滤池的配水系统采用的是大阻力配水系统。设计普通快滤池可采用国家标准图集S725～S729,其产水能力为40～240 m^3/h。普通快滤池各部分的详细设计参见例题或采用标准图集。

3.6.4.4　慢滤池和粗滤池

慢滤池是最早采用的滤池形式,以滤速比较慢而得名。慢滤池的设计应符合下列规定:

(1)进水浊度宜小于20度,布水应均匀。

(2)应按24 h连续工作设计。

(3)滤速宜按0.1～0.3 m/h设计,进水浊度高时取低值。

(4)出口应有控制滤速的措施,可设可调堰或在出水管上设控制阀和转子流量计。

(5)滤料宜采用石英砂,粒径0.3～1.0 mm,滤层厚度800～1 200 mm。

(6)滤料表面以上水深宜为1.0～1.3 m;池顶应高出水面0.3 m、高出地面0.5 m。

(7)承托层宜为卵石或砾石,自上而下分五层铺设,并符合表3-4的规定。

表3-4　慢滤池承托层组成　(单位:mm)

粒径	厚度	粒径	厚度
1～2	50	8～16	100
2～4	100	16～32	100
4～8	100		

(8)滤池面积小于15 m^2时,可采用底沟集水,集水坡度为1%;当滤池面积较大时,可设置穿孔集水管,管内流速宜采用0.3～0.5 m/s。

(9)有效水深以上应设溢流管;池底应设排空管。

(10)滤池应分格,格数不少于2个。

(11)北方地区应采取防冻和防风沙措施,南方地区应采取防晒措施。

当原水浊度超过慢滤池进水浊度要求时,可采用粗滤池进行预处理。粗滤池的设计应符合以下规定:

(1)原水含沙量常年较低时,粗滤池宜设在取水口;原水含沙量常年较高或变化较大时,粗滤池宜设在预沉池后。

(2)进水浊度应小于500 NTU;出水浊度应小于20 NTU。

(3)设计滤速宜为0.3～1.0 m/h,原水浊度高时取低值。

(4)竖流粗滤池设计应符合以下要求:宜采用二级串联,滤料表面以上水深0.2～0.3 m,保护高0.2 m。上向流粗滤池底部应设配水室、排水管和集水槽。滤料宜选用卵石或砾石,顺水流方向由大到小按三层铺设,并符合表3-5的规定。

(5)平流粗滤池宜由三个相连的卵石或砾石室组成,并符合表3-6规定。

表3-5　竖流粗滤池滤料组成　(单位:mm)

粒径	厚度
4~8	200~300
8~16	300~400
16~32	450~500

表3-6　平流粗滤池滤料组成与池长　(单位:mm)

卵石或砾石室	粒径	池长
Ⅰ	16~32	2 000
Ⅱ	8~16	1 000
Ⅲ	4~8	1 000

3.6.4.5　村镇分散常用简易滤池

对于经济条件较差的村镇,可以因地制宜地采用多种形式的简易滤池来改善饮用水水质。简易滤池均属慢滤池类,虽然存在出水率低、洗沙工作繁重等缺点,但它可以有效去除水中细菌,提高出水水质,而且构造简单、易于施工、投资省、管理方便,是村镇改善饮用水水质的有效过渡措施。

1)半山滤池

它是利用山区溪流水改善山区农民饮用水的简易设施,由滤池和高位水池组成。一般将滤池建在有山溪水的附近,利用修渠、引管、筑坝等措施将水引入池内。滤池的出水引入高位水池。水池的容积考虑到村镇用水时间比较集中的特点,要求存水量较多,一般按每天用水量的40%~50%计算。根据当地地形条件和环境,滤池和高位水池可合建或分建。

滤池的大小根据使用人口的多少而定。对慢滤池而言,一般每平方米滤池面积每小时的出水量为0.2~0.3 m^3。根据目前农村用水情况,每人每天为80 L左右,故每平方米滤池面积24 h出水量可供60~90人使用。

滤池的深度一般采用2~3 m,滤料层及承托层有效深度为1.25~1.60 m。滤料层及承托层情况见表3-7。

为防止滤料在暴雨时流失,还经常在滤料层上铺碎石与石子,同时还可阻拦较大固体杂质进入滤料层。滤料层下采用穿孔管收集过滤水,加消毒剂在高位水池中进行消毒,最后输送到山下用户。

半山滤池是一种不经过混凝沉淀的一次净化系统,适用于植被条件较好、水质较好的山区溪流水。其构造简单,管理方便。如果地形利用得当还可省去动力设备,并具有一定的蓄水能力。

表 3-7　半山滤池滤料层及承托层

分层	材料	粒径(mm)	层厚(mm)
滤料层	细砂	0.3 ~ 1.2	800 ~ 1 000
	粗砂	1.2 ~ 2.0	150 ~ 200
承托层	卵石	2 ~ 8	150 ~ 200
	卵石	8 ~ 32	150 ~ 200

2)塘边滤池

塘边滤池一般由滤池和清水池组成,常建立在塘边。按进水方向的不同分为直滤式、横滤式、直滤加横滤式三种。直滤式为滤层上部进水,下部出水;横滤式为滤层一侧进水,另一侧出水;直滤加横滤式为横滤起初滤作用,直滤起过滤作用。

滤池的面积与滤料层、承托层的要求可参照半山滤池。滤池表面要求有 0.5 ~ 1.5 m 的水深。池体应高于地面,以防地表水流入。

塘边滤池适用于水位变化不大,浊度较低的池塘、水库,可作为中、小村庄取水用。

3)河渠边滤池

河渠边滤池分为两种形式:一种是河网地区,尤其在南方,通常将滤池建在河边,其结构形式与塘边滤池相仿;另一种是距河流较远的缺水地区,采用渠道引入河水,通常将滤池建立在渠边。无论哪种形式,其工艺流程都视河水的浊度而定。如果是浊度较高的水源,必须进行预沉淀,再进入滤池过滤。

河渠边滤池的过滤原理、滤料、滤料层厚度均与半山滤池相似。取水的地点应遵照地面水取水的选择要求确定。

以上三种滤池应注意卫生防护,滤池、清水池应密封并由专人管理。对河渠边滤池一般每隔半月将滤池表面带有污泥的砂子刮出清洗一次,每隔 3 ~ 5 个月将砂、卵石全部取出清洗。塘边滤池每隔 1 ~ 2 个月刮砂清洗,每隔 1 ~ 2 年将滤料全部取出清洗。半山滤池视使用情况而定。

【例题 3-4】　设计日产水量为 3.8 万 m^3 的普通快滤池,水厂本身用水占 5%。

解:设计水量为:

$$Q = 38\,000 \times 1.05 = 39\,900(m^3/d) = 1\,662.5\ m^3/h$$

(1)滤池总面积:

$$F = \frac{Q}{vT} \tag{3-15}$$

$$T = T_0 - nt_0 - nt_1 \tag{3-16}$$

式中　F——滤池总面积,m^2;

Q——设计水量,m^3/d;

v——设计滤速,m/h,石英砂单层滤料一般采用 8 ~ 10 m/h,双层滤料一般采用 10 ~ 14 m/h;

T——滤池每日的实际工作时间,h;

T_0——滤池每日的工作时间,h;

t_0——滤池每日冲洗后停用和排放初滤水时间,h;

t_1——滤池每日冲洗时间,h;

n——滤池每日冲洗次数,次。

设计中取 $n=2$,$t_1=0.1$ h,不考虑排放初滤水时间,即取 $t_0=0$,则

$$T = 24 - 2 \times 0.1 = 23.8(\text{h})$$

设计中选用双层滤料滤池,取 $v=12$ m/h,则

$$F = \frac{39\,900}{12 \times 23.8} = 139.7(\text{m}^2)$$

(2)单池面积:

$$f = \frac{F}{N} \tag{3-17}$$

式中　f——单池面积,m^2;

F——滤池总面积,m^2;

N——滤池个数,个,一般采用 $N \geqslant 2$。

设计中取 $N=6$,平行布置,则

$$f = \frac{F}{N} = \frac{139.8}{6} = 23.28(\text{m}^2)$$

设计中取 $L=6.0$ m,$B=4.0$ m,滤池的实际面积为 $6.0 \times 4.0 = 24(\text{m}^2)$,实际滤速

$$v = \frac{39\,900}{6 \times 24 \times 23.8} = 11.64(\text{m/h})$$

当一座滤池检修时,其余滤池的强制滤速

$$v' = \frac{Nv}{N-1} \tag{3-18}$$

式中　v'——当一座滤池检修时其余滤池的强制滤速,m/h,一般采用14~18 m/h。

$$v' = \frac{6 \times 11.64}{6-1} = 14.0(\text{m/h})$$

(3)滤池高度:

$$H = H_1 + H_2 + H_3 + H_4 \tag{3-19}$$

式中　H——滤池高度,m,一般采用3.2~3.6 m;

H_1——承托层高度,m;

H_2——滤料层厚度,m;

H_3——滤层上水深,m,一般采用1.5~2.0 m;

H_4——超高,m,一般采用0.3 m。

设计中取 $H_1=0.30$ m,$H_2=0.80$ m,$H_3=1.80$ m,$H_4=0.30$ m,则

$$H = 0.30 + 0.80 + 1.80 + 0.30 = 3.20(\text{m})$$

(4)配水系统:

①反冲洗水量

$$q_g = fq \tag{3-20}$$

式中　q_g——反冲洗干管水量,L/s;

f——单池面积,m^2;

q——反冲洗强度,L/(s·m^2),一般采用 12 ~ 15 L/(s·m^2)。

设计中取 $q = 14$ L/(s·m^2),则

$$q_g = 24 \times 14 = 336(\text{L/s})$$

②干管管径和始端流速

$$D = \sqrt{\frac{4q_g \times 10^{-3}}{\pi v_g}} \tag{3-21}$$

式中　D——干管管径,m;

v_g——干管始端流速,m/s,一般采用 1.0 ~ 1.5 m/s;

q_g——反冲洗干管水量,L/s。

设计中取 v_g 为 1.1 m/s,得 $D = 623$ mm,取 $D = 600$ mm,则

$$v_g = \frac{4 \times 336 \times 10^{-3}}{3.14 \times 0.6^2} = 1.19(\text{m/s})$$

③配水支管根数

$$n_j = 2 \times \frac{L}{a} \tag{3-22}$$

式中　n_j——单池中支管根数,根;

L——滤池长度,m;

a——支管中心间距,m,一般采用 0.25 ~ 0.30 m。

设计中取 $a = 0.3$ m,则

$$n_j = 2 \times \frac{6.0}{0.3} = 40(\text{根})$$

④单根支管入口流量

$$q_j = \frac{q_g}{n_j} \tag{3-23}$$

式中　q_j——单根支管入口流量,L/s。

$$q_j = \frac{336}{40} = 8.4(\text{L/s})$$

⑤支管入口流速

$$v_j = \frac{4q_j \times 10^{-3}}{\pi D_j^2} \tag{3-24}$$

式中　v_j——支管入口流速,m/s;

D_j——支管管径,m。

设计中取 $D_j = 0.08$ m,则

$$v_j = \frac{4 \times 8.4 \times 10^{-3}}{3.14 \times 0.08^2} = 1.67(\text{m/s})$$

⑥单根支管长度

$$l_j = \frac{B - D}{2} \tag{3-25}$$

式中　l_j——单根支管长度,m;

B——单个滤池宽度,m;

D——配水干管管径,m。

设计中取 $B = 4.0$ m, $D = 0.6$ m,则

$$l_j = \frac{4.0 - 0.6}{2} = 1.70(\mathrm{m})$$

⑦配水支管上孔口总面积

$$F_k = Kf \tag{3-26}$$

式中　F_k——配水支管上孔口总面积,m^2;

K——配水支管上孔口总面积与滤池面积 f 之比,一般采用 0.2% ~0.25%。

设计中取 $K = 0.25\%$,则

$$F_k = 0.25\% \times 24 = 0.06(\mathrm{m}^2) = 60\ 000\ \mathrm{mm}^2$$

⑧配水支管上孔口流速

$$v_k = \frac{q_g}{F_k} \tag{3-27}$$

式中　v_k——配水支管上孔口流速,m/s,一半采用 5.0 ~6.0 m/s。

$$v_k = \frac{0.336}{0.06} = 5.6(\mathrm{m/s})$$

⑨单个孔口面积

$$f_k = \frac{\pi d_k^2}{4} \tag{3-28}$$

式中　f_k——配水支管上单个孔口面积,mm^2;

d_k——配水支管上孔口的直径,mm,一般采用 9 ~12 mm。

设计中取 $d_k = 9$ mm,则

$$f_k = \frac{3.14 \times 9^2}{4} = 63.5(\mathrm{mm}^2)$$

⑩孔口总数

$$N_k = \frac{F_k}{f_k} \tag{3-29}$$

式中　N_k——孔口总数,个。

$$N_k = \frac{60\ 000}{63.5} \approx 945(\text{个})$$

⑪每根支管上的孔口数

$$n_k = \frac{N_k}{n_j} \tag{3-30}$$

式中　n_k——每根支管上的孔口数,个。

$$n_k = \frac{945}{40} \approx 24(\text{个})$$

支管上孔口布置成两排，与垂线成45°夹角向下交错排列。

⑫孔口中心距

$$a_k = \frac{l_j}{n_k/2} \tag{3-31}$$

式中 a_k——孔口中心距，m。

设计中取 $l_j = 1.70$ m，$n_k = 24$ 个，则

$$a_k = \frac{1.70}{24/2} = 0.14(\text{m})$$

⑬孔口平均水头损失

$$h_k = \frac{[q/(10\mu K)]^2}{2g} \tag{3-32}$$

式中 h_k——孔口平均水头损失，m；

q——冲洗强度，L/(s·m²)；

μ——流量系数，与孔口直径和壁厚 δ 的比值有关，按表3-8确定；

K——支管上孔口总面积与滤池面积之比，一般采用0.2%～0.25%。

设计中取 $\delta = 5$ mm，$\mu = 0.68$，$K = 0.25\%$，则

$$h_k = \frac{[14/(10 \times 0.68 \times 0.25)]^2}{2 \times 9.81} = 3.45(\text{m})$$

表3-8 流量系数 μ 值

孔口直径与壁厚 δ 之比	1.25	1.5	2.0	3.0
流量系数 μ	0.76	0.71	0.67	0.62

⑭配水系统校核。对于大阻力配水系统，要求其支管长度 l_j 与直径 D_j 之比不大于60。

$$\frac{l_j}{D_j} = \frac{1.70}{0.08} = 21.25 < 60$$

符合要求。

对于大阻力配水系统，要求配水支管上孔口总面积 F_k 与所有支管横截面面积之和的比值小于0.5，即

$$\frac{F_k}{n_j f_j} < 0.5$$

$$f_j = \frac{\pi D_j^2}{4} \tag{3-33}$$

式中 f_j——配水支管的横截面面积，m²。

$$\frac{F_k}{n_j f_j} = \frac{0.06}{40 \times 3.14 \times 0.08^2/4} = 0.298 < 0.5$$

符合要求。

(5)洗砂排水槽：

①洗砂排水槽中心距

$$a_0 = \frac{L}{n_1} \tag{3-34}$$

式中　a_0——洗砂排水槽中心距，m；

n_1——每侧洗砂排水槽数，条。

因洗砂排水槽长度不宜大于6 m，故在设计中每座滤池可不设置中间排水渠，而在滤池内部直接对称布置洗砂排水槽，每侧洗砂排水槽数 $n_1 = 2$ 条。

$$a_0 = \frac{4}{2} = 2.0(\text{m})$$

②每条洗砂排水槽长度

$$l_0 = L = 6.0(\text{m})$$

③每条洗砂排水槽的排水量

$$q_0 = \frac{q_g}{n_2} \tag{3-35}$$

式中　q_0——每条洗砂排水槽的排水量，L/s；

q_g——单个滤池的反冲洗水流量，L/s；

n_2——洗砂排水槽总数，条。

设计中取 $n_2 = 2$，则

$$q_0 = \frac{336}{2} = 168(\text{L/s})$$

④洗砂排水槽断面模数。洗砂排水槽采用三角形标准断面，如图3-10所示。

洗砂排水槽断面模数

$$x = 0.45 q_0^{0.4} \tag{3-36}$$

式中　x——洗砂排水槽断面模数，m；

q_0——每条洗砂排水槽的排水量，m^3/s。

$$x = 0.45 \times 0.168^{0.4} = 0.22(\text{m})$$

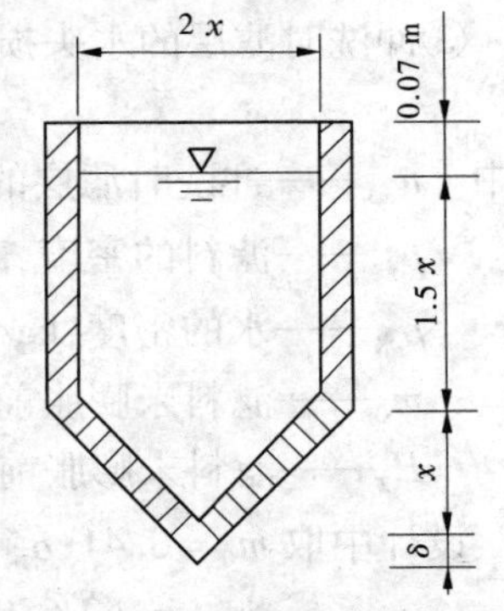

图3-10　洗砂排水槽断面计算图

⑤洗砂排水槽顶距砂面高度

$$H_e = eH_2 + 2.5x + \delta + c \tag{3-37}$$

式中　H_e——洗砂排水槽顶距砂面高度，m；

e——砂层最大膨胀率，石英砂滤料一般采用30%～50%；

δ——排水槽底厚度，m；

H_2——滤料层厚度，m；

c——洗砂排水槽的超高，m。

设计中取 $e = 40\%$，$\delta = 0.05$ m，$H_2 = 0.8$ m，$c = 0.08$ m，则

$$H_e = 40\% \times 0.8 + 2.5 \times 0.22 + 0.05 + 0.08 = 1.0(\text{m})$$

⑥排水槽总平面面积

$$F_0 = 2xl_0n_1 \tag{3-38}$$

式中　F_0——排水槽总平面面积，m^2。

$$F_0 = 2 \times 0.22 \times 6.0 \times 2 = 5.28(m^2)$$

校核排水槽总平面面积与滤池面积之比

$$\frac{F_0}{f} = \frac{5.28}{24} = 22\% < 25\%$$

满足要求。

(6)滤池反冲洗：

①单个滤池的反冲洗用水总量

$$W = \frac{qft}{1\ 000} \tag{3-39}$$

式中 W——单个滤池的反冲洗用水总量，m^3；

t——单个滤池的反冲洗历时，s。

设计中取 $t=6$ min $=360$ s，$q=14$ L/(s·m^2)，则

$$W = \frac{14 \times 24 \times 360}{1\ 000} = 120.96(m^3)$$

②承托层的水头损失

$$h_{w2} = 0.022H_1q \tag{3-40}$$

式中 h_{w2}——承托层的水头损失，m；

H_1——承托层厚度，m。

设计中取 $H_1=0.30$ m，则

$$h_{w2} = 0.022 \times 0.30 \times 14 = 0.09(m)$$

③冲洗时滤层的水头损失

$$h_{w3} = (\rho_{砂}/\rho_{水} - 1)(1 - m_0)H_2 \tag{3-41}$$

式中 h_{w3}——冲洗时滤层的水头损失，m；

$\rho_{砂}$——滤料的密度，kg/m^3，石英砂密度一般采用 2 650 kg/m^3；

$\rho_{水}$——水的密度，kg/m^3；

m_0——滤料未膨胀前的孔隙率；

H_2——滤料未膨胀前的厚度，m。

设计中取 $m_0=0.41$，$\rho_{水}=1\ 000\ kg/m^3$，$\rho_{砂}=2\ 650\ kg/m^3$，$H_2=0.8$ m，则

$$h_{w3} = (2\ 650/1\ 000 - 1) \times (1 - 0.41) \times 0.8 = 0.78(m)$$

④水泵反冲洗

水泵流量

$$Q' = fq \tag{3-42}$$

式中 Q'——水泵流量，L/s。

$$Q' = 24 \times 14 = 336(L/s)$$

水泵扬程

$$H = H_0 + h_1 + h_{w1} + h_{w2} + h_{w3} + h_5 \tag{3-43}$$

式中 H——水泵扬程，m；

H_0——排水槽顶与清水池最低水位高差，m，一般采用 7 m 左右；

h_1——水泵压水管路和吸水管路的水头损失，m；

h_5——安全水头，m，一般采用1～2 m。

设计中取 $H_0=7$ m，$h_1=2.0$ m，$h_{w1}=h_k=3.45$ m，$h_{w2}=0.09$ m，$h_{w3}=0.78$ m，$h_5=1.5$ m，则

$$H=7.0+2.0+3.45+0.09+0.78+1.5=14.82(\text{m})$$

根据水泵流量和扬程进行选泵。

(7)进出水系统：

①进水总渠。滤池总进水量为 $Q=39\,900\ \text{m}^3/\text{d}$，设计中取进水总渠宽 $B_1=1.2$ m，水深为0.5 m，渠中流速 $v_1=0.78$ m/s。

单个滤池进水管直径 $D_2=350$ mm，管中流速 $v_2=0.81$ m/s。

②反冲洗进水管。冲洗水流量 $q_g=336$ L/s，采用管径 $D_3=450$ mm，管中流速 $v_3=2.11$ m/s。

③清水管。为了便于布置，清水渠断面采用与进水渠断面相同的尺寸。

④排水渠。排水流量 $q_g=336$ L/s，排水渠宽 $B_1=0.7$ m，水深为0.6 m，渠中流速 $v_1=1.12$ m/s。

3.7　消　毒

生活饮用水必须经过消毒处理。水的消毒是为了灭活水中的病菌及有害微生物所采取的措施。消毒并非要把水中的微生物全部消灭，只是要消除水中的致病微生物的致病作用。消毒方法有很多，有氯及氯化物消毒、臭氧消毒、紫外线消毒及某些重金属离子消毒。但对村镇的中、小水厂一般采用液氯或漂白粉消毒，其设备简单，货源充足，价格低廉。受污染原水经氯消毒后可能会产生一些有害健康的副产物。但就目前情况而言，氯消毒仍是应用最广泛的一种方法。

3.7.1　氯消毒

3.7.1.1　**氯消毒原理**

在常温常压下，氯是一种有强烈刺激性的黄绿色气体。当温度低于－33.80 ℃，或在常温下将氯加压到6～8个大气压时，就成为深黄色的液体，俗称液氯。

氯消毒的原理是当氯气 Cl_2 加入水中后，与水作用生成盐酸（HCl）和次氯酸（HClO）。由于次氮酸是很小的中性分子，能扩散到细菌表面，并穿过细菌的细胞壁进入细菌内部，通过氧化作用破坏细菌的酶系统，从而达到杀菌消毒的目的。

3.7.1.2　**加氯量**

加氯量可分为两部分：需氯量和余氯。需氯量用于灭活微生物，氧化有机物和还原性物质等所消耗的部分；余氯是为抑制水中残存病原微生物的再度繁殖，防止输水管网中水再污染，在管网内维持的少量余氯。加氯量就是根据上述两部分的需要，按各水厂的水源、水质、净化条件、管网长短等实际情况经生产实践来确定且应满足《生活饮用水卫生标准》的规定。

加氯量一般按折点加氯法确定。缺乏试验资料时，一般的地面水经混凝、沉淀和过滤后或清洁的地下水，加氯量可采用 1.0 ~ 1.5 mg/L；一般的地面水经混凝、沉淀而未经过滤时可采用 1.5 ~ 2.5 mg/L。

3.7.1.3　加氯点

加氯点是根据原水水质、净水设备进行选择的，一般分为滤前加氯、滤后加氯、二次加氯等方式。

滤前加氯是将加氯点选在沉淀池前或水泵吸水井内，与混凝剂同时投加。滤前加氯可氧化的有机物较多，防止青苔和藻类滋生，同时还可以延长氯的接触时间，增加混凝的效果。这些氧化法称为滤前氯化或预氯化。对于受污染水源，为避免氯消毒副产物产生，滤前加氯或预氯化应尽量取消。

将加氯点选在过滤之后，清水池之前的管道上，适宜一般水质的水源。由于水中大量杂质已被去除，加氯的作用只是杀灭残存细菌和微生物，因而加氯量较少。

3.7.1.4　加氯设备

加滤设备主要是氯瓶和加氯机。氯瓶一般是卧式钢瓶，加氯机是将氯瓶流出的氯气先配制成氯溶液，然后用水射器加入水中。加氯机有不同的型号和不同的加氯量。手动加氯机存在加氯量调节滞后、余氯不稳定等缺点。近年来，自来水厂的加氯自动化发展很快，采用加氯机配以相应的自动检测和自动控制装置的自动加氯技术。村镇水厂可根据需要、操作条件、经济状况等进行选用。加氯设备安置在加氯间，氯瓶储备在氯库。加氯间和氯库可以合建或分建。

贮藏在钢瓶内的液氯气化时，每公斤需要吸收 280 kJ 的热量。加热量不足就会阻碍液氯的气化。生产上常用自来水浇洒在氯瓶的外壳上以供给热量。

氯气是有毒气体，故加氯间和氯库位置除了靠近加氯点，还应位于主导风向下方，且需与经常有人值班的工作间隔开。加氯间和氯库在建筑上的通风、照明、防火、保温等应特别注意，还应设置一系列安全报警、事故处理设施等。

3.7.2　漂白粉消毒

漂白粉是用氯气和石灰制成的，主要成分是 $Ca(OCl)_2$。漂白粉是一种白色粉末状物质，有氯的气味，易受光、热和潮气作用而分解使有效氯降低，故必须放在阴凉、干燥且通风良好的地方。漂白粉消毒和氯气消毒的原理是相同的，主要也是加入水后产生次氯酸灭活细菌。

漂白粉需配成溶液加注，溶解时先调成糊状物，然后再加水配成 1.0% ~ 2.0%（以有效氯计）浓度的溶液。溶液配制的方法和配制混凝剂的方法相似。在小型村镇水厂可利用两个缸，一个为溶药缸，另一个是投药缸。规模较大时也可采用水池。当投加在滤后水中时，溶液必须经过 4 ~ 24 h 澄清，以免杂质带进清水中；若加入浑水中，则配制后可立即使用。

由于氯气容易逸出和腐蚀性较强，因此溶药缸和投药缸必须加盖，所有设备和管材都应采用耐腐蚀的材料。

对村镇分散供水井，可向水中投加漂白粉溶液，每天 1 ~ 2 次，半小时后测定余氯含量,当余氯含量为 0.05 ~0.1 mg/L 时即可使用。也可以将漂白粉装入带有小孔的毛竹筒或带有小孔的无毒塑料袋中,用绳子吊沉入水中 0.5 m 左右,使漂白粉慢慢溶于水中,产生的次氯酸可以通过小孔不断向水中扩散。消毒效果可维持半个月左右。

3.7.3　二氧化氯消毒

二氧化氯(ClO_2)在常温常压下是一种黄绿色气体,具有与氯相似的刺激性气味,极不稳定,必须以水溶液形式现场制取。

制取 ClO_2 的方法较多。在供水处理中,制取 ClO_2 的方法主要有:用亚氯酸钠($NaClO_2$)和氯(Cl_2)制取。制取过程是在 1 个内填瓷环的圆柱形发生器中进行的,由加氯机出来的氯溶液和用泵抽出的亚氯酸钠稀溶液共同进入二氧化氯发生器,经过约 1 min 的反应,便得二氧化氯水溶液,像加氯一样直接投入水中。发生器上设置 1 个透明管,通过观察,出水若呈黄绿色即表明二氧化氯生成。反应时应控制混合液的 pH 值和浓度。

另一种制取 ClO_2 的方法是用酸与亚氯酸钠反应制取。制取方法也是在 1 个圆柱形二氧化氯发生器中进行。先在两个溶液槽中分别配制一定浓度(注意浓度不可过高,浓度过高,化合时也会发生爆炸。一般 HCl 浓度 8.5%,$NaClO_2$ 浓度 7%)的 HCl 和 $NaClO_2$ 溶液,分别用泵打入二氧化氯发生器,经过约 20 min 反应后便形成二氧化氯溶液。酸用量一般超过化学计量 3 ~4 倍。在用硫酸制备时,需注意硫酸不能与固态 $NaClO_2$ 接触,否则会发生爆炸。

二氧化氯既是消毒剂,又是氧化能力很强的氧化剂,在当前水处理中受到重视,但由于制取原料价格较高,限制了二氧化氯消毒的广泛应用。

3.8　特种水处理

3.8.1　地下水除铁、除锰

含铁和含锰的地下水在我国分布很广。铁和锰可共存于地下水中,但含铁量往往高于含锰量。地下水或湖泊和蓄水库的深层水中,由于缺少溶解氧,为 Fe^{2+} 和 Mn^{2+}。铁、锰含量超过标准的原水须经除铁、除锰处理。

地下水除铁、除锰是氧化还原反应过程,将溶解状态的铁、锰氧化成为不溶解的 Fe^{3+} 或 Mn^{4+} 化合物,再经过滤即达到去除目的。

地下水铁、锰含量均超标时,应根据以下条件确定除铁、除锰工艺。

当原水含铁量低于 2.0 ~5.0 mg/L(北方采用 2.0,南方采用 5.0)、含锰量低于 1.5 mg/L 时,可采用:

原水曝气 ⟶ 单级过滤除铁、除锰

当原水含铁量或含锰量超过上述数值且 Fe^{2+} 易被空气氧化时,可采用:

原水曝气 ⟶ 氧化 ⟶ 一次过滤除铁 ⟶ 二次接触氧化过滤除锰

当除铁受硅酸盐影响或 Fe^{2+} 空气氧化较慢时,可采用:

原水曝气 → 一次接触氧化过滤除铁 → 氧化 → 二次接触氧化过滤除锰

曝气氧化法除铁，曝气后水的 pH 值宜达到 7.0 以上；接触氧化法除铁，曝气后水的 pH 值宜达到 6.0 以上；除锰前水的 pH 值宜达到 7.5 以上，二次接触氧化过滤除锰前水的含铁量宜控制在 0.5 mg/L 以下。

曝气装置应根据原水水质、曝气程度要求，通过技术经济比较选定，可采用跌水、淋水、射流曝气、压缩空气曝气、叶轮式表面曝气、板条式曝气塔或接触式曝气塔等装置，并符合以下要求：

(1)采用跌水装置时，可采用 1 ~ 3 级跌水，每级跌水高度为 0.5 ~ 1.0 m，单宽流量为 20 ~ 50 $m^3/(h \cdot m)$。

(2)采用淋水装置(穿孔管或莲蓬头)时，孔眼直径可为 4 ~ 8 mm，孔眼流速为 1.5 ~ 5 m/s，距水面安装高度为 1.5 ~ 2.5 m。采用莲蓬头时，每个莲蓬头的服务面积为 1.0 ~ 1.5 m^2。

(3)采用射流曝气装置时，其构造应根据工作水的压力、需气量和出口压力等通过计算确定，工作水可采用全部、部分原水或其他压力水。

(4)采用压缩空气曝气时，每立方米的需气量(以 L 计)宜为原水中 Fe^{2+} 含量(以 mg/L 计)的 2 ~ 5 倍。

(5)采用板条式曝气塔时，板条层数可为 4 ~ 6 层，层间净距为 400 ~ 600 mm。

(6)采用接触式曝气塔时，填料可采用粒径为 30 ~ 50 mm 的焦炭块或矿渣，填料层层数可为 1 ~ 3 层，每层填料厚度为 300 ~ 400 mm，层间净距不小于 600 mm。

(7)淋水装置、板条式曝气塔和接触式曝气塔的淋水密度，可采用 5 ~ 10 $m^3/(h \cdot m^2)$。淋水装置接触水池容积，可按 30 ~ 40 min 处理水量计算；接触式曝气塔底部集水池容积，可按 15 ~ 20 min 处理水量计算。

(8)采用叶轮式表面曝气装置时，曝气池容积可按 20 ~ 40 min 处理水量计算；叶轮直径与池长边或直径之比可为 1:6 ~ 1:8，叶轮外缘线速度可为 4 ~ 6 m/s。

(9)当曝气装置设在室内时，应考虑通风设施。

除锰的工艺流程、装置和除铁的相同，除锰滤池的滤料可用石英砂或锰砂。过滤可以采用各种形式的滤池。在同一滤层中，铁主要截留在上层滤料内。当地下水中铁锰含量不高时，可上层除铁下层除锰，铁锰在同一滤池中去除；如果原水含铁、锰量大，可在流程中建造两个滤池，前面是除铁滤池，后面是除锰滤池；在压力滤池中也有将滤层做成两层，上层用以除铁，下层用以除锰。滤料粒径、滤层厚度和除铁时相同。

除铁滤池设计应符合以下要求：

(1)滤料宜采用天然锰砂或石英砂等；锰砂粒径可为 d_{min} = 0.6 mm、d_{max} = 1.2 ~ 2.0 mm，石英砂粒径可为 d_{min} = 0.5 mm、d_{max} = 1.2 mm；滤料层厚度可为 800 ~ 1 200 mm。

(2)滤速宜为 6 ~ 10 m/h，工作周期可为 8 ~ 24 h。

(3)除铁滤池宜采用大阻力配水系统。当采用锰砂滤料时，承托层的顶面两层需改为锰矿石。

(4)除铁滤池的冲洗强度、膨胀率和冲洗时间可按表 3-9 确定。

除锰滤池设计应符合以下要求：

(1)两级过滤除锰滤池：

①滤料、滤料粒径和滤料层厚度可参照除铁滤池确定；

②滤速宜为5～8 m/h；

③冲洗强度：锰砂滤料宜为16～20 L/(s·m²)，石英砂滤料宜为12～14 L/(s·m²)；

④膨胀率：锰砂滤料宜为15%～25%，石英砂滤料宜为27.5%～35%；

⑤冲洗时间宜为5～10 min。

表3-9　除铁滤池的冲洗强度、膨胀率和冲洗时间

滤料种类	滤料粒径(mm)	冲洗方式	冲洗强度(L/(s·m²))	膨胀率(%)	冲洗时间(min)
石英砂	0.5～1.2	无辅助冲洗	13～15	30～40	>7
锰砂	0.6～1.2		18	30	10～15
锰砂	0.6～1.5		20	25	10～15
锰砂	0.6～2.0		22	22	10～15
锰砂	0.6～2.0	有辅助冲洗	19～20	15～20	10～15

(2)单级过滤除锰滤池，可参照两级过滤除锰滤池的有关规定进行设计，滤速宜为5 m/h，滤料层厚度宜为1 200 mm。

对于分散供水的村镇，可采用市场上的一体化除铁、锰设备，见表3-10。

表3-10　市场上分户型地下水除铁、锰设备对照

设备	主要结构	主要性能	优缺点
家用除铁、锰设备	普通型采用一次絮凝技术，自控型采用循环初絮凝技术。结构类似一圆柱，使用时，将其放置在蓄水容器中间即可	普通型只能处理2.5 mg/L以下的低含铁水；自控型可去除任何高含量的铁和锰，并可以自动启动两次，分级除铁、除锰，完全自动启动和停止	优点是精巧，充分利用农村家庭现有供水设施，使用简单，运行费用低；缺点是处理后的水与污物共存在一个容器中，需要定时加药和排污
除铁、锰过滤设备	采用接触除铁、锰技术，外形是过滤罐形状，内部装有锰砂，还需要格外配置水泵	可以去除水中铁、锰、悬浮物和其他杂质。锰砂成熟后出水水质非常高	优点是结构简单，滤砂成熟后水质非常稳定，出水水质高；缺点是设备重，滤砂成熟前出水不稳定，需要反冲洗

3.8.2　水的除氟

我国饮用水除氟方法中，应用最多的是吸附过滤法，作为滤料的吸附剂主要是活性氧化铝，其次是骨炭。这两种方法都是利用吸附剂的吸附和离子交换作用，是除氟的比较经济有效的方法。其他还有混凝、电渗析等除氟方法，但应用较少。

3.8.2.1 **活性氧化铝除氟**

活性氧化铝是白色颗粒状多孔吸附剂,有较大的比表面积。活性氧化铝是两性物质,在酸性溶液中活性氧化铝为阴离子交换剂,对氟有极大的选择性。

活性氧化铝使用前可用硫酸铝溶液活化,使转化成为硫酸盐型,反应如下:

$$(Al_2O_3)_n \cdot 2H_2O + SO_4^{2-} \rightarrow (Al_2O_3)_n \cdot H_2SO_4 + 2OH^-$$

除氟时的反应为:

$$(Al_2O_3)_n \cdot H_2SO_4 + 2F^- \rightarrow (Al_2O_3)_n \cdot 2HF + SO_4^{2-}$$

活性氧化铝失去除氟能力后,可用1% ~2% 浓度的硫酸铝溶液再生:

$$(Al_2O_3)_n \cdot 2HF + SO_4^{2-} \rightarrow (Al_2O_3)_n \cdot H_2SO_4 + 2F^-$$

活性氧化铝吸附法除氟设计应符合以下要求:

(1)原水浊度应低于5 NTU,含氟量应小于10 mg/L。

(2)活性氧化铝应有足够的机械强度,粒径宜采用0.4 ~1.5 mm。

(3)当原水pH值小于7.0时,宜按连续运行设计,滤速可为6 ~10 m/h。当原水pH值大于7.0时,宜采用硫酸或二氧化碳将原水的pH值调低到6.5 ~7.0,按连续运行设计;若不调原水的pH值应按间歇运行设计,滤速可为2 ~3 m/h,连续运行时间可为4 ~6 h,间断时间可为4 ~6 h。

(4)滤层厚度应根据进水含氟量和pH值、滤速、处理后的水质要求确定,当原水含氟量小于4 mg/L时,滤层厚度宜大于1.5 m;当原水含氟量在4 ~10 mg/L时,滤层厚度宜大于1.8 m;当采用硫酸调pH值,规模较小、滤速较低时,滤层厚度可为0.8 ~1.2 m。

(5)滤层表面到池顶的高度宜为1.5 ~2.0 m。

(6)采用滤头布水时,应在滤层下铺设粒径为2 ~4 mm、厚度为50 ~150 mm的石英砂承托层。

(7)滤池应设进水流量指示仪表,进、出水取样管和观察滤层的视镜。

(8)滤池出水含氟量超过1.1 mg/L时,滤料应进行再生处理,再生液可采用氢氧化钠或硫酸铝溶液。

①采用氢氧化钠溶液再生时,再生过程应包括首次反冲洗、再生、二次反冲洗(或淋洗)、中和四个阶段;采用硫酸铝溶液再生时,上述中和阶段可以省去。

②首次反冲洗,冲洗强度应根据粒径大小确定,可为12 ~16 L/(s·m²);冲洗时间可为10 ~15 min;滤层膨胀率可为30% ~50%。

③再生液宜自上而下通过滤层,采用氢氧化钠溶液再生时,再生液浓度可为0.75% ~1.00%,消耗量可按每去除1 g氟化物需要8 ~10 g固体氢氧化钠计算,再生时间可为1 ~2 h,再生液流速可为3 ~10 m/h;采用硫酸铝溶液再生时,再生液浓度可为2% ~3%,消耗量可按每去除1g氟化物需要60 ~80 g固体硫酸铝计算,再生时间可为2 ~3 h,再生液流速可为1.0 ~2.5 m/h。再生后滤池内的再生溶液应排空。

④二次反冲洗冲洗强度可为3 ~5 L/(s·m²),冲洗时间可为1 ~3 h;采用原水淋洗时,流量可为1/2正常过滤流量,淋洗时间可为0.5 h。采用硫酸铝再生时,二次反冲洗(或淋洗)终点出水pH值应大于6.5;采用氢氧化钠再生时,二次反冲洗(或淋洗)终点出水pH值应接近进水pH值。

⑤采用氢氧化钠再生时,二次反冲洗(或淋洗)后应进行中和,中和可采用浓度为1%的硫酸溶液调节进水pH值至3左右,进水流速与正常除氟过程相同,中和时间可为1~2 h,直至pH值升至8~9为止。

⑥首次反冲洗、二次反冲洗(或淋洗)、中和的出水应妥善排放,不得进入清水池或饮用。

3.8.2.2 混凝沉淀法除氟

混凝沉淀法除氟可用于原水氟化物含量不超过4 mg/L、处理水量小于30 m³/d的水厂。

(1)凝聚剂可采用三氯化铝、硫酸铝或聚合氯化铝,投加量(以Al^{3+}计)可为原水含氟量的10~15倍。

(2)原水温度宜为7~32 ℃;投加凝聚剂后水的pH值宜为6.5~7.5。

(3)沉淀宜采用静止沉淀方式,静止沉淀时间应大于8 h。

3.8.2.3 骨炭除氟

骨炭法是仅次于活性氧化铝法而在我国应用较多的除氟方法。骨炭具有多孔机构和吸附性能。骨炭的主要成分是羟基磷酸钙,其分子式是$Ca_{10}(PO_4)_6(OH)_2$,交换反应为:

$$Ca_{10}(PO_4)_6(OH)_2 + 2F \rightarrow Ca_{10}(PO_4)_6(OH)_2F_2 + 2OH^-$$

当水的含氟量高时反应向右进行,氟被骨炭吸收而去除。

吸收饱和后的骨炭可再生,一般用1%的氢氧化钠溶液浸泡,然后再用0.5%的硫酸溶液中和。再生时水中的OH^-浓度升高,反应向左进行,使滤层得到再生又成为羟基磷酸钙。

骨炭法除氟较活性氧化铝法的接触时间短,且价格比较便宜,但是骨炭机械强度较差,吸附性能衰减较快。

3.8.3 水的软化

硬度是水质的一个重要指标。硬度盐类包括Ca^{2+}、Mg^{2+}、Fe^{2+}、Mn^{2+}、Fe^{3+}、Al^{3+}等易形成难溶盐类的金属阳离子。在一般天然水中,主要是Ca^{2+}和Mg^{2+},所以通常把水中Ca^{2+}、Mg^{2+}的总含量称为水的总硬度H_t。硬度又可区分为碳酸盐硬度H_c(也叫暂时硬度)和非碳酸盐硬度H_n(也叫永久硬度)。

生活用水与生产用水均对硬度指标有一定的要求,硬度超过标准的水需进行软化。

目前,水的软化处理主要有下面几种方法:一是加入某些药剂,把水中钙、镁离子转变成难溶化合物使之沉淀析出,这一方法称为水的药剂软化法或沉淀软化法;二是利用某些离子交换剂所具有的阳离子(Na^+或H^+)与水中钙、镁离子进行交换反应,达到软化的目的,称为水的离子交换软化法。此外,还有基于电渗析原理,利用离子交换膜的选择透过性,在外加直流电场作用下,通过离子的迁移,在进行水的局部除盐的同时,达到软化的目的。在村镇供水处理中常采用药剂软化法。

水的药剂软化工艺过程,就是根据溶度积原理,按一定量投加某些药剂(如石灰、苏打等)在原水中,使之与水中钙、镁离子反应生成沉淀物$CaCO_3$和$Mg(OH)_2$。工艺所需设备与净化过程基本相同,也要经过混合、絮凝、沉淀、过滤等工序。

3.8.3.1 **石灰软化**

在水的药剂软化中，石灰是最常用的投加剂，由于价格低、来源广，很适用于原水的碳酸盐硬度较高、非碳酸盐硬度较低且不要求深度软化的场合。石灰用量不恰当，会使出水水质不稳定，给运行管理带来困难。石灰实际投加量应在生产实践中加以调试。

石灰 CaO 是由石灰石经过燃烧制取的，亦称生石灰。石灰加水反应称为消化过程，其生成物 $Ca(OH)_2$ 叫做熟石灰或消石灰。投加熟石灰时可配制成一定浓度的石灰乳液。

熟石灰虽然也能与水中非碳酸盐的镁硬度起反应生成氢氧化镁，但同时又产生了等物质的量的非碳酸盐的钙硬度。所以，单纯的石灰软化是不能降低水的非碳酸盐硬度的。不过，通过石灰处理，还可去除水中部分铁和硅的化合物。

为除去水中钙、镁离子，反而加入 $Ca(OH)_2$，似乎存在着矛盾。其实，投加石灰的实质是为了产生过剩的 CO_3^{2-}，使之与原水中的 Ca^{2+} 生成 $CaCO_3$ 沉淀析出。这样，每加入 1 mol的 $Ca(OH)_2$，可去除水中 1 mol 的 Ca^{2+}。石灰软化过程包括下面几个反应：

$$CO_2 + Ca(OH)_2 \rightarrow CaCO_3 + H_2O$$

$$Ca(HCO_3)_2 + Ca(OH)_2 \rightarrow 2CaCO_3 + 2H_2O$$

$$Mg(HCO_3)_2 + Ca(OH)_2 \rightarrow CaCO_3 + MgCO_3 + 2H_2O$$

$$MgCO_3 + Ca(OH)_2 \rightarrow CaCO_3 + Mg(OH)_2$$

可见，去除 162 kg $Ca(HCO_3)_2$，要消耗 74 kg $Ca(OH)_2$，而去除 146 kg $Mg(HCO_3)_2$ 则要消耗 74 kg $Ca(OH)_2$。

综上所述，石灰软化主要是去除水中的碳酸盐硬度以及降低水的碱度。但过量投加石灰反而会增加水的硬度。石灰软化往往与混凝同时进行，有利于混凝沉淀。

3.8.3.2 **石灰—苏打软化**

这一方法是在水中同时投加石灰和苏打(Na_2CO_3)。此时，石灰用以降低水的碳酸盐硬度，苏打用于降低水的非碳酸盐硬度。软化水的剩余硬度可降低到 0.15 ~ 0.2 mmol/L。该法适用于硬度大于碱度的水。

3.8.4 电渗析

含盐量小于 5 000 mg/L 的“苦咸水”淡化以及含氟量小于 12 mg/L 的地下水除氟可采用电渗析。

电渗析淡化“苦咸水”、除氟的主要工艺流程应为：

原水 → 预处理 → 电渗析器 → 消毒 → 清水池

进入电渗析器的原水应进行预处理，进入电渗析器的水质应符合表 3-11 的规定；铁、锰不超标的地下水可采用砂滤器和精密过滤器进行预处理。地下水有异味时宜在电渗析器后设活性炭吸附装置。

电渗析设计要求：

(1)进入电渗析器的水压不应大于 0.3 MPa。

(2)电渗析器的出水含盐量宜为 200 ~ 500 mg/L，含氟量宜为 0.5 mg/L。

(3)电渗析器的型号、流量、级、段和膜对数，应根据原水水质、出水水质要求和设计

表3-11　电渗析器的进水水质要求

项目	指标	备注
水温	5~40 ℃	
耗氧量(COD_{Mn})	<3 mg/L	
游离余氯	<0.2 mg/L	
铁	<0.3 mg/L	
锰	<0.1 mg/L	
细菌总数	<1 000 个/mL	
浊度	<3 NTU	隔板厚度为1.5~2.0 mm
	<0.3 NTU	隔板厚度为0.5~0.9 mm
污染指数(*SDI*)	<7	频繁倒极

规模选择。

(4)选择电渗析器主机时，离子交换膜、隔板、隔网及电极的材质应无毒；离子交换膜的选择透过率应大于90%，单张膜厚度公差应小于0.04 mm，爆破强度应大于0.3 MPa；隔板应耐酸碱，不受温度变化影响，厚度可采用0.5~2.0 mm；隔网厚度和孔眼分布应均匀；电极应具有良好的导电性能、机械强度、化学及电化学稳定性。

(5)电渗析器应有频繁倒极装置。倒极装置应能在切换电极极性的同时改变浓淡水水流方向，可采用自动或手动倒极；倒极周期应根据原水水质及工作电流密度确定，频繁倒极周期宜为10~30 min。

(6)电渗析器的淡水流量应按处理水量确定；浓水流量可略低于淡水流量，但不应低于2/3的淡水流量；极水流量可为淡水流量的1/3~1/4。

(7)电渗析器应采用可调的直流电源；变压器容量应为正常工作电流的2倍；控制台应满足整流、调压、倒极及电极指示等要求。

(8)电渗析器的工作电压和电流应根据原水含盐量、含氟量及相应的去除率，或通过极限电流试验确定。具体如下：

①隔板厚度为0.5~1.0 mm时，膜对电压可采用0.3~1.0 V/对；隔板厚度为1~2 mm时，膜对电压可采用0.6~2.0 V/对。

②原水含盐量在500~2 000 mg/L时，电流密度可采用1~5 mA/cm^2；原水含盐量在2 000~10 000 mg/L时，电流密度可采用5~20 mA/cm^2。

(9)当除盐率下降5%时，应停机进行酸洗；采用频繁倒极装置时，酸洗周期应根据原水硬度和含盐量确定，可为3~4周；酸洗液宜采用工业盐酸，浓度宜为1.0%~1.5%。

(10)水厂应配备氟离子测定仪或电导仪、浊度仪等检验仪器。

3.9　一体化水处理

一体化水处理是一种综合的水处理方法。一体化水处理设备也称净水器或综合处理设备,是将混凝、澄清、过滤三道净水工艺有机地组合在一个构筑物内,再配以加混凝剂、消毒设备和进、出水泵,即可成为一座小型净水厂,特别适宜村镇级水厂使用。

传统设计中水处理构筑物均为钢筋砼结构,而近些年来,针对城、乡、村镇、工矿企业、开发区、旅游区兴建中小型自来水厂的实际情况,一体化的净水设备应运而生,并得到了普遍应用。一体化净水设施与钢筋砼净水构筑物相比较而言,具有明显的优势:施工周期短,见效快,一般可提前半年以上投入运行;水头损失少,降低了运行电耗;药耗低,可节省20%~30%;占地面积少,节省土地40%以上;基建投资省;由于采用了钢结构和集成技术,节省投资,外形简单、美观、可靠;运行人员少,电耗、药耗低,年运行费相对较低;出水水质好,不仅可以达到国家标准,而且稳定可靠;地基处理简单可靠,因采用了钢结构不易因地基不均匀沉降而产生裂缝,拆装容易且损失少;只要防腐措施得当,其使用年限不短于钢筋砼结构。因此,在村镇供水工程中可考虑采用一体化净水设备。

一体化水处理设备型式、种类较多,在选择时应主要考虑以下几点:

(1)适用范围广,出水水质好。在不同原水条件下,能保证水质各项指标达到国家规定的生活饮用水标准。

(2)工作稳定可靠,不会出现水质、水量经常变化的现象。

(3)操作简单,管理方便,运行可靠,投药量少,体积小,价格低。

净水器的选择,应根据原水水质、预沉条件、设计规模,通过产品性能调研比较后确定;应选用有鉴定证书的合格产品。

浊度长期不超过500 NTU、瞬时不超过1 000 NTU的水净化,可选择将絮凝、沉淀、过滤工艺组合的一体化净水器。浊度长期不超过20 NTU、瞬时不超过60 NTU的水净化,可选择接触过滤工艺的净水器。

一体化水处理设备近年来开发研究较多,由多个厂家可以提供多种型号的设备。如ZJS系列组合式净水器,有10 t/h、20 t/h、30 t/h、50 t/h等系列产品。该产品是上海市政工程设计院与上海市自来水公司联合设计的大型原水处理设备。因投资省,收效快,产品广为村镇水厂所采用。ZJS-20型组合式净水器装置由进水定量箱、机械搅拌反应池、斜管沉淀池、快滤池、虹吸出水管组成。原水由水泵吸入,同时吸入混凝剂和消毒剂,经水泵混合,流经进水定量箱直入机械搅拌反应池,然后经斜管沉淀池把澄清水和活性泥渣分离,澄清水经快滤池过滤即可得到清水。该机净水流量20 m^3/h,进水原水总固体浓度小于500 mg/L,反应时间16 min,搅拌转速18 r/min,斜管内上升流速4 mm/s,倾角60°,颗粒沉降速度0.3 mm/s,滤速2.8 mm/s,清水上升流速2 mm/s,沉淀停留时间15 min,冲洗强度14 L/(m^2·s),冲洗时间2 min,冲洗压力0.3 MPa,进水工作压力大于0.1 MPa,冲洗周期8~16 h。

第4章　供水输配水系统设计

经过水厂处理以后的成品水需要经过水泵、输配水管网、水塔或水池等调节构筑物输送到用户。输配水工程的投资往往在整个给水工程中占有较大的比重，直接影响工程的总造价。本章主要介绍了输配水系统中的泵站、调节构筑物、管网的设计。

4.1　泵站设计

4.1.1　水泵及其性能

水泵是一种把机械能转换为水流本身动能和势能的升水机械。泵站则是安装水泵及其有关动力设备的场所。水泵与泵站都是村镇给水工程中的重要组成部分。正确地选择水泵，合理地进行泵站工艺设计，对降低制水成本，提高经济效益以及对日常的运行管理都有着重要的意义。

在村镇中、小型给水工程中，离心泵应用最为广泛。

水泵的主要性能通常由以下六个性能参数表示出来：

(1)流量。流量指水泵在单位时间内所输送水的体积。用符号 Q 表示，单位 L/s。

(2)扬程。扬程指单位重量水体通过水泵后所获得的机械能。用符号 H 表示，单位 mH_2O。一般将水泵轴线以下到吸水井(池)水面高度称为吸水扬程；水泵轴线以上到出水口水面的高度称为压水扬程。吸水扬程与压水扬程之和称为水泵的净扬程。水泵的净扬程与吸、压管道的沿程水头损失和各项局部水头损失之和称为水泵的总扬程，简称为水泵扬程。用公式表示为：

$$H = H_0 + \sum h \tag{4-1}$$

式中　H——水泵总扬程，m；

H_0——水泵净扬程，m；

$\sum h$——水泵吸、压水管道的水头损失之和，m。

(3)功率。水泵的功率包括有效功率、轴功率、配套功率。

单位时间内流过水泵的液体从水泵得到的能量叫有效功率。用符号 N_e 表示，单位 kW。水泵的有效功率为：

$$N_e = \gamma QH \tag{4-2}$$

式中　γ——水的容重，N/m^3，常温下 $\gamma = 9\ 800\ N/m^3$；

Q——水泵出水量，m^3/s；

H——水泵扬程，m。

电动机输送给水泵的功率称为轴功率。用符号 N 表示，单位 kW。水泵的轴功率包括水泵的有效功率和为了克服水泵中各种损耗的损失功率。这些功率损耗主要是机械磨损、漏泄损失、水力损失等。

与水泵配套的电动机功率称为配套功率，用符号 N_m 表示。配套功率要比轴功率大。这是由于一方面要克服传动中损失的功率；另一方面要保证机组安全运行，防止电动机过载，适当留有余地的缘故。

$$N_m = KN \tag{4-3}$$

式中　K——备用系数，一般取 1.15～1.50。

(4)效率。有效功率与轴功率的比值称为水泵的效率，用符号 η 表示，单位%。

$$\eta = N_e / N \tag{4-4}$$

(5)转速。水泵叶轮的转动速度称为转速。通常以每分钟叶轮旋转的次数来表示，符号 n，单位 r/min。在选用电动机时，应注意电动机的转速和水泵的转速相一致。

(6)允许吸上真空高度。水泵的允许吸上真空高度是指水泵在标准状态下，当水温 20 ℃，水表面大气压力为 1 标准大气压时，水泵进口允许达到的最大真空值。用符号 H_s 表示，单位 mH_2O。

如果当地大气压不是 1 标准大气压，或水温不是 20 ℃，就必须修正允许吸上真空高度，修正式为：

$$H_s' = H_s - (10 - H_A) - (h_v - 0.24) \tag{4-5}$$

式中　H_s'——修正后的允许吸上真空高度，m；

H_s——水泵样本提供的允许吸上真空高度，m；

H_A——水泵安装地点的实际大气压，mH_2O，它随海拔高度不同而变化；

h_v——实际工作水温时的汽化压力，mH_2O。

在运转中，水泵进口处的真空表读数就是水泵进口处实际真空值。它应小于允许吸上真空高度，否则就会产生气蚀现象。

为防止气蚀现象的产生，水泵有一个最大允许安装高度。水泵的安装高度为水泵轴线至水源最低设计水面的垂直距离，水泵的最大安装高度为：

$$H_g = H_s' - \frac{v^2}{2g} - h_s \tag{4-6}$$

式中　H_g——水泵的最大安装高度，m；

H_s'——修正后的允许吸上真空高度，m；

v——水泵进口处流速，m/s；

h_s——吸水管中各项水头损失之和，m。

4.1.2　水泵的选择

4.1.2.1　水泵选择的基本原则

水泵机组的选择应根据泵站的功能、流量变化，进水含沙量、水位变化，以及出水管路的流量(Q)～扬程(H)特性曲线等确定，即满足供水对象所需的最大流量和最高水压要求，并让所选的泵处于高效区工作。水泵样本上给出了各类水泵的参数范围，选泵时应参阅这些参数的特性曲线和性能表进行。

水泵的特性曲线是从水泵厂出厂产品中抽样试验得来的。它是表示在额定转速情况下,流量与扬程($Q \sim H$),流量与轴功率($Q \sim N$),流量与效率($Q \sim \eta$)之间相互关系的曲线。从曲线上能比较方便地看出水泵流量变化与其他性能参数发生变化的关系,并可以了解水泵最佳的工作区域,最高效率时水泵的流量、扬程,以便合理地选泵、用泵。选择水泵时,应使水泵的设计流量和扬程都落在高效区范围内。

水泵性能和水泵组合,应满足泵站在所有正常运行工况下对流量和扬程的要求,平均扬程时水泵机组在高效区运行,最高和最低扬程时水泵机组能安全、稳定运行。

多种泵型可供选择时,应进行技术经济比较,尽可能选择效率高、高效区范围宽、机组尺寸小、日常管理和维护方便的水泵。

近、远期设计流量相差较大时,应按近、远期流量分别选泵,且便于更换;泵房设计应满足远期机组布置要求。

同一泵房内并联运行的水泵,设计扬程应接近。

设计流量大于1 000 m^3/d供水工程的取水泵站和供水泵站,应采用多泵工作。工作时流量变化较小的泵站,宜采用相同型号的水泵;工作时流量变化较大的泵站,宜采用大、小泵搭配,但型号不宜超过3种,且应设备用泵,备用泵型号至少有一台与工作泵中的大泵一致。

设计流量小于1 000 m^3/d供水工程的取水泵站和供水泵站,有条件时宜设1台备用泵。电动机选型应与水泵性能相匹配;采用多种型号的电动机时,其电压应一致。

4.1.2.2　水泵设计流量的计算

(1)向水厂内的净水构筑物(或净水器)抽送原水的取水泵站,其设计流量应为最高日工作时平均取水量,可按式(4-7)计算:

$$Q_1 = W_1/T_1 \tag{4-7}$$

式中　Q_1——泵站设计流量,m^3/h;

W_1——最高日取水量,应为最高日用水量加5%~10%的水厂自用水量,m^3;

T_1——日工作时间,与净水构筑物(或净水器)的设计净水时间相同,h。

设计扬程应满足净水构筑物的最高设计水位(或净水器的水压)要求。

(2)向调节构筑物抽送清水的泵站,其设计流量应为最高日工作时用水量,可按式(4-8)计算:

$$Q_2 = W_2/T_2 \tag{4-8}$$

式中　Q_2——泵站设计流量,m^3/h;

W_2——最高日用水量,m^3;

T_2——日工作时间,应根据净水构筑物(或净水器)的设计净水时间、清水池的设计调节能力、高位水池(或水塔)的设计调节能力确定,h。

设计扬程应满足调节构筑物的最高设计水位要求。

(3)直接向无调节构筑物的配水管网供水的泵站:①设计扬程应满足配水管网中最不利用户接管点和消火栓设置处的最小服务水头要求;②设计流量应为最高日最高时用水量,可按式(4-9)计算:

$$Q_3 = K_h W_2/24 \tag{4-9}$$

式中　Q_3——泵站设计流量,m^3/h;

W_2——最高日用水量,m^3;

K_h——时变化系数。

4.1.3　村镇给水泵站

给水泵站是给水系统正常运转的枢纽。按泵站在给水系统中的作用不同,可以分为一级泵站(取水泵站)、二级泵站(清水泵站或送水泵站)和加压泵站(中途泵站)。

泵站位置应根据供水系统布局,以及地形、地质、防洪、电力、交通、施工和管理等条件综合确定。

4.1.3.1　水泵机组的布置

一台水泵和它的配套电动机安装在一起称为水泵机组。泵站内机组布置应保证工作可靠,运行安全,装卸、维修和管理方便,管道总长度最短,接头配件最少,并考虑泵站有扩建的余地。

泵房常用的平面形状有圆形和方形的。泵房设计应便于机组和配电装置的布置、运行操作、搬运、安装、维修和更换以及进、出水管的布置,并满足以下要求:

(1)泵房内的主要人行通道宽度,应不小于1.2 m;相邻机组之间、机组与墙壁间的净距,应不小于0.8 m,并满足泵轴和电动机转子在检修时能拆卸;高压配电盘前的通道宽度,应不小于2.0 m;低压配电盘前的通道宽度,应不小于1.5 m。

(2)供水泵房内,应设排水沟、集水井,必要时还应设排水泵,水泵等设备的散水不应回流至进水池(或井)内。

(3)泵房至少应设一个可以通过最大设备的门。

(4)长轴井泵和多级潜水电泵泵房,宜在井口上方屋顶处设吊装孔。

(5)起重设备,应满足最重设备的吊装要求。

(6)泵房设计应根据具体情况采取相应的采光、通风和防噪声措施。

(7)寒冷地区的泵房,应有保温与采暖措施。

(8)泵房地面层,应高出室外地坪300 mm。

(9)泵房高度,应满足最大物体的吊装要求。

村镇给水泵房的机组布置形式主要是单排布置。这种布置泵房跨度小,机组布置紧凑,管路简单。

4.1.3.2　水泵的安装高度

在进水池最低运行水位时,卧式离心泵的安装高程应满足其允许吸上真空高度的要求;在含泥沙的水源中取水时,应对水泵的允许吸上真空高度进行修正。卧式离心泵的安装高程,除满足水泵允许吸上真空高度要求外,还应综合考虑水泵充水系统的设置和泵房外进、出水管路的布置。

潜水泵顶面在最低设计水位下的淹没深度,管井中应不小于3 m,大口井、辐射井中不小于1 m,进水池中不小于0.5 m;潜水泵底面距水底的距离,应根据水底的沉淀(或淤积)情况确定。

4.1.3.3　**充水方式**

卧式离心泵宜采用自灌式充水；进水池最低运行水位低于卧式离心泵叶轮顶时，泵房内应设充水系统，并按单泵充水时间不超过5 min设计。

4.1.3.4　**进、出水管**

水泵进、出水管设计应符合以下要求：

(1)进水管的流速宜为1.0～1.2 m/s；水泵出水管并联前的流速宜为1.5～2.0 m/s。

(2)进水管不宜过长，水平段应有向水泵方向上升的坡度；进水池最高设计水位高于水泵进口最低点时，应在进水管上设检修阀。

(3)水泵出水管路上应设渐放管、伸缩节、压力表、工作闸阀(或蝶阀)、防止水倒流的单向阀和检修闸阀。

4.1.3.5　**水锤防护措施**

向高地输水的泵站应根据具体情况采取以下水锤防护措施：

(1)应在泵站内的出水管上设两阶段关闭的液控蝶阀、多功能水泵控制阀、缓闭止回阀或其他水锤消除装置。

(2)应在泵站外出水管的凸起点设自动进(排)气阀；出水管中长距离无凸起点的管段，应每隔一定距离设自动进(排)气阀。

(3)通过技术经济比较，可适当降低管道设计流速。

4.1.3.6　**进水管喇叭口**

离心泵进水管喇叭口的设计应符合以下要求：

(1)喇叭口的直径D，宜等于或大于1.25倍进水管直径。

(2)喇叭口中心点距水底的距离(即喇叭口的悬空高度)：①喇叭管垂直布置时，可为$(0.6 \sim 0.8)D$；②喇叭管倾斜布置时，可为$(0.8 \sim 1.0)D$；③喇叭管水平布置时，可为$(1.0 \sim 1.25)D$。

(3)喇叭口中心点距最低运行水位的距离(即喇叭口的最小淹没深度)：①喇叭管垂直布置时，应不小于$(1.0 \sim 1.25)D$；②喇叭管倾斜布置时，应不小于$(1.5 \sim 1.8)D$；③喇叭管水平布置时，应不小于$(1.8 \sim 2.0)D$。

(4)喇叭管中心线，与后墙的距离可为$(0.8 \sim 1.0)D$，与侧墙的距离可为$1.5D$，并满足安装要求；喇叭口之间的净距应不小于$1.5D$。

4.1.3.7　**电气**

泵站电气设计应根据所选机电设备的电压和总功率以及当地的电力条件确定，并符合以下要求：

(1)Ⅴ型供水工程，可与当地供电变压器共用，但应核算变压器容量及其到泵站的线损。

(2)Ⅰ～Ⅳ型供水工程，宜采用专用直配输电线路供电，并设专用变压器；Ⅰ、Ⅱ型供水工程，宜设备用电源。

(3)计费计量点的功率因数不应低于0.85，低于0.85时应进行无功功率补偿。

(4)机组启动时，母线电压降不宜超过额定电压的15%。

(5)控制系统应具有过载、短路、过压、缺相、欠压等保护功能，有条件时，控制系统还应具有水位、水压、流量、报警、启动和停机等自动控制功能。

4.2　供水调节构筑物设计

4.2.1　调节构筑物的作用

调节构筑物包括各种类型的贮水构筑物,例如高地水池、水塔、清水池等,用以贮存和调节水量。高地水池和水塔兼有保证水压的作用。

调节构筑物的型式和位置,应根据以下要求,通过技术经济比较确定:

(1)清水池应设在滤池(或净水器)的下游或多水源井的汇流处。

(2)有适宜高地的水厂,应选择高位水池。

(3)地势平坦的小型水厂,可选择水塔。

(4)联片集中供水工程需分压供水时,可分设调节构筑物,并与加压泵站前池或减压池相结合。

(5)调节构筑物应位于工程地质条件良好、环境卫生和便于管理的地段。

4.2.2　有效容积的计算

给水系统中水塔和清水池的作用之一在于调节泵站供水量和用水量之间的流量差值。清水池的调节容积,由一、二级泵站供水量曲线确定;水塔容积由二级泵站供水线和用水量曲线确定。清水池中除了贮存调节用水,还存放消防用水和水厂生产用水,水塔中需贮存消防用水。因此,调节构筑物的有效容积,应根据以下要求,通过技术经济比较确定:

(1)有可靠电源和可靠供水系统的工程,单独设立的清水池和高地水池可按最高日用水量的20% ~40%设计;同时设置清水池和高地水池时,清水池可按最高日用水量的10% ~20%设计,高地水池可按最高日用水量的20% ~30%设计;水塔可按最高日用水量的10% ~20%设计;向净水设施提供冲洗用水的调节构筑物,其有效容积还应增加水厂自用水量。取值时,规模较大的工程宜取低值,小规模工程宜取高值。

供电保证率低或输水管道和设备等维修时不能满足基本生活用水需要的小型工程,调节构筑物的有效容积可按最高日用水量的40% ~60%设计。取值时,企业用水比例高的工程应取低值,经常停电地区宜取高值。

(2)在调节构筑物中加消毒剂时,其有效容积应满足消毒剂与水的接触时间要求。

(3)供生活饮用水的调节构筑物容积,不应考虑灌溉用水。

(4)高地水池和水塔的最低运行水位,应满足最不利用户接管点和消火栓设置处的最小服务水头要求;清水池的最高运行水位,应满足净水构筑物或净水器的竖向高程布置。

4.2.3　水塔高度的计算

给水系统应保证一定的水压,使能供给足够的生活用水或生产用水。泵站、水塔或高地水池是给水系统中保证水压的构筑物,因此需了解水泵扬程和水塔(或高地水池)高度的确定方法,以满足设计的水压要求。

水塔水柜底高于地面的高度 H 可按下式计算:

$$H = H_c - h_n - (Z_t - Z_c) \tag{4-10}$$

式中　H_c——控制点 c 要求的最小服务水头,m;

h_n——按最高时用水量计算的从水塔到控制点的管网水头损失,m;

Z_t——设置水塔处的地面标高,m;

Z_c——控制点的地面标高,m。

从式(4-10)看出,建造水塔处的地面标高 Z_t 越高,则水塔高度越低,这就是水塔建在高地的原因。

4.2.4　清水池和水塔的其他要求

清水池、高地水池的个数或分格数应不少于2个,并能单独工作和分别泄空。清水池、高地水池应有保证水的流动,避免死角的措施,容积大于50 m^3 时应设导流墙。应有水位指示装置,有条件时,宜采用水位自动指示和自动控制装置。清水池和高地水池应加盖,周围及顶部应覆土。在寒冷地区,应有防冻措施,水塔应有避雷设施。清水池和高地水池的结构设计应符合《给水排水工程构筑物结构设计规范》(GB50069—2002)的规定;水塔的结构设计应符合《给水排水工程水塔结构设计规程》(CECS139—2002)的规定。

调节构筑物进水管、溢流管、出水管、排空管、通气孔、检修孔的设置,应符合以下要求:

(1)进水管的内径应根据最高日工作时用水量确定;进水管管口宜设在平均水位以下。

(2)出水管的内径应根据最高日最高时用水量确定;出水管管口位置应满足最小淹没深度和悬空高度要求。

(3)溢流管的内径应等于或略大于进水管的内径;溢流管管口应与最高设计水位持平。

(4)排空管的内径应按2 h排空计算确定,且不小于100 mm。

(5)进水管、出水管、排空管均应设阀门,溢流管不应设阀门。

(6)通气孔应设在水池顶部,直径不宜小于150 mm,出口宜高出覆土0.7 m。

(7)检修孔直径不宜小于700 mm。

(8)通气孔、溢流管和检修孔应有防止杂物和动物进入池内的措施;溢流管、排空管应有合理的排水出路。

4.3　管网水力计算

4.3.1　给水管网的布置

给水管网是给水系统的主要组成部分,由输水管渠和配水管网组成。输水管渠是指从水源到水厂或者从水厂到相距较远管网的管线或渠道。配水管网的作用是将水从水源或水厂输送到用户,并能够在水量和水压方面满足用户要求。

4.3.1.1　给水管网的布置形式

给水管网的布置应满足以下要求:按照村镇规划平面图布置管网,布置时应考虑给水系统分期建设的可能,并留有充分的发展余地;管网布置必须保证供水安全可靠,当局部管网发生事故时,断水范围应减到最小;管线遍布在整个给水区内,保证用户有足够的水量和水压。

尽管给水管网有各种各样的要求和布置,但不外乎两种基本形式:树状网和环状网。

树状网中任一段管线损坏时,在该管段以后的所有管线就会断水,供水的可靠性较差,水质容易变坏,有出现浑水和红水的可能。但树状网管线较短,管径随供水方向逐渐减小,结构简单,投资较省,是村镇广泛采用的给水管网形式。

环状网中,管线连接成环状,这类管网当任一段管线损坏时,可以关闭附近的阀门使之和其余管线隔开,然后进行检修,水还可从另外管线供应用户,断水的地区可以缩小,从而供水可靠性增加。环状网还可以大大减轻因水锤作用产生的危害。但是环状网的造价明显地比树状网高。一般较大的镇和供水安全可靠性要求高的地区采用。

在实际工作中,常将树状管网和环状管网结合起来进行布置。根据具体情况,在集镇主要供水区采用环状管网或双管供水,边远地区采用树状管网。或者近期采用树状管网,将来再逐步发展成为环状管网,这样比较经济合理。

4.3.1.2　输水管渠和配水管网的布置

管网的输水管渠是指从水源到水厂或水厂到配水区域的主管道,一般沿线不接用户,主要起输送水的作用。

输水线路的选择,应根据以下要求确定:整个供水系统布局合理;尽量缩短线路长度;尽量满足管道地埋要求,避免急转弯、较大的起伏、穿越不良地质地段,减少穿越铁路、公路、河流等障碍物;充分利用地形条件,优先采用重力流输水;运行和维护方便;考虑近、远期结合和分步实施的可能。

输水管道布置时一般按单管布置,长距离输水单管布置时,可适当增大调节构筑物的容积。规模较大的工程,长距离输水宜按双管布置。双管布置时,应设连通管和检修阀,干管任何一段发生事故时仍能通过75%的设计流量。在管道凸起点,应设自动进(排)气阀;长距离无凸起点的管段,每隔一定距离也应设自动进(排)气阀。在管道低洼处,应设排空阀。向多个村镇输水时,分水点下游侧的干管和分水支管上均应设检修阀;个别村(或镇)地势较高或较远,需分压供水时,应在适当位置设加压泵站。重力流输水管道,地形高差超过60 m并有富余水头时,应在适当位置设减压设施。地埋管道在水平转弯、穿越铁路(或公路、河流)等障碍物处应设标志。

配水管网是指从输水管接出,分配到各用水区域及各用水点的管道。其中,担负沿线供水区域输水作用且直径较大的配水管称为干管,配水给各用户的小口径管道称为支管。

配水管网选线和布置,应符合以下要求:管网应合理分布于整个用水区,线路尽量短,并符合村镇有关建设规划;规模较小的村镇,可布置成树状管网;管线宜沿现有道路或规划道路路边布置;管道布置应避免穿越毒物、厕所、化粪池和腐蚀性地段,无法避开时应采取防护措施;干管布置应以较短的距离引向用水大户;在管道凸起点,应设自动进(排)气阀;树状管网的末梢,应设泄水阀;干管上应分段或分区设检修阀,各级支管上均应在适宜位置设检修阀;地形高差较大时,应根据供水水压要求和分压供水的需要在适宜的位置设加压泵站或减压设施;应根据村镇具体情况设置消火栓,消火栓应设在取水方便的醒目处。

村镇生活饮用水管网的地埋管道,应优先考虑选用符合卫生要求的给水塑料管,通过技术经济比较确定。

4.3.2　管网的水压关系

为了保证一座建筑物的最高用水点有足够的水量和压力,要求管网在该建筑物的进户管处具有一定的自由水头,也称最小服务水头。自由水头是指配水管中的压力高出地面的水头。这个水头必须能克服管道和用水器具的水流阻力,保证在一定安装高度上的用水器具有适当的放水压力。在生活饮用水管网中,对一般性居住建筑可采用经验数值对最小服务水头进行估算:一层建筑物为10 m,二层为12 m,三层及三层以上每增加一层加4 m。

计算管网所需的水压时,应先选择一个距水厂或水塔最远或最高的用水点作为管网的控制点,这个控制点也称为最不利点。只要控制点的自由水头能满足用水要求,则管网中所有用水点的自由水头均能满足要求。

在村镇给水系统中,为了保证用户对水量和水压的要求,常常设置水塔调节二级泵站供水与用户需水量的关系。水塔在管网中的位置不同,管网的工作情况也有所不同。

水塔位置设置在配水管网前的称为网前水塔。网前水塔的管网工作情况是,二级泵站供水到水塔,再由水塔经管网将水送到用户。水塔高度应满足用户在最大用水量时,能保证管网内控制点所要求的自由水头值。二级泵站的扬程应按最高日最高时供水时能将水供到水塔内计。

当村镇地形离二级泵站越远越升高时,水塔应放在管网末端,形成网后水塔的管网系统,在最高用水量时,泵站和水塔同时向管网供水,两者有各自的供水区。在供水区分界线上的一点地形较高,而水压最低,可将其作为管网的控制点。此时管网被分界线分成了无水塔管网和网前水塔管网两部分。当二级泵站供水量大于用户用水量时,多余的水则通过整个管网流入水塔贮存。流入水塔的这部分多余流量称为转输流量。最大1 h流入水塔的流量称为最大转输流量。在最大转输流量时,管网的控制点就是水塔。

4.3.3　管网的水力计算

当给水管网布置方案确定以后,就可以进行管网的水力计算。水力计算的任务是在最高日最高时用水量的条件下,确定各管段的设计流量和管径,并进行水头损失计算,根据控制点所需的自由水头和管网的水头损失确定二级泵站的扬程和水塔高度,以满足用户对水量和水压的要求。

要确定管段的设计流量,必须先求出管段的沿线流量和节点流量。

4.3.3.1　沿线流量、节点流量和管段设计流量的计算

村镇规模较小,给水管网比较简单时,各段管线内的流量比较明确,因而可以根据流

量直接确定各管线的管径。有些村镇在给水管网的干管或配水管上，承接了许多用户，沿途配水的情况比较复杂。通常配水可以分为两种情况：一种是企业、机关、学校、公共建筑等大用户的用水从管网中某一点集中供给，称为集中流量；一种是用水量比较小，数量多而分散的居民用水，称为沿线流量。

通常在计算时采用比流量法对沿线流量进行简化。所谓比流量法就是假定居住区的沿线流量是均匀地分布在整个管段上，则单位长度管段上的配水流量称为比流量。比流量可按下式计算：

$$q_s = \frac{Q - \sum q}{\sum L} \tag{4-11}$$

式中　q_s——比流量，L/(s · m)；

Q——管网总用水量，L/s；

$\sum q$——大用户集中用水量总和，L/s；

$\sum L$——干管总长度，m，不配水的管段不计，只有一侧配水的管段折半计。

有了比流量，就可以求出各管段的沿线流量 q_l，公式如下：

$$q_l = q_s L \tag{4-12}$$

式中　q_l——沿线流量，L/s；

L——该管段的计算长度，m。

从式(4-12)可以看出，管段中的沿线流量是沿着水流方向逐渐减小的，管段中的沿线流量还是变化着的。因此，管段中的沿线流量求出后，不易确定管段的管径和计算水头损失。为了便于计算，须进行简化。将管段的沿线流量转化成从节点集中流出的流量，这样沿管线就不再有流量流出，即管段中的流量不再沿线变化。这种简化后得到的集中流量称为节点流量。

沿线流量化成节点流量的原理是求出一个沿线不变的折算流量，使它产生的水头损失等于实际上沿管线变化的流量产生的水头损失。工程上采用折算系数为 0.5，因此在管网中，任一节点的节点流量等于该节点相连各管段沿线流量总和的一半，即：

$$q_i = 0.5 \sum q_l \tag{4-13}$$

求得各节点流量后，管网计算图上便只有集中于节点的流量(加在附近的节点上)。

管网中任一管段中的流量包括沿线不断配送而减少的沿线流量 q_l 和通过该管段转输到以后管段的转输流量 q_t，因而管段的设计流量 Q_l 为：

$$Q_l = q_t + 0.5 \sum q_l \tag{4-14}$$

式中　q_t——管段转输流量，L/s。

转输流量在管段中是不变的，是通过该管段输送到下一管段的流量。

对于树状网来说，由于水流的方向是确定并唯一的，该管段的转输流量易于计算。因此，树状网的任一管段的计算流量等于该管段以后(顺水流方向)所有节点流量的总和。

对于环状网来说，由于任一节点的水流情况较为复杂，各管段的流量与以后各节点流量没有直接的联系，并且在一个节点上连接几条管段，因此任一节点的流量包括该节点流量和流向以及流离该节点的几条管段流量。所以，环状网流量分配时，不可能像树状网一样，对每一管段得到唯一的流量值。

环状网流量分配的步骤如下：

(1)按照管网的主要供水方向，并选定整个管网的控制点，初步拟定各管段的水流方向。

(2)从二级泵站到控制点之间选定几条主要的平行干管线，这些平行干管中尽可能均匀地分配流量，并且符合水流连续性的条件。这样，当其中一条干管损坏，流量由其他干管转输时，不会使这些干管中的流量增加过多。

(3)与干管线垂直设置连接管，沟通平行干管之间的流量。连接管有时起一些输水作用，有时只是就近供水到用户，平时流量一般不大，只有在干管损坏时才转输较大的流量，因此连接管中可分配较少的流量。

但是村镇供水较少采用环状网，不再详细介绍。

4.3.3.2　管径的确定

通过上面的管段流量分配以后，各管段的流量就可以作为已知条件，根据管段流量和流速就可以确定管径了。

$$d = \sqrt{\frac{4q}{\pi v}} \tag{4-15}$$

式中　d——管径，m；

q——流量，m^3/s；

v——流速，m/s。

从式(4-15)可以看出，管径的大小和流速、流量都有关系，要确定管径除知道流量外，还必须知道流速，确定流速的方法有几种，见表4-1。

表4-1　流速的确定方法

条件	流速值
最高和最低允许流速	为防止发生水锤现象，最大流速不超过2.5~3.0 m/s；当输送浑水时为避免管内淤积，最小流速为0.6 m/s
经济流速	经济流速是指在一定年限内(投资偿还期)管网造价和管理费用之和为最小的流速。由于各村镇的电费、管网造价等经济因素不同，其经济流速也有差异，一般大管径的经济流速大于小管径的经济流速
界限流速	受标准管径规格限制，每一种标准管径不止对应一个最经济的流速，而是对应一个经济流速界限，在界限流速范围内这一管径都是经济的
平均经济流速	中、小管径 d=100~400 mm时为0.6~1.0 m/s，大管径为0.9~1.4 m/s

也可以直接由界限流速确定的界限流量来确定管径，各管径的界限流量见表4-2，经济因素f不为1时，须将流量折算后再查界限流量表，修正公式为：

$$q_0 = \sqrt[3]{f}q_{ij} \tag{4-16}$$

式中　q_0——折算流量，L/s；

表 4-2　界限流量

管径(mm)	界限流量(L/s)	管径(mm)	界限流量(L/s)
100	<9	500	145 ~ 237
150	9 ~ 15	600	237 ~ 355
200	15 ~ 28.5	700	355 ~ 490
250	28.5 ~ 45	800	490 ~ 685
300	45 ~ 78	900	685 ~ 822
400	78 ~ 145	1 000	822 ~ 1 120

f——经济因素；

q_{ij}——管段流量，L/s。

4.3.3.3　水头损失的计算

在给水管网的计算中，一般只考虑管线沿程的水头损失，如果有必要，可将沿程水头损失乘以 1.05 ~ 1.10 作为管网附件的局部水头损失。

水头损失的计算：

$$h = \frac{kq^n l}{d^m} = alq^n = sq^n$$

$$h = il \tag{4-17}$$

式中　k——系数；

q——管段流量，L/s；

l——管段长度，m；

d——管径，m；

n、m——指数；

s——摩阻系数，$s = al$；

i——单位管长水头损失，可查水力计算表。

【例题 4-1】　某镇有居民 6 万人，最高日用水量定额为 120 L/(人·d)，自来水普及率为 83%，时变化系数 $K_h = 1.6$，要求最小服务水头为 16 m。某较大用水量的工厂和一公共建筑，集中流量分别为 25 L/s 和 17.4 L/s，地形平坦，各节点标高可由当地的地形图查出，管网布置情况见图 4-1。节点 9 地面标高为 6.00 m，水塔处地面标高为 7.4 m，其他节点的标高见表 4-4。

解：(1)最高日最高时设计用水量：

$$Q = \frac{60\ 000 \times 0.12 \times 0.83 \times 1.6}{24 \times 3.6} + 25 + 17.4 = 153.07(\mathrm{L/s})$$

(2)比流量。去除管段两侧无用户的管段 3 ~ 4 和管段 7 ~ 8，计算管段长度为 2 620 m，则

$$q_s = \frac{153.07 - 25.0 - 17.4}{2\ 620} = 0.042\ 24(\mathrm{L/(s \cdot m)})$$

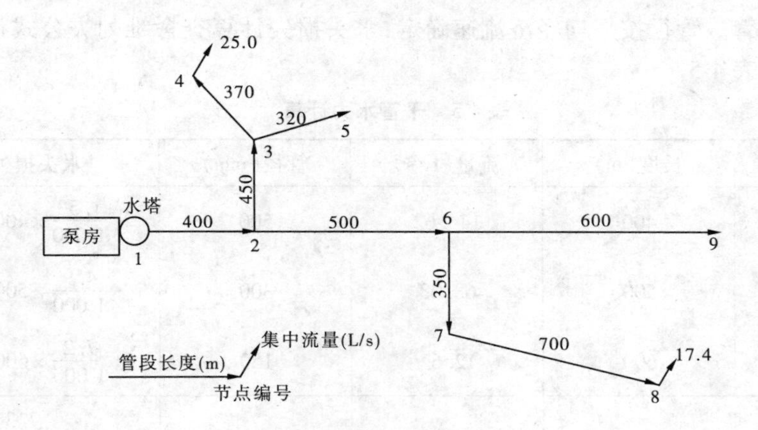

图4-1　管网布置情况

(3)沿线流量。具体计算见表4-3。

表4-3　沿线流量计算

管段	长度(m)	沿线流量(L/s)
1～2	400	16.90
2～3	450	19.01
2～6	500	21.12
3～5	320	13.52
6～7	350	14.78
6～9	600	25.34
合计	2 620	110.67

(4)节点流量。具体计算见表4-4。

表4-4　节点流量计算　(单位:L/s)

节点	地面标高(m)	节点流量	集中流量	节点总流量
1	7.4	0.5×16.9=8.45		8.45
2		0.5×(16.9+19.01+21.12)=28.51		28.51
3		0.5×(19.01+13.52)=16.27		16.27
4	6.0		25.00	25
5	6.1	0.5×13.52=6.76		6.76
6		0.5×(21.12+14.78+25.34)=30.62		30.62
7		0.5×14.78=7.39		7.39
8	7.7		17.40	17.40
9	6.0	0.5×25.34=12.67		12.67
合计		110.67	42.40	153.07

(5)干管线计算。根据地形和用水量情况,控制点选为节点8,干线定为1～2～6～9,

采用球墨铸铁管。管径按平均经济流速确定，水头损失计算查舍维列夫公式计算表。干管水力计算见表4-5。

表4-5　干管水力计算

管段	长度(m)	流量(L/s)	管径(mm)	水头损失(m)
1～2	400	144.62	500	$\frac{1.53}{1\,000}\times400=0.61$
2～6	500	68.08	300	$\frac{4.9}{1\,000}\times500=2.45$
6～9	600	12.67	150	$\frac{7.2}{1\,000}\times600=4.32$
合计				7.38

(6)各节点水压计算。由控制点9地面标高为6 m，要求最小服务水头为20 m，计算干管上各节点的水压。

节点9水压：　$6+20=26(m)$

节点6水压：　$26+4.32=30.32(m)$

节点2水压：　$30.32+2.45=32.77(m)$

节点1(水塔)水压：　$32.77+0.61=33.38(m)$

水塔高度：　$33.38-7.4=26(m)$

(7)支管水力计算。选择支管管径时，应注意支线各管段水头损失之和不得大于允许的水头损失，也即满足支线上各个节点的最小服务水头要求，同时还应注意市售铸铁管标准管径的规格。支管的水力计算见表4-6。

表4-6　支管水力计算

管段	流量(L/s)	支线允许平均水力坡度 i	管径(mm)	计算水力坡度 i	水头损失(m)
6～7	24.79	$\frac{30.32-(7.7+20)}{350+700}=0.002\,5$	200	0.005 88	2.06
7～8	17.4	0.002 5	200	0.002 96	2.07
2～3	48.03	$\frac{32.77-(6.1+20)}{450+320}=0.008\,7$	250	0.006 53	2.94
3～5	6.76	0.008 7	150	0.002 31	5.57
3～4	25.0	$\frac{(32.77-2.94)-(6+20)}{370}=0.010\,4$	200	0.005 98	2.21

(8)泵房水泵扬程。节点1处的泵房，清水池吸水井最低水位2 m，泵房管线水头损失2.5 m，水塔水柜高度3 m，则水泵扬程为：

$$7.4+26+2.5+3-2=36.9(m)$$

4.4　重力流管道系统设计

如果水源的海拔高度大于用水点的海拔高度，则可以不用水泵，而仅靠水的重力势能输水。此方法不但施工简单，而且运行费用低，所有在实际工程中应大力提倡。设计重力流系统时，首先要测定水源和用水点的高度差，水源和用水点的高度差为系统水头，这是决定输水量的关键要素之一，其他要素包括管径、长度、材料和流速。

4.4.1　初步设计需要考虑的事项

首先要绘制图纸，标出水源与用水点的位置及它们之间的距离，还要绘出两者之间的障碍物，设计管道沿线的标高，尤其是水源、蓄水池、用水点和它们之间的丘陵和洼地等的标高。

从水源到用水点的输水方式有两种：明渠输水和暗渠输水。明渠输水经常用混凝土、砖或本地其他材料修砌，不但经久耐用，而且水流阻力小。缺点是施工过程中要保持沟渠的坡度一致，而且实际上由于水源和用水点之间不可避免地存在着障碍物，所有要达到坡度一致比较困难。最重要的是，由于明渠较容易受到外界的污染，所以一般不用明渠，而是推荐使用暗渠或者暗渠输水。

设计暗渠输水需要水力学的一些基本知识。例如，在水力学上把管道中水流的推动力称为“水头”，以系统中某点到水面的高度差来表示。

4.4.2　设计举例

假设一个500人的农村小区坐落于山下的位置上，小河位于山腰位置，最低流速为10 L/s。欲设计一个配水系统，并计划只为用户提供生活用水，本地区没有工厂或者企业需要配水，而且动物用水也不用本系统供应。每人每天用水按100 L设计，根据以上情况确定输水管线和蓄水池的尺寸。

参考表4-7，并遵循以下步骤：

表4-7　重力流动系统的设计

(1)计算近期需水量

	数量		用水当量		总用水量
人口	500	×	100	=	50 000 L/d
学校(学生)	____	×	____	=	______ L/d
商业	____	×	____	=	______ L/d
大型家禽(如牛)	____	×	____	=	______ L/d
小型家禽(如羊)	____	×	____	=	______ L/d
公共喷泉	____	×	____	=	______ L/d

近期需水总量 = 50 000 L/d

(2)计算远期需水量

设计服务期为20年。如果资料缺乏，则人口以当前人口的2倍计，家禽以当前的1.25倍计，再假

续表 4-7

定用水速率提高 2 倍。

人口　　当前用量50 000 ×4 = 200 000(L/d)

公共机构和公共喷泉　　当前用量 ____ ×2 = ____ (L/d)

家禽　　当前当量 ____ ×1.25 = ____ (L/d)

远期需水总量 = 200 000 L/d

(3)蓄水池

$$蓄水池容积 = \frac{200\ 000}{1\ 000} = 200\ (m^3)$$

(4)取水口抽水量

确定出水速度(L/s):　出水流速 = 200 000/86 400 = 2.3 (L/s)

假定抽水超过 24 h(86 400 s)

(5)管道尺寸

①要计算管道尺寸,首先计算管长

总长 = 测量长度 + 装配等量长度

配件相对于当量长度(表 4-8)计算如下。

配件	数量 × 相当长度 = 当量长度
阀门	1 × 2.7 m = 2.7 m
90°弯头	2 × 13.2 m = 26.4 m
45°弯头	____ × ____ = ____
丁字管(直管)	____ × ____ = ____
丁字管(侧管)	____ × ____ = ____
回转控制阀	1 × 38.2 m = 38.2 m
	总当量长度 = 67.3 m

从水源到蓄水池的管长 = 1 971.0 m,故总管长 = 2 038 m。

② 计算水头

水头 = 水源海拔高度 - 蓄水池顶部海拔高度 = 530 m - 510 m = 20 m

③ 计算克服 1 000 m 长管道的摩擦所需水头

$$所需水头 = \frac{总水头 - 5\ m\ 剩余水头}{管线总长(km)} = \frac{20-5}{2.038} = 7.4\ (m/1\ 000\ m)$$

④ 从表 4-9 中选择管道尺寸

工作时间:24 h;流量单位:L/s;所需水头量从③中求出。

流量	水头损失 (L/s)	管道尺寸 (m/1 000m)		材料型号 mm	选择是/否	
需要	2.3	可用 7.4		____	248	____
流量稍低	2.0	6.1	4.0	80	镀锌铁管/塑料管/水泥管	____
流量稍高	2.5	8.7	6.0	80	镀锌铁管/塑料管/水泥管	____

由④可求出输水管径为 80 mm,如果管径太小则水头损失太大

(1)估计近期用水量为 50 000 L/d。

(2)估计远期用水量为 200 000 L/d。据此确定输水管线尺寸。

(3)蓄水池的尺寸定为 200 m^3。也可以考虑建一个较小的蓄水池,以后再扩建。

(4)管径应满足超过 24 h 供水,允许选择最小管道尺寸。在本例中,需要 2.3 L/s 的流量。因为水源可以提供 10 L/s 的流量,所以完全能够满足需要。

(5)管径可以根据水头值和管道长度来确定。

a. 管道总长包括阀门和法兰的长度,如表 4-8 所示。此例中,管长包括了阀门和法兰的长度,总管长是 2 038 m。

表 4-8　管道配件摩擦损失的相当长度(重力流系统)　(单位:m)

配件	管径(mm)				
	30	40	50	80	100
阀门开启时	1.2	1.3	1.6	2.0	2.7
90°弯头	6.7	7.5	8.6	11.1	13.1
45°弯头	1.8	2.2	2.8	4.1	5.6
丁字管(直管)	4.7	5.7	7.8	12.1	17.1
丁字管(侧管)	8.8	10.0	12.1	17.1	21.2
控制阀	13.1	15.2	19.1	27.1	38.2

b. 水源和蓄水池水平面之间的水头是不同的,在这个案例中是 20 m。

c. 能够推动水流通过管线的水头是压力水头,推荐水头是最少为 5 m,为防止管线中出现真空,本例中采用 9.8 m。

d. 利用表 4-9 选择管径。在第一列流量栏中找到需要的流量(2.3 L/s)。如果所需流量能在表中找到,那么从流量一行向右找到第一个比步骤 c 所得压力水头低的值。该值所对应的管径即为所需管径。如果所需流量在表中没有给出,用与实际流量邻近的上一个低流量和下一个高流量查表。在本例中,每个流量都需要相同的管径:80 mm。如果比实际流量小的流量允许较小管道尺寸,就要进行修正,如表 4-9 所示。

表 4-9　每 1 000 m 管道的水头损失　(单位:m)

流量(L/s)	管道直径(mm)									
	30		40		50		80		100	
	GI	AC/P	GI	AC/P	GI	AC/P	GI	AC/P	GI	AC/P
0.1	3.4	2.2	1.5	0.9	0.34	0.22				
0.2	5.8	3.5	2.5	1.5	0.59	0.36	0.12			
0.3	21	8	9	3	1.25	0.75	0.18	0.1		
0.4	23	14	14	5.7	2.2	1.4	0.3	0.2		
0.5	34	21	19	8.6	3.4	2.1	0.45	0.3	0.12	
0.6	48	30	20	12.5	4.6	3	0.61	0.4	0.15	

续表 4-9

流量(L/s)	管道直径(mm)									
	30		40		50		80		100	
	GI	AC/P	GI	AC/P	GI	AC/P	GI	AC/P	GI	AC/P
0.7	61	39	27	16	6	3.9	0.8	0.51	0.2	
0.8	80	50	35	22	8	5	1.2	7.0	0.26	0.17
0.9	100	61	42	27	9.9	6.1	1.4	0.9	0.32	0.02
1.0		75	51	32	13	7.5	1.7	1.1	0.39	0.4
1.1		90	62	38	15	9.4	2.0	1.3	0.47	0.3
1.2			73	45	18	11.0	2.5	1.5	0.55	0.35
1.3			83	54	20	13.5	2.75	1.75	0.61	0.4
1.4			100	60	24	15	3.2	2.1	0.75	0.48
1.5				68	28	17	3.7	2.4	0.88	0.55
1.6				75	30	19	4	2.6	0.95	0.60
1.7				88	34	22	4.6	2.9	1.1	0.68
1.8				95	37	25	5.0	3.2	1.25	0.72
1.9					40	27	5.6	3.5	1.3	0.8
2.0					46	30	6.1	4.0	1.5	0.90
2.5						44	8.7	6.0	2.2	1.35
3.0						60	14	8.4	3.0	1.9
3.5						75	18	11.5	6.2	2.5
4.0						105	23	15	8.3	3.3
5.0							37	26	12	5.0
6.0							50	31	16	7
7.0							67	42	20	9.5
10							130	80	30	18.5
15									70	45
20									125	70

注:GI 为镀锌铁管;AC 为水泥管;P 为塑料管。

4.4.3　设计中的其他因素

除管道尺寸外,在设计输水管线时其他因素也要考虑,如管道沿线的高点和低点、阀门的安装等。

即使管道内有剩余水头,且可以维持一定的压力,但是空气仍有可能聚集在管线高点,因此要在每个高点的顶端安装一个排气阀。在管线低点配置排水阀,排走沉积物,尤其当水源含有砂或很细的沉积物时,这一点非常重要。

为了便于系统的操作和维护,管道上安装闸阀,从而可以在一段管线上进行修理时不影响其他管线的正常使用。但是对于简单重力系统来说,管线的任何部位出现故障时整个系统都要停止运行,其优点是不需要大量的阀门。阀门的安装原则是:在水源处安装一个,在靠近蓄水池或用水点安装一个,其余的阀门沿管线每隔1 000 m安装一个。

第5章　给水厂平面和高程布置

村镇水厂的平面和高程布置是给水系统设计的重要内容,在完成了各项水处理构筑物的设计计算之后应在选择的厂址内进行构筑物的合理布置,确定各种构筑物和建筑物的平面定位。管线和阀门的布置,围墙、道路等的布置,力求简洁、顺畅,挖填方平衡。本章主要介绍水厂厂址的选择和水厂平面与高程布置。

5.1　村镇水厂厂址的选择

在进行水厂选址时应充分利用地形高程,靠近用水区和可靠电源,整个供水系统布局合理;水厂位置与村镇建设规划相协调;满足水厂近、远期布置需要;同时不受洪水与内涝威胁;有良好的工程地质条件和卫生环境,便于设立防护地带;有较好的废水排放条件;施工、运行管理方便。在选址时应根据以上要求,通过技术经济比较确定。

5.2　平面布置

水厂的基本组成分为两部分:①生产构筑物和建筑物,包括处理构筑物、清水池、二级泵站、药剂间等;②辅助建筑物,包括化验室、修理部门、仓库、车库及值班宿舍等。另外,水厂还应配备与其供水规模和水质检验要求相应的检验设备和检验室。

水厂平面布置主要内容有:各种构筑物和建筑物的平面定位;各种管道、阀门及管道配件的布置;排水管(渠)及管井布置;道路、围墙、绿化及供电线路的布置等。

生产构筑物及建筑物平面尺寸由设计计算确定。生活辅助建筑面积应按水厂管理体制、人员编制和当地建筑标准确定。生产辅助建筑物面积根据水厂规模、工艺流程和当地具体情况确定。

处理构筑物一般均分散露天布置。北方寒冷地区需要采暖设备的,可采用室内集中布置。集中布置比较紧凑,占地少,便于管理和实现自动化操作,但结构复杂,管道立体交叉多,造价较高。

当各构筑物和建筑物的个数和面积确定之后,根据工艺流程和构筑物及建筑物的功能要求,结合地形和地质条件,进行平面布置。

水厂的平面布置,应符合下列要求:①生产构(建)筑物和生产附属建筑物宜分别集中布置;②生产附属建筑物的面积及组成应根据水厂规模、工艺流程和经济条件确定;③加药间、消毒间应分别靠近投加点,并与其药剂仓库毗邻;④消毒间及其仓库宜设在水厂的下风处,并与值班室、居住区保持一定的安全距离;⑤滤料、管配件等堆料场地应根据需要分别设置,并有遮阳避雨措施;⑥厕所和化粪池的位置与生产构(建)筑物的距离应大于10 m,不应采用旱厕和渗水厕所;⑦应考虑绿化美化,新建水厂的绿化占地面积不宜小于水厂总面积的20%；⑧应根据需要设置通向各构（建）筑物的道路，单车道宽度宜为3.5 m，并应有回车道，转弯半径不宜小于6 m，在山丘区纵坡不宜大于8%，人行道宽度宜为1.5～2.0 m；⑨应有雨水排除措施，厂区地坪宜高于厂外地坪和内涝水位；⑩水厂周围应设围墙及安全防护措施。

生产构筑物和净水装置的布置，应符合下列要求：①应按净水工艺流程顺流布置；②多组净水构筑物宜平行布置且配水均匀；③构筑物间距宜紧凑，但应满足构筑物和管道的施工与维修要求；④构筑物间宜设连接通道，规模较小时可采用组合式布置；⑤净水装置的布置，应留足操作和检修空间，并有遮阳避雨措施。

水厂内管道布置应符合以下要求：①构筑物间的连接管道宜采用金属管材和柔性接口，布置时应短且顺直，防止迂回；②并联构筑物间的管线应能互换使用，分期建设的工程应便于管道衔接，应根据工艺要求设置必要的闸阀井和跨越管；③构筑物的排水、排泥可合为一个系统，生活污水管道应自成体系；④排水系统宜按重力流设计，必要时可设排水泵站；⑤废、污水排放口应设在水厂下游，并符合卫生防护要求；⑥输送药剂（混凝剂、消毒剂等）的管道布置应便于检修和更换；⑦自用水管线应自成体系；⑧应尽量避免或减少管道交叉；⑨出厂水总管应设计量装置，必要时进厂水总管亦应设计量装置。

5.3 高程布置

构筑物的竖向布置，应充分利用原有地形坡度，优先采用重力流布置，并满足净水流程中的水头损失要求。两构筑物之间水面高差即为流程中的水头损失，包括构筑物本身、连接管道、计量设备等水头损失在内。水头损失应通过计算确定，并留有余地。

处理构筑物中的水头损失与构筑物形式和构造有关，估算时可采用表5-1中的数据，一般需通过计算确定。该水头损失应包括构筑物内集水槽（渠）等水头跃落损失在内。

表5-1 处理构筑物中的水头损失

构筑物名称	水头损失(m)	构筑物名称	水头损失(m)
进水井格网	0.2～0.3	普通快滤池	2.0～2.5
絮凝池	0.4～0.5	无阀滤池、虹吸滤池	1.5～2.0
沉淀池	0.2～0.3	移动罩滤池	1.2～1.8
澄清池	0.6～0.8	直接过滤滤池	2.0～2.5

各构筑物之间的连接管（渠）断面尺寸由流速决定，估算时可按表5-2采用。当地形有适当坡度可以利用时，可选用较大流速以减小管道直径及相应配件和阀门尺寸；当地形平坦时，为避免增加填、挖土方量和构筑物造价，宜采用较小流速。在选定管（渠）道流速时，应适当留有水量发展的余地。

当各项水头损失确定之后，各水处理构筑物之间的相对高程便确定了，便可在此基础上进行构筑物高程布置。高程布置通常以清水池最高水位标高为起点，逆水处理流程向

表 5-2　连接管中的允许流速和水头损失

连接管段	允许流速(m/s)	水头损失(m)	说明
一级泵站至絮凝池	1.0~1.2	视管道长度而定	
絮凝池至沉淀池	0.15~0.2	0.1	应防止絮凝体破碎
沉淀池或澄清池至滤池	0.8~1.2	0.3~0.5	
滤池至清水池	1.0~1.5	0.3~0.5	流速宜取下限,留有余地
快滤池冲洗水管	2.0~2.5	视管道长度而定	
快滤池冲洗水排水管	1.0~1.5	视管道长度而定	

上推算各处理构筑物的标高。构筑物高程布置与厂区地形、地质条件及所采用的构筑物形式有关。当地形有自然坡度时,有利于高程布置;当地形平坦时,高程布置中既要避免清水池埋入地下过深,又应避免絮凝沉淀池或澄清池在地面上抬高而增加造价,尤其当地质条件差、地下水位高时更应注意这些。通常,当采用普通快滤池时,应考虑清水池地下埋深;当采用无阀滤池时,应考虑絮凝池、沉淀池或澄清池是否会被抬高。

水厂的高程布置合理与否将直接影响水泵运行的能量费用,在设计中应详细考虑,合理进行各构筑物的高程布置。

第 2 篇　供水系统施工

村镇供水系统施工包括供水工程构筑物施工、管道施工和其他附属设施施工,所涉及的施工工艺过程与土建施工关系密切,因此应以土建施工工艺过程为依据,同时与其施工过程紧密配合。

第 6 章　供水工程构筑物施工

供水工程构筑物施工主要包括取水构筑物施工和贮水构筑物施工。

6.1　取水构筑物施工

沿江河或湖泊的村镇用水多以地面水为给水水源,故需修建取水构筑物。这类构筑物常见的形式有岸边式、江心式、斗槽式等。

在江河中修建取水构筑物工程的施工方法,可以采用围堰法、浮运沉箱法。

6.1.1　围堰法

围堰法:是指用围堰圈隔基坑,并在抽干堰内水量条件下进行修建。围堰是为创造施工条件而修建的临时性工程,待取水构筑物施工完成后,随即将围堰拆除。围堰的结构形式有多种,如土石围堰、卷埽混合围堰、板桩围堰等。采用何种围堰要根据施工所在地区的江河水文、地质条件以及河流性质等确定。围堰的选用范围见表 6-1。

表 6-1　围堰的选用范围

围堰类型	适用条件		
	最大水深(m)	最大流速(m/s)	
土围堰	2	0.5	土、草捆土、草(麻)袋围堰适用于土质透水性较小的河床。土、草(麻)袋、钢板桩围堰的顶面高程,宜高出施工期间的最高水位 0.5 ~0.7 m;草捆土围堰顶面高程宜高出施工期间的最高水位 1.0 ~1.5 m
草捆土围堰	5	3	
草(麻)袋围堰	3.5	2	
钢板桩围堰	—	3	

6.1.1.1　土、草捆土、草(麻)袋围堰施工

土、草捆土、草(麻)袋围堰填筑前,应清除堰底处河床上的树根、石块、表面淤泥及杂物等。

土、草捆土、草(麻)袋围堰应采用松散的黏性土,不得含有石块、垃圾、木料等杂物,冬期施工时不应使用冻土。施工过程中,对堰体应随时进行观察、测量,以防止发生滑坡、渗漏、淘刷等现象,否则应分析原因,及时采取加固措施。填筑时,应由上游开始向下游合龙。土、草捆土围堰填筑出水面后,或干筑土围堰时,填土应分层压实。围堰拆除时应由下游开始,由堰顶至堰底,由背水面至迎水面,逐步拆除。如采用爆破法拆除,应采取安全措施。围堰施工和拆除,不得影响航运和污染临近取水水源的水质。

土围堰堰顶宽度当不行驶机动车辆时不应小于1.5 m。堰内边坡坡度不宜陡于1:1;堰外边坡坡度不宜陡于1:2。当流速较大时,外坡面宜用草皮、柴排(树枝)、毛石或装土草袋等加以防护。

草捆土围堰应采用未经碾压的新鲜稻草或麦秸,其长度不应小于500 mm。堰底宽度宜为水深的2.5~3倍。堰体的草与土应铺筑平整,厚度均匀。

草捆土围堰的施工应符合下列规定:

(1)每个草捆长度宜为1 500~1 800 mm,直径宜为400~500 mm。迎水面和转弯处草捆应用麻绳捆扎,其他部位宜采用草捆扎。

(2)草捆拉绳应采用麻绳,直径宜为20 mm,长度可按草捆预计下沉位置确定,宜为水深的3倍。

(3)草捆铺设应与堰体的轴线平行。草捆与草捆之间应横向靠紧,纵向搭接应呈阶梯状,其搭接长度可按该层草捆所处水深确定。当水深等于或小于3 m时,其搭接长度应为草捆长度的1/2;当水深大于3 m时,其搭接长度应为草捆长度的2/3。

(4)草捆层上面宜用散草先将草捆间的凹处填平,再垂直于草捆铺设散草,其厚度宜为200 mm。

(5)散草层上面的铺土应将散草全部覆盖,其厚度宜为300~400 mm。

(6)堰体下沉过程中,应随下沉速度放松拉绳,保持草捆下沉位置适宜。沉底后应将拉绳固定在堰体上。

草(麻)袋围堰的施工应符合下列规定:

(1)堰顶宽宜为1~2 m,堰外边坡坡度视水深及流速确定,宜为1:0.5~1:1.0;堰内边坡坡度宜为1:0.2~1:0.5。

(2)草(麻)袋装土量宜为草(麻)袋容量的2/3,袋口应缝合,不得漏土。

(3)土袋堆码时应平整密实,相互错缝。

(4)草(麻)袋围堰可用黏土填心防渗。在流速较大处,堰外坡草(麻)袋内可填装粗砂或砾石,以防冲刷。

6.1.1.2　钢板桩围堰施工

钢板桩采用新、旧钢板桩的材质和外形尺寸应符合国家有关现行标准的规定,接长的钢板桩应以同规格、等强度的材料焊接。当起吊设备允许时,钢板桩可由2~3块拼成组合桩,每隔3~6 m用夹具夹紧,夹具应与围堰形式相符。组拼时应在锁口内填充防水混合料。夹具夹紧后,应采用油灰和棉絮捻塞拼接缝。

插打钢板桩应符合下列规定:

(1)插打前,在锁口内应涂抹防水混合料。

(2)吊装钢板桩,当起重设备高度不够,而需要改变吊点位置时,吊点位置不得低于桩顶以下1/3桩长。

(3)钢板桩可采用锤击、振动或辅以射水等方法下沉。但在黏土中,不宜采用射水。锤击时应设桩帽。

(4)插打时,必须有可靠的导向设备。宜先将全部钢板桩逐根或逐组插打稳定,然后依次打到设计高程;当能保证钢板桩插打垂直时,可将每根或每组钢板桩一次锤打到设计高程。

(5)最初插打的钢板桩,应详细检查其平面位置和垂直度,当发现倾斜时,应立即予以纠正。

(6)接长的钢板桩,其相邻两钢板桩的接头位置,应上下错开,不得小于2 m。

(7)在同一围堰内采用不同类型的钢板桩时,应将两种不同类型的钢板桩的各一半拼接成异型钢板桩。

(8)钢板桩因倾斜无法合拢时,应采用特制的楔形钢板桩,楔形钢板桩的上下宽度之差不得超过桩长的2%。

插打钢板桩的允许偏差应符合表6-2的规定。

表6-2　插打钢板桩的允许偏差

项目		允许偏差(mm)
轴线位置	陆上打桩	100
	水上打桩	200
顶部高程	陆上打桩	±100
	水上打桩	±200
垂直度		桩长L/100,且不大于100

拔出钢板桩前,应向堰内灌水,使堰内外水位相等。拔桩应由下游开始。

6.1.2　浮运沉箱法

浮运沉箱法:当修建的取水构筑物较小,河道水位较深,修建围堰困难或工程量很大,不经济时,适宜采用此法。由于沉箱本身就是取水构筑物的一部分,因而不必修建费时费钱的临时性围堰。

浮运沉箱法是预先在岸边制作取水构筑物(沉箱),通过浮运或借助水上起重设备吊运到设计的沉放位置上,再注水下沉到预先修建的基础上。该法适用于淹没式江心取水口构筑物的施工,但须具备足够的水上机具设备和潜水工作人员。

6.2　水池施工

6.2.1　现浇钢筋混凝土水池施工

现浇混凝土工程的施工,是将搅拌良好的混凝土拌和物,经过运输、浇筑入模、密实成型和养护等施工过程，使其最终成为符合设计要求的结构物。

6. 2. 1. 1 **混凝土的运输**

将混凝土从拌制地点运往浇筑地点有多种运输方法，选用时应根据建筑物的结构特点、混凝土的总运输量与每日所需的运输量、水平及垂直运输的距离、现有设备情况以及气候、地形、道路条件等因素综合考虑。不论采用何种运输方法，在运输混凝土的工作中，都应满足下列要求：

（1）混凝土应保持原有的均匀性，不发生离析现象，否则会增加捣实难度，甚至形成蜂窝或麻面。

（2）混凝土运至浇筑地点时，其塌落度应符合浇筑时所要求的塌落度值。

（3）混凝土从搅拌机中卸出后，应及早运至浇筑地点，不得因运输时间过长而影响混凝土的性能。应在初凝前浇筑完毕，混凝土从搅拌机中卸出到浇筑完毕的延续时间不宜超过规定。

为了避免混凝土在运输过程中发生离析现象，混凝土的运输路线应尽量缩短，道路应平坦，特别是流动性较大的混凝土，很容易因颠簸而产生离析现象。应力求运距短、搅拌站的位置适中，车辆应行驶平稳。当混凝土从高处倾落时，其自由倾落高度不应超过2 m。否则，应使其沿串筒、溜槽或振动溜槽等下落，并应保持混凝土出口时的下落方向垂直。混凝土经运输后，如有离析现象，必须在浇筑前进行二次搅拌。

为了避免混凝土在运输过程中塌落度损失过大，应尽可能减少转运次数（混凝土每转运一次，或者自由落下高度在2 m以上或经过一段斜放溜槽的运输，都容易发生部分离析的现象）。盛混凝土的容器，应严密，不漏浆，不吸水。

缩短运输时间（混凝土从搅拌机卸出后到灌进模板中的时间间隔）一般不宜超过表6-3的规定。

表6-3 混凝土的运输时间

混凝土强度等级	气温（℃）	
	≤25	>25
≤C30	120 min	90 min
>C30	90 min	60 min

运输工具（容器）应该不吸水、不漏浆。如果气温较高，容器在使用前应先用水湿润；炎热及大风天气时，盛混凝土的容器应遮盖，以防水分蒸发太快；严寒季节，应采取保温措施，以免混凝土冻结。

混凝土的运输可分为地面运输（也称下水平运输）、垂直运输和楼面运输（又称上水平运输）三种情况。混凝土如采用商品混凝土且运输距离较远，混凝土地面运输多用混凝土搅拌运输车（见图6-1），如来自工地搅拌站，则多用载重1 t的小型机动翻斗车，近距离也用双轮手推车，有时还用皮带运输机和窄轨翻斗车。混凝土垂直运输，我国多采用塔式起重机、混凝土泵、快速提升斗和井架（井架式升降机）。用塔式起重机时，混凝土多放在吊斗中，这样可直接进行浇筑。混凝土楼面运输，我国以双轮推车为主，也可用机动灵活的小型机动翻斗车,如用混凝土泵,则用布料机布料。三折叠式布料杆混凝土搅拌运输车及浇筑范围见图 6-2。

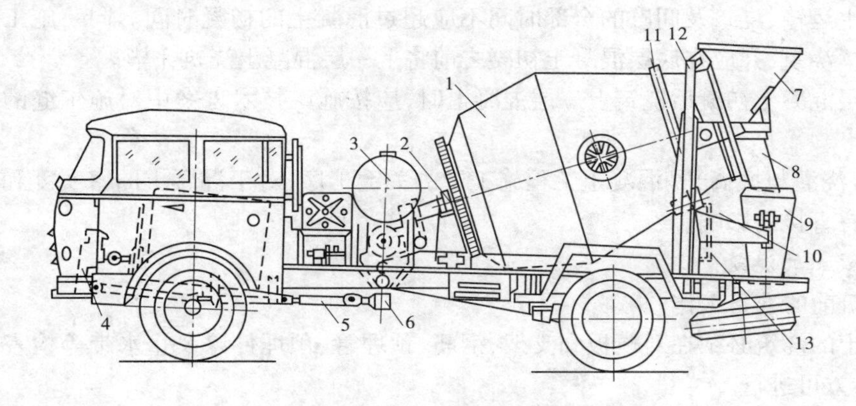

图 6-1　混凝土搅拌运输车构造

1—搅拌筒;2—轴承座;3—水箱;4—分动箱;5—传动轴;6—下部圆锥齿轮箱;7—进料斗;8—卸料槽;9—引料槽;10—托轮;11—滚道;12—机架;13—操纵机构

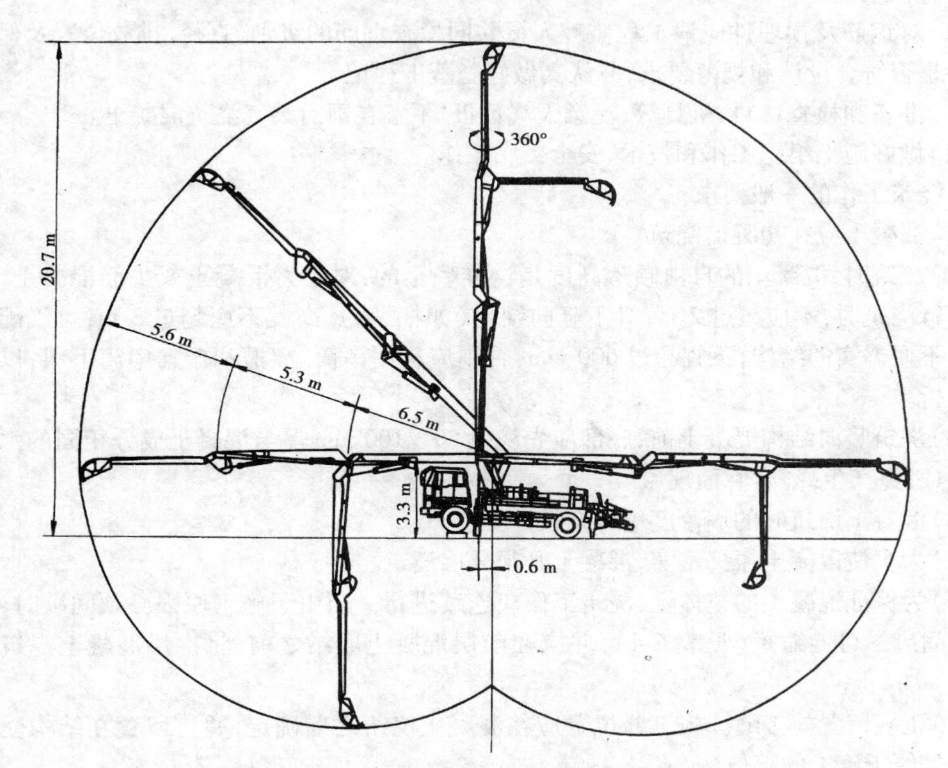

图 6-2　三折叠式布料杆混凝土搅拌运输车及浇筑范围

6.2.1.2　混凝土的成型

混凝土成型就是将混凝土拌和料浇筑在符合设计尺寸要求的模板内,加以捣实,使其具有良好的密实性,达到设计强度的要求。混凝土成型过程包括浇筑与捣实,是混凝土工程施工的关键，将直接影响构件的质量和结构的整体性。因此，混凝土经浇筑捣实后应内实外光，尺寸准确，表面平整，钢筋及预埋件位置符合设计要求，新旧混凝土结合良好。

混凝土运输、浇筑及间歇的全部时间不应超过混凝土的初凝时间。同一施工段的混凝土应连续浇筑，并应在底层混凝土初凝之前将上一层混凝土浇筑完毕。

当底层混凝土初凝后浇筑上一层混凝土时，应按施工技术方案中对施工缝的要求进行处理。

浇筑（浇灌与振捣）是混凝土工程施工中的关键工序，对于混凝土的密实度和结构的整体性都有直接的影响。

1）混凝土的浇筑

a. 浇筑前的准备工作

混凝土的浇筑必须在对模板和支架、钢筋、预埋管、预埋件以及止水带等检查符合设计要求后，方可进行。

（1）对模板及其支架进行检查，应确保标高、位置尺寸正确，强度、刚度、稳定性及严密性满足要求；模板中的垃圾、泥土和钢筋上的油污应加以清除；木模板应浇水润湿，但不允许留有积水。

（2）对钢筋及预埋件应请工程监理人员共同检查钢筋的级别、直径、排放位置及保护层厚度是否符合设计和规范要求，并认真做好隐蔽工程记录。

（3）准备和检查材料、机具等；注意天气预报，不宜在雨雪天气浇筑混凝土。

（4）做好施工组织工作和技术、安全交底工作。

b. 浇筑工作的一般要求

（1）混凝土应在初凝前浇筑。

（2）浇筑时，混凝土的自由倾落高度是这样确定的：对于素混凝土或少筋混凝土，由料斗进行浇筑时，不应超过 2 m；对于竖向结构（如柱、墙），高度不应超过 3 m；对于配筋较密或不便捣实的结构，不宜超过 600 mm，否则应采用串筒、溜槽和振动串筒下料，以防产生离析。

（3）浇筑竖向结构混凝土前，底部应先浇入 50 ~ 100 mm 厚与混凝土成分相同的水泥砂浆，以避免产生蜂窝、麻面现象。

（4）混凝土浇筑时的塌落度应符合设计要求。

（5）为了使混凝土振捣密实，混凝土必须分层浇筑。

（6）为保证混凝土的整体性，浇筑工作应连续进行。当由于施工原因必须间歇时，其间歇时间应尽可能缩短（见表 6-4），并应在前层混凝土凝结之前，将次层混凝土浇筑完毕。

（7）正确留置施工缝。施工缝位置应在混凝土浇筑之前确定，并宜留置在结构受剪力较小且便于施工的部位。

（8）在混凝土浇筑过程中，应随时注意模板及其支架、钢筋、预埋件和预留孔洞的情况，防止出现不正常的变形、位移。

（9）在混凝土浇筑过程中应及时认真填写施工记录。

表6-4　浇筑混凝土的间歇时间

混凝土强度等级	气温(℃)	
	≤25	>25
≤C30	210 min	180 min
>C30	180 min	150 min

(10)贮水构筑物的伸缩缝和沉降缝均应作止水处理。为了防止地下水渗入,地下非贮水构筑物的伸缩缝和沉降缝也应作止水处理。常用的止水片有橡胶止水片、塑料止水片等。止水带装置见图6-3。

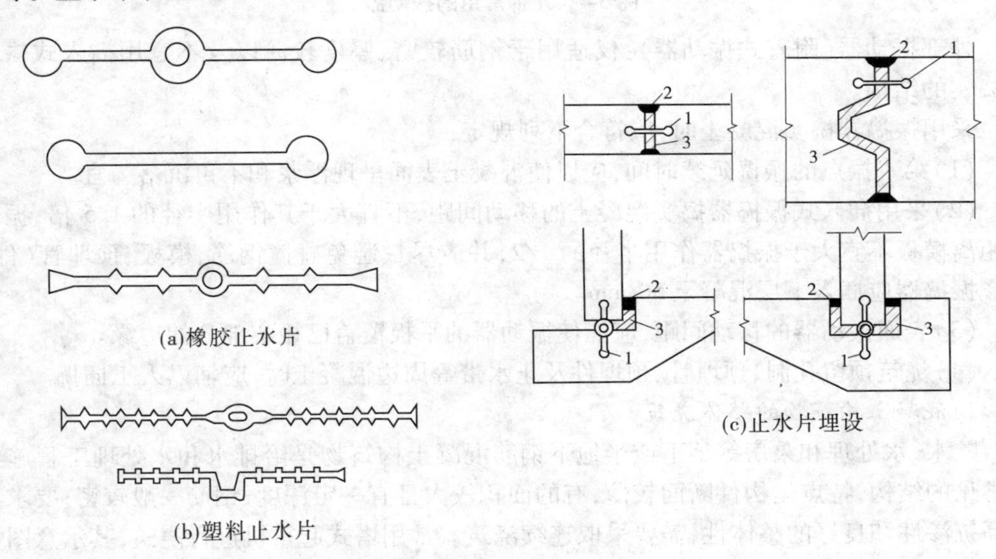

图6-3　止水带装置

1—止水片;2—封缝料;3—填料

2)混凝土的捣实

混凝土浇筑入模后,内部还存在着很多空隙。为了使硬化后的混凝土具有所要求的外形和足够的强度与耐久性,必须使新入模的混凝土填满模板的每一角落(成型过程),并使混凝土内部空隙降低到一定程度以下(密实过程),具有足够的密实性。

混凝土的捣实就是使浇入模内的混凝土完成成型与密实过程,保证混凝土构件外形正确,表面平整,混凝土的强度和其他性能符合设计要求。

混凝土的捣实方法有人工捣实和机械捣实两种。

人工捣实是利用捣棍、插钎等并用人力对混凝土进行夯插等来使混凝土成型密实的一种方法。它不但劳动强度大,而且混凝土的密实性较差,只能用于缺少机械和工程量不大的情况下。机械捣实的方法有多种,在建筑工地主要采用振动法和真空脱水法。其中振动捣实机械有插入式振动器、附着式振动器、平板式振动器和振动台,而插入式振动器和平板式振动器应用最多。几种常用的振动器见图6-4。

内部振动器(插入式振动器):适用于大体积混凝土、基础、柱、梁、厚度大的板。

表面振动器(平板式振动器):适用于表面积大而平整的平板、地面、屋面等。

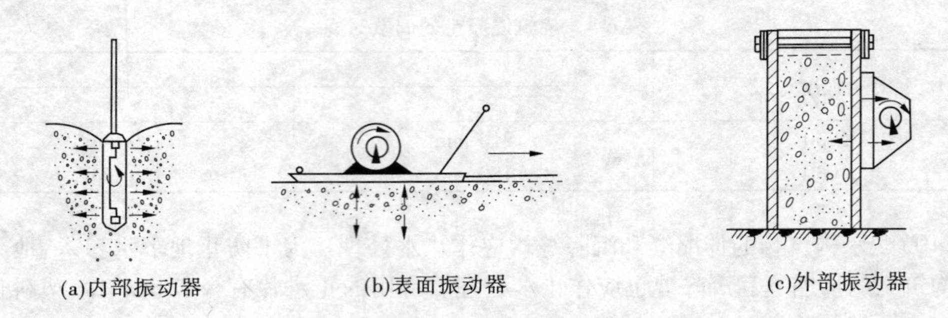

图 6-4 几种常用的振动器

外部振动器(附着式振动器):仅适用于钢筋较密、厚度较薄以及不宜用插入式振动器捣实的结构。

采用振捣器捣实混凝土时,应符合下列规定:

(1)第一振点的振捣延续时间,应以使混凝土表面呈现浮浆和不再沉落为宜。

(2)采用插入式振捣器捣实混凝土的移动间距,不宜大于其作用半径的 1.5 倍;振动器距离模板不宜大于振捣器作用半径的 1/2,并应尽量避免碰撞钢筋、模板、预埋管(件)等。振捣器应插入下层混凝土 50 mm。

(3)表面振动器的移动间距,应能使振动器的平板覆盖已振实部分的边缘。

(4)浇筑预留孔洞、预埋管、预埋件及止水带等周边混凝土时,应辅以人工插捣。

3)混凝土构筑物的整体浇筑

贮水、水处理和泵房等地下或半地下钢筋混凝土构筑物是给排水和水处理工程施工中常见的结构,特点是构件断面较薄,有的面积较大且有一定深度,钢筋一般较密;要求具有高抗渗性和良好的整体性,需要采取连续浇筑。常用塔式起重机进行浇筑,其示意图如图 6-5 所示。

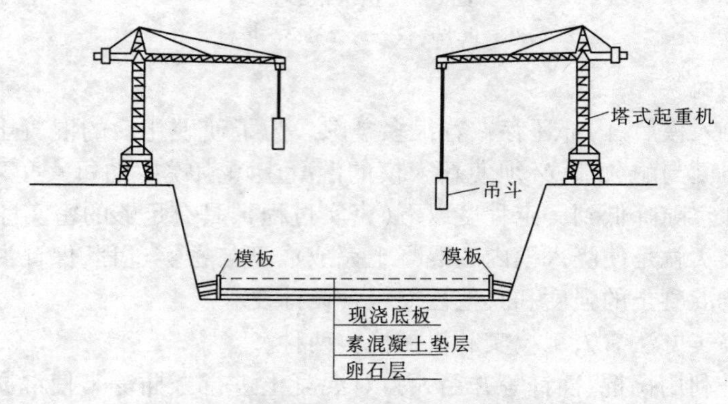

图 6-5 塔式起重机吊运混凝土料斗

浇筑过程中应满足下列要求:

(1)混凝土底板和顶板,应连续浇筑,不得留置施工缝;当设计有变形缝时,宜按变形缝分仓浇筑。块与块之间的伸缩缝一般宽 15 ~ 20 mm,用木板或止水片预留,待收缩完毕后,在伸缩缝内填膨胀水泥或沥青玛瑞脂。底板从中央向四周浇筑及分块浇筑示意图见图 6-6、图 6-7。

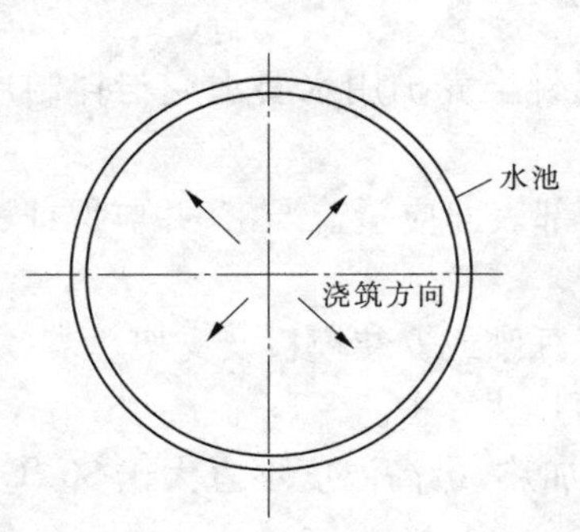

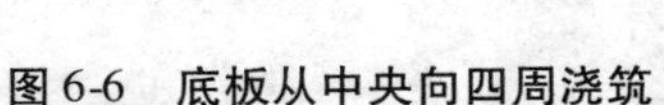
图 6-6　底板从中央向四周浇筑

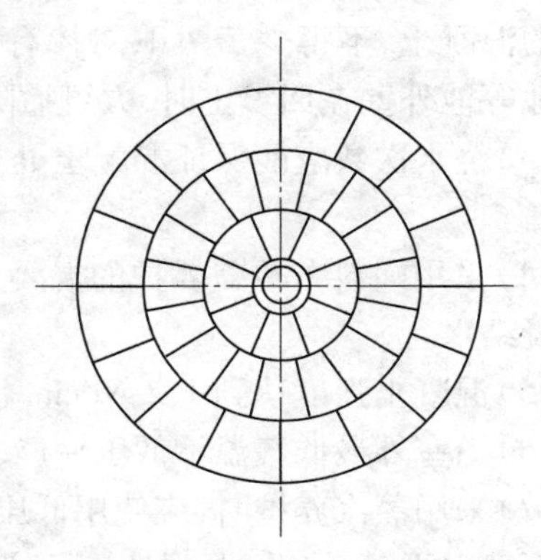
图 6-7　底板分块浇筑

(2)浇筑倒锥壳底板或拱顶混凝土时,应由低向高,分层交圈,连续浇筑。

(3)浇筑池壁混凝土时,应分层交圈,连续浇筑。当需要间歇时(如浇筑大面积底板混凝土时,可分组浇筑),间歇时间应在前层混凝土凝结之前,将次层混凝土浇筑完毕。混凝土从搅拌机卸出到次层混凝土浇筑压茬的间歇时间,当气温低于 25 ℃时,不应超过 3 h;当气温高于或等于 25 ℃时,不应超过 2. 5 h;如超过,应留置施工缝。

对于面积较小、深度较浅的构筑物,可将池底和池壁一次浇筑完毕。面积较大而又深的水池和泵房地坑,应将底板和池壁分开浇筑。

为保证结构的整体性和混凝土浇筑工作的连续性,应在下一层混凝土初凝之前将上层混凝土浇筑完毕。

施工缝的位置应在混凝土浇筑前按设计要求和施工技术方案确定。

施工缝的处理应按施工技术方案执行。后浇带的留置位置应按设计要求和施工技术方案确定。后浇带混凝土浇筑应按施工技术方案进行。

6. 2. 1. 3　混凝土的养护

混凝土的凝结与硬化是水泥水化反应的结果。为使已浇筑的混凝土能获得所要求的物理力学性能,在混凝土浇筑后的初期,采取一定的工艺措施,建立适当的水化反应条件的工作,称为混凝土的养护。由于温度和湿度是影响水泥水化反应速度和水化程度的两个主要因素,因此混凝土的养护就是对在凝结硬化过程中的混凝土进行温度和湿度的控制。为保证混凝土在规定龄期内达到设计要求的强度,并防止产生收缩裂缝,必须认真做好养护工作。

根据混凝土在养护过程中所处温度和湿度条件的不同,混凝土的养护一般可分为标准养护、自然养护和热养护。混凝土在温度为 20 ℃ ±3 ℃和相对湿度为 90% 以上的潮湿环境中或水中进行的养护称为标准养护。在自然气候条件下,对混凝土采取相应的保湿、保温等措施所进行的养护称为自然养护。为了加速混凝土的硬化过程,对混凝土进行加热处理,将其置于较高温度条件下进行硬化的养护称为热养护。施工中常用自然养护。

混凝土浇筑完毕后,应按施工技术方案及时采取有效的养护措施,并应符合下列规定:

(1)应在浇筑完毕后的 12 h 以内对混凝土加以覆盖并保湿养护。

(2)混凝土浇水养护的时间:对采用硅酸盐水泥、普通硅酸盐水泥或矿渣硅酸盐水泥拌制的混凝土，不得少于 7 d；对掺有缓凝型外加剂或有抗渗要求的混凝土，不得少于 14 d；水池等池外壁在回填土时，方可撤除养护。

(3) 浇水次数应能保证混凝土处于湿润状态；混凝土养护用水要求应与拌制用水相同。

(4) 采用塑料布覆盖养护的混凝土，其敞露的全部表面应覆盖严密，并应保证塑料布内有凝结水。

(5) 混凝土强度达到 1.2 N/mm^2 前，不得在其上踩踏或安装模板及支架。

(6) 当室外最低气温不低于 -15 ℃时，应采用蓄热法养护。

(7) 采用蒸汽养护时，应使用低压饱和蒸汽均匀加热，最高温度不宜大于 30 ℃；升温速度不宜大于 10 ℃/h；降温速度不宜大于 5 ℃/h。

(8) 采用内加热养护时，池内温度不得低于 5 ℃，且不宜高于 15 ℃，并应洒水养护，保持湿润。池壁外侧应覆盖保温。

(9) 现浇钢筋混凝土水池不宜采用电热法养护。

6.2.1.4　混凝土质量检查

混凝土质量检查包括施工中检查和施工后检查。施工中检查主要是对混凝土拌制和浇筑过程中所用材料的质量及用量、搅拌地点和浇筑地点混凝土塌落度等的检查。在每一工作班内至少检查两次；当混凝土配合比由于外界影响有变动时，应及时检查；对混凝土的搅拌时间也应随时检查。

施工后的检查主要是对已完混凝土的外观质量检查及其强度检查。对有抗冻、抗渗要求的混凝土，还应进行抗冻、抗渗性能检查。

影响混凝土质量的因素很多，它与各个工序的施工质量密切相关。施工中应建立严格的质量管理与检查制度，并结合现场条件预先编制施工设计。

1) 混凝土质量检查项目

混凝土质量检查项目应结合各施工工序进行，具体如下：

(1) 对购进的原、辅材料的品种、质量进行检验。

(2) 浇筑前检查模板、支架、钢筋、预埋件和预留孔洞。

(3) 搅拌和浇筑时应检查混凝土的坍落度、振捣作业和作业制度。

(4) 为了检查混凝土是否达到设计要求标号和确定能否拆模，都应制作试块以备检验混凝土的强度。

(5) 对给排水构筑物，还应进行抗渗漏、闭气等试验，以检查混凝土的施工质量。

2) 混凝土的外观检查

混凝土结构件拆模后，应从外观上检查其表面有无麻面、蜂窝、孔洞、露筋、缺棱掉角、裂缝等缺陷，以及外形尺寸是否超过允许偏差值，如发现问题，应及时加以修正。

3) 混凝土的强度及抗渗、抗冻检验

a. 混凝土的强度检验

混凝土的强度检验主要是指抗压强度的检验。它包括两个方面的目的，其一是作为评定结构或构件是否达到设计混凝土强度的依据，是混凝土质量的控制性指标，应采用标准试件来测定混凝土的强度。其二是为结构拆模、出池、出厂、吊装、张拉、放张及施工期间临时负荷确定混凝土的实际强度,应采用与结构构件同条件养护的标准尺寸试件来测定混凝土的强度。

结构混凝土的强度等级必须符合设计要求。用于检查结构构件混凝土强度的试件,应在混凝土的浇筑地点随机抽取。取样与试件留置应符合下列规定:

(1)每拌制100盘且不超过100 m^3 的同配合比的混凝土,取样不得少于一次。

(2)每工作班拌制的同一配合比的混凝土不足100盘时,取样不得少于一次。

(3)当一次连续浇筑超过1 000 m^3 时,同一配合比的混凝土每200 m^3 取样不得少于一次。

(4)每一楼层、同一配合比的混凝土,取样不得少于一次。

(5)每次取样应至少留置一组标准养护试件,与结构同条件养护的试块,根据施工设计规定按拆模、施加预应力和施工期间临时荷载等需要的数量留置。

b. 混凝土的抗渗、抗冻检验

用于检查结构构件混凝土抗渗的试件,应在混凝土的浇筑地点随机抽取。每池按底板、池壁和顶板留置,每一部位不应少于一组,每组六块。抗渗试块的抗渗标号不得低于设计规定。

用于检查结构构件混凝土抗冻的试件,应在混凝土的浇筑地点随机抽取。抗冻试块在按设计规定的循环次数进行冻融后,其抗压极限强度同检验用的相当龄期试块抗压极限强度相比较,其降低值不得超过25%;其重量损失不得超过5%。根据设计要求的抗冻标号,按下列规定留置:①冻融循环25次及50次:留置三组,每组三块;②冻融循环100次及100次以下:留置五组,每组三块。

c. 冬期施工时的检验

冬期施工时的检验,应增置强度试块两组与水池条件养护,一组用以检验混凝土受冻前的强度,另一组用以检验解冻后转入标准养护28 d的强度;并应增置抗渗试块一组,用以试验解冻后转入标准养护28 d的抗渗标号。

冬期施工的混凝土应能满足冷却前达到要求的强度,并宜降低入模温度。

6.2.1.5　缺陷补救

1)渗漏较轻时补漏的方法

水泥浆堵漏法:采用空压机或活塞泵压浆,使水泥浆自压浆管进入裂缝,水泥浆水灰比为0.6~2.0。适用于裂缝宽度大于0.3 mm的条件下。

环氧浆液补缝法:在混凝土裂缝处紧贴压嘴,采用压缩空气将环氧浆液由输浆管及压嘴压入裂缝中。

甲凝与丙凝补缝法:甲凝与丙凝均为固结性高分子化学灌浆材料,直接注入裂缝处防止渗漏。

2)渗漏严重时的修补方法

四环闭水浆补漏法:将松软部分凿净,用水冲净干净,涂上四环闭水浆。

凿槽嵌铅修补法:在池内贮水条件下,于壁板外壁面着手修补,即于池外壁渗漏处沿着裂缝凿槽,剔除混凝土表面毛刺,修理平整,槽内用清水洗净,然后用錾子及榔头锤打向槽内填入铅块,使铅块紧密嵌实于槽内。

6.2.1.6　水池结构现浇混凝土施工的几个问题

1)提高水池混凝土防水性的措施

水池经常贮存水体并埋于地下或半地下,一般承受较大水压和土压,因此除须满足结构强度外,还应保证它的防水性能,以及在长期正常使用条件下具有良好的水密性、耐蚀性、抗冻性等耐久性能。

(1)外加剂防水混凝土:是指用掺入适量外加剂的方法,改善混凝土内部组织结构,以增加密实性来提高抗渗性的混凝土。

(2)普通防水混凝土。普通防水混凝土是一种富砂浆混凝土,强调水泥砂浆的密实性,使具有一定数量和质量的砂浆能在粗骨料周围形成一定浓度的良好的砂浆包裹层,将粗骨料充分隔开,混凝土硬化后,密实度高的水泥砂浆不仅起着填充和黏结粗骨料的作用,还能切断混凝土内部沿石子表面形成的连通毛细渗水通道,使混凝土具有较好的抗渗性和耐久性。可见,普通防水混凝土具有实用、经济、施工简便的优点。

为了提高其防水性能,应在普通混凝土配合比设计及施工工艺、施工排水上进行改进,具体措施如下:

①选择合适的配合比。降低水灰比(一般为0.5~0.6);增加水泥用量(不小于320 kg/m^3);提高水泥标号(不低于M42.5);增加砂率(一般为35%~40%);增加灰砂比(1:2~1:2.5);降低塌落度(一般为30~50 mm)。

②改善施工条件,精心组织施工。

在搅拌上应采用机械搅拌,延长搅拌时间(不小于120 s),以保证混凝土拌和物充分均匀。

运输中应防止漏浆和离析,缩短运输时间(不大于30 min),并及时进行浇灌。在运距远或气温较高时,可掺入适量缓凝剂。

浇筑和振捣时应保证浇筑前润模;如混凝土拌和物发生显著泌水离析现象,应加入适量的原水灰比的水泥浆复拌均匀,方可浇灌。浇筑时应采用串筒、溜槽,以防混凝土拌和物中发生粗骨料堆积现象。混凝土应分层浇筑,每层厚度不宜超过400 mm,相邻两层浇筑时间间隔应降低(不超过2 h),夏季可适当缩短。

防水混凝土应尽量采用连续浇筑方式,对于因结构复杂、工艺构造要求或体积庞大受施工条件限制的池类结构,须间歇浇筑作业时,应选择合理部位设置施工缝。

混凝土的振捣应采用机械振捣,不应采用人工振捣。机械振捣能产生振幅不大、频率较高的振动,使骨料间摩擦力降低,增加水泥砂浆的流动性,骨料能更充分地被砂浆所包裹,同时挤出混凝土拌和物中的气泡,以利增强密实性。

增加养护时间(不少于14 d);延长拆模时间,控制拆模时混凝土表面温度与环境温度之差不超过15 ℃,以防产生裂缝。

采用水泥砂浆(掺适量防水粉)抹面。

增加沥青防水层,防止地下水渗透。

(3)做好施工排水。在有地下水地区修建水池结构工程,必须做好排水工作,以保证地基土壤不被扰动,使水池不因地基沉陷而发生裂缝。施工排水须在整个施工期间不间断进行,防止因地下水上升而发生水池底板裂缝。

2)水池整体浇筑的模板结构形式

水池构筑物特点:壁薄,钢筋密,表面积大,其模板结构通常可采用工具式定型组合模板。但因结构类型或工艺构造要求等,又常需现场拼装木制模板,以保证结构和构件各部分形状、尺寸及相互位置的正确,并应具有足够的强度、刚度和稳定性。同时,模板拼装还要便于钢筋绑扎、混凝土浇筑和养护。对这类水池模板结构,常可采用如下形式及要求:

(1)内模支设可采用池内设置立柱脚手架与水平撑木,再支设内模,或者不设内部脚手架支撑,而采用多角形支撑结构,或用横箍带联结形式,用料省。

池壁与顶板连续施工时,池壁内模立柱不得同时作为顶板模板立柱。顶板支架的斜杆或横向连杆不得与池壁模板的杆件相连接。

池壁模板可先安装一侧模板,绑完钢筋后,分层安装另一侧模板,或采用一次安装到顶而分层预留操作窗口的施工方法。

池壁的整体式内模施工,当木模板为竖向木纹使用时,除应在浇筑前将模板充分湿透外,还应在模板适当间隔处设置八字缝板。拆模时,应先拆内模。

(2)外模支撑可直接支撑在土坡上,或采用钢筋箍模法,内模脚手架作外模的支撑。

6.2.2　装配式预应力钢筋混凝土水池施工

装配式预应力钢筋混凝土结构安装前应进行预制构件的相关出厂材料的质量验收。要求构件上的预埋件、插筋和预留孔洞的规格、位置和数量应符合标准图或设计的要求。

预制构件的外观质量不应有严重缺陷。对已经出现的严重缺陷,应按技术处理方案进行处理,并重新检查验收。

预制构件不应有影响结构性能和安装、使用功能的尺寸偏差。对超过尺寸允许偏差且影响结构性能和安装、使用功能的部位,应按技术处理方案进行处理,并重新检查验收。

6.2.2.1　装配式预应力钢筋混凝土结构施工

1)结构吊装

结构吊装,是用起重机械将预先在工厂或施工现场制作的构件,根据设计要求和拟订的结构吊装施工方案进行组装,使之成为完整的结构物的全部施工过程。它是装配式钢筋混凝土建筑施工的主导工程。

结构吊装工程常用的起重机械有拔杆式起重机、自行式起重机、塔式起重机。

a. 拔杆式起重机

拔杆式起重机需现场拼装、锚固、竖立。该类型起重机普遍、简单、装拆方便、不受场地限制。主要类型有独脚拔杆、悬臂式拔杆、人字拔杆、牵缆式拔杆等,见图6-8。

b. 自行式起重机

自行式起重机可分为履带式起重机、轮胎式起重机、汽车式起重机。

自行式起重机的优点是灵活性大,移动方便,起重机本身是安装好的一个整体,无需拼装工作,一到现场即可投入使用。这类机械的缺点是稳定性较小。

c. 塔式起重机

塔式起重机按行走机构可分为轨道式塔式起重机和固定式自行爬升塔式起重机。

轨道式塔式起重机是安装在沿拟建建筑物铺设的轨道上。它是建筑施工中的一种重

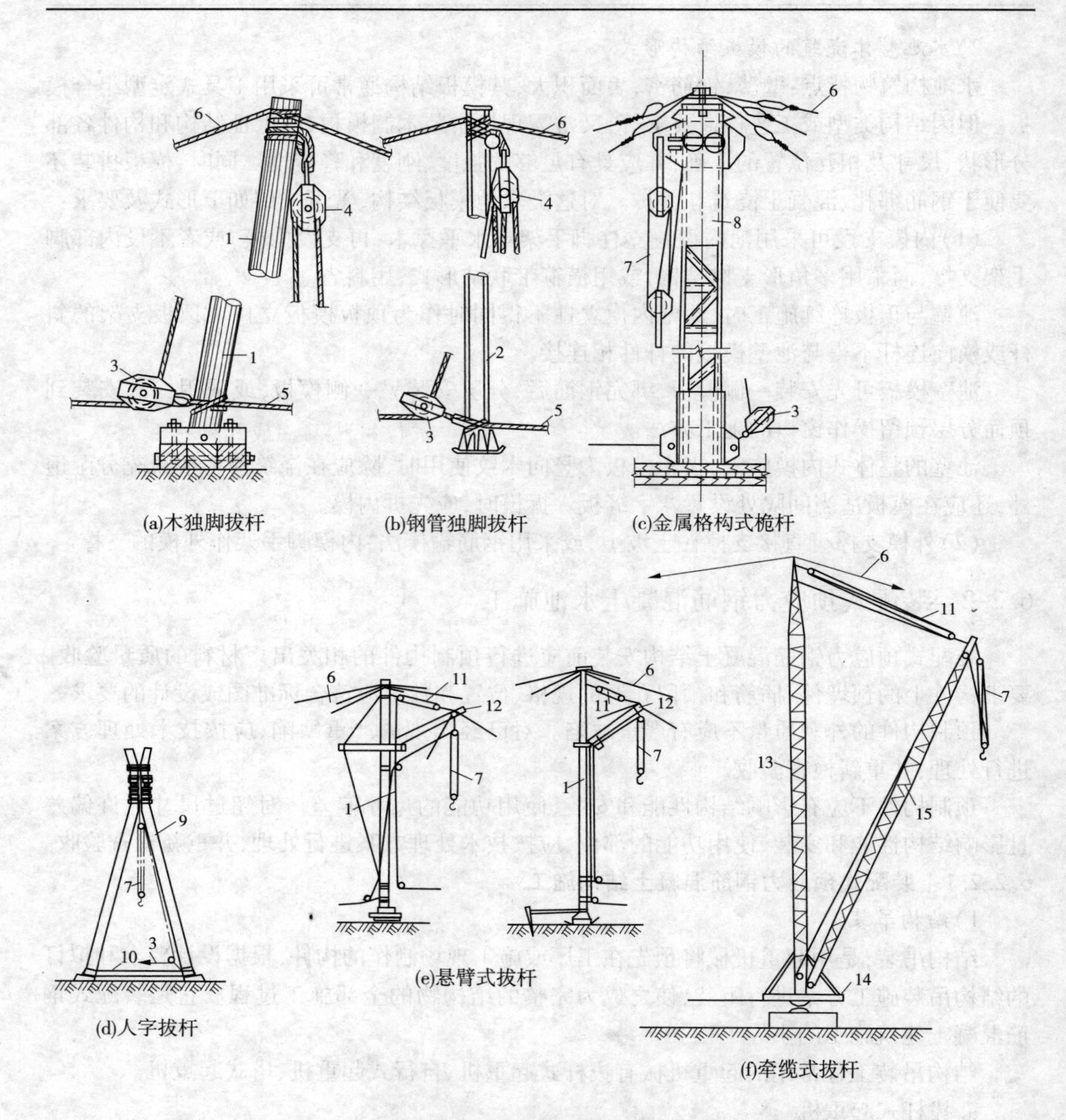

图 6-8 拔杆式起重机

1—木桅杆;2—钢管桅杆;3—转向滑轮;4—定滑轮;5—牵索;6—缆风绳;7—起重滑轮组;8—金属格构式桅杆;9—人字架拔杆;10—拉索;11—变幅滑轮组;12—悬臂拔杆;13—金属桅杆;14—转盘;15—起重杆

要的起重运输机械,具有起升高度大、有效幅度广、结构灵巧、一机多用等优点,在高层建筑施工中得到广泛的应用。

d. 起重机的选择

合理选择起重机械是拟订吊装工程施工方案的主要内容,关系到构件吊装方法、起重机开行路线与吊装位置、构件布置等。起重机的选择包括选择起重机的类型、型号和确定数量。

结构吊装选用起重机类型主要根据结构特点和类型、构件重量、吊装高度以及施工现场条件及当地现有起重设备等确定。中小型建筑结构,采用自行式起重机(如贮水和水处理构筑物的施工)、拔杆式起重机;建筑结构的高度和长度较大时,采用塔式起重机(如构件和屋盖结构吊装);大跨度的重型工业建筑结构,采用重型自行式、牵缆桅杆式、重型塔式起重机。

起重机的类型确定之后,还需要进一步选择起重机的型号及起重臂的长度;所选起重机的三个工作参数:起重量、起升高度、起重半径应满足结构吊装的要求。

2)结构吊装方法

结构吊装通常有分件吊装法与综合吊装法两种组织形式。

(1)分件吊装法。分件吊装是指起重机每开行一次仅吊装一种或几种构件。分件吊装索具更换次数少,吊装速度快,起重机效率高,构件可分批供应,现场布置和构件校正比较容易。

(2)综合吊装法。综合吊装是指起重机械每移动一次,分节间吊装完全部构件。综合吊装起重机开行路线较短,停机位置较少。索具更换频繁,起重机效率低,构件供应、现场布置复杂,构件校正也较困难。

3)结构吊装的准备工作

结构吊装的准备工作按不同阶段分为结构安装工程的准备和构件吊装前的准备。

结构安装工程的准备工作包括:制定结构吊装方案;选择安装起重机械及组织机械进场;构件加工制作及构件的运输;场地的规划清理和平整压实;修建构件运输和起重机进场的临时道路;敷设水、电管线和做好焊机、焊条的供应准备等。

构件吊装前的准备工作包括:构件堆放、就位、拼装加固;构件质量检查(对强度、尺寸、形状、损伤、缺陷进行检查);基础弹线编号等。

预制装配式钢筋混凝土构件可以在预制厂或施工现场制作;一些重量不大而数量很多的定型构件通常在预制厂制作;一些尺寸及重量较大,运输不便的构件可在现场制作。

构件的运输工具采用汽车或拖车。要求运输中构件不变形、不损坏、不倾倒。

4)构件的吊装工艺

构件吊装包括绑扎、吊升、就位、临时固定、校正及最后固定等工序。

绑扎:绑扎方法、绑扎点数目和位置,要根据构件的形状、断面、长度、配筋以及起重机的起重性能确定。

吊升:方法有旋转法和滑行法。其中旋转法吊升过程为:柱脚接近基础,起重机边起钩边旋转,使柱绕柱脚旋转逐渐吊升离地,旋转至基础上方,将柱脚插入杯口。柱在吊装过程中受到震动较小。滑行法吊升过程为:起重杆不动,起重钩上升,柱顶随之上升,柱脚沿地面滑向基础,直至柱身直立离开地面,对准基础将柱脚插入杯口。柱在滑行过程中易受到震动,应采取措施(如用加滑撬)减少柱脚与地面的摩擦。

就位、临时固定:将构件插入待安装的位置后,再通过起重机回转进行对位。对位时应在待安装位置四周放入楔块,并用撬棍拨动,使构件的吊装中心线对准安装时的吊装准线;构件对位后,应先把楔块略为打紧,再放松吊钩,检查构件的对中情况,若符合要求,即可将楔块打紧,作构件的临时固定,然后起重钩便可脱钩。

校正、最后固定:构件的校正包括平面位置、标高和垂直度的校正,一般用经纬仪进行。校正后应立即进行固定,其方法是在构件与固定点的空隙中浇筑比构件混凝土强度等级高一级的细石混凝土。

6.2.2.2 装配式预应力钢筋混凝土水池施工

1)装配式预应力钢筋混凝土水池的优点

普通钢筋混凝土的抗拉极限应变只有0.000 1~0.001 5,在正常使用条件下受拉区混凝土开裂,构件的刚度小、挠度大。要使混凝土不开裂,受拉钢筋的应力只能达到30 MPa;对允许出现裂缝的构件,当裂缝宽度限制在0.2~0.3 mm时,受拉钢筋的应力也只能达到200 MPa左右。为了克服普通钢筋混凝土过早出现裂缝和钢筋不能充分发挥其作用这一矛盾,人们创造了对混凝土施加预应力的方法。即在结构或构件受拉区域,通过对钢筋进行张拉后将钢筋的回弹力施加给混凝土,使混凝土受到一个预压应力,产生一定的压缩变形。当该构件受力后,受拉区混凝土的拉伸变形,首先与压缩变形抵消,然后随着外力的增加,混凝土才逐渐被拉伸,明显推迟了裂缝出现时间。

预应力混凝土的优点:能提高钢筋混凝土构件的刚度、抗裂性和耐久性,可有效地利用高强度钢筋和高强度等级的混凝土。与普通混凝土相比,在同样条件下截面小、自重轻、质量高、材料省(要节约钢材20%~40%),并能扩大预制装配化程度。

与普通钢筋混凝土施工相比较,预应力混凝土施工需要专门的机械设备,工艺比较复杂,操作要求较高。预应力混凝土的产生有先张法(在专门的张拉台座上张拉钢筋后再浇筑混凝土)、后张法(在构件或块体上直接张拉预应力钢筋)、电热张拉等施工工艺。

2)装配式预应力钢筋混凝土水池的施工方法

在给排水工程上属于中心受拉构件的水池及压力管道等抗裂性要求很高的结构物宜采用预应力钢筋混凝土结构以提高构件装配化程度,加快施工进度,保证工程质量,增加结构物使用寿命。装配式预应力钢筋混凝土水池比普通钢筋混凝土水池具有更可靠的抗裂性及不透水性。适用于现浇钢筋混凝土底板、预制梁、预制柱、预制壁板及后张预应力池壁的圆形水池。

预应力钢筋主要沿环向布置,但当高度较高的地面式大容量水池,考虑温度收缩应力或由于施加环向预应力时,池壁与底板间会产生摩擦力,而使池壁产生垂直方向的弯矩,为防止由此而形成的水平裂缝,有时也在垂直方向施加预应力钢筋。

由于整体式(池壁与池底、池顶一起)连接太紧密,限制了池壁两端的位移,从而使上、下端附近产生垂直方向的弯矩,对结构不利。所以,做成整体式预应力水池并非一定经济。为了避免池壁上、下端产生不利的弯矩,可使池壁与顶板或底板分开。如此既减小了竖向力矩,又加大了环向应力,不过,环向应力可由预应力环筋负担。通常条件下,将预应力钢筋混凝土水池做成装配式的。在村镇给排水工程中较少使用预应力钢筋混凝土水池,在此不再对该施工进行详细描述。

6.2.3 砖石砌体水池施工

当水池容积较小,受经济条件限制时,也可采用砖石或料石砌体水池。

6.2.3.1　砖石砌体材料及砌筑前的要求

1）*砖石砌体所用的材料要求*

（1）机制普通黏土砖的强度等级不应低于 MU7.5，其外观质量应符合设计规定，当无规定时，应符合国家现行标准《普通黏土砖》规定的一等砖的要求。

（2）石料应采用料石，质地坚实，无风化和裂纹，其强度等级不应低于 MU20。

（3）砂子宜采用中、粗砂，质地坚硬、清洁、级配良好，使用前应过筛，其含泥量不应超过3%。

（4）砌筑砂浆应采用水泥砂浆。

2）*砖石砌筑前的要求*

（1）砖石砌筑前应将砖石表面上的污物和水锈清除。砖石应浇水湿润，砖应浇透。

（2）砖石砌体中的预埋管应有防渗措施。当设计无规定时，可以满包混凝土将管固定而后接砌。满包混凝土宜呈方形，其管外浇筑厚度不应小于 100 mm。

（3）砖石砌体的池壁不得留设脚手眼和支搭脚手架。

（4）砖石砌体砌筑完毕，应立即进行养护，养护时间不应少于 7 d。

（5）砖石砌体水池不宜冬期施工。

6.2.3.2　砖砌水池

砖砌池壁时，砌体各砖层间应上下错缝，内外搭砌，灰缝均匀一致。水平灰缝厚度和竖向灰缝宽度宜为 10 mm，但不应小于 8 mm，并不应大于 12 mm。圆形池壁，里口灰缝宽度不应小于 5 mm。

砖砌水池的施工允许偏差应符合表 6-5 的规定。

表 6-5　砖砌水池施工允许偏差

项　目		允许偏差(mm)
轴线位置（池壁、隔墙、柱）		10
高程（池壁、隔墙、柱的顶面）		±15
平面尺寸（池体长、宽或直径）	$L \leqslant 20$ m	±20
	20 m $< L \leqslant 50$ m	$\pm L/1\,000$
垂直度（池壁、隔墙、柱）	$H \leqslant 5$ m	8
	$H > 5$ m	$1.5H/1\,000$
表面平整度（用 2 m 直尺检查）	清　水	5
	浑　水	8
中心位置	预埋件、预埋管	5
	预留洞	10

注：L 为池体长、宽或直径；H 为池壁、隔墙或柱的高度。

6.2.3.3　料石砌体水池

砌筑料石池壁时，应分层卧砌，上下错缝，丁、顺搭砌；水平缝宜采用坐灰法，竖向缝宜采用灌浆法。水平灰缝厚度宜为 10 mm。竖向灰缝厚度：细料石、半细料石不宜大于 10 mm；粗料石不宜大于 20 mm。

纠正料石砌筑位置的偏移时,应将料石提起,刮除灰浆后再砌,并应防止碰动邻近料石,严禁用撬移或敲击纠偏。

料石砌体勾缝前,应将砌体表面上黏结的灰浆、泥污等清扫干净,并洒水湿润。

料石砌体水池施工允许偏差应符合表 6-6 的规定。

表 6-6　料石砌体水池施工允许偏差

项　目		允许偏差(mm)
轴线位置(池壁)		10
高程(池壁顶面)		±15
平面尺寸(池体长、宽或直径)	$L \leq 20$ m	±20
	20 m $< L \leq 50$ m	$\pm L/1\ 000$
砌体厚度		−5 ~ +10
垂直度(池壁)	$H \leq 5$ m	10
	$H > 5$ m	$2H/1\ 000$
表面平整度(用 2 m 直尺检查)	清 水	10
	浑 水	15
中心位置	预埋件、预埋管	5
	预留洞	10

注:L 为池体长、宽或直径;H 为池壁高度。

6.3　沉井施工

村镇供水工程中,常会修建埋深较大而横断面尺寸相对不大的构筑物(地下水源井、地下泵房等),这类构筑物在流砂、软土、高地下水位等地段及现场窄小地段采用大开槽方法修建,施工会遇到很多困难。为此,常采用沉井施工。

沉井施工就是先在地面上预制井筒,然后在井筒内不断将土挖出,井筒借自身的重力或在附加荷载的作用下,克服井壁与土层之间的摩擦阻力及刃脚下土体的反力而不断下沉直至设计标高为止,然后封底,完成井筒内的工程施工。其施工程序有基坑开挖、井筒制作、井筒下沉及封底。

6.3.1　水下灌注混凝土施工

在进行基础施工中,如在江河水位较深,流速较快情况下修建取水构筑物(如泵房等),有时地下水渗透量大,大量抽水又会影响地基质量,常可采用直接在水下灌注混凝土的方法,或灌注连续墙,灌注桩,沉井封底等。

6.3.1.1　水下灌注混凝土应解决的问题

应防止未凝结的混凝土中水泥流失。当混凝土拌和物直接向水中倾倒时,在穿过水层达到基底过程中,由于混凝土的各种材料所受浮力不同,水泥浆和骨料将会分解,骨料先沉入水底,而水泥浆则会流失在水中,以致无法形成混凝土。

6.3.1.2　混凝土水下施工方法

混凝土水下施工方法一般分为水下灌注法和水下压浆法。

1)水下灌注法

水下灌注法有直接灌注法、导管法、泵压法、柔性管法和开底容器法等。通常施工中使用较多的方法是导管法。

导管法是将混凝土拌和物通过金属管筒在已灌注的混凝土表面之下灌入基础,这样,就避免了新灌注的混凝土与水直接接触,如图6-9所示。导管活塞见图6-10。

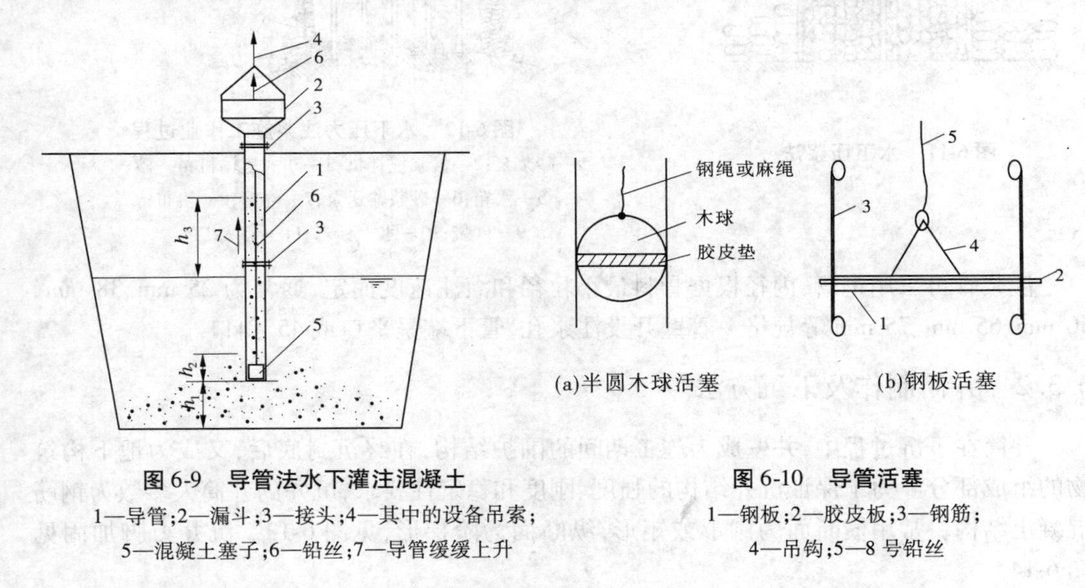

(a)半圆木球活塞　　(b)钢板活塞

图6-9　导管法水下灌注混凝土

1—导管;2—漏斗;3—接头;4—其中的设备吊索;5—混凝土塞子;6—铅丝;7—导管缓缓上升

图6-10　导管活塞

1—钢板;2—胶皮板;3—钢筋;4—吊钩;5—8号铅丝

导管法施工过程包括填料、开管、提升、浇筑。

当导管下口与基底的距离 $h_1=30\sim50$ cm、导管下口与灌入混凝土高之间的距离 $h_2=0.5\sim1$ m、管内混凝土顶高出水面的距离 $h_3=2.5$ m时剪断铅丝,冲开塞子(开管),浇筑混凝土,同时提升导管,防止堵塞。

施工中应控制以下几点:

(1)应连续浇灌,保证浇灌速度为每小时提升导管0.5~3 m,即浇混凝土15 m^3/h。

(2)多根导管共同作业时,应控制每根导管作用半径在3~4 m;控制各根导管之间混凝土顶面标高。

(3)运输、浇筑要求与其他混凝土施工相同,主要是保证连续浇灌;控制初凝时间内浇筑完成。

2)水下压浆法

水下压浆法是先在水中抛填粗骨料,并在其中埋设注浆管,然后把水泥砂浆通过泵压入注浆管内并进入骨料中,如图6-11所示。水下压力注浆施工作业过程见图6-12。

水下注浆分自动灌注和加压注入。加压注入由砂浆泵加压。

骨料用带有拦石钢筋的格栅模板、板桩或砂袋定形。

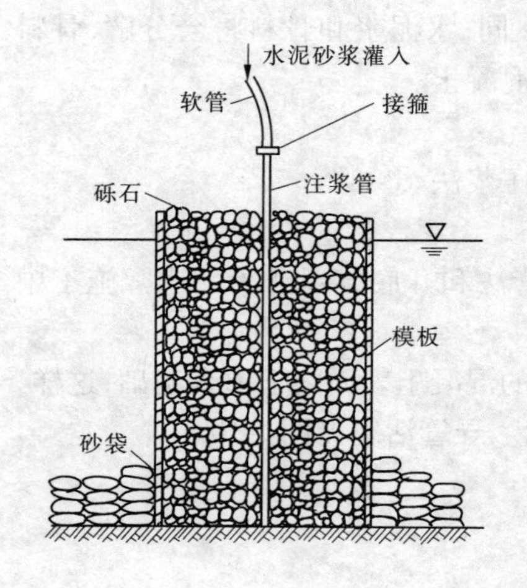

图 6-11　水下压浆法

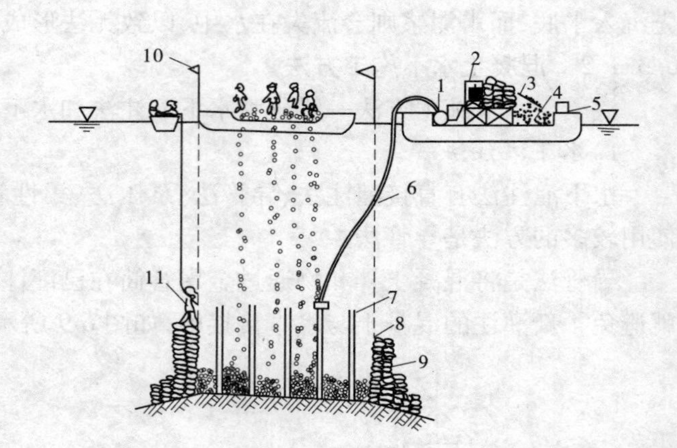

图 6-12　水下压力注浆施工作业过程

1—砂浆泵;2—砂浆搅拌机;3—斗式运输机;4—砂;
5—水箱;6—砂浆输送泵;7—导管;8—帆布;
9—砂袋;10—水上标志;11—潜水工

注浆管可采用钢管,内径根据骨料最小粒径和灌注速度而定,通常为 25 mm、38 mm、50 mm、65 mm、75 mm 等规格。管壁开设注浆孔,管下端呈平口或 45°斜口。

6.3.2　井筒制作及下沉方法

井筒在下沉过程中,井壁成为施工期间的围护结构,在终沉封底后,又成为地下构筑物的组成部分。为了保证沉井结构的强度、刚度和稳定性要求,沉井的井筒大多数为钢筋混凝土结构。常用横断面为圆形或矩形,纵断面为阶梯形,见图 6-13。沉井刃脚加固见图 6-14。

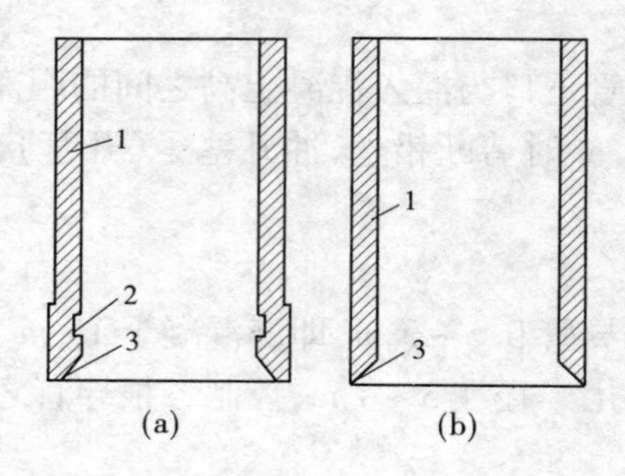

图 6-13　沉井纵断面

1—井壁;2—凹口;3—刃脚

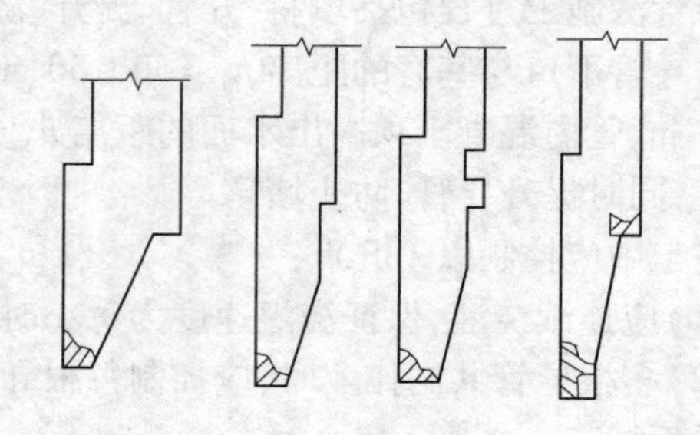

图 6-14　沉井刃脚加固

6.3.2.1　井筒制作

井筒制作方法有天然地面制作下沉(无垫木法)和水面筑岛制作下沉(有垫木法)。前者适用于无地下水或地下水位较低时,采用基坑内制备井筒下沉,其坑底最少应高出地下水位 0.5 m。后者适用于在地下水位高,或在岸滩,或在浅水中制作沉井,先用砂土或土(透水性好,易于压实。不能用黏土、石料土)修筑土岛,井筒在岛上制作,然后下沉。

井筒制作工序包括基坑及坑底处理、井筒混凝土浇灌。

1）基坑及坑底处理

地基承载力较大时，可进行浅基处理即无垫木法，即在与刃脚底面接触的地基范围内，进行原土夯实，垫砂垫层、砂石垫层、灰土垫层等处理，垫层厚度一般为300～500 mm。然后在垫层上浇灌混凝土井筒。

坑底承载力较弱时，应在人工垫层上设置垫木，增大受压面积。

2）井筒混凝土浇灌

分段浇灌，挖土分段下沉，不断接高。即浇一节井筒，井筒混凝土达到一定强度后，挖土下沉一节，待井筒顶面露出地面尚有0.8～2 m时，停止下沉，再浇制井筒、下沉，轮流进行，直到达到设计标高为止。该方法对地基承载力要求不高，工序多，工期长，在下沉时易倾斜。

分段浇灌接高，一次下沉。即分段浇制井筒，待井筒全高浇筑完毕并达到所要求的强度后，连续不断地挖土下沉，直到达到设计标高。对地基承载力要求较高，工期短，高空作业多，接高时易倾斜。

沉井制作的允许偏差应符合表6-7的规定。

表6-7　沉井制作的允许偏差

项　目		允许偏差(mm)
平面尺寸	长、宽	±0.5%，且不得大于100
	曲线部分半径	±0.5%，且不得大于50
	两对角线差	为对角线长的1%
井壁厚度		±15

6.3.2.2　井筒下沉

1）沉井下沉前的准备工作

（1）将井壁、底梁与封底及底板连接部位凿毛。

（2）将预留孔、洞和预埋管临时封堵，并应密封牢固和便于拆除。对预留顶管孔，可在井壁内侧以钢板密封，外侧用黏性土填实。

（3）应在沉井的外壁四面中心对称画出标尺，内壁画出垂线。

2）沉井下沉方法

沉井下沉过程中主要克服井壁与土间的摩擦力和地面对刃脚的反力。当井筒没有足够的自重而不能下沉时，可以采取附加荷载以增加井筒下沉重量，也可以采用震动法、泥浆套下沉（见图6-15）或气套方法以减小摩擦阻力使之下沉。有排水下沉、不排水下沉、触变泥浆套沉井。当土质为砂土时，可用高压水枪先将井内泥土冲松稀释成泥浆，然后用水力吸泥机将泥浆吸出排到井外，见图6-16。

排水下沉是在井筒下沉和封底过程中，采用井内开设排水明沟（人工挖土、机械挖土、水力吸泥机吸土），用水泵将地下水排除或采用人工降低地下水位的方法排出地下水。适用于井筒所穿过的土层透水性较差，涌水量不大，排水不致产生流砂现象而且现场

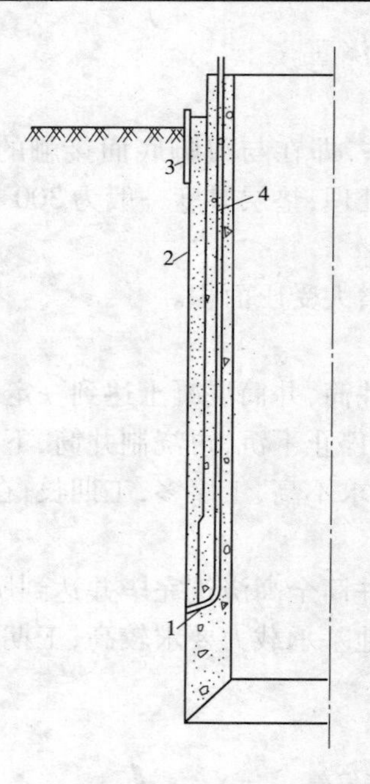

图 6-15　泥浆套下沉
1—刃脚;2—泥浆套;
3—地表围圈;4—泥浆管

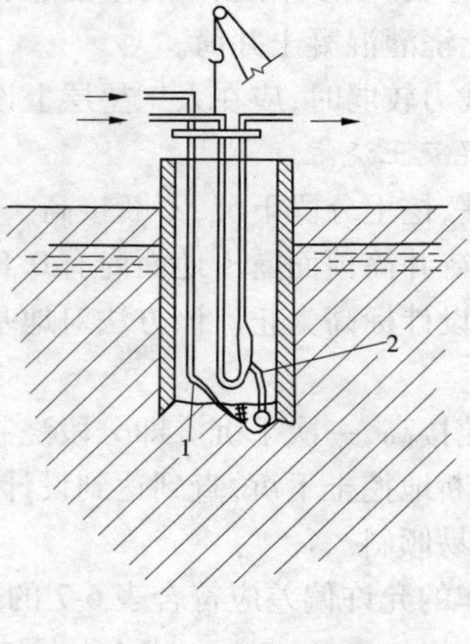

图 6-16　水枪冲土下沉
1—水枪;2—水力吸泥机

有排水出路的地方。

不排水下沉是在水中挖土(人工挖土、机械挖土、水力吸泥机吸土)。适用于排水有困难或在地下水位较高的亚砂土和粉砂土层,有产生流砂现象的地区或周围地面和建筑物有防沉陷要求时。

下沉中要使井内水位比井外地下水位高 1 ~ 2 m,以防流砂。

触变泥浆套沉井是在井壁与土之间注入触变泥浆,形成泥浆套,以减小井筒下沉的摩擦力。

为了在井壁与土之间形成泥浆套,井筒制作时在井壁内埋入泥浆管,或在混凝土中直接留设压浆通道;井筒下沉时,泥浆从刃脚台阶处的泥浆通道口向外挤出,见图 6-15。

3)沉井下沉完毕后的允许偏差

(1)刃脚平均高程与设计高程的偏差不得超过 100 mm;当地层为软土层时,其允许偏差值可根据使用条件和施工条件确定。

(2)刃脚平面轴线位置的偏差,不得超过下沉总深度的 1%;当下沉总深度小于 10 m 时,其偏差可为 100 mm。

(3)沉井四角(圆形为相互垂直两直径与圆周的交点)中任何两角的刃脚底面高差不得超过该两角间水平距离的 1%,且最大不得超过 300 mm;当两角间水平距离小于 10 m 时,其刃脚底面高差可为 100 mm。

注:下沉总深度,是指下沉前与下沉完毕后刃脚高程之差。

6.3.2.3　井筒封底

井筒封底的目的是保证底板不渗漏。一般采用钢筋混凝土、防水油毡作封底材料。

采用导管法进行水下混凝土封底时,应遵守下列规定:

(1)基底的浮泥、沉积物和风化岩块等应清除干净。当为软土地基时,应铺以碎石或卵石垫层。

(2)混凝土凿毛处应洗刷干净。

(3)导管应采用直径为200~300 mm的钢管制作,并应有足够的强度和刚度。导管内壁应光滑,管段的接头应密封良好并便于拆装。

(4)导管数量应由计算确定。导管的有效作用半径可取3~4 m。其布置应使各导管的浇筑面积互相覆盖,对边沿或拐角处,可加设导管。

(5)导管设置的位置应准确。每根导管上端应装有数节1.0 m长的短管。导管中应设球塞或隔板等隔水。采用球塞时,导管下端距井底的距离应比球塞直径大50~100 mm;采用隔板或扇形活门时,其距离不宜大于100 mm。

(6)每根导管浇筑前,应备有足够的混凝土量,使开始浇筑时,能一次将导管底埋住。

(7)水下混凝土封底浇筑时,应从低处开始,逐渐向周围扩大。当井内有隔墙、底梁或混凝土供应量受到限制时,应分格浇筑。

(8)每根导管的混凝土应连续浇筑,且导管埋入混凝土的深度不宜小于1.0 m。各导管间混凝土浇筑面的平均上升速度不应小于0.25 m/h;相邻导管间混凝土上升速度宜相近,终浇时混凝土面应略高于设计高程。

水下封底混凝土强度达到设计规定,且沉井能满足抗浮要求时,方可将井内水抽除。

6.3.2.4　质量检查与控制

井筒在下沉过程中,由于水文地质资料掌握不全,下沉控制不严,以及其他各种原因,可能发生土体破坏、井筒倾斜、筒壁裂缝、下沉过快或不继续下沉等事故,应及时采取措施加以校正。

1)土体破坏

在土质松散地区沉井下沉过程中,产生破坏土的棱体,影响周围建、构筑物。应采取护土和设置支撑(刃脚斜面的模板应待混凝土强度达到设计强度的70%及以上时,方可拆除)措施。

2)井筒倾斜

当刃脚下面的土质不均匀、井壁四周土压力不均衡、挖土操作不对称或刃脚某一处有障碍物时,都会导致井筒倾斜。在井筒内设置垂球观测、电测等;井筒外采用标尺测定、水准测量等。施工中采取下沉慢的一侧多挖土,下沉快的一侧将土夯实或做人工垫层;井筒外壁一边开挖土方,相对另一边回填土方,并且夯实;下沉慢的一边增加荷载;如果由于地下水浮力而使加载失去则应抽水后进行校正;下沉慢的一侧安装振动器振动或用高压水枪冲击刃脚使土与井壁之间摩擦力减小;小石块用刨挖方法去除,或用风镐凿碎,大石块或坚硬岩石则用炸药清除。

3)井筒裂缝

井筒裂缝有环向裂缝(下沉时井筒四周土压力不均造成的)和纵向裂缝(挖土时遇到石块或其他障碍物,井筒仅支于若干点,混凝土强度又较低时)。

预防措施有:井筒达到规定强度后才能下沉;在井筒外面挖土,以减小该方向的土压力或撤除障碍物。

一旦出现裂缝可用水泥砂浆、环氧树脂或其他补强材料涂抹裂缝进行补救。

4）井筒下沉过快或沉不下去

（1）下沉过快。下沉过快是由于长期抽水或因砂的流动，使井筒外壁与土之间的摩擦力减小；土的耐压强度较小，使井筒下沉速度超过挖土速度而无法控制。可将土夯实，增加土与井壁之间的摩擦力；下沉到设计标高时防自沉，即不挖刃脚土，立即封底；在刃脚处修筑单独的混凝土支墩或连续式混凝土圈梁。

（2）沉不下去。沉不下去可能是遇有障碍或自重过轻。应清除障碍物或加载下沉。

6.4　管井施工

管井是垂直安装在地下的取水构筑物，主要由井壁管、滤水器、沉淀管、填砾层和井口封闭层等组成。其结构形式见图 6-17。

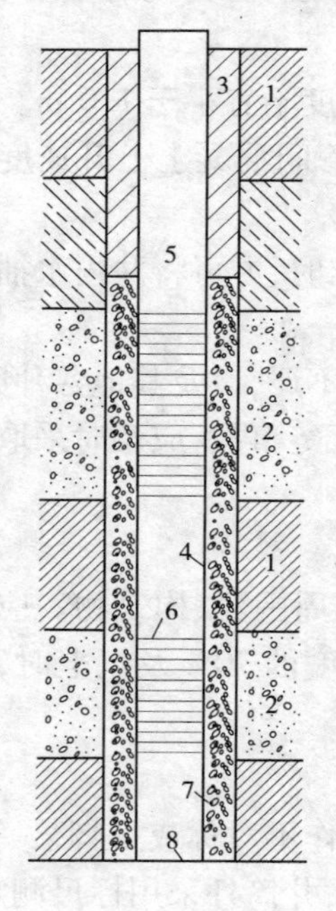

图 6-17　管井结构

1—非含水层；2—含水层；3—人工封闭物；4—人工填料；5—井管壁；6—过滤器；7—沉淀管；8—井座

井口封闭层或井头是管井外围由封闭物顶部至井口段，用不透水材料砌筑的部分。井头出口处的井管应与水泵或泵管连接紧密，以防进入污水和杂物，且便于安装和拆卸。

井壁管是井头以下井管的不透水部分。可采用钢管、铸铁管、钢筋混凝土管、塑料管等。常用井壁管管材适宜深度见表 6-8。

过滤器是井管的进水部分，为主要的滤水阻砂装置。有圆孔过滤器（适用于坚硬不稳定的裂隙含水岩石）、条孔过滤器（适用于中砂、粗砂、砾石含水层）、填砾过滤器（是在缠丝过滤器外围回填与含水层的颗粒组成有一定级配关系的粗砂或砾石，在砂、砾含水层中广泛应用的一种）、砾石水泥过滤器（即无砂混凝土管，是农村取水中广泛应用的一种，适用于各种含水层中深度不超过 80 m 的管井）等。

沉淀管位于井的底部，是为了沉积随水进入井内而未随水抽出的泥沙，以便对管井进行定期清理，防止井淤。沉淀管的长度与井身及井水含沙量有关。

管井的深度、孔径，井管的种类、规格及安装位置，填砾层的厚度，井底的类型和抽水机械设备的型号等取决于取水地段的地质构造、水文地质条件及供水设计要求等。

表 6-8　常用井壁管管材适宜深度

管材类型	钢管	铸铁管	钢筋混凝土管	多孔混凝土管
适宜深度（m）	>400	200～400	100～200	≤100

施工前的准备:包括场地平整、施工用水、施工用电、施工用黏土、回填滤料(不合格的颗粒含量不得超过15%)、井管(一般采用壁厚5~6 mm的钢制管)、滤水管(一般采用圆孔缠丝滤水管,孔隙率一般为25%~30%,不得小于20%)、泥浆池的开挖和钻机安装等。这些准备工作都由承包人根据施工的需要独立完成。

6.4.1　管井的施工方法

管井施工是用专门的钻凿工具在地层中钻孔且同时排泥,然后安装过滤器和井管,再进行填砾、洗井与抽水试验等。

6.4.1.1　钻凿井孔

(1)钻凿井孔是指采用钻进机械(冲击钻进、回转钻进、锅锥钻进等)钻进至预定的深度。绳索式冲击钻机和钻杆式冲击钻机分别见图6-18、图6-19。其中冲击钻进是靠冲击钻头直接冲击岩石形成井孔,适用于松散石砾层与半岩层;回转钻进(见图6-20)是依靠钻进机械旋转使钻具切碎岩石形成井孔,适用于钻进坚硬的岩石。回转式正循环钻机适应的地层为松散层和基岩层、黏性土和砂土层;回转式反循环钻机适应的地层为黏土、砂、卵砾石层;冲击式钻机适应的地层为松散层,黏土、砂、卵砾石层;冲抓式钻机适应的地层为黏土、砂、卵砾石层,大漂石。锅锥钻进是一种人力与动力相结合的一种半机械钻机,适用于松散的冲击层。

钻进时应防止井孔坍塌、井孔弯曲、卡钻、折断或钻头脱落。

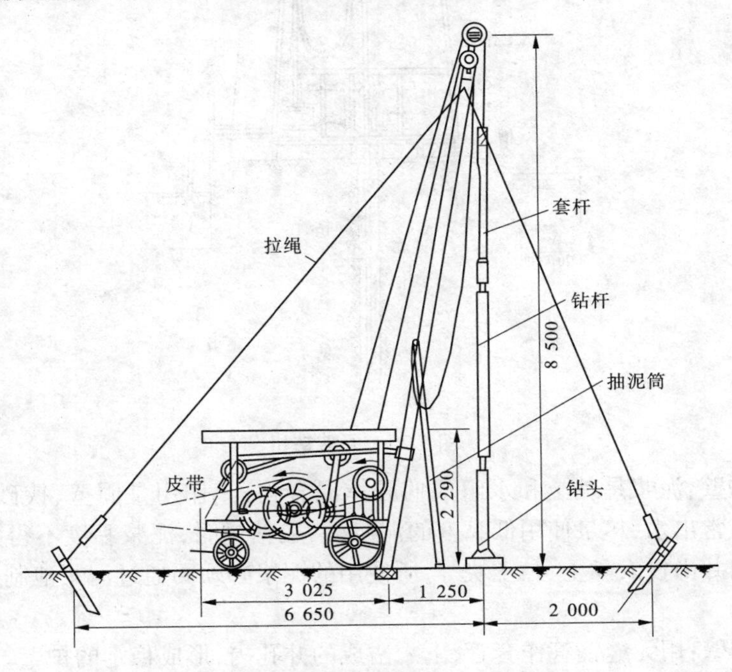

图6-18　绳索式冲击钻机　(单位:mm)

(2)在钻机钻进过程中应及时清理井孔,注意护壁与冲洗作业。

(3)护壁可采用泥浆护壁、套管护壁、清水水压护壁。

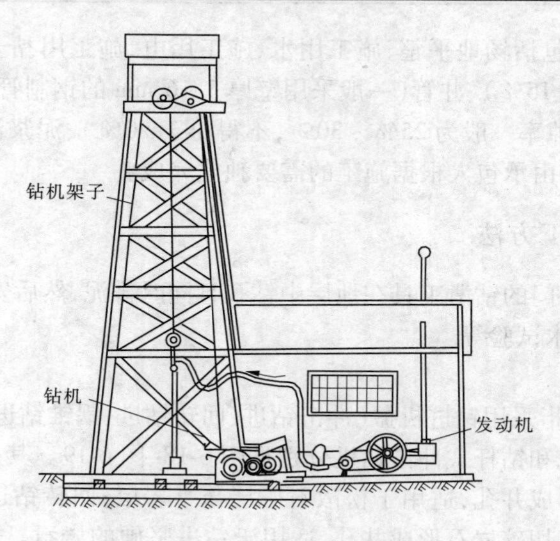

图 6-19　钻杆式冲击钻机

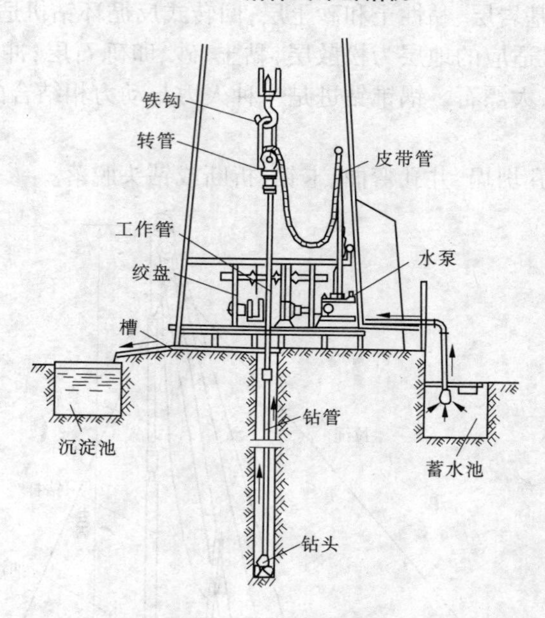

图 6-20　回转钻机

①泥浆护壁：泥浆是黏土和水组成的胶体混合物，其作用是固壁、挟砂、冷却、润滑。为保证井孔正常出水，尽量使用低黏度的泥浆，一般钻进时，泥浆黏度不得大于 20 s。在钻进中严禁向井内投入黏土、黏土块等，所使用的泥浆必须要通过泥浆池制备好后才能进入井孔内。

②套管护壁：用无缝钢管作套管，下入凿成的井孔内，形成稳定的护壁。

③清水水压护壁：利用水压作为液体支撑。

(4)在钻近中应根据地层的变化随时取样，每 5 m 至少取样一次，地层变化时要及时在地层变化处取样。

(5)根据钻进取样的实际情况,合理确定终孔位置。

6.4.1.2　井管的安装

(1)试孔。用试孔器检测井深、井孔直径、井的垂直度,核对地层岩性,捞净井内岩渣。

(2)掏泥及换浆。可单独钻新孔作掏泥筒或钻、掏合一的抽筒。将井孔内原有的泥浆换成较稀的泥浆,新换泥浆黏度一般不能大于20 s,最好使用黏度为18 s泥浆。

(3)进行电测井。将根据电测井解析的地层资料与原记录的地层资料进行对比,确定取水层和非取水层的具体深度。

(4)排定井壁管与花管的具体位置。根据已确定的层位,排定井壁管与花管的具体位置,将选好的管材按顺序排列好、编号。排管时在井底部留有5 m的沉滤管。排管前应再次逐根检查管材和滤管的质量,不合格的井管和花管不能下入井内,沉滤管底部用钢板焊死。

(5)下管及井管焊接。下管方法,应根据下管深度、管材强度和钻探设备等因素进行选择:①井管自重(浮重)不大于井管允许抗拉力和钻机安全负荷时,用直接提吊下管法,通常采用井架、管卡、滑车等起重设备依次单根接送;②井管自重(浮重)大于井管允许抗拉力和钻机安全负荷时,用浮板下管法或托盘下管法,浮板多采用木制,该方法通常适用于重量较大的钢管、铸铁管。

焊接井管是保证井管质量的重要工序之一,主要是控制好焊接的垂直度和焊缝。控制好垂直度,可保证在两个相互成90°的方向上用吊线法检测,上下两节管在一直线上时先用点焊方法固定,再沿两管的接缝完全焊牢,焊缝要求平顺,不得有焊瘤、气孔等现象。管与管的焊接必须完全焊住,不得用点焊法代替。

(6)扶正器的安装。一般在120 m井安装4组,200~250 m井安装8组。扶正器除在井口、入井底处各设一组外,其余的应均匀分布在井中。扶正器采用环形铁制,外环直径不得小于设计孔径。扶正器应焊接牢靠,也要采用连续焊接的方法,不得用点焊法代替。

(7)井管悬吊于井孔中。井管全部焊接完成后,为保证井管的垂直度,井管应悬吊于井孔中,井管底部距井孔底部应有30 cm左右的空间。

(8)核实井管实际长度。井管全部焊接完成并悬吊于井孔中后,从井管中测量井管的实际长度,与原定的安装图作最后的核实。

6.4.1.3　填砾石(砾石滤层)与井管外封闭

为扩大滤水能力,防止隔水层或含水层塌陷而阻塞滤水管的滤网,在井壁管(滤水管)周围应回填砾石滤层。

1)回填砾石的施工方法

直接投入法。其优点是简便、适用。

成品下入法:将砾石预装在滤水器的外围,如常见的笼状过滤器。

回填砾石滤层的高度,要使含水层连通以增加出水量,并且要超过含水层几米。

2)井管外封闭

目的是做好取水层和有害取水层的隔离,并防止地表水渗入地下,使井水受到污染。用黏土封闭或混凝土封闭。

3)滤料回填注意事项

(1)滤料回填前应认真检查滤料是否符合要求,达不到要求的滤料不能回填。

(2)滤料回填只能用人工进行,沿环形间隙慢速均匀回填,不得使用桶、车等器物向井内倾倒。

(3)做好回填记录。回填时以 2 m^3 为一个单位,每填完 2 m^3 应测量滤料上升高度,并做好测量记录,当发现滤料上升超过预计高度时,说明滤料回填不实,应及时处理。当处理后的检测深度达到预期深度以下时,应记录下此时的滤料高度,再进行下一个单位的回填。此记录要求一直延续到井口,中间不得间断,回填记录必须在现场实时记录,不得追记。

6.4.1.4　洗井、抽水试验及验收

1)洗井

洗井是为了清除在钻进过程中孔内岩屑和泥浆对含水层的堵塞,同时排出滤水管周围含水层中的细颗粒,以疏通含水层,借以增大滤水管周围的渗透性能,减小进水阻力,延长使用寿命。

洗井必须在下管、填砾、封井后立即进行,否则将会造成孔壁泥皮固结,造成洗井困难。洗井方法有活塞洗井(适用于松散井孔,井管强度允许,管井深度不太大的情况)、压缩空气洗井(适用于粗砂、卵石层中管井的冲洗)、水泵和泥浆泵洗井、化学洗井。

洗井用的活塞应是专用的洗井活塞,活塞胶皮外径可小于井管内径 5 ~ 10 mm,洗井时应经常检查活塞胶皮外径,当外径被磨损后,应及时更换胶皮,以保证洗井效果。活塞洗井时应从上至下在花管处每 5 m 左右作为一个洗井段,逐段清洗,每洗完一段后即用空压机或抽桶清理孔内残渣。活塞洗井时,活塞向上拉动的速度不应小于 1 m/s,以保证活塞洗井的效果,每段必须达到水清砂净。活塞洗井时间一般井不应少于 4 个台班,大于 200 m 深的井不应少于 8 个台班。

2)抽水试验及验收

抽水试验主要是控制好水质、水量(最大、平均出水量)、水位恢复状况。抽水试验延续时间不少于 6 个台班;抽水所用水泵应与该井的设计流量相一致;做好试抽水记录,包括开始抽水时的静水位埋深、水泵型号、开始抽水时间、实测的出水量,抽水每隔 1 h 测量并记录动水位,抽水停止时的动水位等。

试验抽水终止前,用水样瓶取水样 1 kg,送交有资质的检测单位进行水质检测分析。

水泵抽水 30 min 时取水样 30 kg,静置后将沉淀下来的泥沙和滤纸分离出来,烘干或晒干后用天平测量泥沙重量,泥沙重量与水的重量比即为含沙量;中、细砂含水层的含沙量不超过 1/20 000 者为合格,粗砂、砾石、卵石含水层的含沙量不超过 1/50 000 者为合格。

验收主要内容:井位、井深和井径符合设计要求;抽水试验时,管井出水量应与设计相符,如水文地质条件与原设计不符,可按修改后的设计验收;井水含沙量符合设计要求,水质符合用水标准;井底沉淀物厚度,应小于井深的 5/1 000;管井轴线垂直度,应不超过 1。

3)凿井常见事故的预防和处理

a. 井孔坍塌

施工中应注意根据土层变化情况及时调整泥浆指标,或保持高压水护孔;做好护口管

外封闭，以防泥浆在护口管内外串通；特殊岩层钻进时须储备大量泥浆，准备一定数量的套管；停工期间每4～8 h搅动或循环孔内泥浆一次，发现漏浆及时补充；在修孔、扩孔时，应加大泥浆的比重和黏度。

发现井孔坍塌时，应立即提出钻具，以防埋钻，并摸清塌孔深度、位置、淤塞深度等情况，再行处理。如井孔下部坍塌，应及时填入大量黏土，将已塌部分全部填实，加大泥浆比重，按一般钻进方法重新钻进。

b. 井孔弯曲

钻机安装平稳，钻杆不弯曲；保持顶滑轮、转盘与井口中心在同一垂线上；变径钻进要有导向装置；定期观测，及早发现。

冲击钻进时可以采用补焊钻头，适当修孔或扩孔来纠斜。当井孔弯曲较大时，可在近斜孔段回填土，然后重新钻进。

回转钻进纠斜可以采用扶正器法或扩孔法。在基岩层钻进时，可在粗径钻具上加扶正器，把钻头提到不斜的位置，然后采用吊打、轻压、慢钻速钻进。在松散层钻进时，可选用稍大的钻头，低压力、慢进尺、自上而下扩孔。

另外，还可采用灌注水泥法和爆破法等。

c. 卡钻

钻头必须合乎规格；及时修孔；使用适宜的泥浆保持孔壁稳定；在松软地层钻进时不得进尺过快。

在冲击钻进中，出现上卡，可将冲击钢丝绳稍稍绷紧，再用掏泥筒钢丝绳带动捣击器沿冲击钢丝绳将捣击器降至钻具处，慢慢进行冲击，待钻具略有转动，再慢慢上提。出现下卡，可将冲击钢丝绳绷紧，用力摇晃或用千斤顶、杠杆等设备上提。出现坠落石块或杂物卡钻，应设法使钻具向井孔下部移动，使钻头离开坠落物，再慢慢提升钻具。

在回转钻进中，出现螺旋体卡钻，可先迫使钻具降至原来位置，然后回转钻具，边转边提，直到将钻具提出，再用大"钻耳"的鱼尾钻头或三翼刮刀钻头修理井孔。当出现掉块、探头石卡钻或岩屑沉淀卡钻时，应设法循环泥浆，再用千斤顶、卷扬机提升，使钻具上下串动，然后边回转边提升把钻具捞出。较严重的卡钻，可用振动方法解除。

d. 钻具折断或脱落

合理选用钻具，并仔细检查其质量；钻进时保持孔壁圆滑、孔底平整，以消除钻具所承受的额外应力；卡钻时，应先排除故障再进行提升，避免强行提升；根据地层情况，合理选用转速、钻压等钻进参数。

钻具折断或脱落后，应首先了解情况，如孔内有无坍塌淤塞情况、钻具在孔内的位置、钻具上断的接头及钻具扳手的平面尺度等。了解情况常采用孔内打印——作标记的方法。钻具脱落于井孔，应采用扶钩先将脱落钻具扶正，然后立即打捞。

4）使用中常见病害及管理

常见病害有井腔淤积，井台下沉，井管弯曲、折断、接头错位，出水量逐渐减少或不上水等。

a. 井腔淤积

井腔淤积是管井最常见的现象之一。根据调查资料发现，每年报废的机井中由于井淤造成报废的占总数的50%左右。

井腔淤积的原因主要有:

(1)成井时人工滤水层的滤料不合格,即粒径配比不合理,回填时又未按规程操作。滤料质量太差,杂质多,填筑前又未筛分清洗等,使人工构成的滤层不能有效地阻挡细粉砂粒进入井腔。

(2)人工填筑时如果过猛或者只从一个方向填入,势必把井管挤向一侧,使井管紧贴井孔壁,抽水时必定将大量的粉细砂吸进井腔,久而久之则会造成淤积,还有可能造成井管弯曲、下沉等。

(3)井管接头处理不严密,也是造成井淤的原因之一。

(4)井泵不配套。在贫水区或汇水慢的地区用大泵或高效强制抽水也会造成井淤。

(5)水文地质条件不容易成井,即在流砂区打井也会造成井淤。

(6)管井汛期被洪水淹没也会造成井淤。

b. 井台下沉,井管弯曲、折断、接头错位

井台下沉,井管弯曲、折断、接头错位的原因主要有:

(1)人工回填滤层处理得不好,局部出现空洞或回填不实,抽水后造成空洞又不及时填补,造成井台下沉和井管弯曲。

(2)人工滤层上部黏土回填不实。

(3)成井区为细粉砂,人工滤层不能阻挡其向井内流入,从而产生局部被抽空或发生井管错位现象。

c. 出水量逐渐减少或不上水

出水量逐渐减少或不上水的原因主要有:

(1)成井区水文地质条件不好,井孔位于贮水条件差或渗透力较差的地层内。

(2)机井长期闲置期间没有进行定期的维护性抽水,使水中微生物、杂质,特别是$Fe(OH)_2$遇氧后氧化成$Fe(OH)_3$,沉淀于滤层及水泵吸水管、井壁周围,堵塞了进水通道,影响了机井的出水量。

(3)井距过小,同时抽水时相互干扰,久而久之将造成较深的地下水滤斗,不但出水减少,也会造成无水可抽。

(4)机泵、井泵不配套。

(5)地下水补给强度小。

使用中应在保证成井质量的前提下加强日常维护、提高管理水平,措施主要有:

(1)定期测定井深、水深和水位降幅,做好维护性抽水清淤。投入使用的机井,每半年应测定井深和水深2~5次,从而掌握井淤和水位变化。

(2)坚持经常性和维护性抽水。对于闲置多年的机井,必须坚持每2~3个月维护性抽水1次,每次不少于4 h。

(3)认真接好机泵、机井配泵。井泵配套要在认真测井的基础上进行,这不仅可以节约能源,而且不会超采地下水。

机、泵安装要合理、规范,避免因机械振动毁坏井管或发生井台下沉。

防止启动涌沙。柴油机启动时严禁大油门和高速运转,避免在极短时间内造成井腔

内水位下降过大,产生涌沙或井淤。

6.5 水窖施工

6.5.1 水窖施工方法及步骤

水窖的施工有两种方法,即掏挖和大开挖(岩石区内开挖要爆破施工)。其中掏挖方法适用于瓶形、窖式、盖碗式和茶杯式水窖;大开挖方法适用于圆柱形、球形水窖。

水窖施工的步骤一般包括放线、掏挖、防渗、窖口处理、加设顶盖。

6.5.1.1 窖体开挖

水窖工程选址后,应按设计的规格尺寸从窖口开始开挖,在窖口处吊一中心线,由中心线垂直向下挖,向四周扩大开挖成水窖机坑,每向下挖深1 m,校核一次直径。

6.5.1.2 窖体防渗

不同结构形式的水窖防渗处理方法不同,瓶形、球形等薄壁衬砌水窖防渗方法可采用胶泥防渗和水泥砂浆防渗两种方法;盖碗式、茶杯式、圆柱形、窖式水窖可采用浇筑混凝土防渗和砌筑浆砌石防渗。

1)胶泥防渗

在窖壁上开挖口小里大的码眼(圆孔),码眼口稍微向上具有一定倾斜角。码眼直径为70 mm,深100~120 mm,间距200~250 mm,呈"品"字形分布。将砸碎过筛经水软化后的胶泥充分拌和,制作直径为70 mm、长约300 mm的棒状锭子钉入码眼并塞实,将码眼口外的胶泥锭压平,使各码眼的胶泥相连成片,用木锤锤钉、压实,逐步压平成型,整平抹光后用胡麻水或黑矾水刷面。

窖底用200~300 mm厚胶泥铺平压实,与窖壁胶泥密实联结。铺上防冲石板。

胶泥防渗具有造价低、饮水口感好的特点,但胶泥易干裂脱落,水窖存水容积小。

2)水泥砂浆防渗

在窖壁上开挖直径为70 mm、深100 mm、间距300mm、呈"品"字形分布的码眼(盖碗式水窖可在窖体上沿水平方向按1~1.5 m等距开挖100 mm×100 mm的圈带槽,也可同时沿直径方向再均匀开挖6条100 mm×100 mm的圈槽,以增加防渗砂浆的附着点和提高成窖质量),拍实窖壁,扫出浮土,用C15号混凝土将码眼、圈带和肋槽填实。水泥砂浆防渗水窖性能好,质量高,不易损坏,管理方便。

3)浇筑混凝土防渗

水窖采用轻型混凝土墙时,水窖的侧墙混凝土和底部混凝土应浇筑成一整体,以保证接缝处的防渗效果。

4)砌筑浆砌石防渗

采用浆砌石防渗时,浆砌石的施工要采用坐浆砌筑的方法。在砌筑时应按水池砌筑要求进行,做到"平、稳、紧、满"。

6.5.1.3 地面部分的施工

窖口处用砖或块石砌台,用水泥砂浆抹面,高出地面300 mm。

水窖顶盖一般采用平顶 150 mm 钢筋混凝土构件，顶盖大小与窖口直径相适应。

在顶盖上覆盖土或堆放开挖出来的石渣作隔热层，使夏季的水温不至于太高。

6.5.1.4 附属设施

窖体工程完工后，应因地制宜开挖截流槽，截流槽应与窖口保持一定高度，以便于导流，对利用沟道水的工程，要设置截流墙，埋设导流管；在距窖口 4 ~ 6 cm 处要设沉砂池，池体成矩形，长 2 ~ 3 m，宽 1 ~ 2 m，深 1.0 ~ 1.5 m。沉砂池护壁用 150 mm 厚的钢筋混凝土浇筑，沉砂池与进水管连接处设置铅丝网拦污物，防止杂物流入窖内。

6.5.2 不同形式水窖的施工

（1）瓶形水窖。掏挖时沿着窖口外圆线垂直向下掏挖，在窖址处按 800 mm 直径先从地面向下挖至 1 m 深，再呈圆锥体状向四周扩展开挖高度为 1.5 ~ 3 m 的拱形窖颈，矢跨比取 1∶1.5 ~ 1∶2.0。窖颈下缘处最大直径 3.5 ~ 4.5 m，然后向下开挖圆柱形窖体，窖体深一般为 4.5 ~ 5.5 m，底部直径 2.5 ~ 3.5 m。开挖时注意由上而下按窖体尺寸逐渐扩大开挖直径，不能超挖，同时始终保持中心线的准确。开挖出来的圆周直径要比设计的尺寸小 60 ~ 80 mm，欠挖部分要用木锤把周边的土砸实，达到设计尺寸后再进行砂浆或胶泥的衬砌。

（2）圆柱形、球形水窖。水窖开挖出基坑后，在基坑内筑窖底和侧墙，再砌筑拱形顶盖，然后在顶盖上回填土。其施工步骤包括放线、垂直向下挖基坑、防渗、安装预制梁板系统的顶盖或砌筑石拱或砖拱的顶盖、安装或砌筑窖颈和窖台并覆土回填等 5 个步骤。放线时，按水窖边墙外沿最大轮廓线（包括混凝土或砌石挡土墙的最大厚度）在地面上放样。挖基坑时，基坑的开口大小要根据开挖的深度和边坡预先计算好，在黏土、壤土或砂壤土上开挖深度超过 3 ~ 5 m 后，基坑应有坡度 1∶0.5，在坡度变化处应修建 0.4 m 的马道；在砂土上，不能直接开挖，从开始时坡度就应为 1∶0.5 或 1∶0.75 或更缓；挖到设计深度后对基坑底部土壤进行翻夯或铺设 300 mm 厚的灰土层。

（3）盖碗式、茶杯式水窖。盖碗式窖体开挖时从窖口处挖去土模，向下开挖窖体至设计深度（一般为 4 ~ 6 m），窖体呈上大下小的圆柱体，上口直径 3.5 ~ 4.5 m，上缘深入窖盖圈梁内缘 40 mm 即可，底部直径 2.5 ~ 3.5 m。钢筋混凝土拱窖盖的施工在窖址处向下开挖直径为 3.5 ~ 4.5 m 的球冠形状的土模（顶部成直径 800 mm、高 60 mm 的土盘），矢跨比 1∶3，在土模下部向外沿做梁土模槽；将土模拍实抹光，抹一层水泥砂浆，砂浆凝固后布钢筋或铅丝网；从圈梁开始，用 C20 混凝土连续浇筑好圈梁和厚 60 mm 的窖盖，洒水养护 3 周后，回填湿土并夯实。素混凝土肋拱窖盖的施工土模同上；在土模表面按“米”字形由窖口向圈梁均匀开挖 8 条宽 100 mm、深 60 ~ 80 mm 的模槽；在窖口外沿圈梁之间的中下部开挖一条同样尺寸的环形槽，即为肋模；用混凝土肋替代钢筋或铅丝网，浇筑、养护同上。茶杯式水窖用于土质较差地区，窖盖由钢筋混凝土梁或盖板组成，在窖址处平整好场地，开挖好梁槽土模，用 C20 混凝土一次浇筑完成。窖体施工同盖碗式水窖。

（4）窑式水窖。窑式水窖在窖址处先从下坡角处向下开挖出一条巷道，或利用天然陡崖，也可像瓶式水窖直接在窖顶处按 800 mm 直径向下开挖。以挖窖的方式，修成深长数米的土窖，窖拱矢跨比 1∶3，跨度视土质而定，窖拱高度 1.5 m 左右，拱顶距地面深度一般大于3 m。窖拱分为刚性材料和土拱两种。如用混凝土,先用混凝土或砖制作拱底座,按1~1.5 m等距制作截面尺寸为150 mm×150 mm的混凝土拱肋,用草泥抹面10 mm后,用M10水泥砂浆抹面30 mm。如用砖,先制作200 mm×300 mm的底座,用M7.5水泥砂浆砌筑砖拱,采用水泥砂浆或灰土草泥抹面。自然土拱采用灰土草泥或水泥砂浆抹面,以防止土层剥落。窖拱的处理视土质和农户经济能力而定。窖拱修好后再向下开挖窖池。窖池上边缘应距窖拱底部50 mm。窖池呈梯形,上口宽约4 m,深约3 m,底宽3 m左右,长6~10 m为宜。防渗处理完工后,将巷道内窖拱部取土口用砖封闭。取水口宜选在开挖的巷道内,这样取水高度最小,并有效地保护了窖拱。如从顶部取水,应做好封闭式窖口井台,窖口壁用M10水泥砂浆抹面,并与窖拱顶部密实联结。

6.5.3　水窖施工质量检查

水窖混凝土养护到期后,用以下两种方法进行质量检查:

(1)直观检查法。直观检查法适用于干旱缺水地区。肉眼观察窖内,内表面如无蜂窝、麻面、裂缝、砂眼和孔隙,可用清水将内壁慢速刷一遍,让窖壁渗足水,过一段时间,再次观察,若有湿疤片出现,则需局部补救。该方法误差较大,对有一定压力的渗漏不易查出。

(2)水试法。如附近有水源,可向窖内加水,至窖颈下沿时停止加水,待窖体湿透后划上水位线,观察24 h,当水位无明显变化时,表明该水窖不漏水。反之,将水抽至其他窖内进行防渗处理。

6.6　构筑物渗漏检验

水池等给排水构筑物施工完毕后必须进行满水试验。满水试验合格后,应及时进行池壁外的各项工序及回填土方,池顶亦应及时、均匀、对称地回填土方。同时在满水试验过程中,需要了解水池沉降量时,应编制测定沉降量的施工设计,并应根据施工设计测定水池的沉降量。

6.6.1　水池满水试验应具备的条件

(1)池体的混凝土或砖石砌体的砂浆已达到设计强度。

(2)应在现浇钢筋混凝土水池的防水层、防腐层施工以及回填土以前。

(3)应在装配式预应力混凝土水池施加预应力以后,保护层喷涂以前。

(4)应在砖砌水池防水层施工以后,石砌水池勾缝以后。

(5)砖石水池满水试验与填土工序的先后安排符合设计规定。

6.6.2　满水试验方法及步骤

(1)向水池内充水宜分三次进行:第一次充水为设计水深的1/3;第二次充水为设计水深的2/3;第三次充水至设计水深。对大、中型水池,可先充水至池壁底部的施工缝以上,检查底板的抗渗质量,当无明显渗漏时,再继续充水至第一次充水深度。

(2)充水时的水位上升速度不宜超过 2 m/d。相邻两次充水的间隔时间,不应小于 24 h。

(3)每次充水宜测读 24 h 的水位下降值,计算渗水量,在充水过程中和充水以后,应对水池作外观检查。当发现渗水量过大时,应停止充水。待作出处理后方可继续充水。

(4)当设计单位有特殊要求时,应按设计要求执行。

6.6.3　满水试验要求及检测

(1)在满水试验中应进行外观检查,不得有漏水现象。

(2)水池渗水量按池壁和池底的浸湿总面积计算,钢筋混凝土水池不得超过 2 L/(m^2 · d),砖石砌体水池不得超过 3 L/(m^2 · d)。

(3)充水至设计水深后至开始进行渗水量测定的间隔时间,应不少于 24 h。

(4)测读水位的初读数与末读数之间的间隔时间,应为 24 h。

(5)24 h 后的水位下降,即渗水量。按照规范规定,1 m^2 的浸湿面积每 24 h 的漏水量不大于 2 L。

6.6.4　构筑物闭气检验

厌氧消化池内存在 CO_2、CO,有漏气的危害,应进行气密性试验。

气密性试验主要试验设备有压力计、温度计、大气压力计、空气压缩机。

测读气压试验步骤:

(1)向池内充气至试验压力并稳定后,测读池内气压值,即初读数,间隔 24 h,测读末读数。

(2)在测读池内气压的同时,测读池内气温和大气压力,并将大气压力换算为与池内气压相同的单位。

(3)检测池内气压降。消化池 24 h 气压降小于试验压力的 0.2 倍,则气密性符合要求。池内气压降可按下式计算:

$$P_D = P(P_{d1} + P_{a1}) - (P_{d2} + P_{a2}) \frac{273 + t_1}{273 + t_2}$$

式中　P_D——池内气压降,Pa;

P_{d1}——池内气压初读数,Pa;

P_{d2}——池内气压末读数,Pa;

P_{a1}——测量 P_{d1} 时的相应大气压力,Pa;

P_{a2}——测量 P_{d2} 时的相应大气压力,Pa;

t_1——测量 P_{d1} 时的相应池内气温,℃;

t_2——测量 P_{d2} 时的相应池内气温,℃。

第7章　管道工程施工

村镇给水排水管道工程施工前应由设计单位进行设计交底，同时应根据施工需要进行调查研究，并应掌握管道沿线的下列情况和资料：现场地形、地貌、建筑物、各种管线和其他设施的情况；工程地质和水文地质资料；气象资料；工程用地、交通运输及排水条件；施工供水、供电条件；工程材料、施工机械供应条件；在地表水水体中或岸边施工时，应掌握地表水的水文和航运资料。在寒冷地区施工时，尚应掌握地表水的冻结及流冰的资料；结合工程特点和现场条件的其他情况和资料。

管道铺筑前，应检查堆土位置是否符合规定，检查管道地基情况、施工排水措施，检查沟槽边坡及管材与配件是否符合设计要求。

管道及管件应采用兜身吊带或专用工具起吊，装卸时应轻装轻放，运输时应垫稳、绑牢，不得相互撞击；接口及钢管制的内外防腐层应采取保护措施。

管节堆放宜选择使用方便、平整、坚实的场地；堆放时必须垫稳，使用管节时必须自上而下依次搬运。

安装时宜自下游开始，承口朝向施工前进的方向。

7.1　管道连接形式

按照管道连接的结构形式和方式可分为管螺纹连接、承插连接、法兰盘连接、焊接连接、卡箍连接。

7.1.1　管螺纹连接

用于管道连接的螺纹有细牙螺纹和管螺纹两种。

(1)细牙螺纹连接。细牙螺纹是属于公制机械螺纹的一种。细牙螺纹与普通粗牙螺纹相比，它的螺距小、内径大、强度高；由于其螺纹升角较小，自锁作用强，密封能力强，因而常用于高压管道的螺纹连接，特别是用于化工管道的螺纹连接中。但对螺纹的加工精度要求很严。

(2)管螺纹连接。管螺纹是一种专门用于管道连接的螺纹。与普通机械螺纹相比，管螺纹的螺距大、工作高度较深。

由于螺纹连接无法填平齿面凹凸的微小间隙，必须借助填料来保证管螺纹的密封。

常用的填料：当介质温度≤100 ℃时，采用聚四氟乙烯胶带或麻丝沾白铅油(铅丹粉拌干性油)；当介质温度>100 ℃时，可采用黑铅油(石墨粉拌干性油)和石棉绳。然后用管钳或活口扳子将管道与配件、丝扣阀件或管子拧紧，一般在管件外部露3～4扣丝为宜。

7.1.2 承插连接

承插连接是将管子的一端做成承口，另一端做成插口，安装时按照承口迎向介质流动方向的方式，将插口插入承口，并采用相适应的密封方法实现承插口的密封，同时保证其连接强度的一种管道连接方法。

承插连接按照连接方法的不同，分为承插填料连接、承插胶粘连接、承插热熔连接、承插焊接连接、承插接触连接、承插机械连接。

（1）承插填料连接主要用于直接埋地的铸铁管道的连接。填料在结构上由两部分组成：封底材料和密封材料。封底材料可用来填充承口底部与插口端部之间为防止热伸长而留出的间隙，也可阻止密封材料流失。常用的有油麻、石棉绳、橡胶圈。密封填料分为刚性填料、半柔性填料、完全柔性填料。采用刚性填料的接口称刚性接头，是以水泥为主体，利用水泥与水、石膏、膨胀剂、早强剂等拌和后发生的凝结和硬化过程来实现密封的一种接头。采用半柔性填料的接口称半柔性接头，青铅是半柔性接头的填料。采用完全柔性填料的接口称完全柔性接头，主要材料是橡胶类的密封圈。

（2）承插胶粘连接主要用于塑料管道的连接。它是利用胶粘剂，把管道承插口结合面用胶黏结起来，既保证结合面有一定的黏结强度，又实现结合面有足够的防渗效果。

（3）承插热熔连接主要用于塑料管道的连接。它是利用外部热源使承插结合面受热熔化，然后将承插面插接贴合，冷却后成为一段可靠的接口，是不可拆卸的连接。

（4）承插焊接连接主要用于塑料管道的连接。把插口直接插入承口内，在外口封焊的为单一连接。在承插胶接连接的基础上，再在外口封焊的为复合连接。主要用于强腐蚀性介质或有毒介质的管道。

（5）承插接触连接主要用于热塑性塑料管道与金属之间的连接，是不可拆卸的连接。承插口的结合面只有机械的接触，而无任何粘接或熔融。首先将热塑性塑料管加工成承口，然后对承口与插入管口进行加热，其中承口的温度为 60 ℃（将塑料管插入加热的工业甘油中，经 1 min 后取出在定形规格钢模上撑口，用冷却水冷却，拔出冲子即可做成要求的承口），金属插入管的端口应加热到塑料管的熔融温度（聚乙烯管 250 ℃、聚丙烯管 290 ℃），将金属插入管插入塑料承口，这时承口塑料管内表面已熔融，成为流体，与金属管表面完全接触，冷却后塑料管对金属管产生挤压力，即成为可靠的接头。

（6）承插机械连接是靠机械的作用把填料压紧，达到密封的一种可拆卸的连接。该连接形式具有一定的柔性，允许管道在力的作用下沿轴向位移，具有抗震性好、连接紧密、施工方便等特点。但这种接头有一套压紧装置。按压紧装置不同有螺纹式压紧填料接头、法兰式压紧填料接头、钢管用法兰式压紧填料接头、钩头螺栓式压紧填料接头、自紧式填料接头、挤压式填料接头。

7.1.3 法兰盘连接

法兰盘连接是依靠螺栓的拉紧将两管段、阀件等的法兰盘紧固在一起构成管路系统，靠法兰盘之间的垫片形成的静密封达到防渗漏的目的，是一种可拆卸的连接。可用于任何介质、任何压力的管道。但在镀锌管道上焊接法兰盘会破坏镀锌层，降低镀锌管的耐腐蚀能力。

法兰盘按其材质分为钢板法兰、铸钢法兰、铸铁法兰等。

按其形状分为圆形、方形、椭圆形法兰等。

按其与管子的连接方式分为平焊法兰、对焊法兰、翻边松套法兰、螺纹法兰等。

法兰盘与法兰盘之间的连接接口为了严密、不渗漏,必须加垫圈。垫圈的内径不得小于法兰的内径,外径不得大于法兰相对应的两个螺栓孔内边缘的距离,使垫圈不遮挡螺栓孔。拧螺栓时应对称拧紧,分2~3次紧到底,这样可使法兰受力均匀,严密性好,法兰也不易损坏。

7.1.4 焊接连接

焊接连接属于不可拆卸连接。与螺纹连接相比,焊接连接的接头可靠牢固,连接强度好,而且焊接连接不受连接部件的限制,可以焊接任何位置、任何连接形式的接头,工效高,设备简单。在管道连接工艺中,焊接连接仍占主导地位。

焊接方法有氧-乙炔焊、手工电弧焊等。

7.1.5 卡箍连接——沟槽式连接

7.1.5.1 卡箍式连接结构

卡箍式连接工艺是专门用于钢管的一种可拆卸、卡箍自紧密封连接。卡箍用球墨铸铁或铸钢铸造而成,有足够的连接强度,该工艺已被我国自动喷水灭火系统施工及验收规范所接受。

沟槽式机械配管的卡箍接头,分为挠性接头和刚性接头两种。挠性接头对位移有微量补偿能力,一般安装在消防水泵的进出水管上,但不可以用它代替可挠橡胶接头。刚性接头则设计成斜对锁结构。

卡箍连接结构由上半卡箍、下半卡箍、密封胶圈、螺栓玳瑁等共同组成。

卡箍连接不仅限于管子与管子的连接,还可以应用于管子与各种管件、法兰、阀门的连接(管件、法兰、阀门的端部都做成沟槽式)。

与焊接相比,它没有热熔作业,使施工安装更快捷简便,由于没有热作工艺,管内更清洁无渣。它能通过卡箍实现自动定心对中,比法兰盘连接省事。由于管端之间存在间隙,减少了噪音和振动的传递。但卡箍连接的造价远比螺纹连接要高,而且卡箍附件的重量增大了管道荷重,其连接刚性比法兰盘连接差,总的造价略高。

沟槽式机械配管特别适合于消防给水管道,由于它的接头对镀锌钢管不产生损伤,在滚槽机轧制沟槽时,也不会对钢管的镀锌层产生伤害,因此可以确保管道的抗腐蚀能力,也不必进行“预先安装,二次镀锌”。卡箍连接的最大工作压力达2.8 MPa,远高于消防给水系统的最大工作压力。

7.1.5.2 密封原理及施工工艺

卡箍起着管子对中定位和抓紧管端的作用,而密封的实现依赖于螺栓的预紧力和流体的内压。其施工工艺主要有以下几种:

(1)滚槽或开槽。滚槽或开槽是该连接形式的关键工艺,在管子端部用专门滚槽机械滚制出沟槽；对厚壁管则可用专用开槽机械割制开槽。开槽深度一般在 1.4 ~ 2 mm，管径越大，开槽深度越深。沟槽宽度一般在 7.9 ~ 9.5 mm。

(2)装配。将卡箍内缘嵌入管道端部的环形沟槽内，实现管道自动对中，在卡箍内腔装有橡胶密封圈，其剖面呈 Π 型，又叫 Π 型密封圈。

(3)拧紧螺栓。拧紧上下卡箍的锁紧螺栓时，卡箍将密封圈压紧在管端上，Π 型圈变形，胶圈压紧在管端上形成静密封。

(4)自紧密封。当管道内有压力时，流体进入 Π 型密封圈内腔，流体压力将密封圈压紧在管道和卡箍壁上，使 Π 型圈的唇边压紧在管端外壁，从而实现自紧密封。内压力愈大，密封愈好。

7.2 管道开槽敷管施工

开槽敷管施工应按照相关要求进行测量、放线、沟槽开挖、回填、施工排水等作业且符合要求后才能进行管道安装，包括下管、排管、稳管、管道基础浇筑、接口、质量检查与验收。新建管道与已建管道连接时，必须先核查已建管道接口高程及平面位置后，方可开挖施工。

7.2.1 管道开槽敷管施工的顺序

7.2.1.1 下管

下管应以施工安全、操作方便、经济合理为原则，考虑管径、管长、沟深等条件选定下管方法。可采用人工下管法(有压绳下管法、后蹬施力下管法、木架下管法)和起重机下管法。

管节下入沟槽时，不得与槽壁支撑及槽下的管道相互碰撞；沟内运管不得扰动天然地基。

(1)压绳下管法。管子两端各套一根大绳，把管子下面的半段绳用脚踩住，上半段用手拉住，两组大绳用力一致，将管子徐徐下入沟槽。适用于管径为 400 ~ 800 mm 的管道。

(2)后蹬施力下管法。管内插穿杠，按以上方式将脚踩的绳活节系在穿杠上(代替脚踩)。适用于管径大于 800 mm 的管道。

(3)木架下管法。跨沟放置的两根木架作大梁，绳绕于木架上，将管子徐徐下至沟内。适用于管径小于 900 mm、长 3 m 以下的管道。

起重机下管时，起重机架设的位置不得影响沟槽边坡的稳定；若在高压输电线路附近作业，与线路间的安全距离应符合当地电业管理部门的规定。

一般情况下多采用汽车吊下管；土质松软地段宜采用履带吊下管。

7.2.1.2 排管

排管方向一般采取承口迎着水流方向排列；在斜坡处，以承口朝上坡为宜。同时应考虑施工方便，当原干管上引接分支管线时，则采用分支管承口背着水流方向排列。若顾及排管方向要求，分支管配件连接应采用图 7-1(a)为宜，但自闸门后面的插盘短管的插口与下游管段承口连接时,必须在下游管段插口处设置一根横木作后背,其后续每连接一根管子,均需设置一根横木,安装尤其麻烦。如果采用图7-2(b)所示分支管配件连接方式,其分支管承口背着水流方向排管,但其上承盘短管的承口与下游管段的插口连接,以及后续各节管子连接时均无需设置横木作后背,施工十分方便。

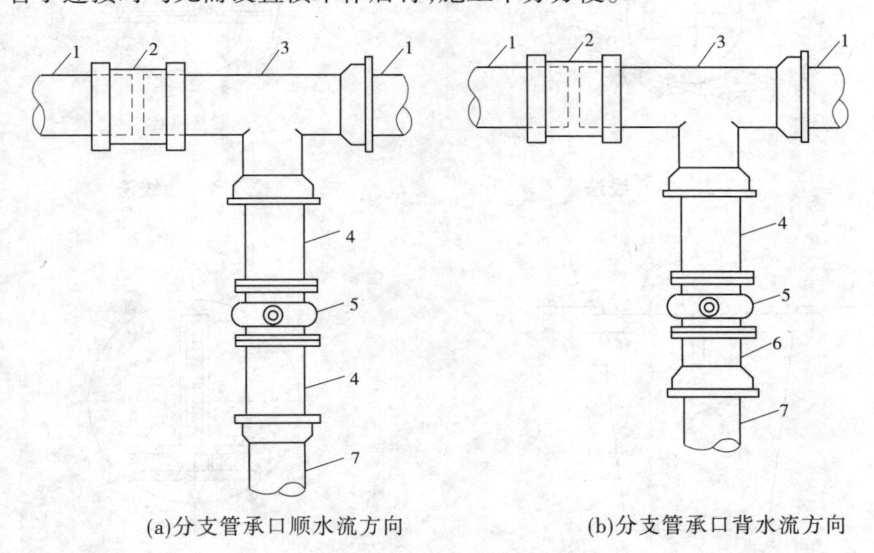

(a)分支管承口顺水流方向　　(b)分支管承口背水流方向

图7-1　干管上引接分支管线节点详图

1—原建干管;2—套管;3—异径三通;4—插盘短管;5—闸门;6—承盘短管;7—新接支管

排管要求按设计的路线对准、不错口;在转弯处弯角大于11°时采用各种标准弯头连接,小于11°时采用管道自弯以防止内、外弧相差太大。钢管安装时弯管起弯点至接口的距离不得小于管径,且不得小于100 mm。

7.2.1.3　稳管

稳管是为了确保施工中管道稳定在设计规定的空间位置上,稳管以管内底为准进行对中、对高作业,要求"平、直、稳、实"。

(1)对中作业。对中作业使管道中心线与沟槽中心线在同一平面上。对中的偏差在排水管道中要求在 -5 ~ +5 mm 范围内。方法有中心线法、边线法。中心线法(见图7-2)是借助坡度板进行对中作业。在管沟方向平行设木桩,定出沟中心线,桩设在沟外。坡度板间距20 m左右。边线法(见图7-3)在管沟方向平行设木桩,定出沟中心线,桩设在沟内。

(2)对高作业。一般对高作业(见图7-4)与对中作业结合使用,在坡度板上标出高程钉(以管底标高为基准),相邻两块坡度板的高程钉分别到管底标高的垂直距离相等,则两高程钉之间连线的坡度就等于管底坡度。该连线称做坡度线。坡度线上任意一点到管底的垂直距离为一个常数,称做对高数。进行对高作业时,使用丁字形对高尺,尺上刻有坡度线与管底之间距离的标记,即为对高读数。将对高线垂直置于管端内底,当尺上标记线与坡度线重合时,对高满足要求,否则须采用挖填沟底的方法予以调正。水准仪测高程位置示意见图7-5。垂球法测平面与高程示意见图7-6。

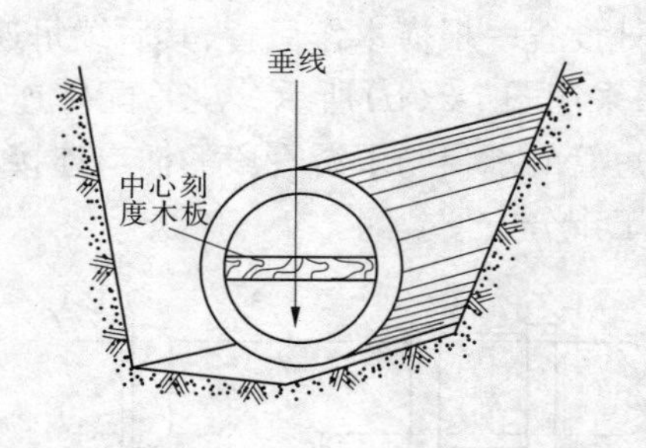

图 7-2　中心线法

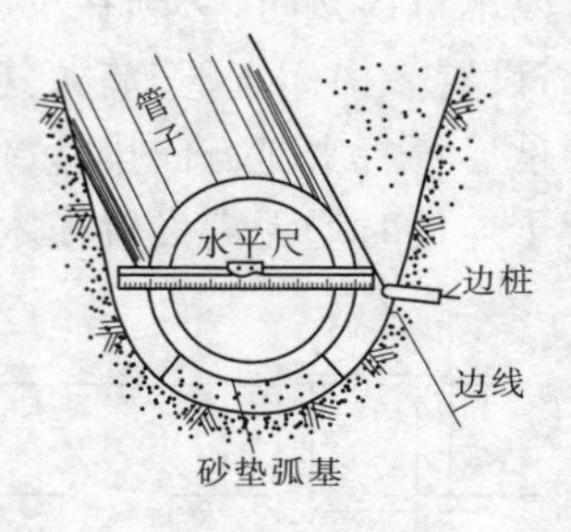

图 7-3　边线法

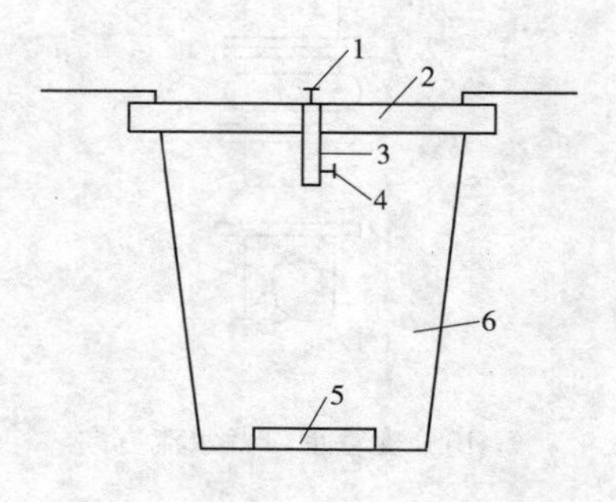

图 7-4　对高作业

1—中心钉;2—坡度板;3—立板;
4—高程钉;5—管道基础;6—沟槽

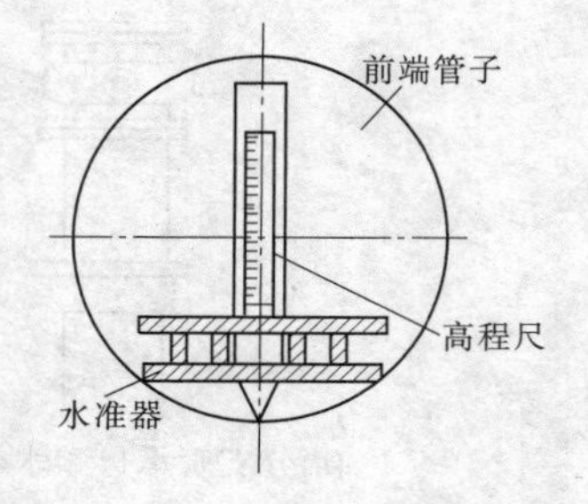

图 7-5　水准仪测高程位置示意

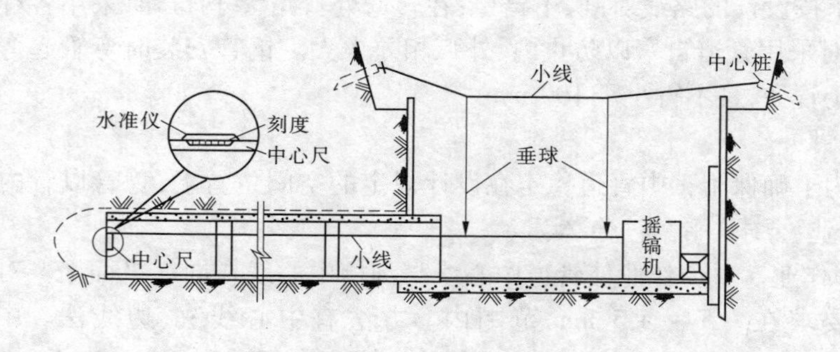

图 7-6　垂球法测平面与高程示意

7.2.1.4　**管道基础浇筑**

稳管时采用石块、土层、混凝土垫块,当高程满足要求时,应及时浇筑混凝土。管座平基混凝土抗压强度应大于 5.0 N/mm^2,方可进行安管。

浇筑混凝土前应保证管道地基符合下列规定:采用天然地基时,地基不得受扰动;槽底为岩石或坚硬地基时,应按设计规定施工,设计无规定时,管身下方应铺设砂垫层,其厚度应符合表 7-1 的规定;槽底地基土质局部遇有松软地基、流砂、溶洞、墓穴等时,应与设计单位商定处理措施;非永冻土地区,管道不得安放在冻结的地基上;管道安装过程中,应防止地基冻胀。

表7-1　砂垫层厚度　（单位:mm）

管材种类	管　径		
	≤500	>500,且≤1 000	>1 000
金属管	≥100	≥150	≥200
非金属管	150~200		

注:非金属管指混凝土、钢筋混凝土管,预应力、自应力混凝土管及陶管。

浇筑混凝土时应注意以下事项:

(1)管座分层浇筑时,应先将管座平基凿毛冲净,并将管座平基与管材相接触的三角部位,用同强度等级的混凝土砂浆填满、捣实后,再浇混凝土。

(2)采用垫块法一次浇筑管座时,必须先从一侧灌注混凝土,当对侧的混凝土与灌注一侧混凝土高度相同时,两侧再同时浇筑,并保持两侧混凝土高度一致。

(3)管座基础留变形缝时,缝的位置应与柔性接口相一致。

(4)浇筑混凝土管座时,应留混凝土抗压强度试块,留置数量及强度评定方法按现行国家标准《混凝土强度检验评定标准》进行。

7.2.1.5　接口

管道应在沟槽地基、管基质量检验合格后安装,安装时宜自下游开始,承口朝向施工前进的方向,接口应在工作坑内进行。

管道接口是管道敷设中的一个关键性工序,应严格控制其接口质量,按不同的管道(钢管、铸铁管、塑料管、混凝土管、钢筋混凝土管、陶土管)及设计的连接要求(法兰、螺纹、承插、焊接、卡箍)进行。

对于承插式连接必须产生推力或拉力,因此需借助于工具,如采用撬杠顶力法、拉链顶力法、千斤顶顶入法等。

7.2.1.6　管道质量检查与验收

当管道工作压力大于或等于0.1 MPa时,应进行压力管道的强度及严密性试验;当管道工作压力小于0.1 MPa时,除设计另有规定外,应进行无压力管道严密性试验。管道在做闭水试验前,应做好水源引接及排水疏导路线的设计。管道灌水应从下游缓慢灌入。灌入时,在试验管段的上游管顶及管段中的凸起点应设排气阀,将管道内的气体排除。冬期进行管道水压及闭水试验时,应采取防冻措施。试验完毕后应及时放水。

1)压力管道的强度及严密性试验

管道试压是管道施工质量检查的重要措施,其目的是衡量施工质量,检查接口质量、管材强度,暴露管材及管件缺陷、砂眼、裂纹等弊病,以达到设计质量要求,符合验收条例。压力管道全部回填土前应进行强度及严密性试验。管道强度及严密性试验应采用水压试验法试验。

a.确定试验压力值

按管材种类、工作压力要求,根据图纸规定确定或按规范确定。管道水压试验的试验压力应符合表7-2的规定。

表 7-2　管道水压试验的试验压力　（单位：MPa）

管材种类	工作压力 P	试验压力
钢管	P	$P+0.5$，且不应小于 0.9
铸铁及球墨铸铁管	≤0.5	$2P$
	>0.5	$P+0.5$
预应力、自应力混凝土管	≤0.6	$1.5P$
	>0.6	$P+0.3$
现浇钢筋混凝土管	≥0.1	$1.5P$

b. 试压前的准备工作

（1）分段。试压分段长度一般采用 500～1 000 m，不宜大于 1 000 m；管线转弯多时可采用 300～500 m；对湿陷性黄土地区的分段长度应取 200 m；管道通过河流、铁路等障碍物的地段须单独进行试压。

试验管段不得采用闸阀作堵板，不得有消火栓、水锤消除器、安全阀等附件（这些附件应在试压前拆除，试压后再安装）。

（2）排气。试压前必须排气，否则试压管道发生少量漏水时，从压力表上就难以显示，压力表指针也稳不住，致使下跌。排气孔通常设置在起伏的顶点处。升压过程中，当发现弹簧压力计表针摆动、不稳，且升压较慢时，应重新排气后再升压。

（3）泡管。试验管段灌满水后，使管道内壁与接口填料充分吸水，宜在不大于工作压力条件下充分浸泡后再进行试压，浸泡时间应符合下列规定：铸铁管、球墨铸铁管、钢管：无水泥砂浆衬里，不少于 24 h，有水泥砂浆衬里，不少于 48 h；预应力、自应力混凝土管及现浇钢筋混凝土管渠：管径小于或等于 1 000 mm，不少于 48 h，管径大于 1 000 mm，不少于 72 h。

（4）加压设备。加压设备有泵、压力表。在试压管段两端分别装设压力表，在法兰堵板上开设小孔，以便连接。

加压设备按试压管段管径大小选用。当试压管管径小于 300 mm 时，采用手摇泵加压；当试压管管径大于或等于 300 mm 时，采用电泵加压。当采用弹簧压力计时精度不应低于 1.5 级，最大量程宜为试验压力的 1.3～1.5 倍，表壳的公称直径不应小于 150 mm，使用前应校正；水泵、压力计应安装在试验段下游的端部与管道轴线相垂直的支管上。

（5）支设后背。试压时，管子堵板与转弯处会产生很大压力，试压前必须设置后背。后背按施工场地情况及土质与承压情况来定，可采用原有管沟土挡作后座墙、木板、钢板、千斤顶等。

试验管段的后背应符合下列规定：应设在原状土或人工后背上；土质松软时，应采取加固措施；墙面应平整，并应与管道轴线垂直。

c. 水压试验方法

（1）强度试验（又称落压试验）。强度试验的试验原理是漏水量与压力下降速度及数值成正比。落压试验设备布置见图7-7。

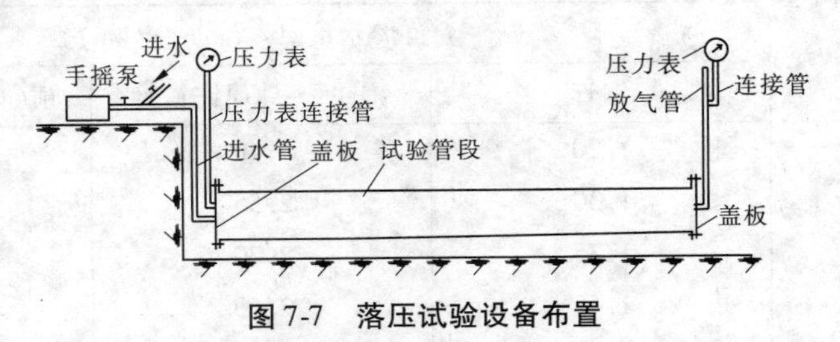

图7-7 落压试验设备布置

落压试验操作程序:用手摇泵或电泵向管内灌水(应从下游缓慢灌入)加压,让压力升高(应分级升压,每升一级应检查后背、支墩、管身及接口,当无异常现象时,再继续升压至试验压力值);保持恒压10 min,检查接口、管身无破损及漏水现象时,管道强度试验为合格。

(2)严密性试验(又称渗水量试验)。试验原理是在同一管段内,压力降落相同,则其漏水总量也相同。

放水法试验操作程序:将管道加压到试验压力后即停止加压,记录降压0.1 MPa所需时间T_1(min);再将压力重新加至试验压力后,打开连通管道的放水龙头,将水注入量筒,并记录第二次降压0.1 MPa所需时间T_2(min),与此同时,量取量筒内水量W(L),则:

$$q=\frac{W}{(T_1-T_2)L} \tag{7-1}$$

式中 q——实际渗水量,L/(min·m);

T_1——从试验压力降压0.1 MPa所需时间,min;

T_2——放水时,从试验压力降压0.1 MPa所需时间,min;

W——T_2时间内放出的水量,L;

L——试验管道的长度,m。

当求得的q值小于表7-3的规定值时,即认为试压合格。

表7-3 压力管道严密性试验允许渗水量

管道内径(mm)	允许渗水量(L/(min·km))		
	钢管	铸铁管、球墨铸铁管	预(自)应力混凝土管
100	0.28	0.70	1.40
125	0.35	0.90	1.56
150	0.42	1.05	1.72
200	0.56	1.40	1.98
250	0.70	1.55	2.22
300	0.85	1.70	2.42
350	0.90	1.80	2.62
400	1.00	1.95	2.80
450	1.05	2.10	2.96
500	1.10	2.20	3.14

续表 7-3

管道内径(mm)	允许渗水量(L/(min · km))		
	钢管	铸铁管、球墨铸铁管	预(自)应力混凝土管
600	1.20	2.40	3.44
700	1.30	2.55	3.70
800	1.35	2.70	3.96
900	1.45	2.90	4.20
1 000	1.50	3.00	4.42
1 100	1.55	3.10	4.60
1 200	1.65	3.30	4.70
1 300	1.70	—	4.90
1 400	1.75	—	5.00

注水法试验操作程序:将管道加压到试验压力后即停止加压,开始计时。每当压力下降,应及时向管道内补水,但降压不得大于0.03 MPa,使管道试验压力始终保持恒定,延续时间不得少于2 h,并计量恒压时间内补入试验管段内的水量W(L),则:

$$q=\frac{W}{TL} \tag{7-2}$$

式中　q——实际渗水量,L/(min · m);

T——从开始计时至保持压力恒定结束的时间,min;

W——恒压时间内补入试验管段内的水量,L;

L——试验管道的长度,m。

当求得的q值小于表7-3的规定值时,即认为试压合格。

管道内径小于或等于400 mm,且长度小于或等于1 km的管道,在试验压力下,10 min降压不大于0.05 MPa时,可认为严密性试验合格;非隐蔽性管道,在试验压力下,10 min压力降不大于0.05 MPa,且管道及附件无损坏,然后使试验压力降至工作压力,保持恒压2 h,进行外观检查,无漏水现象时,认为严密性试验合格。渗水量试验设备布置见图7-8。

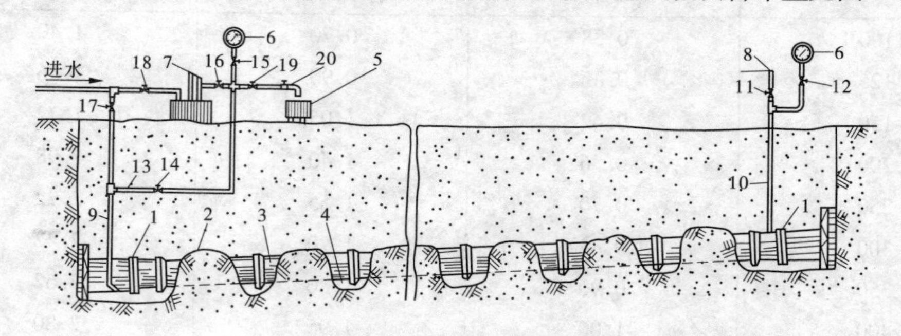

图7-8　渗水量试验设备布置

1—封闭端;2—回填土;3—试验管段;4—工作坑;5—水筒;6—压力表;7—手摇泵;8—放气口;9—水管;10、13—压力表连接管;11、12、14、15、16、17、18、19—闸门;20—龙头

2)无压力管道严密性试验

排水一般为重力流管道,其压力小于0.1 MPa,只要求防止渗漏。

污水,雨污水合流及湿陷土、膨胀土地区的雨水管道,回填土前应采用闭水法进行严密性试验。试验管段应按井距分隔,长度不宜大于1 000 m,带井试验。试验方法见压力管道严密性试验:当试验水头达规定水头时开始计时,观测管道的渗水量,直至观测结束,应不断地向试验管段内补水,保持试验水头恒定。渗水量的观测时间不得小于30 min。

管道闭水试验应符合下列规定:当试验段上游设计水头不超过管顶内壁时,试验水头应以试验段上游管顶内壁加2 m计;当试验段上游设计水头超过管顶内壁时,试验水头应以试验段上游设计水头加2 m计;当计算出的试验水头小于10 m,但已超过上游检查井井口时,试验水头应以上游检查井井口高度为准;试验管段灌满水后浸泡时间不应小于24 h。

管道严密性试验时,应进行外观检查,当没有漏水现象,且符合实测渗水量小于或等于表7-4规定的允许渗水量的规定时,管道严密性试验为合格。

表7-4　无压力管道严密性试验允许渗水量

管材	管道内径(mm)	允许渗水量(m^3/(24 h · km))
混凝土管、钢筋混凝土管、陶管及管渠	200	17.60
	300	21.62
	400	25.00
	500	27.95
	600	30.60
	700	33.00
	800	35.35
	900	37.50
	1 000	39.52
	1 100	41.45
	1 200	43.30
	1 300	45.00
	1 400	46.70
	1 500	48.40
	1 600	50.00
	1 700	51.50
	1 800	53.00
	1 900	54.48
	2 000	55.90

3)管道冲洗与消毒

给水管道水压试验后,竣工验收前应冲洗消毒。冲洗时应避开用水高峰,以流速不小于1.0 m/s的冲洗水连续冲洗,直至出水口处浊度、色度与入水口处冲洗水浊度、色度相同为止。管道应采用含量不低于 20 mg/L 氯离子浓度的清洁水浸泡 24 h，再次冲洗，直至水质管理部门取样化验合格为止。

7.2.1.7　防腐及保温

埋地钢管道外防腐层的构造应符合设计规定，当设计无规定时采用石油沥青涂料、环氧煤沥青涂料外防腐。

保温层可按设计要求及规范选用。常用材料有水泥珍珠岩、膨胀珍珠岩、膨胀蛭石、矿渣棉、玻璃棉、超细玻璃棉、保温瓦、硬质聚氨酯与聚苯乙烯泡沫塑料等。

一般防腐及保温措施为：刷红丹防腐油漆 2 层，做保温层、保护层（石棉水泥、玻璃布、铁皮等），刷油漆。

7.2.1.8　覆土

验收合格后，对埋地管在管沟处进行覆土压实，以达到规定的压实系数要求。

7.2.2　几种常见管道安装

7.2.2.1　预制管安装与铺设

应配合管道铺设要求选择合适的接口工作坑（工作坑种类见图 7-9），并及时开挖，开挖尺寸应符合表 7-5 的规定。合槽施工时，应先安装埋设较深的管道，当回填土高程与邻近管道基础高程相同时，再安装相邻的管道。

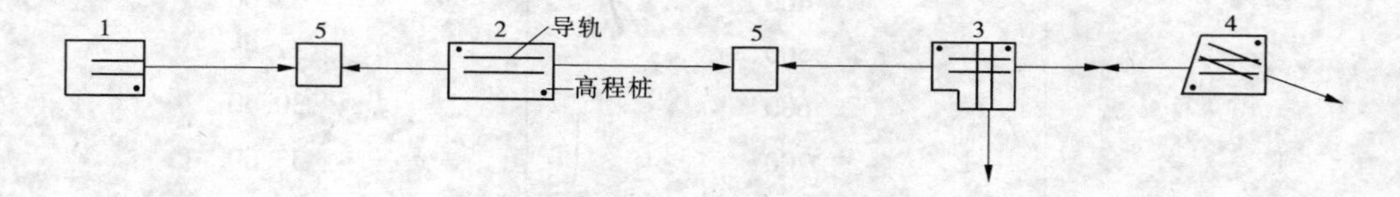

图 7-9　工作坑种类

1—单向坑；2—双向坑；3—多向坑；4—转向坑；5—交汇坑

表 7-5　接口工作坑开挖尺寸　　（单位：mm）

<table>
<tr><th rowspan="2">管材种类</th><th rowspan="2">管径</th><th colspan="2" rowspan="2">宽度</th><th colspan="2">长度</th><th rowspan="2">深度</th></tr>
<tr><th>承口前</th><th>承口后</th></tr>
<tr><td rowspan="3">刚性接口铸铁管</td><td>75 ~ 300</td><td colspan="2">D_1 + 800</td><td>800</td><td>200</td><td>300</td></tr>
<tr><td>400 ~ 700</td><td colspan="2">D_1 + 1 200</td><td>1 000</td><td>400</td><td>400</td></tr>
<tr><td>800 ~ 1 200</td><td colspan="2">D_1 + 1 200</td><td>1 000</td><td>450</td><td>500</td></tr>
<tr><td rowspan="4">预应力、自应力混凝土管，滑入式柔性接口铸铁和球墨铸铁管</td><td>≤500</td><td rowspan="4">承口外径加</td><td>800</td><td rowspan="4">200</td><td rowspan="4">承口长度加 200</td><td>200</td></tr>
<tr><td>600 ~ 1 000</td><td>1 000</td><td>400</td></tr>
<tr><td>1 100 ~ 1 500</td><td>1 600</td><td>450</td></tr>
<tr><td>>1 600</td><td>1 800</td><td>500</td></tr>
</table>

注：1. D_1 为管外径，mm。

2. 柔性机械式接口铸铁、球墨铸铁管接口工作坑开挖各部尺寸，按照预应力、自应力混凝土管一栏的规定，但表中承口前的尺寸宜适当放大。

管道安装时,应将管节的中心及高程逐节调整正确,安装后的管节应进行复测,合格后方可进行下一工序的施工;应随时清扫管道中的杂物,给水管道暂时停止安装时,两端应临时封堵。安装柔性接口的管道,当其纵坡大于18%时,或安装刚性接口的管道,当其纵坡大于36%时,应采取防止管道下滑的措施。给水管网铸铁管及其配件结构见图7-10,承插口形楔形橡胶圈接口见图7-11,其他橡胶圈接口形式见图7-12。

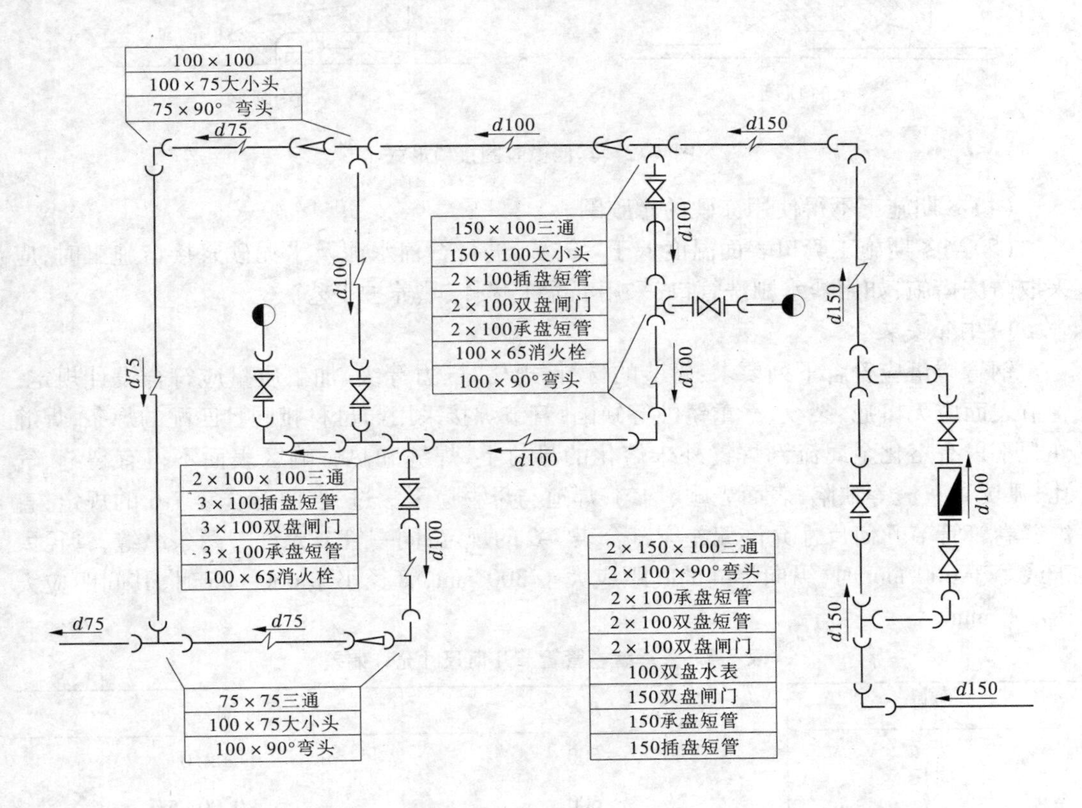

图7-10　给水管网铸铁管及其配件结构

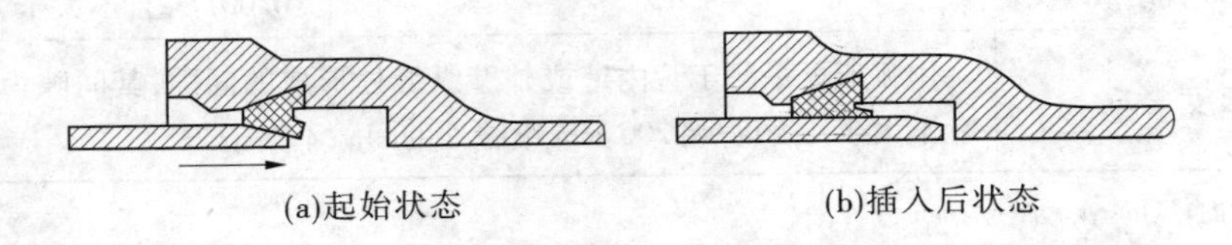

图7-11　承插口形楔形橡胶圈接口

雨期施工应采取以下措施:

(1)合理缩短开槽长度,及时砌筑检查井,暂时中断安装的管道及与河道相连通的管口应临时封堵;已安装的管道验收后应及时回填土。

(2)做好槽边雨水径流疏导路线的设计、槽内排水及防止漂管事故的应急措施。

(3)雨天不宜进行接口施工。

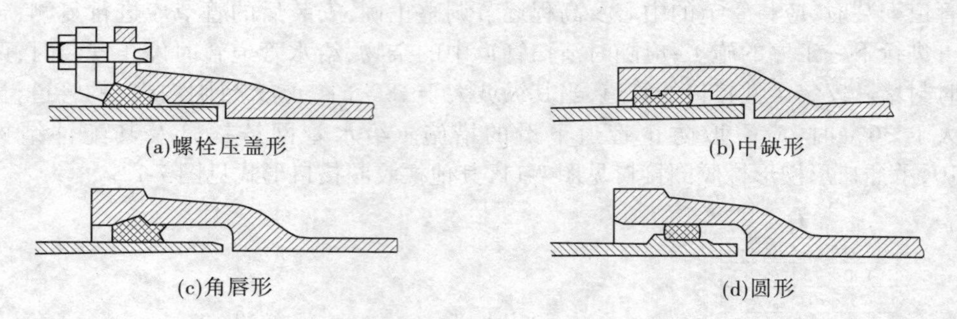

图 7-12　其他橡胶圈接口形式

(4)冬期施工不得使用冻硬的橡胶圈。

(5)当冬期施工管口表面温度低于 -3 ℃,进行石棉水泥及水泥砂浆接口施工时,应采取防冻措施:如用盐水刷洗管口;采用混凝土热拌、热养护工艺。

1)钢管安装

钢管质量应符合下列要求:管节的材料、规格、压力等级、加工质量应符合设计规定;管节表面应无斑疤、裂纹、严重锈蚀等缺陷;管节焊接采用与母材相同且匹配的焊条,焊缝外观不得有熔化金属流到焊缝外未熔化的母材上,焊缝和热影响区表面不得有裂缝、气孔、弧坑和灰渣等缺陷;表面光顺、均匀,焊道与母材应平缓过渡,应符合表 7-6 的规定;直焊缝卷管管节几何尺寸允许偏差应符合表 7-6 的规定;同一管节允许有两条纵缝,管径大于或等于 600 mm 时,纵向焊缝的间距应大于 300 mm,管径小于 600 mm 时,其间距应大于 100 mm。

表 7-6　直焊缝卷管管节几何尺寸允许偏差

项目	D	允许偏差(mm)
周长	≤600	±2.0
	>600	±0.003 5D
圆度		管端 0.005D;其他部位 0.001D
端面垂直度		0.001D,且不大于 1.5
弧度	用弧形板量测于管内壁或外壁纵缝处形成的间隙,其间隙为 0.1t +2,且不大于 4;距管端 200 mm 纵缝处的间隙不大于 2	

注:1. D 为管内径,mm;t 为壁厚,mm。
2. 圆度为同端管口相互垂直的最大直径与最小直径之差。

对口时应使内壁齐平,当采用长 300 mm 的直尺在接口内壁周围顺序贴靠时,错口的允许偏差应为 0.2 倍壁厚,且不得大于 2 mm。不同壁厚的管节对口时,管壁厚度相差不宜大于 3 mm。不同管径的管节相连时,当两管径相差大于小管管径的 15% 时,可用渐缩管连接。渐缩管的长度不应小于两管径差值的 2 倍,且不应小于 200 mm。钢管道安装允许偏差应符合表 7-7 的规定。

表7-7　钢管道安装允许偏差　（单位：mm）

项　目	允许偏差	
	无压力管道	压力管道
轴线位置	15	30
高程	±10	±20

钢管采用不同的连接方式时，注意事项如下：

（1）钢管采用焊接连接时：纵向焊缝应错开，且放在管道中心垂线上半圆的45°左右处，当管径小于600 mm时，错开的间距不得小于100 mm，当管径大于或等于600 mm时，错开的间距不得小于300 mm；有加固环的钢管，加固环的对焊焊缝应与管节纵向焊缝错开，其间距不应小于100 mm；加固环距管节的环向焊缝间距不应小于50 mm；环向焊缝距支架净距不应小于100 mm；直管管段两相邻环向焊缝的间距不应小于200 mm；管道任何位置不得有"十"字形焊缝。焊缝的外观质量应符合表7-8的规定。

表7-8　焊缝的外观质量

项目	技术要求
外观	不得有熔化金属流到焊缝外未熔化的母材上，焊缝和热影响区表面不得有裂纹、气孔、弧坑和灰渣等缺陷；表面光顺、均匀，焊道与母材应平缓过渡
宽度	应焊出坡口边缘2～3 mm
表面余高	应小于或等于（1+0.2）倍坡口边缘宽度，且不应大于4 mm
咬边	深度应小于或等于0.5 mm，焊缝两侧咬边总长不得超过焊缝长度的10%，且连续长不应大于100 mm
错边	应小于或等于0.2倍厚度，且不应大于2 mm
未焊满	不允许

管道上开孔时应符合下列规定：不得在干管的纵向、环向焊缝处开孔；管道上任何位置不得开方孔；不得在短节上或管件上开孔。

（2）钢管采用螺纹连接时：管节的切口断面应平整，偏差不得超过一扣，丝扣应光洁，不得有毛刺、乱丝、断丝，缺丝总长不得超过丝扣全长的10%。接口紧固后宜露出2～3扣螺纹。

（3）钢管采用法兰连接时：法兰接口平行度允许偏差应为法兰外径的1.5%，且不应大于2 mm；螺孔中心允许偏差应为孔径的5%；应使用相同规格的螺栓；安装方向应一致，螺栓应对称紧固，紧固好的螺栓应露出螺母之外；与法兰接口两侧相邻的第一至第二个刚性接口或焊接接口，待法兰螺栓紧固后方可施工；法兰接口埋入土中时，应采取防腐措施。

2）铸铁、球墨铸铁管安装

铸铁管、球墨铸铁管及管件的外观质量应符合下列规定：管及管件表面不得有裂纹，管及管件不得有妨碍使用的凹凸不平的缺陷；采用橡胶圈柔性接口的铸铁、球墨铸铁管，承口的内工作面和插口的外工作面应光滑、轮廓清晰,不得有影响接口密封性的缺陷;铸铁管、球墨铸铁管及管件的尺寸公差应符合现行国家产品标准的规定。给水管网铸铁管及其配件结构见图7-10。沿直线安装管道时,宜选用管径公差组合最小的管节组对连接,接口的环向间隙应均匀,承插口间的纵向间隙不应小于3 mm。

承插式铸铁管安装程序及要求如下:

(1)下管:包括验槽,检查管材及阀门,下管,清理管膛、管口。

(2)稳管:包括承口下挖工作坑,插口对准承口撞口,检查对口间隙,调整管道中线、高程,用铁牙调整环形间隙。

(3)嵌缝:包括清理管口,填打油麻,检验。

(4)密封:包括填打石棉水泥、膨胀水泥或灌铅。

(5)养护:对刚性接口应进行湿养护。

(6)试压:包括检查,管道两侧及管顶以上0.5 m填土,试压验收。

(7)接口成活后,不得受重大碰撞或扭转。为了防止安装管道时振动接口,接口与下管应保持一定距离(采用麻口接口时,麻口不小于2个口,石棉水泥接口不小于3个口,膨胀水泥砂浆接口不小于4个口)。管道沿曲线安装时,接口的允许转角不得大于表7-9的规定。

表7-9　沿曲线安装接口的允许转角

接口种类	管径(mm)	允许转角(°)
刚性接口	75~450	2
	500~1 200	1
滑入式T形、梯唇形橡胶圈接口及柔性机械式接口	75~600	3
	700~800	2
	≥900	1

(8)管道安装允许偏差应符合表7-10的规定。

表7-10　铸铁、球墨铸铁管安装允许偏差　　(单位:mm)

项　目	允许偏差	
	无压力管道	压力管道
轴线位置	15	30
高程	±10	±20

铸铁管连接形式及安装要求如下:

(1)刚性接口。刚性接口材料应符合下列规定:水泥宜采用M42.5水泥;石棉应选用机4F级温石棉;油麻应采用纤维较长、无皮质、清洁、松软、富有韧性的油麻;圆形橡胶圈应符合国家现行标准《预应力与自应力钢筋混凝土管用橡胶密封圈》的规定;铅的纯度不应小于99%。石棉水泥应在填打前拌和,石棉水泥的重量配合比应为石棉30%、水泥

70%,水灰比宜小于或等于0.20;拌好的石棉水泥应在初凝前用完;填打后的接口应及时潮湿养护。

刚性接口填料应符合设计规定。设计无规定时,宜符合表7-11的规定。

表7-11　刚性接口填料的规定

内层填料		外层填料	
材料	填打深度	材料	填打深度
油麻辫	约占承口总深度的1/3,不得超过承口水线里缘;当采用铅接口时,应距承口水线里缘5 mm	石棉水泥	约占承口深度的2/3,表面平整一致,凹入端面2 mm
橡胶圈	填打至插口小台或距插口端10 mm	石棉水泥	填打至橡胶圈表面平整一致,凹入端面2 mm

注:1.油麻辫直径为1.5倍接口环向间隙;环向搭接宜为50~100 mm,填打密实。

2.橡胶圈细部尺寸应按《给水排水管道工程施工及验收规范》(GB50268—2008)第4.5.10条规定选用。

热天或昼夜温差较大地区的刚性接口,宜在气温较低时施工,冬期宜在午间气温较高时施工,并应采取保温措施。刚性接口填打后,管道不得碰撞及扭转。

(2)柔性接口。柔性接口采用滑入式T形、梯唇形及柔性机械式接口时,橡胶圈的质量、性能、细部尺寸,应符合现行国家铸铁管、球墨铸铁管及管件标准中有关橡胶圈的规定。每个橡胶圈的接头不得超过2个。

安装柔性机械式接口时,应使插口与承口法兰压盖的纵向轴线相重合;螺栓安装方向应一致,并均匀、对称地紧固。

(3)铅接口。当有特殊需要采用铅接口施工时,管口表面必须干燥、清洁,严禁水滴落入铅锅内;灌铅时铅液必须沿注孔一侧灌入,一次灌满,不得断流;脱膜后将铅打实,表面应平整,凹入承口宜为1~2 mm。

3)混凝土及钢筋混凝土管安装

混凝土及钢筋混凝土管,安装前其外观质量及尺寸公差应符合现行国家产品标准的规定。发现裂缝、保护层脱落、空鼓、接口掉角等缺陷,应修补并经鉴定合格后,方可使用。

陶管、混凝土及钢筋混凝土管沿直线安装时,管口间纵向间隙应符合表7-12的规定。

表7-12　管口间的纵向间隙　(单位:mm)

管材种类	接口类型	管径	纵向间隙
混凝土及钢筋混凝土管	平口、企口	<600	1.0~5.0
		≥700	7.0~15
	承插式甲型接口	500~600	3.5~5.0
	承插式乙型接口	300~1 500	5.0~1.5
陶管	承插式接口	<300	3.0~5.0
		400~500	5.0~7.0

预应力混凝土管、自应力混凝土管安装应平直，无突起、突弯现象。沿曲线安装时，管口间的纵向间隙最小处不得大于 5 mm，接口转角不得大于表 7-13 的规定。

表 7-13 沿曲线安装接口允许转角

管材种类	管径(mm)	转角(°)
预应力混凝土管	400～700	1.5
	800～1 400	1.0
	1 600～3 000	0.5
自应力混凝土管	100～800	1.5

预应力混凝土管、自应力混凝土管及乙型接口的钢筋混凝土管安装时，承口内工作面、插口外工作面应清洗干净；套在插口上的圆形橡胶圈应平直、无扭曲。安装时，橡胶圈应均匀滚动到位，放松外力后回弹不得大于 10 mm，就位后应在承、插口工作面上。

预应力混凝土管、自应力混凝土管不得截断使用。

当预应力混凝土管、自应力混凝土管采用金属管件连接时，管件应进行防腐处理。

当采用水泥砂浆填缝及抹带接口时，落入管道内的接口材料应清除。管径大于或等于 700 mm 时，应采用水泥砂浆将管道内接口纵向间隙部位抹平、压光；当管径小于 700 mm时，填缝后应立即拖平。

管道接口安装质量应符合下列规定：

(1)承插式甲型接口、套环口、企口应平直，环向间隙应均匀，填料密实、饱满，表面平整，不得有裂缝现象。

(2)钢丝网水泥砂浆抹带接口应平整，不得有裂缝、空鼓等现象，抹带宽度、厚度的允许偏差应为 0～5 mm。

(3)预应力混凝土管及钢筋混凝土管乙型接口，对口间隙应符合现行规范上述规定，橡胶圈应位于插口小台内，并应无扭曲现象。

(4)管道基础及安装的允许偏差应符合表 7-14 的规定。

4)塑料管安装

塑料管按材质可分为硬聚氯乙烯塑料管、聚乙烯塑料管、聚丙烯塑料管、聚丁烯塑料管(PB)、丙烯腈－丁二烯－苯乙烯塑料管(ABS)和塑料金属复合管。塑料管及管件应符合输送介质的要求，管壁厚度均匀，内壁应光滑，不得有裂纹、扭动等质量缺陷(特别应注意运输、储存时的影响，堆放地点温度不超过 40 ℃，堆放高度不大于 1.5 m)；塑料管的连接应按各自的配套管件正确选用。

塑料管施工工序为：划线(按设计图纸的管径和现场核准的长度，注意扣除管、配件的长度)、断管、预加工、连接、检验。

表7-14　管道基础及安装的允许偏差

项　目				允许偏差(mm)	
				无压力管道	压力管道
垫层			中线每侧宽度	不小于设计规定	
			高程	0、-15	
管道基础	混凝土	管座平基	中线每侧宽度	+10、0	
			高程	0、-15	
			厚度	不小于设计规定	
		管座	肩宽	+10、-5	
			肩高	±20	
			抗压强度	不低于设计规定	
			蜂窝麻面面积	两井间每侧≤1.0%	
	土弧、砂或砂砾		厚度	不小于设计规定	
			支承角侧边高程	不小于设计规定	
管道安装	轴线位置			15	30
	管道内底高程		$D \leqslant 1\,000$	±10	±20
			$D > 1\,000$	±15	±30
	刚性接口相邻管节内底错口		$D \leqslant 1\,000$	3	3
			$D > 1\,000$	5	5

注:D 为管道内径,mm。

a. 管道加工

(1)塑料管切割。一般采用木工手锯、木工圆锯、割刀、细齿锯、专用断管机具或截管器切断,切割口应平整并垂直于管轴线(可沿管道圆周作垂直管轴标记再截管);应去掉截口处的毛刺和毛边(可选用中号砂纸、板锉或角磨机);有倒角要求时应磨(刮)倒角(选用角磨机),倒角坡度宜为15°~20°,倒角长度约为1.0 mm(小口径)或2~4 mm(中、大口径)。切割口的平面度允许偏差如表7-15所示。

表7-15　塑料管切割口的平面度允许偏差

管径(mm)	允许偏差(mm)
<50	≤0.5
50~160	≤1
>160	≤2

(2)弯管加工。一般采用热煨弯,弯曲半径为管子外径的3.5~4倍。弯管时先将耐热、易变形的材料(如无杂质的干细砂)填实管内,然后将管子需弯曲段均匀加热到110~150 ℃后迅速放入弯管胎膜内弯曲,冷却后成型。

(3)塑料管管口扩胀。当塑料管采用承插连接或扩口松套法兰连接时,需将管子一端的管口扩胀成承口。塑料管扩管时先将需扩胀端管口用锉刀加工成30°~45°角内坡口,然后将该管口均匀加热(加热温度:聚氯乙烯管和聚乙烯硬管120~150 ℃、聚乙烯软管90~100 ℃、聚丙烯管160~180 ℃;加热长度:作承插连接的承口用时为管子外径的1~1.5倍,作扩口用时为20~50 mm)。取出后立即将带有30°~40°角外坡口的插口管段或扩口模具插入变软的扩胀端口内,冷却后成型。

(4)塑料管翻边。当塑料管采用卷边松套法兰连接或锁母丝接时,须预先进行管口翻边。塑料管翻边时先将需翻边的一端均匀加热(加热温度同管口扩胀温度),取出后立即套上法兰,并将预热后的塑料管翻边内胎膜插入变软的管子,使管子翻成垂直于管子轴线的卷边,成型后退出翻边胎膜,用水冷却后即成。

b. 管道连接

塑料管连接有焊接连接、法兰连接、粘接连接、套接连接、承插连接、管件连接、管件紧固连接等。

(1)焊接连接。焊接连接通常采用热风焊接或热熔压焊接,适用于高、低压塑料管。

热风焊接是用过滤后的无油、无水压缩空气经塑料焊枪中的加热器加热到一定温度后,由焊枪喷嘴喷出,使塑料焊条和焊件加热呈熔融状态而连接在一起,冷却后即可。焊条的选用及焊接温度必须符合相应塑料管管材对焊接的要求,应保证焊条的化学成分与焊件成分一致,焊接环境温度一般应≥10 ℃。

热熔压焊接是利用电加热元件所产生的高温来加热焊件的焊接面,直至翻浆,然后抽去加热元件,将两焊件迅速压合,冷却后即可。焊件的预热时间、通电接触时间、压力、保压时间、冷却时间等必须符合相应塑料管管材对焊接的要求。

一般步骤:把待接管材置于焊机夹具上并夹紧;将管材待连接端清洁干净,然后铣削连接面,若连接端不干净,则易产生漏水现象;校直两对接件,使其错位量不大于壁厚的10%;放入加热板;加热完毕,取出加热板;迅速接合两加热面,升压至熔接压力后并保压冷却;热熔完成。

(2)法兰连接。常用的有卷边松套法兰连接、扩口松套法兰连接和平焊法兰连接三种,适用于低压塑料管。连接要求基本与钢管法兰连接相同。

(3)粘接连接。先将管子一端扩胀为承口,管材和管件在黏合前应用棉纱或干布将承、插口处粘接表面擦拭干净,使其保持清洁,确保无尘砂与水迹。当表面沾有油污时须用棉纱或干布蘸丙酮等清洁剂将其擦净,棉纱或干布不得带有油腻及污垢;当表面黏附物难以擦净时,可用细砂纸打磨粗糙。然后使用鬃刷或尼龙刷迅速、均匀(保持粘接面湿润且软化)地将黏合剂涂到粘接面上(刷宽应为管径的1/3~1/2),立即找正方向将管端插入承口内并用力挤压即可(须保持必要的施力时间以防止接口滑脱)。

承插口之间接合紧密,间隙不得大于0.3 mm;管端插入承口深度应符合设计要求;管道粘接不宜在湿度很大的环境下进行,操作场所应远离火源,防止撞击和避免阳光直射,在温度≤－5 ℃环境中不宜操作;应按不同的材质选择不同的黏合剂,不得混用;承、插口粘接后应将挤出的黏合剂擦净。

此种连接方式使用较普遍。当输送流体压力较高、腐蚀性较强时,可在接口部位再进行焊接,以增加连接强度。

(4)套接连接。先将管端加热,使管子变软后,套入特制的管件上,并用铁丝扎紧。一般用于重力流管道。

(5)承插连接。先将承口内壁凹槽清理干净,再将橡胶密封圈捏成凹形放入承口凹槽内,然后将插口端管子表面和承口端管子内壁涂上润滑剂,再将两根管子对正,并将插口端放入承口端内。为使连接紧密,应用钢锉或电动砂轮等工具将插口管磨成斜面,使斜面与管子成15°夹角,钝边为1/2～2/3管壁厚。小口径管道插入时宜用人力在管端垫木块。

(6)管件连接。采用压力钳对管道进行套丝加工,为防止管子夹破,一般采用多次套丝。套丝完成后接口用白铅油和麻丝、聚四氟乙烯生料带或用醇酸树脂填料缠绕,再与锁母压盖连接紧密即可。管道连接完毕后,必须进行检查,凡有变硬、起泡、管材颜色失去光泽等疵病,应截去重新套丝、连接。

(7)管件紧固连接。它是利用特制的连接管件,采用锁母压接紧固方式或钳压变形紧固方式来达到管道连接的一种方法,常用于塑料－金属复合管的连接。

7.2.2.2　管渠

管渠指采用砖、石及混凝土砌块砌筑,钢筋混凝土现场浇筑的以及采用钢筋混凝土预制构件装配的圆形、矩形、拱形等异形截面的输水管道。

管渠施工设计应包括:施工平面及剖面布置图;确定分段施工顺序;降水、支撑及地基处理措施;砌筑、现浇及装配等施工方法的设计;安全施工及保证质量的措施。

管渠施工宜按变形缝分段进行。墙体、拱圈、顶板的变形缝与底板的变形缝应对正,缝宽应符合设计要求。砌筑或装配式钢筋混凝土管渠应采用水泥砂浆。水泥标号不应低于C32.5;砂宜采用质地坚硬、级配良好而洁净的中粗砂,其含泥量不应大于3%;掺用防水剂或防冻剂时,应符合国家现行有关防水剂或防冻剂标准的规定。

水泥砂浆配制、施工、试块的留置与抗压强度试块的评定按现行国家标准《混凝土强度检验评定标准》进行。

1)砌筑管渠

管渠砌筑材料有机制普通黏土砖(强度等级不应低于MU7.5)、石料(强度等级不应低于MU20)、混凝土砌块(抗压强度,抗渗、抗冻指标应符合设计要求)。

砌筑管渠应按变形缝分段施工,当段内砌筑需间断时,应预留阶梯形斜茬;接砌时,应将斜茬冲净并铺满砂浆,墙转角和交接处应与墙体同时砌筑。变形缝应进行防水处理。砌筑渠体后应用水泥砂浆进行抹面、用钢筋混凝土盖板盖住并进行质量验收。冬期施工的材料及施工工艺应采取防冻措施。砌筑渠身、钢筋混凝土盖板矩形断面渠道见图7-13,条石砌筑的组合断面渠道见图7-14。

砖砌管渠砌筑前应将砖用水浸透,当混凝土基础验收合格,抗压强度达到1.2 N/mm^2,基础面处理平整和洒水湿润后,方可铺浆砌筑。

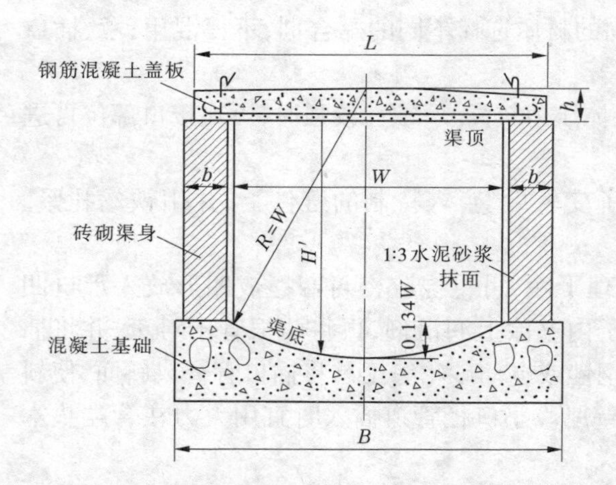

图 7-13　砌筑渠身、钢筋混凝土盖板矩形断面渠道

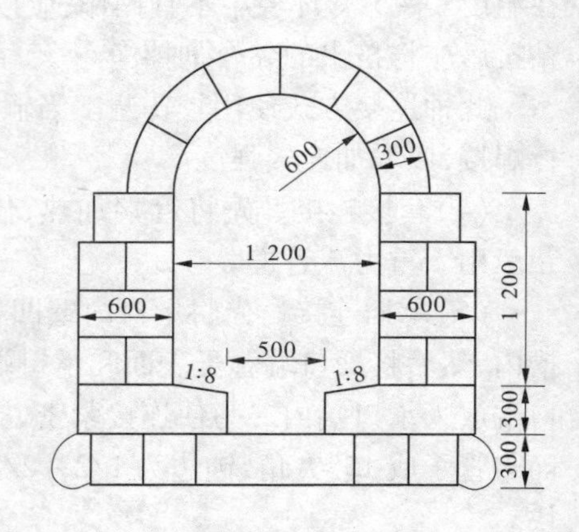

图 7-14　条石砌筑的组合断面渠道　（单位：mm）

(1)砖砌管渠砌筑应符合下列规定：①砖砌管渠砌筑应满铺满挤、上下搭砌，水平灰缝厚度和竖向灰缝宽度宜为 10 mm，并不得有竖向通缝，曲线段的竖向灰缝，其内侧灰缝宽度不应小于 5 mm，外侧灰缝宽度不应大于 13 mm；②墙体宜采用五顺一丁砌法，但底皮与顶皮均应用丁砖砌筑；③墙体有抹面要求时，应在砌筑时将挤出的砂浆刮平，墙体为清水墙时，应在砌筑时搂出深度 10 mm 的凹缝。

砖砌拱圈应符合下列要求：①拱胎模板尺寸应符合施工设计要求，并留出模板伸胀缝，板缝应严实平整；②拱胎安装应稳固，高程准确，拆装简易；③砌筑前拱胎应充分湿润，冲洗干净，并均匀涂刷隔离剂；④砌筑应自两侧向拱中心对称进行，灰缝匀称，拱中心位置正确，灰缝砂浆饱满严密；⑤拱圈应采用退茬法，每块砌块退半块留茬，拱圈应在 24 h 内封顶，两侧拱圈之间应满铺砂浆，拱顶上不得堆置器材。

采用混凝土砌块砌筑拱形管渠或管渠的弯道时，宜采用楔形或扇形砌块。当砌体垂直灰缝宽度大于 30 mm 时，应采用细石混凝土灌实。混凝土强度等级不应小于 C20。

(2)石砌管渠砌筑应符合下列规定：①应清除石块表面的污垢等杂质，并用水湿润；②砌筑应采用铺浆法分层卧砌，上下错缝，内外搭砌，并应在每 0.7 m 墙面内至少设置拉结石一块，拉结石在同层内的中距不应大于 2 m，每日砌筑高度不宜超过 1.2 m；③灰缝宽度应均匀，嵌缝应饱满密实。

石砌拱圈，相邻两行拱石的砌缝应错开，砌体必须错缝，咬茬紧密，不得采用外贴侧立石块、中间填心的砌筑方法。

(3)拱形管渠砌筑时，拱的外面、墙体和渠底的灰缝，宜在砌筑时用水泥砂浆勾平，并使其与砌体齐平，拱内面的灰缝应在拆除拱胎后立即勾抹。采用石砌时，拱外及侧墙外面宜根据要求抹成凸缝或平缝。

拱形管渠侧墙砌筑完毕，并经养护后，在安装拱胎前，两侧墙外回填土时，墙内应采取措施，保持墙体稳定。砌筑后的砌体应及时进行养护，并不得遭受冲刷、震动或撞击。当砂浆强度达到设计抗压强度标准值的 25% 时，方可在无震动条件下拆除拱胎。

(4)水泥砂浆抹面质量应符合下列要求：①砂浆与基层及各层间应黏结紧密牢固，不得有空鼓及裂纹等现象；②抹面平整度不应大于 5 mm；③接茬应平整，阴阳角清晰顺直。

(5)矩形管渠的钢筋混凝土盖板,应按设计吊点起吊、搬运和堆放,不得反向放置。矩形管渠钢筋混凝土盖板的安装应符合下列要求:①盖板安装前,墙顶应清扫干净,洒水湿润,而后铺浆安装;②盖板安装的板缝宽度应均匀一致,吊装时应轻放,不得碰撞;③盖板就位后,相邻板底错台不应大于10 mm,板端压墙长度,允许偏差应为±10 mm,板缝及板端的三角灰,应采用水泥砂浆填抹密实。

(6)管渠砌筑质量允许偏差应符合表7-16的要求。

表7-16　管渠砌筑质量允许偏差　(单位:mm)

项　目		允许偏差			
		砖	料石	块石	混凝土块
轴线位置		15	15	20	15
渠底	高程	±10	±20		±10
	中心线每侧宽	±10	±10	±20	±10
墙高		±20	±20		±20
墙厚		不小于设计规定			
墙面垂直度		15	15		15
墙面平整度		10	20	30	10
拱圈断面尺寸		不小于设计规定			

2)现浇钢筋混凝土管渠

现浇钢筋混凝土管渠的施工,应根据管渠的结构形式、施工方法和振捣成型的设施等进行模板和钢筋施工设计。

现浇钢筋混凝土管渠质量应符合下列要求:

(1)混凝土的抗压强度应按现行国家标准《混凝土强度检验评定标准》进行评定,抗渗、抗冻试块应按现行国家有关标准评定,并不得低于设计规定。

(2)现浇钢筋混凝土管渠允许偏差应符合表7-17的规定。

表7-17　现浇钢筋混凝土管渠允许偏差　(单位:mm)

项　目	允许偏差
轴线位置	15
渠底高程	±10
管、拱圈断面尺寸	不小于设计规定
盖板断面尺寸	不小于设计规定
墙高	±10
渠底中线每侧宽度	±10
墙面垂直度	15
墙面平整度	10
墙厚	±100

3)装配式钢筋混凝土管渠

装配式钢筋混凝土管渠的预制构件的外观、几何尺寸及抗压强度等,应按现行国家有关标准检验合格后方可进入施工现场,构件应按装配顺序编号组合。矩形或拱形管渠构件的运输、堆放及吊装,不得使构件受损。当装配式管渠的基础与墙体等上部构件采用杯口连接时,杯口宜与基础一次连续浇筑。当采用分期浇筑时,其基础面应凿毛并清洗干净后方可浇筑。预制混凝土块装配式拱形渠道见图7-15。

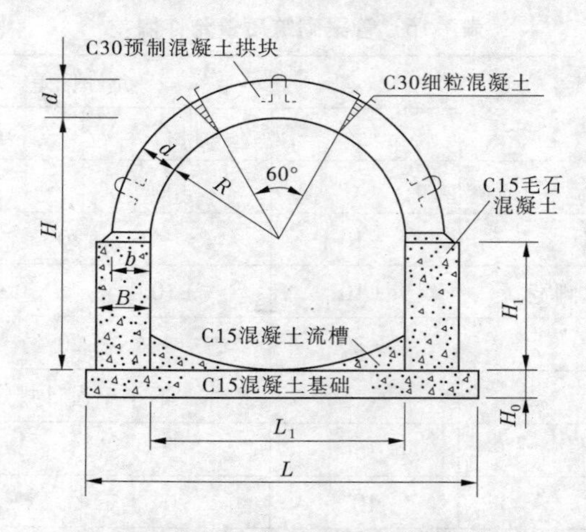

图7-15 预制混凝土块装配式拱形渠道

矩形或拱形构件的安装应符合下列要求:基础杯口混凝土达到设计强度标准值的75%以后,方可进行安装;安装前应将与构件连接部位凿毛清洗,杯底应铺设水泥砂浆;安装时应使构件稳固,接缝间隙符合设计的要求,并将上、下构件的竖向企口接缝错开。

装配式钢筋混凝土管渠构件安装允许偏差应符合表7-18的规定。

表7-18 装配式钢筋混凝土管渠构件安装允许偏差 (单位:mm)

项目	允许偏差
轴线位置	10
高程(墙板、拱)	±5
垂直度(墙板)	5
墙板、拱构件间隙	±10
杯口底、顶宽度	+10、-5

7.3 阀门及仪表的安装

7.3.1 阀门的安装

阀门的连接方式有法兰连接和螺纹连接,与管道连接类似。

阀门的安装要求阀门在安装前因存放时间长、运输过程中有损坏或无合格证时，应在安装前重新做强度和严密性试验。阀门试验持续时间见表 7-19。阀门试验台见图 7-16。

表 7-19　阀门试验持续时间

公称直径(mm)	最短试验持续时间(s)		
	严密性试验		强度试验
	金属密封	非金属密封	
≤50	15	15	15
65 ~ 200	30	15	60
250 ~ 450	60	30	180

阀门安装有如下要求：

(1)对截止阀、止回阀、吸水底阀、减压阀、疏水阀等阀门，安装时必须使水流方向与阀门标注方向一致；水平安装与垂直安装不能混淆。

(2)法兰与阀门对正并平行。特别是蝶阀，应防止阀门受力不均和受力过猛而损坏；应尽量避免操作手轮位于阀体下方。

(3)安全阀安装在管道或设备留出的管头上，出口不能有任何障碍物。安装连接完毕后，要用压力表参照设计压力值定压。

(4)减压阀安装及运行时不得有任何杂质掉入阀内，以防止阻塞造成减压阀失灵。

(5)排气阀安装时应伴装一个隔离用阀门，一定要安装在管道的顶部，以保证正常使用。

(6)疏水阀安装在蒸汽管路中较低的位置，并且整个装置不应高于蒸汽管。

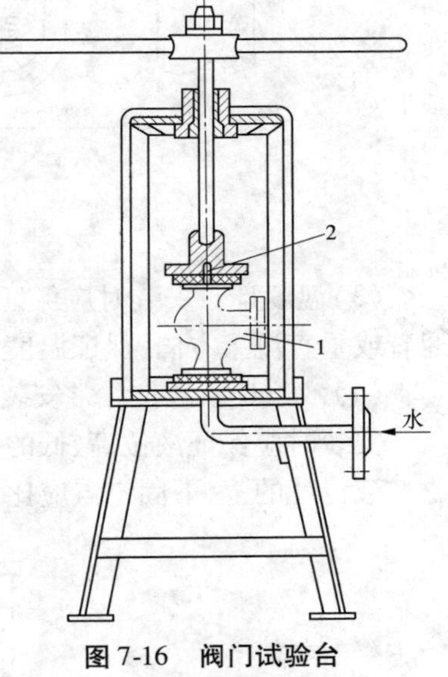

图 7-16　阀门试验台

1—阀门；2—放气孔

(7)便于检修：螺纹连接安装的阀门应伴装一个活接头；法兰连接、对夹连接等安装的阀门宜伴装一个伸缩接头，以利于阀门的拆、装。阀门安装位置应符合设计要求。

7.3.2　仪表的安装

(1)水表及流量计。安装水表时应注意水表上箭头所示方向，应与水流方向相同。一般应水平安装；当允许垂直安装时，水流方向必须由下而上(否则水表会在静压太大时，自动冲开运转)。

安装水表及流量计时，应保证前、后有一定长度的直管段。

(2)压力表。应考虑表弯(存水弯)，防止传动机构损坏及误差的产生。见图 7-17。应按设计的压力等级及精度进行安装。

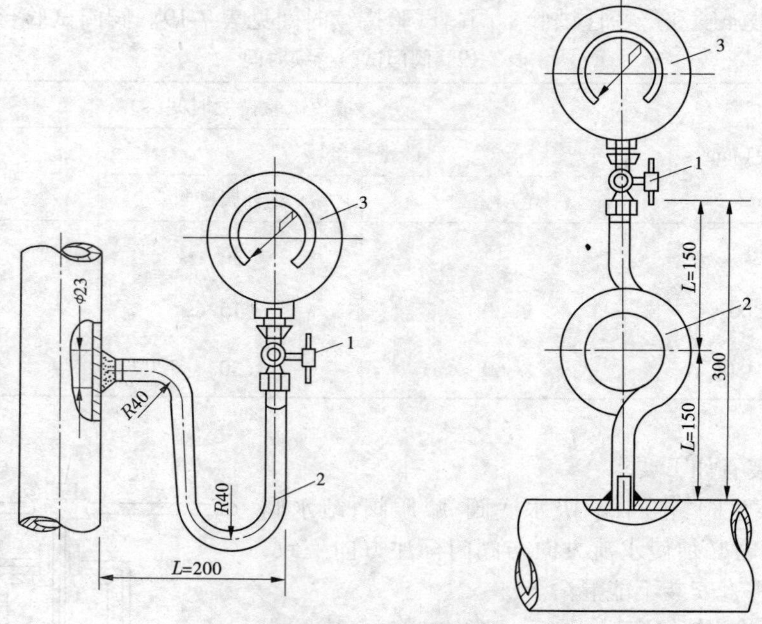

图 7-17　压力表安装

1—三通旋塞;2—表弯;3—压力表

(3)温度计。安装时应保证温度计的敏感元件处于被测介质的管道中心线上,并应迎着或垂直流束方向;保证温度计在温度范围内使用。见图 7-18。

(4)液位计。液位计常安装在敞口或密闭容器上,显示容器内的液位。见图 7-19。安装时应保证液位高、低的设置正确。

液位计的上、下固定点应比最高水位高 25 ~ 50 mm、比最低水位低 25 ~ 50 mm。

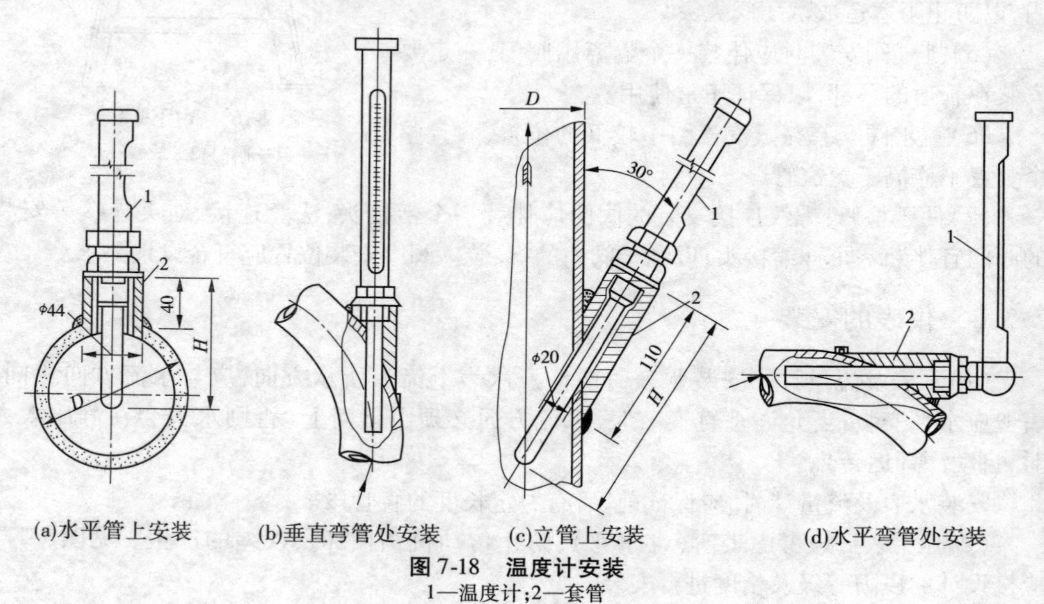

(a)水平管上安装　(b)垂直弯管处安装　(c)立管上安装　(d)水平弯管处安装

图 7-18　温度计安装

1—温度计;2—套管

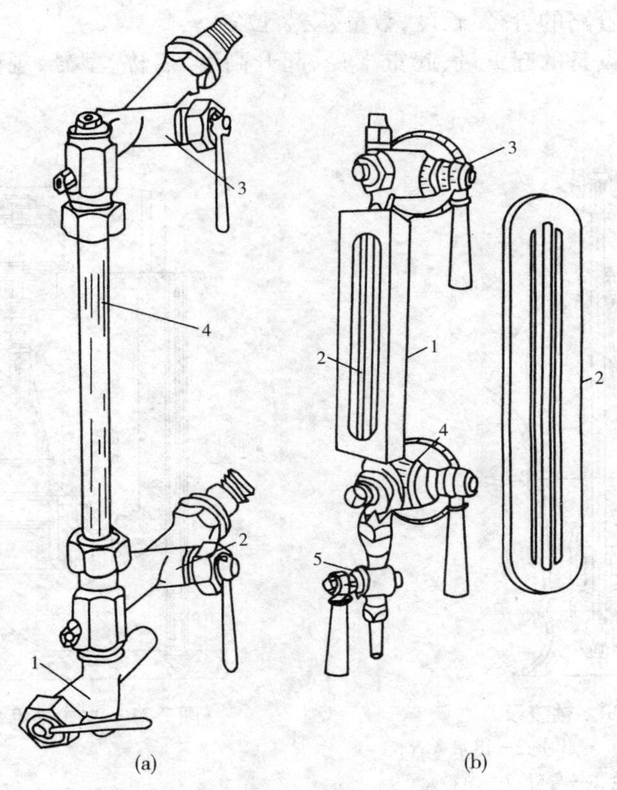

图7-19　液位计安装

(a)玻璃管水位计

1—放水旋塞;2—水旋塞;3—汽旋塞;4—玻璃管

(b)玻璃板水位计

1—金属框;2—玻璃板;3—汽旋塞;4—水旋塞;5—放水旋塞

7.4　水泵的安装

水泵的安装流程为:基础施工、安装前准备、设备安装、动力安装、试运转。轴流泵见图7-20,立式轴流泵的安装见图7-21。

7.4.1　基础施工

按混凝土施工要求,保证平面及高程上的尺寸大小、位置正确(用经纬仪测量);按设计要求留地脚螺栓孔。

7.4.2　安装前的准备

(1)检查设备的名称、型号、规格是否符合设计要求。

(2)检查验收基础的尺寸大小、位置。

(3)检查连接管路的管径、长度、数量、安装位置。

(4)检查起吊设备的起重量、起重半径、起升高度、名称、型号、规格是否满足设计要求等。

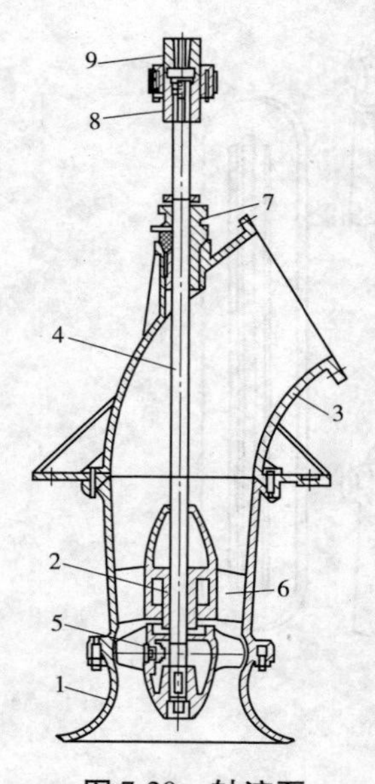

图 7-20　轴流泵

1—吸水喇叭管;2—导叶座;3—出水弯管;
4—泵轴;5—叶轮;6—导叶;7—填料盒;
8—泵联轴器;9—电机联轴器

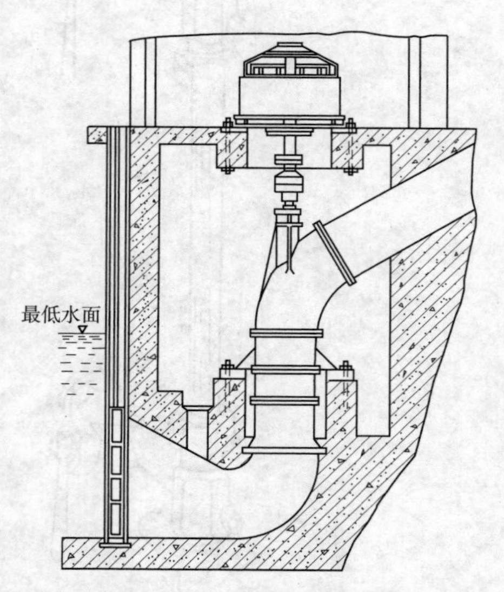

图 7-21　立式轴流泵的安装

7.4.3　设备安装

(1)底座安装。主要有下列工序:①安装前用经纬仪或拉线定出水泵进口和出口的中心线、水泵轴线位置及高程;②按基础尺寸放好开挖线,开挖深度应保证基础面比水泵房地面高 100 ~ 150 mm,基础底有厚 100 ~ 150 mm 的碎石或砂垫层;③按《卧式水泵隔振基础及其安装》(98S102)、《水泵隔振技术规程》(CECS59—1994)选择合适的隔振材料或器材;④浇基础混凝土,基础平面尺寸在水泵底座四边各加 100 mm,利用垫铁使基础的位置及尺寸符合要求;⑤泵底座和基础面上划线;⑥底座就位,紧地脚螺栓和螺母,使底座中心线与基础中心线一致。

(2)设备及管道安装。利用起吊设备使设备就位;在水泵进出口管道和附件的安装时,使设备的进出口中心线符合要求;吸水管应采用管顶平接,水泵吸水管安装见图 7-22;在压水管道的转弯与分支处应采用支墩或管架固定,以承受管道上的内压力所造成的推力;装橡胶可挠接头;装压力表、止回阀等。

7.4.4　动力安装

采用联轴器直接传动时应保证泵联轴器与电机联轴器同心,间隙满足要求。皮带间接传动时应保证皮带的松紧度合适。

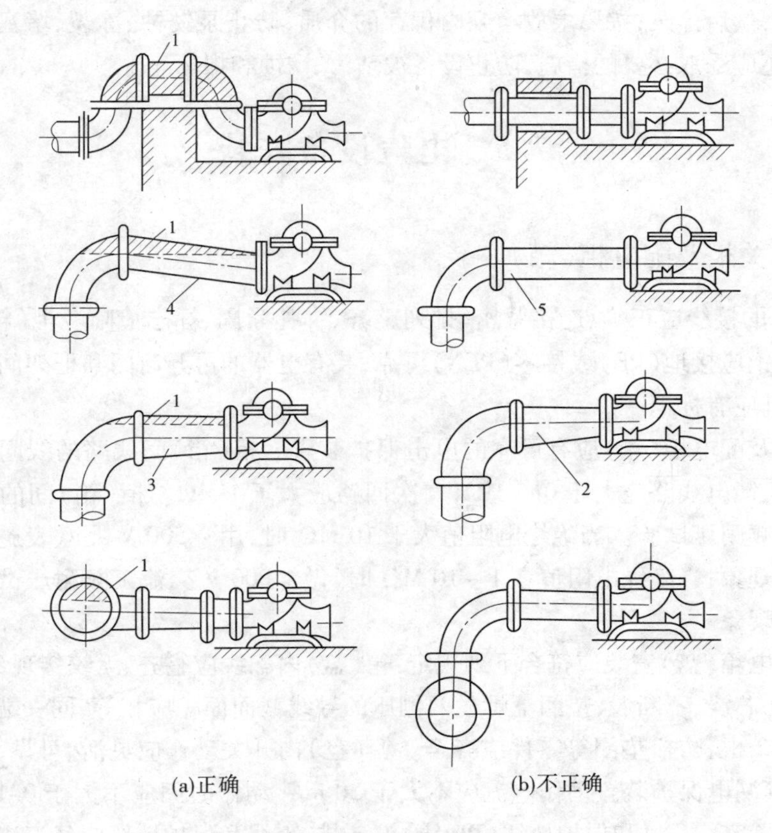

图7-22　水泵吸水管安装

1—空气团;2—偏心渐缩管;3—同心渐缩管;4—向水泵下降;5—向水泵上升

7.4.5　水泵运行调试

在水泵机组安装完毕后,在运行前应检查所有与水泵运行有关的仪表、开关,应保证完好、灵活;检查原动机的转向应符合水泵的转向要求;各紧固连接部位不应松动,按照水泵机组的设备技术文件要求,对润滑部位进行润滑。水泵机组的安全保护装置应灵敏、可靠。盘车应灵活、正常。在水泵启动前进水阀门应全开。

按设计方式进行水泵机组的启动,待压力上升后开启出水阀门,同时观察机组的电流、真空、压力、噪声等情况。若不能启动,则应从电气设备、水泵、吸水管路、引水系统等方面逐个查找排除故障。机组启动时,周围不要站人。运行现场最好设有急停开关,以作应急之用。

水泵机组在设计负荷下连续试运转不应少于2 h。在此期间,附属系统运行应正常,真空、压力、流量、强度、电机电流、功率消耗、电机温度等要求应符合设备技术文件要求;运转中不应有不正常声音,无较大振动,各连接部分不得松动或泄漏;泵的安装保护装置应灵敏、可靠。除此之外,还应符合设备技术文件及有关规范的规定。

试运转结束后,关闭泵的进、出口阀门和附属系统的阀门。离心泵停泵前应先将压水管阀门关闭,然后停泵;按要求放净泵内积存的介质,防止泵锈蚀、冻裂、堵塞。若长时间停泵放置,还应采取必要的措施,防止设备被玷污、锈蚀和损坏。

7.5 电气设备安装

7.5.1 开关柜及配电柜(箱)安装

柜(箱)的接线应正确、连接紧密、排列整齐、绑扎紧固、标志清晰。柜(箱)的金属框架及基础型钢应接地(PE)或接零(PEN)可靠;装有电器的可开启门和框架间应用裸编织铜线连接,且应有标识。

开关柜及配电柜(箱)应有可靠的电击保护装置。柜(箱)间线路的线间和线对地间绝缘电阻值,馈电线路应大于0.5 MΩ,二次回路应大于1 MΩ。柜(箱)间的二次回路应进行交流工频耐压试验。当绝缘电阻值大于10 MΩ时,用2 500 V兆欧表遥测1 min,应无闪络击穿现象;当绝缘电阻值在1～10 MΩ时,做1 000 V交流工频耐压试验1 min,应无闪络击穿现象。

照明配电箱(盘)安装应符合下列规定:箱(盘)内配线应整齐、无绞接现象;导线连接应紧密、不伤芯线、不断股;垫圈下螺丝两侧压的导线截面面积应相等,同一端子上导线连接应不多于2根,防松垫圈等零件应齐全。箱(盘)内开关动作应灵活、可靠,带有漏电保护的回路,其漏电保护装置动作电流应不大于30 mA,动作时间应不大于0.1 s。箱(盘)内应分别设置零线(N)和保护地线(PE线)汇流排,零线和保护地线应经汇流排配出。

柜、箱、盘应符合下列规定:控制开关及保护装置的规格、型号应符合设计要求;保护装置动作应准确、可靠;主开关的辅助开关切换动作应与主开关动作一致;柜、箱、盘上的标识器件应标明被控设备编号、名称和操作位置,接线端子的编号应清晰、工整、不易脱色;回路中的电子元件不应参加交流工频耐压试验,48 V及以下回路可不做交流工频耐压试验。

7.5.2 电力变压器安装

电力变压器应按《电气装置安装工程电气设备交接试验标准》(GB50150—2006)的规定进行交接试验。其安装应符合国家相关标准的规定,并通过电力部门检查认定。变压器不应有渗油现象;绝缘油应符合要求,油位指示应正确。接地装置引出的接地干线应与变压器的低压侧中性点直接连接。

7.5.3 电缆与管线安装

电缆敷设前应检查电缆的型号、规格与编号等;电缆外表应无破损、无机械损伤、排列整齐,标志牌的安装应齐全、准确、清晰。电缆的固定、弯曲半径与间距等应符合设计要求。

金属的导管和线槽、桥架、托盘与电缆支架应接地（PE）或接零（PEN）可靠。当设计无要求时，金属桥架或线槽全长不应少于2处与接地（PE）或接零（PEN）干线连接。电缆支架、支撑、桥架、托盘的固定应牢固可靠。

汇线槽应平整、光洁、无毛刺，尺寸准确，焊接牢固。电缆保护管不应有变形及裂缝，内部应清洁、无毛刺，管口应光滑、无锐边，保护管弯曲处不应有凹陷、裂缝和明显的弯扁。

当电缆进出构筑物、建筑物、沟槽及穿越道路时，应加套管保护。电缆管线与其他管线的间距应符合设计要求。电缆沟内应无杂物，盖板应齐全、稳固、平整，并应满足设计要求。

7.5.4　接地与防雷装置

设置人工接地装置或利用水工构筑物、建筑物基础钢筋作为接地装置，其接地电阻值均应符合设计要求，接地应良好。接地装置应在地面以上，按设计位置设置测试点。除埋设在混凝土中外，焊接接头均应采取防腐措施。

建筑物顶部的避雷针、避雷带等应与顶部外露的其他金属物体连成一个整体的电气通路，且与避雷引下线连接可靠，并应符合《建筑物防雷设计规范》（GB50057—94）的规定。避雷针、避雷带的位置应正确，焊缝应饱满无遗漏，焊接部分补刷的防腐油漆应完整。

7.6　管道的特殊施工

当给排水管道通过铁路、河流及重要建筑物等障碍物时，不能采用一般开挖沟槽的施工方法，而应视具体条件与要求，采用诸如不开槽的顶管施工、架空管桥施工、倒虹管施工、围堰法施工等一些特殊的施工方法，以便高效优质地完成管道工程任务。

7.6.1　顶管施工

顶管的施工设计应包括以下主要内容：施工现场平面布置图；顶进方法的选用和顶管段单元长度的确定；工作坑位置的选择及其结构类型的设计；顶管机头选型及各类设备的规格、型号及数量；顶力计算和后背设计；洞口的封门设计；测量、纠偏的方法；垂直运输和水平运输布置；下管、挖土、运土或泥水排除的方法；减阻措施；控制地面隆起、沉降的措施；地下水排除方法；注浆加固措施；安全技术措施。

7.6.1.1　直接顶进法

直接顶进法（即挤密土层法）（见图7-23）适用于穿越Ⅲ级铁路，管径小，土质为黏土及含水性黏土地区，易顶进。

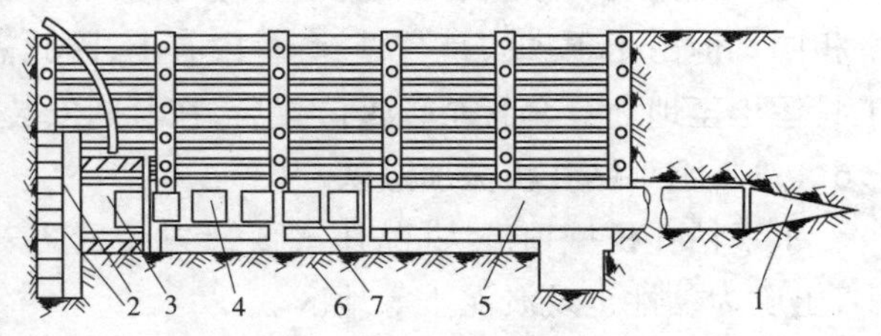

图7-23　直接顶进法

1—顶尖；2—后背；3—顶管千斤顶；4—垫铁；5—待顶管；6—基础；7—导轨

施工工艺是利用自身管端安装锥形管尖或在管端装置管帽，依靠千斤顶的压力顶进。

施工顺序为：

(1)开挖工作坑,处理基础,支设后背、导轨与顶进设备。

(2)启动千斤顶,将管子徐徐顶进。

(3)复位千斤顶,在垫块空余部分再加塞垫块。

(4)再次启动千斤顶,继续将管子顶进,往复启动千斤顶,复位千斤顶,加塞垫块即将管子顶过铁路,进入对面工作坑中。

7.6.1.2　**套管人工顶进法**

套管人工顶进法(手工或机械掘进顶管法)(见图7-24)适用穿越Ⅰ、Ⅱ级铁路,管径小,土质为黏性土及淤泥土地区,更易顶进、防流砂。套管管径应较穿越管管径大600 mm,且大于等于1 000 mm。

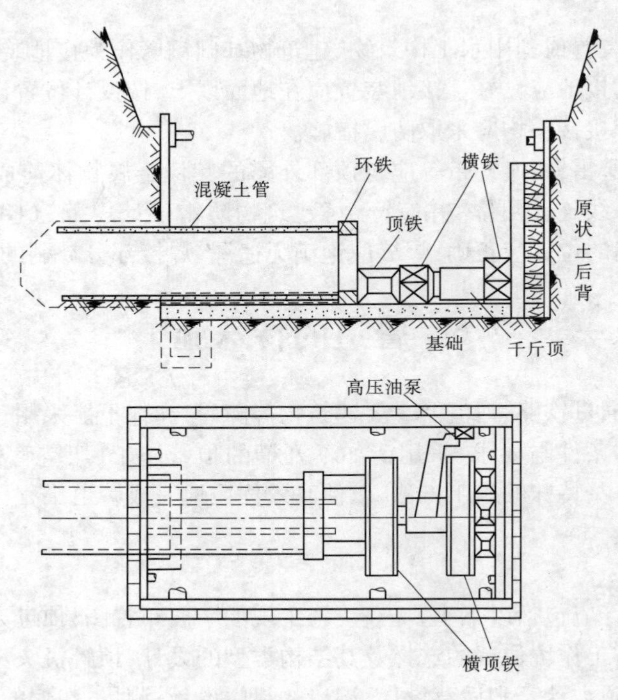

图7-24　套管人工顶进法

施工工艺是利用套管顶过铁路,穿越管则铺筑于套管内。施工顺序与直接顶进法基本相同。但由于顶进的是套管,套管内有土,因此需由人工挖土至工作坑并由葫芦等运输工具运土至地面。套管至顶进位置后,在其内安装穿越管。

7.6.1.3　**水平钻孔机械顶进法**

水平钻孔机械顶进法(挤压式顶管法)(见图7-25)适用于穿越Ⅰ、Ⅱ、Ⅲ级铁路,管径小,土质为黏性土及淤泥土等地区。

施工工艺是利用在被顶进管道前端安装上机械钻进的挖土设备,配上皮带等运土机械,以取代人工挖土与运土。当管前土方被切削成土洞孔隙时,利用顶力设备,将连接在钻机后部的管子徐徐顶入土中。

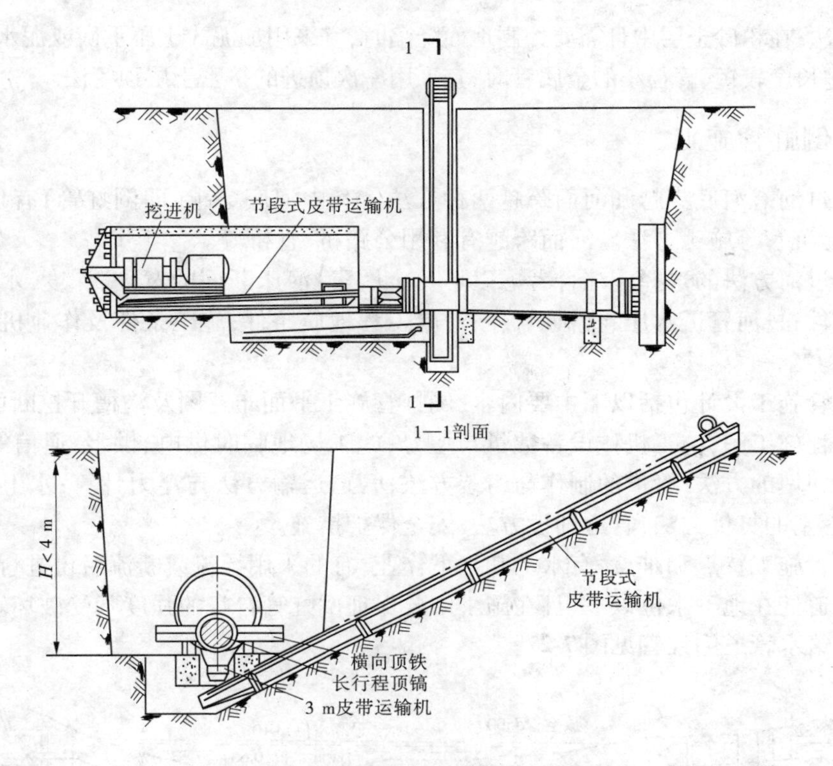

图7-25　水平钻孔机械顶进法

7.6.1.4　水冲顶管法

水冲顶管法(网格式水冲法)(见图7-26)适用于顶管工程任务较紧,顶进质量要求不很高,且具有泥浆处理任务的工程。

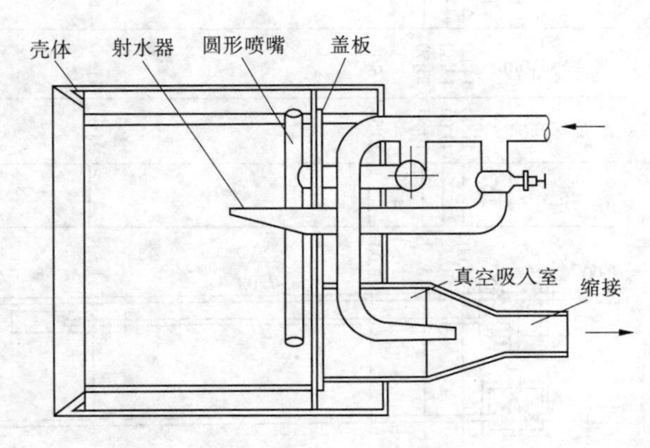

图7-26　水冲顶管法

工作原理是以环向管喷出的高压水流,将顶入管内的土壤冲散,并由中间喷射管将工具管前下方的粉碎土冲成泥浆。流至真空室回水管中的高速水流,使真空室产生负压,使泥浆自管内吸出,与高压水一并从排泥管泄出地面。启动顶进设备之后,即可将管子徐徐顶入土中。

采用边顶进、边水冲、边排泥的操作过程,加快了顶进作业的进程。

管道顶进方法的选择,应根据管道所处土层性质、管径、地下水位、附近地上与地下建筑物和构筑物及各种设施等因素,经技术经济比较后确定,并应符合下列规定:在黏性土或砂性土层,且无地下水影响时,宜采用手掘式或机械挖掘式顶管法;当土质为砂砾土时,可采用具有支撑的工具管或采取注浆加固土层的措施;在软土层且无障碍物的条件下,管顶以上土层较厚时,宜采用挤压式或网格式顶管法;在黏性土层中必须控制地面隆陷时,宜采用土压平衡顶管法；在粉砂土层中且需要控制地面隆陷时，宜采用加泥式土压平衡或泥水平衡顶管法；在顶进长度较短、管径小的金属管时，宜采用一次顶进的挤密土层顶管法。

7.6.2　倒虹管施工

管道过河有河底穿越和河面跨越两种方法。其中河底穿越（即倒虹管）有顶管过河、围堰、浮运沉管等施工方法。河面跨越有利用公路桥、管桥等。

管道过河方法的选择应综合考虑以下几个因素：河床断面的宽度、深度，水位，流量，地质等条件；过河管道水压、管材、管径；河岸工程地质条件；施工条件及作业机具布设的可能性等。

倒虹管施工设计包括以下主要内容：倒虹管施工平面布置图及沟槽开挖断面图；导流或断流工程施工图；施工机械设备数量与型号；施工场地临时供电、供水、通信等设计；沟槽开挖与回填的方法；管道的制作与组装方法；管道运输方法与浮力计算；水上运输航线的确定；管基的打桩方法；管道铺设方法；安全保护措施。

倒虹管施工特点和难点：有水上和水下作业；有的采用导流或断流后再进行倒虹管施工。其管道处在地下水位以下，且在施工中要保证倒虹管自身的强度不受破坏。

水下给水管道倒虹管见图7-27。

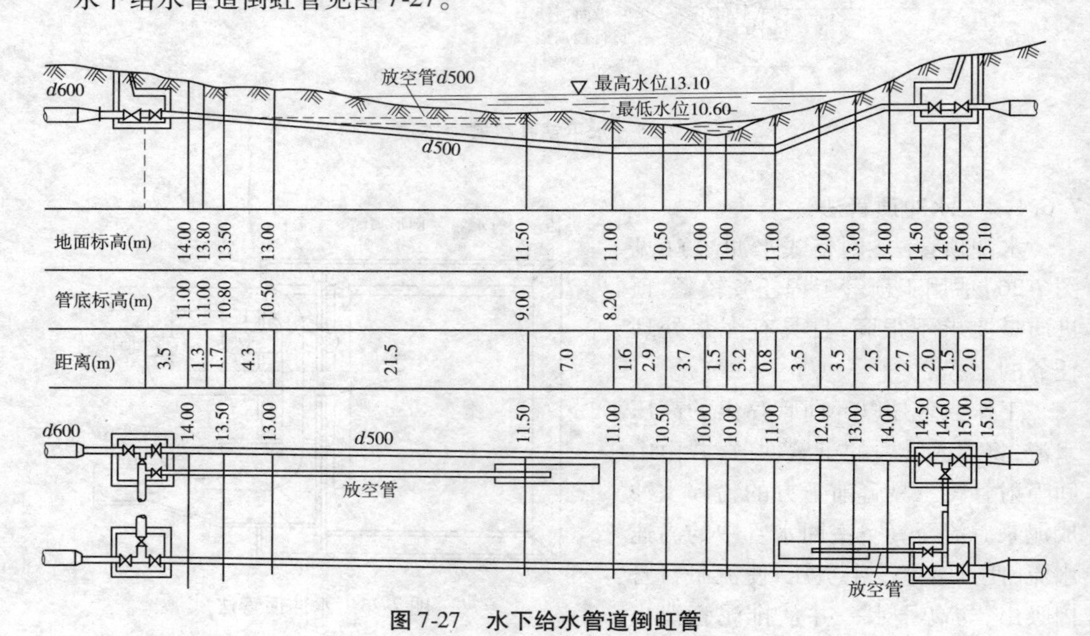

图7-27　水下给水管道倒虹管

7.6.3　架空管桥施工（管道架空敷设）

管道敷设于桥梁或建、构筑物上。有吊环法、托架法（包括钢托架、桥墩等）、拱管过河（见图7-28）。

拱管过河是利用钢管自身作为支承结构，起到了一管两用的作用。由于拱是受力结构，钢材强度较大，加上管壁较薄，造价经济。适用于跨度较大的河流。拱管过河关键控

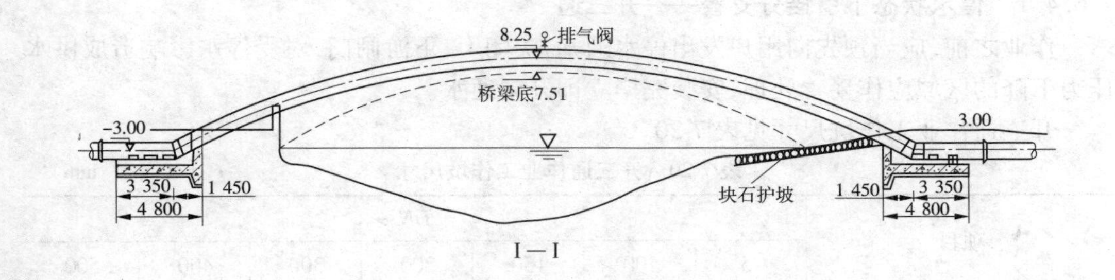

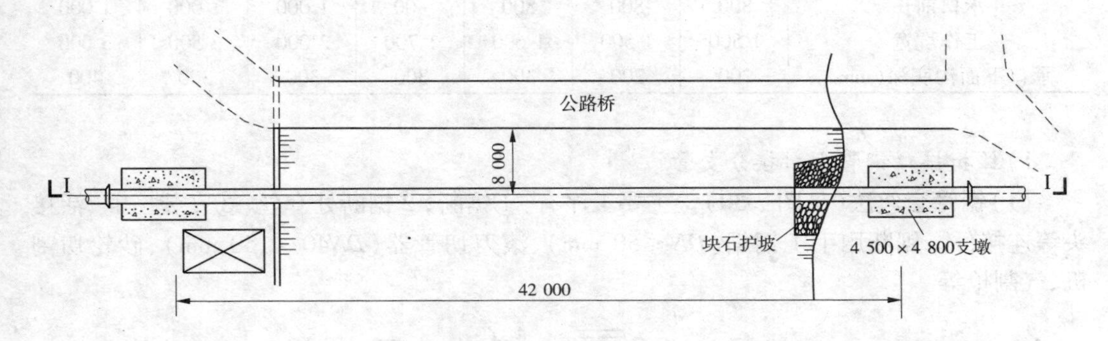

图7-28　拱管过河　（单位：mm）

制参数为矢高比，一般为1/6~1/8，通常采用1/8。

拱管的弯制方法有：

(1)先弯后接法：管段为单数。弯成之后，在平地上预装合格后再焊接。焊毕应再行测量，以保证管段中心的轴线在一个平面上，不能出现扭曲现象。

(2)先接后弯法：先将长度大于拱管总长的几根钢管焊接起来，而后在现场操作平台上采用卷扬机予以弯管。

弯制可采用冷弯、热弯。在管道焊接之后，均须进行充氧试验或油渗试验，以检查管道渗漏情况。

拱管的安装可采用立杆法、履带式吊车进行安装。

7.6.4　引接分支管道的施工

供水工程建成之后，往后的供水管道工程主要是将损坏的管子更换或自供水干管向用户接管，即要进行引接分支管道的施工。更换管子方法示意如图7-29所示。

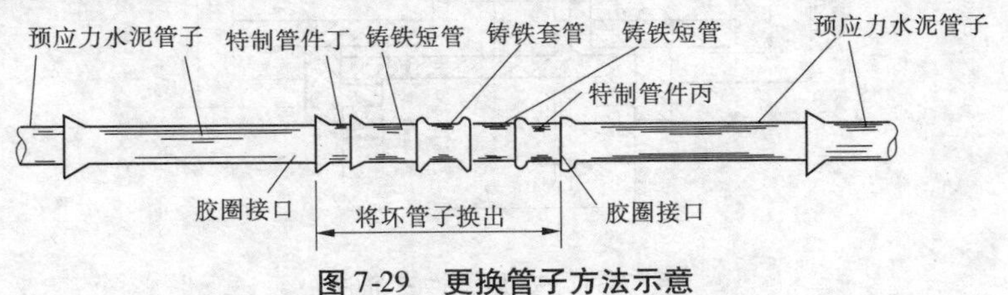

图7-29　更换管子方法示意

7.6.4.1　停水状态下引接分支管——开三通

作业之前，应当预先向用户发出停水通知，关闭上、下游闸门，对受停水影响造成供水压力下降的区域应作妥善处理，安装完毕立即开闸通水。

开三通作业工作坑尺寸见表7-20。

表7-20　开三通作业工作坑尺寸　（单位：mm）

项目	DN						
	75	100	150	200	300	400	500
工作坑长	2 600	2 700	2 800	3 000	3 300	3 800	3 900
承口前长	800	800	800	800	1 000	1 000	1 000
工作坑宽	1 500	1 500	1 600	1 700	2 000	2 500	3 000
承口下面沟底深（mm）	200	200	300	300	300	300	400

1）丝扣接口钢管上引接分支管

（1）锯管套丝法（见图7-30）。主要工序有：①锯断；②锯断处套丝；③安装三通、活接头等连接件。锯断用手工钢锯（$DN \leqslant 50$ mm）、滚刀切管器（$DN40 \sim 150$ mm）、砂轮切割机、气割枪等。

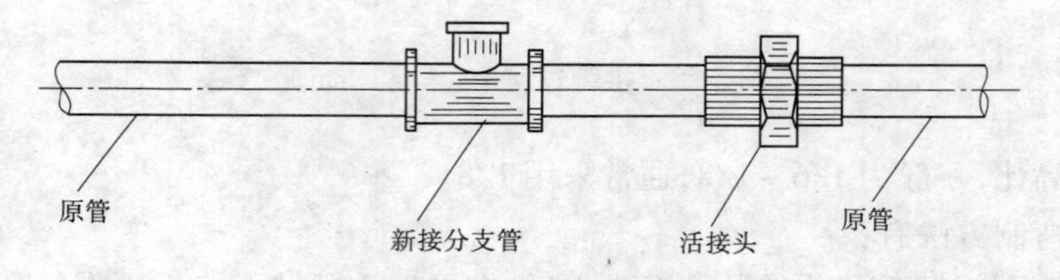

图7-30　锯管套丝法

（2）安装柔性三通法（见图7-31）。主要工序有：①锯断；②锯断处套特制柔性接口三通（用橡胶密封止水）。

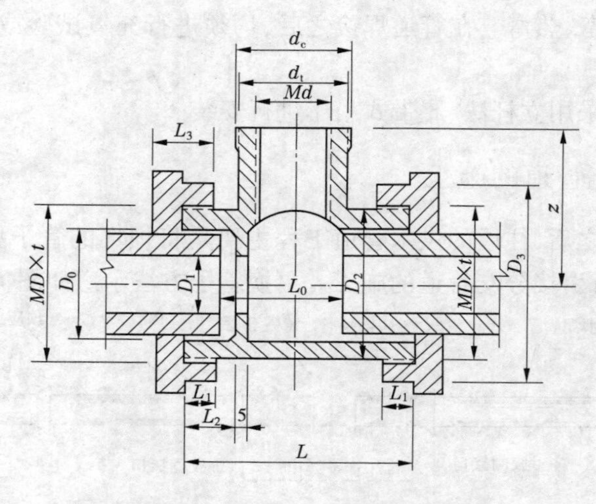

图7-31　安装柔性三通法

2）铸铁管上引接分支管

（1）铸铁管上引接镀锌钢管——丝扣连接，见图7-32。施工过程与管上引接分支管相同，但由于铸铁管"脆"、"硬"，锯断、攻丝应慢；采用钻头旋转钻进；攻丝机垂直压紧攻丝。铸铁管上钻孔攻丝的最大范围见表7-21。

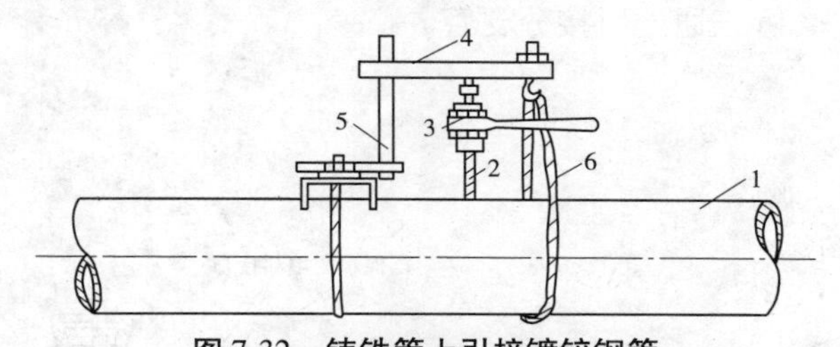

图7-32　铸铁管上引接镀锌钢管

1—管体；2—钻头；3—带螺旋千斤顶的棘轮扳手；4—顶铁；5—钻架；6—固定链条

表7-21　铸铁管上钻孔攻丝的最大范围　（单位：mm）

DN	75	100	150	200	250	300	350	≥400
最大接管口径	20	25	32	40	40	40	40	50

（2）铸铁管上引接铸铁分支管——承插连接，见图7-33。

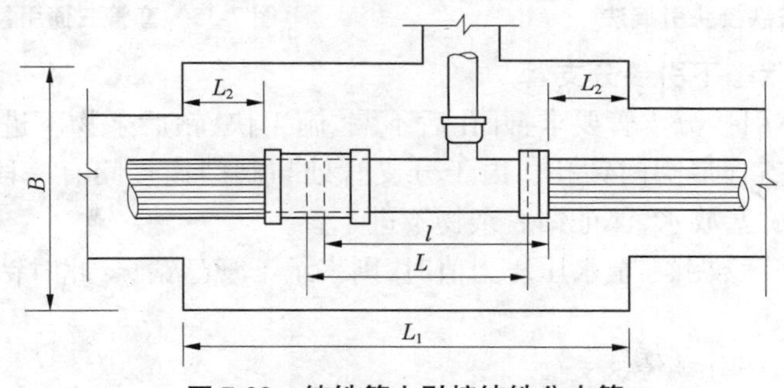

图7-33　铸铁管上引接铸铁分支管

将三通承口中心对准分支管管位中心线，量取待接三通长度，按管径大小在干管上预留相应长度（见表7-22）；然后剁管；抽吸干管断管后流入工作坑中的积水；再接三通；就位并套上套筒；将已连接好的分支管上插盘短管、闸门与承盘短管等连接配件吊入工作坑；与三通对口；然后及时对各接口灌注铅口或填塞膨胀水泥砂浆。

表7-22　铸铁管断管长度及三通预留尺寸　（单位：mm）

项目	*DN*						
	75	100	150	200	300	400	500
断管长度	610	680	760	735 ~ 815	810 ~ 900	940 ~ 1 190	1 020 ~ 1 320
三通预留尺寸	10 ~ 12	10 ~ 12	15	15 ~ 20	35 ~ 40	40 ~ 50	60 ~ 70

3）预应力钢筋混凝土管上引接分支管

（1）马鞍铁接头引接法，见图7-34。主要工序有：①采用人工錾切法打孔，其孔径较待接支管内径稍大；②使用1∶2水泥砂浆或环氧树脂砂浆将孔口填补到支管内径大小；

③将马鞍铁接头置于孔口处；④用U形螺栓及密封垫圈卡固在预应力钢筋混凝土管上；⑤引接分支管道。

(2)套管三通引接法，见图7-35。主要工序有：①在干管上先套上套管三通；②按以上方法开孔、处理孔口；③将套管三通移至孔口处；④用石棉水泥或膨胀水泥砂浆接口将套管三通固定；⑤自套管三通处引接分支管。

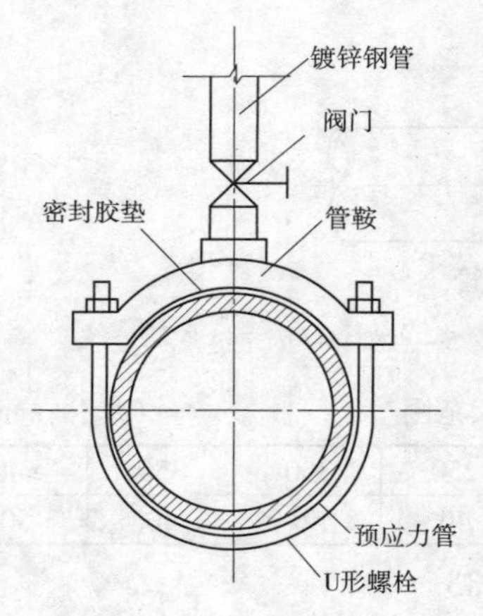

图7-34　马鞍铁接头引接法

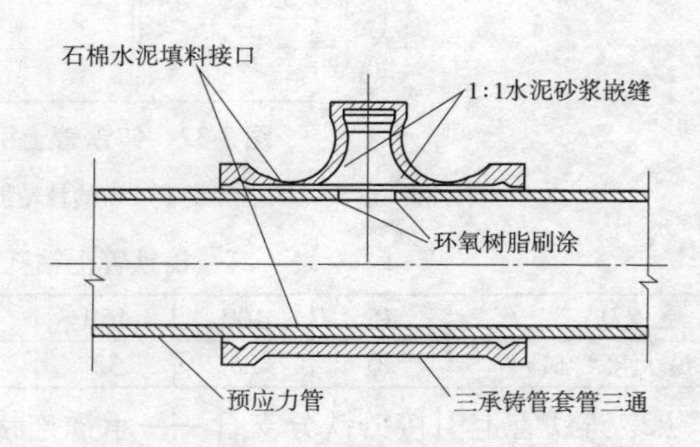

图7-35　套管三通引接法

7.6.4.2　不停水状态下引接分支管

不停水状态下引接分支管要求：开孔后不漏、施工快、钻后杂物不进干管。可采用干管上装密封胶垫、支管带阀门钻孔。由于分支管处与阀门连接间有一段短管，靠水压托住，钻孔后用水压旋塞放水，保证钻后杂物不进干管。

当阀后压力表读数由零至水压压力值时，则表示干管已钻穿，此时钻孔机上放水龙头出水。

1)采用马鞍配件引接铸铁支管

如图7-36所示，先将管鞍安装好，在管壁开孔的四周装置密封胶垫，再在管鞍侧装上阀门，阀杆应与地面垂直，阀底须安置支座，阀端安置堵板，随即做灌水水压试验(应在1.5倍工作压力状态下无渗滴)。

钻头切削靠附有棘轮的扳手动作，钻头的进给靠带圆盘的丝杆操作，在丝杆与钻轴之间装上钢垫圈。钻孔时，中心钻头先钻穿管壁，起定位作用，以便空心钻头钻进。当压力表指针指到一定读数，即表明管壁钻穿。打开放水龙头将铁屑排除，钻脱的铁块由管内水压托住，不致掉入干管中。

开孔达到要求后，退出钻头，关闭阀门，用钻架座板上附设的放水旋塞将余水排除，拆除打洞机。最后自闸门口引接铸铁分支管。

2)采用特殊短节引接小支管

先将连接器固定在干管上，如图7-37所示。连接器与干管之间用橡胶圈或橡胶垫密封，胶圈内径较待引支管内径大5 mm左右。再在连接器上安装闸板打开的阀门，然后装上钻孔机。

钻孔机一经装毕，旋转顶丝手轮顶紧钻头，边旋转手轮边用摇把使钻头向干管钻进，

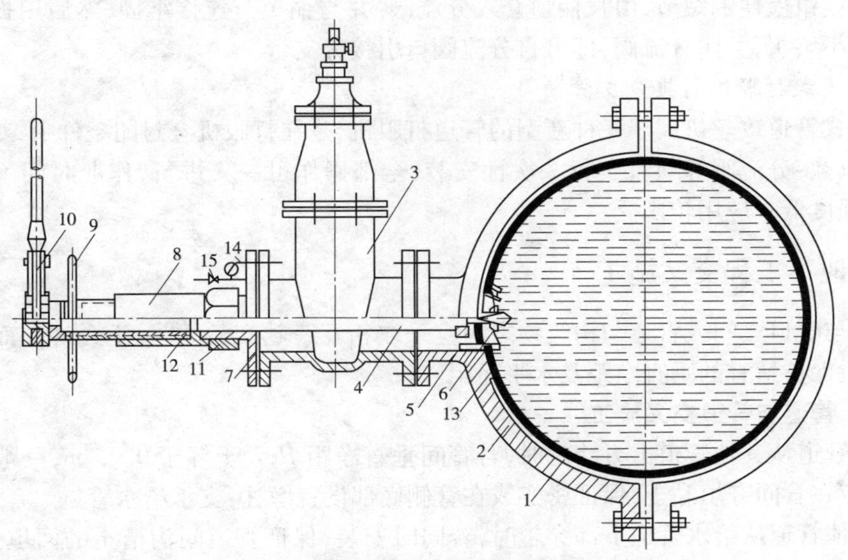

图7-36　采用马鞍配件引接铸铁管示意图

1—干管；2—管鞍；3—闸阀；4—钻孔轴；5—空心钻头；6—中心钻头；7—钻架座板；8—钻架螺母；9—带圆盘丝杠；10—棘轮扳手；11—密封填料；12—平面轴承或垫圈；13—密封垫圈；14—压力表；15—放水旋塞

直至打眼机上的放水龙头出水，即表明干管已被钻透。

取出钻杆，立即将特制铜短节（如图7-38所示，短节下端附外螺纹；上端既有外螺纹也有内螺纹，其端口拧上一小型带长柄的堵头）穿过隔离阀门拧在干管管壁内丝孔中。拆除钻架，则铜短节立于干管上。

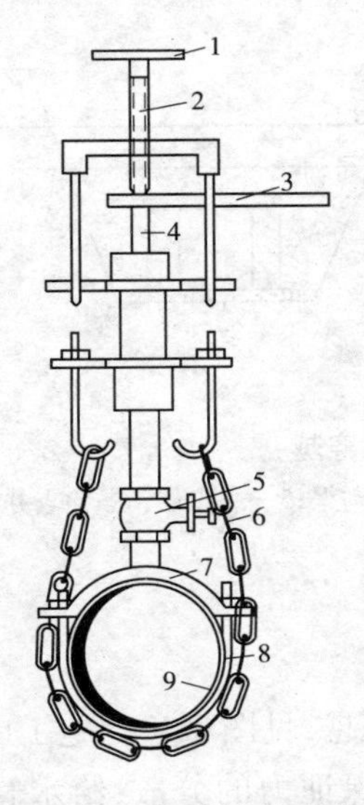

图7-37　采用特殊短节引接小支管示意图

1—顶丝手轮；2—顶丝；3—钻进扳手；4—钻杆；5—钢板阀门；6—固定用铁链；7—连接器；8—连接器螺栓；9—水管

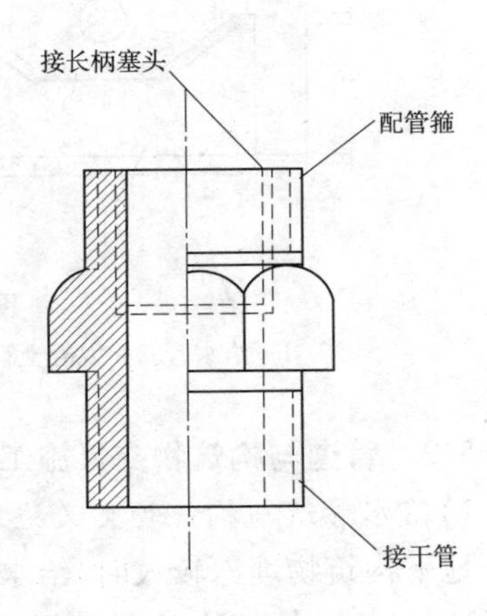

图7-38　特制铜短节

再用扳钳稳住铜短节，由长柄顶套入分流阀，并与铜短节连接牢固，然后用扳钳提出带长柄的小堵头，关闭分流阀，即可自分流阀口引接分支管。

3）密闭式打眼机引接分支管

密闭式管道攻丝机属于一种新型的管道打眼机，是在打眼机全封闭条件下，对于干管打眼、攻丝、装分流阀等项目实行一次性安装，全部操作可一人进行，作业时间不过半小时，劳动强度低。应用较广泛。

7.6.5 地下工程交叉施工

管道与管道之间或管道与构筑物之间应采取相互跨越交叉方式，不允许立面上重叠敷设，同时保持适宜的垂直净距及水平净距。

7.6.5.1 管道与管道交叉施工

给水管道从其他管道上方跨越时，若管间垂直净距 H 大于等于 0.25 m，一般不予处理；否则应在管间夯填黏土，保证密实或在管侧底部设置墩柱，支承给水管。

当其他管道从给水管道下部穿越时，若同时安装，保证管道间沟槽土的回填、密实按规范和设计要求；若其他管道从原给水管道下方穿越则淘空（淘空长度为给水管管径加 0.3 m），敷管，给水管道设置 135°包角范围的支座。

当给水管与排水干管的过水断面交叉，若高程一致，给水管道无法跨越（覆土不能保证），则降低排水干管高度，保证管底坡度及过水断面面积不变，将圆形改为沟渠。给水管设置于盖板上，管底与盖板间所留 0.05 m 间隙中填砂土，沟渠两侧填夯砂夹石，排水沟扁沟法穿越如图 7-39 所示。

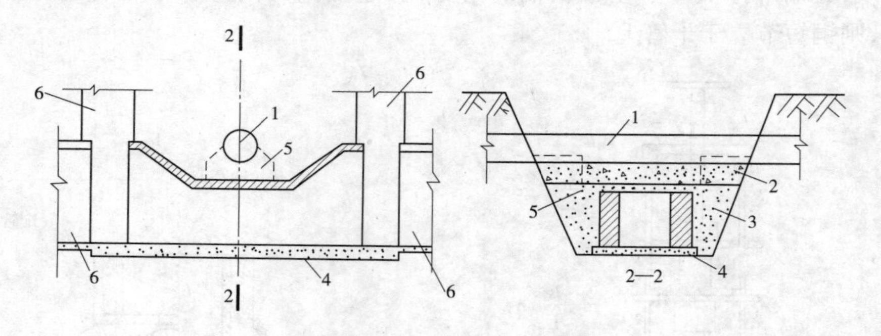

图 7-39 排水管扁沟法穿越

1—给水管；2—混凝土管座；3—砂夹石；4—排水沟渠；5—黏土层；6—检查井

7.6.5.2 管道与构筑物交叉施工

1）给水管道与构筑物交叉施工

地下构筑物埋深较大时，给水管道可从其上部跨越，见图 7-40。施工中应控制的参数有：给水管底与构筑物顶之间高差不小于 0.3 m，以保证力的分散；给水管顶与地面之间的覆土深度不小于 0.7 m（冰冻地区更严，应保证最小覆土厚度）。同时在给水管道最高处应安装排气阀，并砌筑排气阀井（以防超压对构筑物的影响）。

地下构筑物埋深较浅，给水管底与构筑物顶之间高差、覆土深度不能同时满足时，给水管道从构筑物下部穿越。施工中应防管裂,应在构筑物基础下面的给水管道上增设套管。当构筑物后施工时,须先将给水管及套管安装就绪之后再修筑构筑物。

2)排水管道与构筑物交叉施工

由于排水管道内为重力流,其与构筑物交叉时,仅能采用倒虹管自构筑物底部穿越,如图7-41所示。

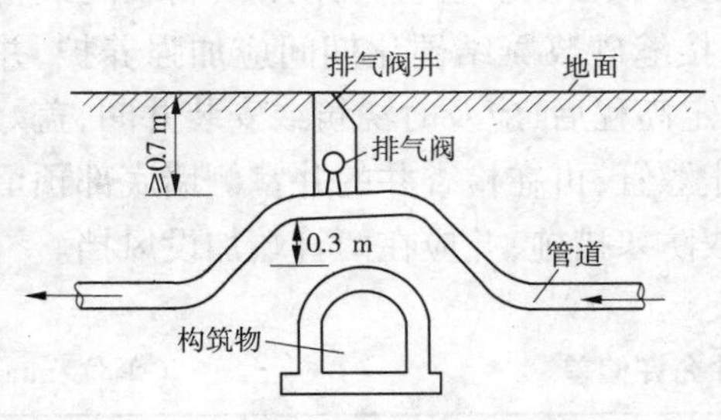

图7-40　给水管道从上部跨越构筑物

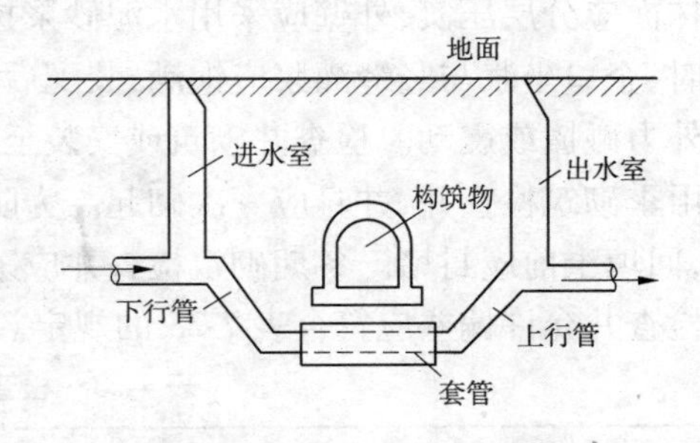

图7-41　排水管道倒虹管穿越构筑物

施工中应按给水管道施工要求增设套管。在倒虹管上、下游分别砌筑进水室与出水室,便于清洗、防堵。

3)建筑物建在管道上施工

管道被压在建筑物下原则上是不允许的。当建筑物实在无法避开地下管道时,则应当保证:建筑物下沉时,管道不受影响;管道维修方便。

施工中应控制以下方面:当基础未建在管道上时,管道垂直基础处理(见图7-42),在两外墙处设置基础梁,在建筑物内修建过人管沟;当基础建在管道上时,管道与基础平行处理(见图7-43),将基础分开,基础上部设梁,高度满足管沟检修要求。

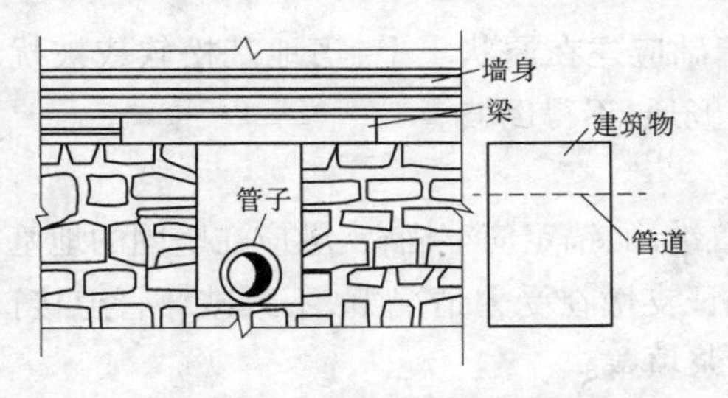

图7-42　与管道垂直的基础处理方法

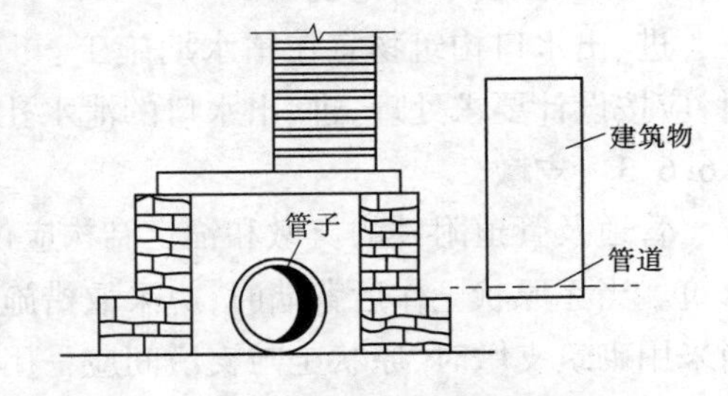

图7-43　与管道平行的基础处理方法

7.6.6　附属构筑物

7.6.6.1　检查井

检查井的施工应遵守管渠施工的有关规定,同时应保证井底基础与管道基础同时浇筑。

给水管道的井室安装闸阀时,井底距承口或法兰盘的下缘不得小于100 mm。井壁与承口或法兰盘外缘的距离,当管径小于或等于400 mm时,不应小于250 mm;当管径大于或等于500 mm时,不应小于350 mm。

在井室砌筑时,应同时安装踏步、预留支管,预留支管的管径、方向、高程应符合设计要求,管与井壁衔接处应严密,预留支管管口宜采用低强度等级砂浆砌筑封口抹平。检查井接入圆管的管口应与井内壁平齐,当接入管径大于 300 mm 时,应砌砖圈加固。砌筑圆形检查井时,应随时检测直径尺寸,当四面收口时,每层收进不应大于 30 mm;当偏心收口时,每层收进不应大于 50 mm。砌筑检查井的内壁应采用水泥砂浆勾缝,有抹面要求时,内壁抹面应分层压实,外壁应采用水泥砂浆搓缝挤压密实。检查井采用预制装配式构件施工时,企口坐浆与竖缝灌浆应饱满,装配后的接缝砂浆凝结硬化期间应加强养护,并不得受外力碰撞或震动。检查井砌筑或安装至规定高程后,应及时浇筑或安装井圈,盖好井盖。雨季砌筑检查井,井身应一次砌起。为防止漂管,可在检查井的井室侧墙底部预留进水孔,回填土前应封堵。冬期砌筑检查井应采取防寒措施,并应在两管端加设风挡。

检查井允许偏差应符合表 7-23 的规定。

表 7-23　检查井允许偏差　（单位:mm）

项　目		允许偏差
井身尺寸	长度、宽度	±20
	直径	±20
井盖与路面高程差	非路面	±20
	路面	±25
井底高程	$D \leqslant 1\ 000$	±10
	$D > 1\ 000$	±15

注:表中 D 为管内径,mm。

7.6.6.2　进、出水口构筑物

进、出水口构筑物宜在枯水期施工。其基础应建在原状土上,当地基松软或被扰动时,应按设计要求处理;进、出水口的泄水孔应畅通,不得倒坡。

7.6.6.3　支墩

管道及管道附件的支墩和锚定结构应位置准确,锚定应牢固;支墩应在坚固的地基上修筑。当无原状土作后背墙时,应采取措施保证支墩在受力情况下,不致破坏管道接口。当采用砌筑支墩时,原状土与支墩间应采用砂浆填塞。

管道支墩应在管道接口做完、管道位置固定后修筑。管道安装过程中的临时固定支架,应在支墩的砌筑砂浆或混凝土达到规定强度后拆除。

7.7　管道的防护

施工中应按设计要求对管道及设备采取防振、防挤压、防外部荷载、防漏、防露、防冻等措施。同时金属管道与水或潮湿土壤接触后,会因化学作用或电化学作用产生腐蚀而遭到损坏,出现生锈、坑蚀、结瘤、开裂、穿孔或脆化等外腐蚀的情况,因此应对管道内、外表面进行防腐处理。

7.7.1 钢管道外防腐

钢管道外防腐常采用覆盖防腐法，即在管道外面涂防腐层。

7.7.1.1 常用的钢管道外防腐材料及构造

石油沥青涂料和环氧煤沥青涂料外防腐层构造分别见表7-24、表7-25。

表7-24　石油沥青涂料外防腐层构造

材料种类	三油二布		四油三布		五油四布	
	构造	厚度（mm）	构造	厚度（mm）	构造	厚度（mm）
石油沥青涂料	1. 底漆一层 2. 沥青 3. 玻璃布一层 4. 沥青 5. 玻璃布一层 6. 沥青 7. 聚氯乙烯工业薄膜一层	≥4.0	1. 底漆一层 2. 沥青 3. 玻璃布一层 4. 沥青 5. 玻璃布一层 6. 沥青 7. 玻璃布一层 8. 沥青 9. 聚氯乙烯工业薄膜一层	≥5.5	1. 底漆一层 2. 沥青 3. 玻璃布一层 4. 沥青 5. 玻璃布一层 6. 沥青 7. 玻璃布一层 8. 沥青 9. 玻璃布一层 10. 沥青 11. 聚氯乙烯工业薄膜一层	≥7.0

表7-25　环氧煤沥青涂料外防腐层构造

材料种类	三油二布		四油三布		五油四布	
	构造	厚度（mm）	构造	厚度（mm）	构造	厚度（mm）
环氧煤沥青涂料	1. 底漆 2. 面漆 3. 面漆	≥0.2	1. 底漆 2. 面漆 3. 玻璃布 4. 面漆 5. 面漆	≥0.4	1. 底漆 2. 面漆 3. 玻璃布 4. 面漆 5. 玻璃布 6. 面漆 7. 面漆	≥0.6

7.7.1.2 外防腐的施工工艺

沟槽内管道接口处施工，应在焊接、试压合格后进行，接茬处应黏结牢固、严密。

（1）石油沥青涂料外防腐：清除油垢、灰渣、铁锈，焊接表面应光滑无刺，无焊瘤、棱角。涂抹冷底子油两层，涂底漆时基面应干燥，基面除锈后与涂底漆的间隔时间不得超过8 h；应涂刷均匀、饱满，不得有凝块、起泡现象，底漆厚度宜为0.1～0.2 mm，管两端150～250 mm范围内不得涂刷；待冷底子油干燥后浇涂180～220 ℃、层厚1.5 mm的热沥青或沥青胶泥，常温下刷沥青涂料时，应在涂底漆后 24 h 之内实施；立即缠绕玻璃纱布，玻璃布的压边宽度应为 30 ~ 40 mm；接头搭接长度不得小于 100 mm，各层搭接接头应相互错开，玻璃布的油浸透率应达到 95% 以上，不得出现大于 50 mm × 50 mm 的空白；管端或施工中断处应留出长 150 ~ 250 mm 的阶梯形搭茬，阶梯宽度应为 50 mm；趁热（当沥青涂料温度低于 100 ℃时）用牛皮纸或聚氯乙烯工业薄膜包扎在沥青涂层上作外保护层，不得有褶皱、脱壳现象，压边宽度应为 30 ~ 40 mm，搭接长度应为 100 ~ 150 mm。

（2）环氧煤沥青涂料外防腐：清除油垢、灰渣、铁锈，焊接表面应光滑无刺，无焊瘤、棱角；按设计要求配置涂料；均匀涂刷底漆，底漆应在表面除锈后的 8 h 之内涂刷，涂刷应均匀，不得漏涂；管道两端 150 ~ 250 mm 范围内不得涂刷；刮腻子；涂面漆和缠绕玻璃布，应在底漆表干后进行，底漆与第一道面漆涂刷的间隔时间不得超过 24 h。

7.7.2　钢管道内防腐

管道内防腐对大口径管道采用水泥砂浆衬里，对小口径管道采用内壁刷环氧玻璃布做成玻璃钢。

（1）水泥砂浆内防腐层的材料质量要求：不得使用对钢管道及饮用水水质造成腐蚀或污染的材料；使用外加剂时，其掺量应经试验确定；砂应采用坚硬、洁净、级配良好的天然砂，除符合国家现行标准《普通混凝土用砂质量标准及检验方法》外，其含泥量不应大于 2%，其最大粒径不应大于 1.2 mm，级配应根据施工工艺、管径、现场施工条件，在砂浆配合比设计中选定；水泥宜采用 M42.5 以上的硅酸盐、普通硅酸盐水泥或矿渣硅酸盐水泥；拌和水应采用对水泥砂浆强度、耐久性无影响的洁净水。

（2）水泥砂浆内防腐层施工工艺：水泥砂浆内防腐层可采用机械喷涂、人工抹压、拖筒或离心预制法施工；采用预制法施工时，在运输、安装、回填土过程中，不得损坏水泥砂浆内防腐层；清除管道内壁的浮锈、氧化铁皮、焊渣、油污等；将配置好的涂层均匀抹在管内壁；水泥砂浆内防腐层成型后，应立即将管道封堵，终凝后进行潮湿养护；普通硅酸盐水泥养护时间不应少于 7 d，矿渣硅酸盐水泥不应少于 14 d；通水前应继续封堵，保持湿润。

第 3 篇　供水系统运行与管理

村镇供水工程与城市供水工程相比，规模小，用户分散，建设条件、管理条件、供水方式、用水条件和用水习惯等方面都有较大差异。村镇供水工程形式多样、规模差异大，运行与管理的条件不同、要求不同，应分类进行运行与管理。

满足生活饮用水需求、保障生活饮用水卫生安全，是村镇供水的主要任务。因此，村镇供水工程的运行与管理应符合国家现行的有关生活饮用水卫生安全的规定。如供水工程应有必要的净水设施和消毒措施；凡与生活饮用水接触的材料、设备和化学处理剂不应污染水质；集中供水系统不应与非生活饮用水管网和自备供水系统相连接；供水单位应建立水质检测制度和卫生防护措施；供水水质应符合生活饮用水卫生标准等。

第 8 章　供水系统水源管理

供水单位应按照国家颁布的《饮用水水源保护区污染防治管理规定》的要求，结合实际情况，合理设置生活饮用水水源保护区，并经常巡视，及时处理影响水源安全的问题。

8.1　地表水水源保护要求

(1)取水点周围半径 100 m 的水域内，应严禁捕捞、网箱养鱼、放鸭、停靠船只、洗涤、游泳等可能污染水源的任何活动，并设置明显的范围标志和严禁事项的告示牌。

(2)取水点上游 1 000 m 至下游 100 m 的水域，不应排入工业废水和生活污水；其沿岸防护范围内，不应堆放废渣、垃圾，不应设立放置有毒、有害物品的仓库和堆栈，不应设立装卸垃圾、粪便和有毒有害物品的码头，不应使用工业废水或生活污水灌溉及施用持久性或剧毒的农药，不应从事放牧等有可能污染该段水域水质的活动。

(3)以河流为供水水源时，根据实际需要，可将取水点上游 1 000 m 以外的一定范围河段划为水源保护区，并严格控制上游污染物排放量。受潮汐影响的河流，取水点上、下游及其沿岸的水源保护区范围应根据具体情况适当扩大。

(4)以水库、湖泊和池塘为供水水源时，应根据不同情况的需要，将取水点周围部分水域或整个水域及其沿岸划为水源保护区，防护措施与上述要求相同。

(5)输水渠道、作预沉池（或调蓄池）的天然池塘，防护措施与上述要求相同。

8.2 地下水水源保护要求

(1)地下水水源保护区和井的影响半径范围应根据水源地所处的地理位置、水文地质条件、开采方式、开采水量和污染源分布等情况确定,且单井保护半径不应小于100 m。

(2)在井的影响半径范围内,不应再开凿其他生产用水井,不应使用工业废水或生活污水灌溉和施用持久性或剧毒的农药,不应修建渗水厕所和污废水渗水坑、堆放废渣和垃圾或铺设污水渠道,不应从事破坏深层土层的活动。

(3)雨季,应及时疏导地表积水,防止积水入渗和漫溢到井内。

(4)渗渠、大口井等受地表水影响的地下水源,其防护措施与地表水源保护要求相同。

(5)地下水资源匮乏地区,开采深层地下水的水源井应保证生活用水,不宜用于农业灌溉。

8.3 其他要求

(1)任何单位和个人在水源保护区内进行建设活动,应征得供水单位的同意和水行政主管部门的批准。

(2)水源保护区内的土地宜种植水源保护林草或发展有机农业。

(3)水源的水量分配发生矛盾时,应优先保证生活用水。

(4)每天应记录水源取水量。

第 9 章　取水系统运行与管理

村镇取水构筑物分为地下水取水构筑物和地表水取水构筑物。地下水取水构筑物有管井、大口井、渗渠和泉室等；地表水取水构筑物有雨水、池塘水、湖泊水、溪水、河水和海水等取水构筑物。

9.1　地下水取水构筑物的运行与管理

管井、大口井、渗渠和泉室是村镇给水工程地下水取水构筑物的主要组成部分。各种取水构筑物形式的适用条件如下：①管井适用于含水层厚度大于 5 m，其底板埋藏深度大于 15 m 的地层；②大口井适用于含水层厚度在 5 ~ 10 m，其底板埋藏深度小于 20 m 的地层；③渗渠仅适用于含水层厚度小于 5 m，渠底埋藏深度小于 6 m 的地层；④泉室适用于有泉水露头，且覆盖层厚度小于 5 m 的地层。常见的管井与大口井见图 9-1。

图 9-1　常见的管井与大口井

9.1.1　管井

地下水取水设施中用得最多的是管井，管井可以开采深层地下水，并且不受地层岩性限制。管井由井室、井壁管、滤水管、回填砾石、沉淀管等组成。农村供水工程中常用管井的直径为 50 ~ 200 mm，井深在 100 m 以内。管井的设计应符合《供水管井技术规范》（GB50296—99）和《机井技术规范》（SL256—2000）的要求。

管井的使用、维护和管理主要有以下几点。

9.1.1.1　管井日志及技术档案的管理

管井日志是对打井全过程的记录，对今后的工作具有重要的参考价值，同时也对当地新建井的设计具有重要的指导意义。某井的管井日志如下：

管井日志

(1)井位(画图):在张××家的西北角;

(2)主人姓名:李××;

(3)打井者姓名:王××;

(4)打井开始日期:2008 年 11 月 10 日;

(5)成井日期:2008 年 11 月 20 日;

(6)参加打井人数:5 人;

(7)打井的方法:螺旋钻井;

(8)井的直径:100 mm;

(9)井深:32 m;

(10)土壤类型见表 1:

表 1　土壤类型　(单位:m)

土壤类型	深度	厚度
表土	0~0.5	0.5
松散碎石	0.5~12.5	12
黏土	12.5~13	0.5
粗砾石	13~15	2

(11)含水层岩性:粗砂;

(12)潜水面埋深:15 m;

(13)管井到含水层中的深度:12 m;

(14)管井材料类型:塑料管,每段长 2 m、直径 100 mm;

(15)进水类型:带孔的塑料管;

(16)水泵或提水设备类型:深水井;

(17)井中的静水位:15.75 m;

(18)水位恢复时间:14 h;

(19)水质:清澈;

(20)消毒剂及用量:漂白粉 0.2 kg;

(21)井的运行参数见表 2。

表 2　井的运行参数

试验数据	1/3 能力	2/3 能力	全马力抽水
出水量(L/min)	60	120	180
降深(m)	2.5	5.5	8.75
比出水量(L/(min·m))	24	21.8	20.6

管井验收交付使用后，应及时以打井日志和施工文件等为基础建立技术档案。这个档案是管井管理的重要依据，以便分析、研究管井运行中存在的问题。

技术档案主要应包括下列资料：

(1)管井日志。日志应记录打井日期、人员、方法、试验数据等。

(2)管井施工说明书。该说明书为综合性施工技术文件，主要包括管井的地质柱状图(岩层名称、厚度、埋藏深度)，井的结构，过滤器和填砾规格，井位坐标及井口绝对标高，抽水试验记录，水的化学及细菌分析资料，过滤器安装、填砾、封闭时的记录资料等。

(3)管井使用说明书。它主要包括管井的最大开采量、选用的抽水设备类型与规格、管井在使用中可能发生的问题、防止水质恶化和管井维护方面的建议。

(4)管井运行记录。主要是认真填写观测卡，记录抽水起始时间、静水位、动水位、出水量、出水压力及水质(主要是含盐量及含砂量)的变化情况。

(5)潜水泵与电机运行记录。详细记录电机的电位、电压、耗电量、温度等和润滑油料的消耗以及潜水泵的运转情况等，一旦出现问题，应及时处理。

9.1.1.2　管井的日常维护措施

1)抽水设备维护

(1)手动泵。许多农村采用手动泵，最常见的手动泵是利用杠杆提水，通过真空、活塞或者两者组合来提水的。这些水泵可分为浅井泵(最大抽水深度为7 m)和深井泵(最大抽水深度大于7 m)。此类泵家庭易于生产，成本低，但是效率低、寿命短，比较适用于家用。

(2)潜水泵。潜水泵可以用于家庭供水，也可以用于集中供水，主要取决于其功率。其优点是可以用于不太垂直的井，可以放在较深的井中。但其电机在水泵的下方，维修时要把整个泵都拉上来。潜水泵的安装、操作和维修都比较容易。

(3)轴线涡轮泵。轴线涡轮泵的电机在地面上，需要驱动轴将电机和水泵连接起来。井越深，需要驱动轴越长，出现事故的频率越高。而且泵轴要直，对于管井的垂直度要求高，也限制了其实用性。

集中供水的村镇对设备的易损易磨零件要求有足够的备用件，以便在发生故障时及时更换，将供水损失减小到最低限度。

2)管井填塞的清理方法

当井内有砖头、瓦块等杂物填塞时，根据具体情况，通常可采用以下方法修理：

(1)用不同规格的抽筒将杂物抽出。操作时应尽量缩短抽筒上下冲程，慢抽慢进，尽量避免抽筒碰撞井管。

(2)如果井内填塞物卡于井管之中，可用钻杆将填塞物冲下，使之落于井底再设法打捞。

(3)如果填塞物较大，可用抓石器将填塞物抓上来。如经过上述处理，井内仍存有残留填塞物，即可用空气压缩机抽水的方法将填塞物吸净。

3)维护性抽水

对于季节性供水的管井或备用井，在停泵期间，应每隔10 d或半个月进行一次维护性的抽水，抽水时间一般为24~36 h，以防止过滤器发生锈结，保持井内清洁，延长管井使用寿命,并同时检查机、电、泵等设备的完好情况。地下水矿化度较高且含铁量过多的,除定期抽水外,还可向井内投入少量稀盐酸,以减缓滤水管的锈结。

4)管井的卫生管理

加强管井的卫生管理是保障管井出水水质的重要措施。管井启用前,无论是第一次投产还是每次检修之后都要进行消毒。常用的消毒药剂是漂白粉。漂白粉在使用前应先调成浆糊状,然后加水配制成2% ~5%的溶液。消毒时井内浓度在1% ~5%。消毒可分两步进行,首先将配好的药液倒入井内,使其与井水充分混合,开动水泵,当出水带有氯气味时停泵,然后再次将配好的溶液倒入井内与水充分混合,静置24 h后再启动水泵,直至氯气味消失为止。

5)管井出水量减少原因及其恢复措施

管井在使用过程中,往往会出现出水量减少现象,这通常为水源和管井本身的原因所致。

水源方面的原因:一是地下水位区域性下降使管井出水量减少;二是含水层中地下水的流失使管井出水量减少。

管井本身的原因使出水量减少,主要是过滤器或其周围填砾、含水层填塞造成的。针对不同的出水量减少原因,可采取的出水量恢复措施有:

(1)更换过滤器、修补封闭漏砂部位、修理折断的井壁管。

(2)清除过滤器表面上的泥沙或活塞洗井或压缩空气洗井。

(3)化学性堵塞。地下水含有盐类等天然的电解质,金属过滤器浸在其中会产生程度不同的电化学腐蚀。尤其当地下水水位升降或与空气接触曝气而含有溶解氧时,会加速电化学腐蚀。电化学腐蚀的产物在管壁上结垢,使过滤器堵塞。常见的解决方法是用酸洗法进行清除,通常用浓度为18% ~35%的盐酸清洗。洗毕,应立即抽水,防止酸洗剂的扩散,以保证出水水质。应当注意,注酸洗井必须严格按操作规程进行,以保证安全。

(4)细菌繁殖造成堵塞的解决方法是用氯化法或酸洗法使其缓解。

9.1.2　大口井

大口井构造简单、取材容易、施工方便、使用年限长、容积大,能起水量调节作用,但深度较浅,对水位变化适应性差。大口井主要由井口、井筒及进水部分组成。用于开采浅层地下水,口径2 ~10 m,井深小于30 m。完整井只有井壁进水,适用于颗粒粗、厚度小(5 ~8 m)、埋深浅的含水层。含水层厚度较大(>10 m)时,应做成不完整大口井。

井口应高出地表0.5 m以上,并在井口周边修建宽度为1.5 m的排水坡,以避免地表污水从井口或沿井壁侵入,污染地下水。如覆盖层是透水层,排水坡下面还应填以厚度不小于1.5 m的夯实黏土层。

井口以上部分可与泵站合建,工艺布置要求与一般泵站相同;也可与泵站分建,只设井盖,井盖上部设有人孔和通风管。

进水部分包括井壁进水和井底反滤层。井壁进水是在井壁上做成水平或倾斜的直径为100 ~200 mm的圆形进水孔,或100 mm×150 mm ~200 mm×250 mm的方形进水孔,孔隙率为15%左右,孔内装填一定级配的滤料层,孔的两侧设置钢丝网,以防滤料漏失。

井壁进水也可利用无砂混凝土制成的透水井壁。无砂混凝土大口井制作方便,结构简单,造价低,但在粉细砂层和含铁地下水中易堵塞。

井底反滤井宜设计成凹弧形,反滤层可设3~4层,每层厚度宜为200~300 mm。

9.1.2.1　大口井的运行和管理

(1)建立健全大口井技术档案。其包括管井地质结构图、抽水试验和水质化验等技术资料,以便在管井发生事故时有据可查。

(2)做好井运行记录。其中包括静水位、动水位、出水量、含砂量和水质变化情况等。一旦发现情况,应查明原因,进行处理。

(3)注意井周围是否发生沉陷。一旦发现应及时处理,以防出现井管折断、水泵损坏或井报废等事故。

(4)定期进行维护性抽水。大口井停止使用时间过长,容易发生出水量减少现象。特别是在含水层颗粒较细的地区,往往会使管井滤水管堵塞。故应定期(1~2月)进行维护性抽水,每次历时不得小于4 h。

(5)定期进行维护性清淤。大口井在使用过程中,总会出现井底淤积现象,其原因是多方面的。有的是滤料不合格,拦不住泥沙,造成淤积;有的是井管接口包扎不严密,抽水时泥沙从接缝中流入井内;有的是抽水洗井不及时、不彻底,井内泥沙过多;还有的是管理不善,不盖井口,砖石或泥沙进入井内等。当发现井内泥沙淤积过多时,应立即进行清淤。

其实大口井的运行和管理基本上与管井的运行和管理相同,可参考管井的相应部分。大口井还应注意以下两点:

(1)严格控制开采水量。大口井在运行中应均匀取水,最高时开采水量不应大于设计允许的开采水量,在使用的过程中应严格控制出水量。

(2)防止水质污染。大口井一般汇集浅层地下水,应加强防止周围地表水,尤其是受污染的地表水的汇入。井口、井筒的防护构造应定期维护;在地下水影响半径范围内,注意检测地表水水质情况;严格按照水源卫生防护的规定制定卫生管理制度;保持井内良好的卫生环境,经常换气并防止井壁微生物生长。

9.1.2.2　大口井保证出水量的措施

1)更换井底反滤层

运行一段时期后井底将会严重淤积,应更换反滤层以加大出水量。更换时要先将地下水位降低,将原有反滤层全部清出并清洗、补充滤料。在此过程中要严格控制粒径规格和层次排列,保证施工质量。

2)定期清理井壁进水孔

一般在井壁外堆填砾石,粒径为80~150 mm。外面填三层反滤料:最外层粒径为2~4 mm,中间层为10~20 mm,内层为50~80 mm。由于淤积可能堵塞进水孔,要定期利用中压水冲洗进水孔,增加其出水量。

9.1.3　渗渠

渗渠是应用于河流、溪沟岸边渗透水的取水设施,主要由集水管(或河渠)进水孔、人工滤层、集水井和检查井组成。渗渠宽一般为0.45~1.5 m,渠深通常在4~6 m,很少超过 10 m。集水管(渠)铺设在河流、水库等地表水体之下或旁边的河漫滩、河流的含水层中,集取河流下渗水和地下潜流水。渗渠汇集的地下水,由于渗透途径较短,其水质往往兼有河水和普通地下水质的特点,如浊度、色度、细菌总数较河水低,而硬度、矿化度较河水高。

9.1.3.1　渗渠的运行和管理

渗渠的管理与管井、大口井的管理有共同之处,另外还应注意以下几点:

(1)记录渗渠在不同时期出水量的变化。渗渠的出水量与河流流量的变化关系密切,当河流处于丰水期时,渗渠出水量大,枯水期时出水量小。每隔 5 ~ 7 d 观测并记录井或孔中的水位,及相应的河水水位与水泵的出水量,连续观测 2 ~ 3 年,则可基本掌握渗渠出水量的变化规律。

(2)加强水质管理。村镇供水中常常将渗渠的出水简单消毒后就送至用户,对于水质的缓冲能力较差,因此需要做好渗渠的水质检测和水源卫生防护工作。

(3)做好渗渠的防洪。设置于河床中的渗渠、检查井、集水井等要严防洪水冲刷和洪水灌入集水管造成整个渗渠的淤积。应在每年洪水期前,做好一切防洪准备,如详细检查井盖封闭是否牢靠,护坡、丁坝等有无问题等。洪水过后应再次检查并及时清淤,修补被损坏部分。

(4)加强渗渠防冻防冰凌。在冰冻期,设置于河床中的渗渠、检查井、集水井可能会受到冰冻或者冰凌压力,造成地表水侵入渗渠,影响水质和供水安全。

(5)增加渗渠出水量的措施。其措施有以下两点:第一,修建拦河闸。山区河流如果距离渗渠下游河床较近,则可垂直河流修建拦河闸,枯水期关闸蓄水,抬高水位以增加渗渠出水量。丰水期开闸放水,冲走沉积的泥沙,恢复河床的渗透性能。修建拦河闸要尽量选择造价低廉、管理方便的闸型,修建时还要考虑河水水位抬高后,不会导致上游农田和房屋受淹的问题。第二,修建地下潜水坝。当含水层较薄、河流断面较窄时,两岸为基岩或弱透水层,在渗渠所在河床下游 10 ~ 30 m 范围内修建截水潜水坝,可以截取全部地下水量,有效提高渗渠出水量。

9.1.3.2　常见的渗渠的维修方法

1)渗渠淤塞的处理

渗渠的淤积与堵塞影响渗渠的出水量。常用的维修方法如下:

(1)水冲洗清淤。在集水井地面附近安装两台水泵,一台为高扬程水泵,水泵压水管末端与水枪相连,将水枪放在集水井内,利用水枪形成的高压水柱的冲力使淤积的泥沙变成浑水,另一台为低扬程水泵,将浑水从集水井中排出,直至浑水排完。

(2)修理和加厚反滤层。由于反滤层太薄使浑水进入集水管,应翻修反滤层并适当加厚,翻修时要严格掌握反滤层的级配及厚度要求。

(3)加大渗渠与集水管的流速。由于集水管中流速太小造成淤积,可使集水井内水位下降,加大集水管与渗渠的水力坡降,减少淤积。

2)集水管的漏水处理

当渗渠或集水管基础发生不均匀沉陷,或集水管衔接损坏,造成集水管向外漏水时,应把集水管内的水抽干净,查明漏水部位,针对漏水原因进行补漏或局部翻修。

由于渗渠的出水量减少以后的翻修工作量甚大,加之河床内流量减少和水质恶化等原因,渗渠的使用受到很大的限制,已经极少使用。

9.1.4　泉室

山区山泉较多,流量较大,水质较好,坡降较大。利用好这些自然条件,使山泉水通过简单的供水系统(集水井、供水管道等)靠水压自流供水可使工程建设投资降低,使工程运行节资增效。

泉室是集取泉水的构筑物。对于上升泉可用底部进水的泉室,下降泉可用侧向进水的泉室。

泉室的维护措施如下:

(1)检查泉水周边的排水沟是否运行正常,并将周边的地表径流引走。如果排水沟运行不正常,应对排水沟进行改造。用砾石或石头衬砌排水沟,加快排水速度,防止边坡的侵蚀。

(2)如果泉室周围围建有篱笆,应检查篱笆是否能有效防止动物进入泉水区。

(3)检查水质。如果暴雨后泉水浊度增加了,则表明地表径流进入并已污染泉水。应查清径流是如何进入泉水的,并改进对泉水的保护措施。

(4)检查泉水盖板是否漏水。

(5)检查所有的泉水是否都进入泉室。仔细观察泉室周边是否有水渗出。如果有水渗出,用黏土或者混凝土密封渗出处,保证所有的水都引入泉室。

(6)清洁泉水系统。每年对泉水系统进行消毒一次,清除泉室中的沉淀物。具体清洁步骤如下:打开盖子,打开出水阀,排空泉室中的水,如果泉室只有一条出水管和溢流管,用水泵或者桶把水排出,然后用小铲将室底的沉淀物铲掉。

(7)清洁完泉室后,用氯溶液对泉室墙壁进行清洗,氯应直接加入水中,并保持24 h。如果氯不能保持24 h,应每隔12 h加氯一次,共两次,以保证完全消毒。

(8)检查管道上的滤网是否需要清洗。如果滤网被阻塞或者非常脏,要对其进行清洁或者更换。

(9)泉室防山洪。设置于山区的泉室要严防洪水冲刷和洪水灌入集水管造成整个泉室的淤积。应在每年洪水期前,做好一切防洪准备,如详细检查泉室封闭是否牢靠,护坡、丁坝等有无问题等,洪水过后应再次检查并及时清淤,修补被损坏部分。

(10)定期维护供水管道。如果泉水处于地势高处,采用重力供水的管道需要定期进行检查,以防管道淤积泥沙。供水管道小于1 000 mm时,可不设检查井;大于或等于1 000 mm时,在管道上每间隔500～600 m需设检查井,井内设有闸阀、排污阀、自动排气阀。

9.2　地表水取水构筑物的运行与管理

村镇地表水水源基本以雨水、池塘水、湖泊水、溪水和河水(水质应符合《地表水环境质量标准》(GB3838—2002)Ⅲ类以上的水体)为主,所以雨水、湖泊水、河水取水构筑物是村镇的主要取水构筑物。

9.2.1　雨水收集构筑物的维护

雨水利用主要在山区，山区雨水集蓄利用工程一般由收集雨水的集流面、输水系统、净化设施、蓄水设施、供水设施五部分组成。集雨设施在农村通称为旱井或水窖，主要有小型(30～50 m^3)坛形黏土水窖，大型(1 000～5 000 m^3)方形、圆形混凝土水窖及浆砌石水窖等。

水窖设计按照水利部《雨水集蓄利用工程技术规范》(SL267—2001)和国家技术监督局发布的《水土保持综合治理技术规范》(GB/T164153—1996)要求及已建工程经验进行。现有旱井、水窖(池)集雨工程蓄水量在30～5 000 m^3，设计洪水标准2年一遇。

而用于人畜饮用的集雨设施一般是建在房前屋后的旱井、水窖，如果集流面处理得好，集流效率就高，旱井、水窖密度可达到1眼/100 m^3。野外坡顶兴建的旱井水窖，利用天然坡面集流，一般以大型(1 000～5 000 m^3)水窖为主，1 000～2 000 m^3的山场可建一眼但集流效果较差，平水年及枯水年不能保证全部蓄满。利用公路路面集流，集流效果好，体积较大(1 000 m^3)，一般500 m^3集流面可建一眼，辅以适当引水设施，平水年也可保证蓄满水。

雨水收集工程，依据雨水收集场地的不同，可分为屋顶集水式雨水收集与地面集水式雨水收集两类。屋顶集水式雨水收集工程由屋顶集水场、地面混凝土集水场、集水槽、落水管、输水管、简易净化装置(粗滤池)、贮水池(水窖)、取水设备组成。多为一家一户使用。地面集水式雨水收集工程由地面集水场、汇水渠、简易净化装置(沉淀池、粗滤池等)、贮水池、取水设备组成。一般可供几户、几十户，甚至整个小村庄使用。

屋顶集水场是收集降落在屋顶的雨水，因此对屋顶的建筑材料有一定要求，宜收集黏土瓦、石板、水泥瓦、镀锌铁皮等材质屋顶的水，不宜收集草质屋顶、石棉瓦屋顶、油漆涂料屋顶的水，因为草质屋顶中会积存微生物和有机物；石棉瓦板在水冲刷浸泡下会分解出对人体有害的石棉纤维；油漆涂料不仅会使水中有异味，还会产生有害物质。集水槽宜用镀锌铁皮制作。塑料管在日光照射下容易老化，不宜采用。

雨水利用与管理的措施有以下几方面：

(1)应经常清扫树叶等杂物，保持集水场与集水槽(或汇水渠)的清洁卫生。

(2)定期对地面集水场进行场地防渗保养和维修。

(3)地面集水场应用栅栏或篱笆围起来，防止闲人或牲畜进入使其损坏；周围宜建截流沟，防止受污染的地表水流入；集水场周围种树绿化可防止风沙。

(4)采用屋顶集水场时，为保证水质，应在每次降雨时，排弃初期降雨后，再将水引入简易净化设施。

(5)在贮水池的使用过程中，每年雨季前应掏淤一次，以保持正常的贮水容积，保证水质良好。掏淤时，应检查窖壁，如有损坏，要及时修补，当窖内水深仅有0.3 m时，应封窖停止使用，防止窖壁干裂。

(6)为防止污染，窖边严禁洗澡、洗衣服。

(7)如窖内滋生水生物，应及时打捞，并投加漂白粉。

(8)如水窖发生浑水现象，应及时投加明矾溶液，使水凝聚沉淀并澄清。严重时，应抽出全部窖水，查明原因，采取清淤、修补窖壁等措施。

(9)如果采用滤料过滤雨水，当发现出水变浑浊或出水管出水不畅，水自溢流管溢出时，应清洗滤料。清洗时尽可能分层将滤料挖出来，分别清洗，清洗后再依粒径先大后小的顺序，放入池内，每层均应铺平。

9.2.2　池塘、湖泊、水库、河水取水构筑物的维护

9.2.2.1　进水间及其附属物的运行维护

运行中进水间最大的问题是泥沙沉积。

含沙较多的河水或者山溪水进入进水间后，由于流速降低，常有大量泥沙沉积，需要及时排除，以免影响取水。常用的排泥设备有排沙泵、排泥泵、射流泵、压缩空气提升器等。对于村镇水厂进水间或者积泥不严重时，采用高压水带动的射流泵排泥。

进水间附属物的重要部件是格栅和格网。格栅设在取水头部或进水间的进水孔上，用来拦截水中大的漂浮物及鱼类。格栅由金属框架和栅条组成，栅条断面有矩形、圆形等。栅条厚度或直径一般采用10 mm。栅条净距视水中漂浮物情况而定，通常采用30～120 mm。

格网设在进水间，用以拦截水中细小的漂浮物。

格栅和格网的维护状况影响着取水量。格网和格栅堵塞尤其是格网堵塞时需要及时冲洗，以免格网前后水位差过大，使网破裂。最好能设置测量格网两侧水位的水位标尺或继电器，以便及时冲洗。

冲洗格网时，应先用起吊设备放下备用网，然后提起工作网至操作台，用196～490 kPa(2～5 kg/cm^2)的高压水通过穿孔管或者喷嘴进行冲洗。

9.2.2.2　进水管运行维护

取水构筑物的进水管主要有自流管、虹吸管、进水暗渠、明渠(引水廊道)。自流管一般采用钢管、铸铁管和钢筋混凝土管。虹吸管要求严密不漏气，通常采用钢管，当埋在地下时，亦可采用铸铁管。进水暗渠一般用钢筋混凝土，也有利用岩石开凿衬砌而成的。

为了提高进水的安全可靠性和便于清洗检修，进水管一般不应少于两条。当一条进水管停止工作时，其余进水管通过的流量应满足事故用水要求。

进水管的管径是按正常供水时的设计水量和流速确定的，进水管的设计流速一般不小于0.6 m/s，即大于泥沙颗粒的不淤流速，以免泥沙沉积于进水管内，造成淤积；当水量和含沙量较大、进水管短时，可适当增大管内流速，管线冲洗或检修时，管中流速允许达到1.5～2.0 m/s。

自流管一般埋设在河床下0.5～1.0 m，以减少其对江河水流的影响和免受冲击。自流管如需敷设在河床上，须用块石或支墩固定。自流管的坡度和坡向应视具体条件而定，可以坡向河心、坡向集水间或水平敷设。

1)自流管清淤

清淤主要是消除进水管内的泥沙淤积。通常采取顺冲和反冲两种方法。

(1)顺冲法。顺冲时关闭一部分进水管，使全部水量通过待冲的一根进水管，以加大流速的方法来实现冲洗；或在河流高水位时，先关闭进水管上的阀门，从该格集水间抽水

至最低水位，然后迅速开启进水管阀门，利用河流与集水间的水位差来冲洗进水管。顺冲法比较简单，不需另设冲洗管道，但附在管壁上的泥沙难以冲掉，冲洗效果较差。

(2)反冲法。将泵房内出水管与引水管连接，利用水泵压力水或高位水池水进行反冲洗，冲洗时间一般约需 30 min。

2)虹吸进水管的维护

虹吸进水管的轻微漏气将使虹吸管投入运行时增加抽气时间、减少引水量，严重时会导致停止引水。日常运行时，要避免在振动较大的情况下进行；定期检查引水管的各个部件、接口、焊缝有无渗漏现象，外壁保护涂料有无剥落和锈蚀情况，发现问题，及时检修。

3)引水廊道的维护

引水廊道一般采用矩形断面，廊道内采用耐磨材料衬砌，以抵抗砂砾的磨损。廊道一般按无压流考虑，因此廊道内水面以上应留有 0.2 ~ 0.3 m 的保护高度。为了避免泥沙淤积，廊道内的流速从起端到末端逐渐增大，并大于泥沙的不淤流速。廊道起端流速不小于 1.2 m/s，末端流速不小于 2 m/s。

如果在引水廊道内淤积泥沙，则用 196 ~ 490 kPa(2 ~ 4 kg/cm^2)的高压水进行冲洗。

9.2.2.3　低坝式取水构筑物的运行维护

低坝主要来抬高水位和拦截足够的水量。水坝的维护主要是防止溢流时河床受到冲刷，一般要在坝的下游一定范围内的混凝土或浆砌块石上铺筑护滩，护滩上一般设齿栏进行消能。

为了防止在上下游水位差作用下，水从上游经过坝基土壤向下游渗透，上游河床应用黏土或者混凝土做防渗铺盖。黏土铺盖上需设置厚度为 30 ~ 50 cm 的砌石层加以保护，有时候还需要在坝基打入板桩或砌筑齿墙防渗。

9.2.2.4　缆车式取水构筑物的运行维护

缆车式取水构筑物在运行时应特别注意以下问题：

(1)应随时了解河流的水位涨落及河水中的泥沙状况，及时调节缆车的取水位置，保证取水工作的顺利进行。

(2)在洪水到来时，应采取有效措施保证车道、缆车及其他设备的安全。

(3)应注意缆车运行时的人身与设备的安全，管理人员进入缆车前，每次调节缆车位置后，应检查缆车是否处于制动状态，确保缆车运行时处于安全状态。

(4)应定期检查卷扬机与制动装置等安全设备，以免发生不必要的安全事故。

缆车式取水构筑物运行时，其他注意事项与一般泵站基本相同。

9.2.2.5　防漂浮物措施

对于河水取水构筑物，水流中所挟带的漂浮物，在山区多是树枝、树叶、水草、青苔、木材，在平原及河网地区还会有稻草、鱼、虾等。这些水草、杂物不仅漂浮在水面上，也漂浮于各层水之中，特别是每年汛期第一、二次洪水中，水草杂物特别多。由于水流的影响，杂物很容易聚集于进水孔和取水头部的格栅和格网上，严重时会把进水孔和取水头部堵死，造成断流事故，是江河取水构筑物日常维护管理的重点。

(1)防草措施。在河网地区、取水口附近的河面上，常设置防草浮堰、挡草木排等，以阻止漂浮在水面上的杂物靠近取水头部和进入水泵。防草浮堰、挡草木排的顶部标高要高于20年一遇的洪水位30 cm,挡草木排间距为1~5 cm。

(2)改进格栅。在取水头部或进水间的进水孔上设置格栅,以拦截水中的粗大漂浮物和鱼类。当格栅不能有效拦截时,可采取增加栅条数量和在栅条上增设横向钢筋等措施。

(3)加强管理。建立巡回检查制度,一般每天检查一次。在汛期,应增加检查次数,发现有堵塞现象要及时采取措施,以免延误。

9.2.2.6　抗洪、防汛措施

取水泵房紧靠河道的,每年的防汛工作至关重要。主要采取以下防汛措施:

(1)物质准备。在汛前应根据实际需要,备全备足防汛物资。常用的防汛物资有土、砂、碎石、块石、水泥、木材、毛竹、草袋、铅丝、绳索、圆钉和照明工具、挖掘工具等。

(2)防汛前检查。在防汛前要对取水头部、进水管、闸门、渠道、堤防以及河道内阻水障碍物等所有工程设施做一次全面细致的检查,发现隐患应及时消除。

(3)堤防的巡查。取水头部与进水泵房附近的堤防,直接关系到水源的安全。在汛期,特别是水情达到警戒水位时要组织巡查队伍,建立巡查、联络及报警制度。查堤要周密细致,在雨夜和风浪大时更要加强对堤面、堤坡出现的裂缝、漏水、涌水现象的观察。

(4)防漫顶措施。在水位越过警戒水位,堤防有可能出现漫顶前,要立刻修筑子堤,即在堤防上加高,一般采用草袋铺筑。草袋装土七成左右,将袋口缝紧铺于子堤的迎水面。铺筑时,袋口应向背水侧互相搭接、用脚踩实,要求上下层缝必须错开,待铺叠至可能出现的水面所要求的高度后,再在土袋背水面填土夯实。填土的背水坡度不得陡于1∶1。

(5)防风浪冲击。堤防迎水面护坡受风浪冲击严重时,可采取草袋防浪措施。方法是用草袋或麻袋装土(或砂)七成左右,放置在波浪上下波动的位置。袋口用绳缝合并互相叠压成鱼鳞状。也可采用挂树防浪,即将砍下的树叶繁茂的灌木树梢向下放入水中,并用块石或砂袋压住,其树干用铅丝或竹签连接在堤顶的桩上。木桩直径0.1~0.15 m、长1.0~1.5 m,布置成单桩、双桩或梅花桩。

第 10 章　供水水处理构筑物的运行与管理

10.1　供水构筑物的运行与管理

村镇供水水处理的主要去除对象是水源水中的悬浮物、胶体和病原微生物等。村镇供水构筑物主要有反应池、沉淀池、滤池、消毒设施等。

10.1.1　混凝反应

混凝就是在原水中投加混凝药剂使水中胶体粒子以及微小悬浮物聚集的水处理过程。混凝过程在反应池内完成。反应池有隔板反应池、折板反应池、网格(栅条)反应池、机械反应池等。

影响混凝效果的因素比较多,包括水温、化学特性、水中杂质和浓度以及水力条件等。

10.1.1.1　**混凝剂投加控制及其管理**

混凝剂一般采用稀溶液进行投加,如果购置固体混凝剂,需设溶解池和溶液池。在溶解池中,用水力、机械或压缩空气使固体药剂溶解,再送入溶液池中用水稀释成规定的浓度,以便定量投配。如果购置浓度较大的液体混凝剂,需设稀释溶液池和溶液池。

溶解池、溶液池、搅拌设备、管道及配件等均应采用防腐材料或有防腐设施。例如使用 $FeCl_3$ 时,需注意防腐。因 $FeCl_3$ 溶解时放出大量热,当溶液浓度为 20% 时,溶液温度可达 70 ℃,故使用时药液浓度不宜大于 10%。

药液配制浓度和放置时间关系到药效的发挥、投加量的控制精度和每日的调制次数。浓度过小,药液易失效;浓度过大,在低投加量时难以控制投加精度;药液放置时间不宜过长,否则影响混凝效果。一般药液配制浓度以 5% ~15% 为宜,低投加量时可降至 1% ~2%。但硫酸铝溶液的浓度较低时,易发生水解而影响效果。为防止此现象的发生,宜将其溶液的 pH 值调到 4 或稍低。聚丙烯酰胺溶液的黏度很大,一般将其配制成 0.2% ~0.5% 的浓溶液(储备液),投加时再稀释成 0.02% ~0.05% 的稀溶液。0.5% 的储备液可以储存 7 天,0.05% 的投加液储存时间为 3 天。

1)烧杯试验法确定最佳混凝剂量

混凝剂投加量是否合适,是能否取得良好的混凝效果的重要因素。混凝剂最佳投加量是指达到既定水质目标的最小混凝剂投加量。其与原水水质条件、混凝剂品种、混凝条件等因素有关。

烧杯试验的设备和操作都很简便,其试验的基本设备包括搅拌器、烧杯和浊度检测或 pH 值检测等相关仪器仪表。在烧杯试验设备中所发生的混凝过程就相当于一个微型的间歇式完全混合反应器内的混凝过程。从长期使用的经验中得出,在选用足够大的水样体积和严格的操作条件下,烧杯试验完全能够模拟生产规模的混凝过程,得出反映混凝过程中影响因素复杂关系的结果以指导生产，是控制混凝过程的最主要方法。某水厂的烧杯试验(见图10-1)如下：

图10-1　某水厂烧杯试验

利用1.5 L圆形玻璃烧杯，在六联搅拌机上进行混凝反应后，用虹吸法取距离表面5 cm处的混合液体进行指标分析。在使用无机混凝剂进行强化混凝静态试验时，将各种无机混凝剂配制成2%的水溶液，投加量均以Al_2O_3计。混凝反应条件为：在1.5 L圆形玻璃烧杯内装入1 L原水，置于六联搅拌机上，启动六联搅拌机并加入混凝剂后，在转速250 r/min的条件下，快速混合1 min。再在转速50 r/min的条件下，慢速絮凝14 min。停止搅拌，静止沉降15 min后，从玻璃圆筒侧壁距离液面50 mm处的取样口取样，并进行相关的水质分析。

2)混凝剂投加

混凝剂投加设备包括计量设备、药液提升设备、投药箱等。

泵前投加：将药液靠重力投加在水泵吸水管或吸水井中的吸水喇叭口处，但距离泵的叶轮不得小于0.5 m，利用水泵叶轮混合。取水泵站离水厂较近适用。于泵前投加需水封箱防止空气进入。泵前投药见图10-2。

泵后投药见图10-3。

高位溶液池重力投加：取水泵站距水厂较远，建高位溶液池，将药液投入水泵压水管或混合池入口处。

水射器投加：利用水射器抽吸作用将药液吸入投加到压水管中。效率低，应设计量设备。

泵投加：计量泵投加或耐酸泵加转子流量计投加，村镇供水简易泵投药装置见图10-4。

计量设备用来计量控制混凝剂的定量投加，并能随时进行调节。计量设备有转子流量计、苗嘴或孔板、计量泵等。

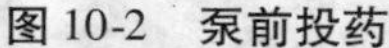

图 10-2　泵前投药

图 10-3　泵后投药

图 10-4　村镇供水简易泵投药装置

10.1.1.2　混凝反应设施运行与管理

混凝反应设施运行与管理包括日常维护、定期维护。

日常维护：每日检查投药设施运行是否正常，储存、配制、传输设备有否堵漏，设备的润滑、加注和计量是否正常；每日检查机械混合装置运行状况，加注润滑油；保持环境和设备的清洁。按混凝要求，注意池内和出口处絮体情况，在原水水质发生变化时，要及时调整加药量。

定期维护与大修：每月检查维修投加设施与机械搅拌，做到不渗漏、运行正常；每年对混合池、絮凝池、机械和电气设施进行一次解体修理或更换部件，金属部件应油漆一次。加药间和药库应 5 年大修一次，混合设施及机械传动设备应 1 ~ 3 年修理或更换一次。

运行控制参数的技术测定：在运行的不同季节应对絮凝池进行技术测定。测定内容包括入池流量、进出口流速、停留时间、速度梯度的验算及记录测定时的气温、水温和水的 pH 值等。

10.1.1.3　反应池运行与管理

1)隔板反应池

(1)隔板反应池对原水的缓冲能力差,应每隔1 h检测原水的浊度、流量等指标,及时调整混凝剂的投加量。定期监测积泥情况,避免絮粒在絮凝池中沉淀。如难以避免,应采取相应的排泥措施。

(2)隔板絮凝在转变处胶体颗粒易破碎,要每隔2 h观察水中胶体情况,并记录。

(3)当原水属于低浊、多藻微污染水时,水中的藻类多、有机物多、浊度低、颗粒少而导致相互碰撞机会少、絮凝效果差,宜采取预加氯措施。

(4)当原水中藻密度较大时,应定期清洗板壁上的藻类代谢物。

(5)初次运行隔板反应池时进水速度不宜过大,以防止隔板倒塌、变形。

2)折板反应池

折板反应池将隔板反应池的平板隔板改成一定角度的折板。折板波峰对波谷平行安装称"同波折板",相对安装称"异波折板"。与隔板式相比,水流条件大大改善,有效能量消耗比例提高,但安装维修较困难,折板费用较高。

(1)折板反应池日常维护:每隔1 h检测原水的浊度等指标,及时调整混凝剂的投加量;每隔4 h检测原水的碱度等指标,及时调整原水的pH值;每隔2 h观察水中胶体情况,并记录;正常情况排泥周期为72 h,当原水碱度低需要投加石灰等时,排泥周期宜为36 h。

(2)当原水属于低浊、多藻微污染水时,水中的藻类多、有机物多、浊度低、颗粒少而导致相互碰撞机会少、絮凝效果差,宜采取预加氯措施。

(3)当原水中藻类密度较大时,应定期清洗板壁上的藻类代谢物。

3)网格(栅条)反应池

网格、栅条反应池设计成多格竖井回流式。每个竖井安装若干层网格或栅条,各竖井间的隔墙上、下交错开孔,进水端至出水端逐渐减少,一般分3段控制。前段为密网或密栅,中段为疏网或疏栅,末段不安装网、栅。

(1)网格(栅条)反应池日常维护:每隔1 h检测原水的浊度等指标,及时调整混凝剂的投加量;每隔4 h检测原水的碱度等指标,及时调整原水的pH值;每隔2 h观察水中胶体情况,并记录。

(2)末段清洗。网格(栅条)反应池末端流速较低,易造成池底积泥现象。每隔半年要进行清洗除淤。

(3)当原水属于低浊、多藻微污染水时,网格上易滋生藻类,甚至堵塞网眼,要进行预氯处理,并定期进行网格冲洗。

10.1.2　沉淀池与澄清池

原水经过投药、混合、絮凝后,水中微小颗粒絮凝成肉眼可见的体积较大的絮凝体,进入后续的沉淀池。沉淀池的主要作用是使矾花即水中的杂质依靠重力作用从水中分离出来使浑水变清。

澄清池是将混凝与沉淀两个过程集中在同一个处理构筑物中进行,并循环利用活性泥渣,使经脱稳的细小颗粒与池中活性泥渣发生接触絮凝反应,进而使水得以净化。澄清池具有絮凝效率高、处理效果好、运行稳定、产水率高等优点。

10.1.2.1　沉淀池的类型及其维护管理要求

1)斜板(管)沉淀池的运行与维护

斜板(管)沉淀池是在沉淀池中装置许多间隔较小的平行倾斜板或倾斜管,因此斜板(管)沉淀池具有沉淀效率高、在同样出水条件下池容积小、占地面积少的特点。在相同颗粒沉淀效果的条件下,单位池面面积的产水率是平流式沉淀池的6~10倍。

斜板(管)沉淀池按水流方向分上向流、侧向流与同向流三种,目前应用较多的是上向流斜板(管)沉淀池。原水经投加混凝剂絮凝后生成矾花,由整流配水板均匀流入配水区,自下而上通过斜板(管),在斜板(管)内泥水分离,清水从上部经集水区、通过集水槽送出池外,斜板(管)上的沉泥借重力滑落到积泥区,由穿孔排泥管或其他排泥设施定期排至池外。

斜板(管)沉淀池的管理与维护:

(1)斜板(管)沉淀池的缓冲能力及稳定性较差,对前置的混凝处理运行稳定性要求较高,对絮凝水样的目测,应每小时不少于一次。

(2)斜板(管)内易产生积泥,需及时排泥。穿孔管式排泥装置必须保持快开阀的完好、灵活和排泥管畅通,排泥频率应每8 h不少于1次。

斜板(管)沉淀池斜管常见积泥原因及解决措施如下:①原因:当原水属于低浊、多藻微污染水时,水中的藻类多、有机物多、浊度低、颗粒少而导致相互碰撞机会少、絮凝效果差,故在絮凝池末端出现矾花少、矾花粒径小、松散和絮体质量小的现象,造成矾花聚积在斜板(管)表面;在沉淀池进水口处缺乏稳流措施(配水区的设计是为了使已形成的矾花不致被打碎并使絮凝池出水均匀地流入斜管沉淀池的配水区),絮凝池出口也应有整流措施;因斜管沉淀池沉淀效率高而使单位面积的积泥量较多,因此对排泥的要求也高。②解决措施:增加预处理,改进后的沉淀池进水端水流状态十分稳定,消除了大块积泥上浮现象;增投助凝剂可适当延缓斜管上部积泥的时间、改善沉淀池出水水质;在斜板(管)上部增设机械刮泥桁车可除去斜管上部的积泥,但此法治标不治本。

(3)斜板(管)沉淀池的系统运行需加强对以下几个因素的控制:①靠水力混合的混合器应尽量按设计负荷运行水流速度,确保水头损失较小,使原水在管道混合器中剧烈紊动、充分碰撞;②絮凝池出水穿孔墙的过孔流速要足够小,配水区的起端流速要低一些,以减小水流的速度梯度,避免已形成的矾花被破碎;③加强斜板(管)沉淀池的排泥控制,在斜管沉淀池内相关部位设置泥位测定装置加强监控,在排泥盲区增设小型排泥设备如潜污泵适时排泥,并定期清除斜管表面的积泥;④絮凝反应池及整流缓冲区也要适时排泥,将沉积的泥及时排出。

2)平流沉淀池的运行与维护

平流沉淀池(见图10-5)是一种历史悠久的沉淀池型,因为它具有构造简单、池深浅、造价低、操作维护方便、对原水水质水量变化适应能力强、药耗和能耗低、便于排泥等优点,在大、中型水厂得到广泛应用。最新型平流沉淀池是利用反应室下部容积作为悬浮沉渣区,上部容积作为水的澄清区,在澄清区的上部设有收集澄清水的穿孔,其构造与现有沉淀池的区别是增加了一垂直隔墙，将反应分隔成几个悬浮物沉淀区，在沉淀区的下部设有与中间廊相连接的孔洞，在中间廊道上装有排渣管。

(a)

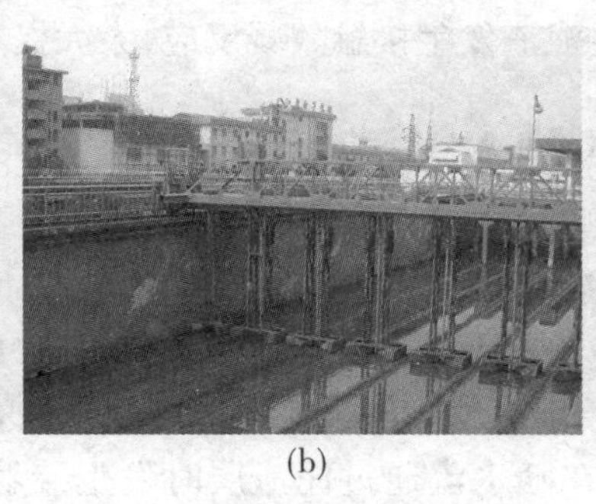
(b)

(c)

图 10-5　平流沉淀池

平流沉淀池主要运行控制指标如下：

(1)水力停留时间是指原水在沉淀池中实际停留时间，是沉淀池设计和运行的一个重要控制指标。设计规范规定为 2.0 ~ 4.0 h。停留时间过短，难以保证出水水质。

(2)表面负荷率是指沉淀池单位面积所处理的水量，是控制沉淀效果的重要指标。

(3)水平流速是指水流在池内流动的速度。水平流速的提高有利于沉淀池体积的利用，一般在 10 ~ 20 mm/s 范围内比较合理。

平流沉淀池的运行与维护直接影响沉淀出水水质并反馈混凝效果。在水厂管理中，沉淀池的管理往往是与加药、混凝统一管理，具体措施如下：

(1)掌握原水水质和处理水量的变化，以正确地确定混凝剂投加量。在线检测浊度实现投药串级控制的水厂，可以较好地解决原水水质和水量的变化对混凝效果和沉淀后水的影响。对于一些中小水厂，一般要求 2 ~ 4 h 检测一次原水浑浊度、pH 值、水温、碱度，在水质变化频繁季节，每 1 ~ 2 h 要进行一次检测。在水质频繁变化的季节如发生洪水、台风、暴雨、融雪，需加强运行管理，落实各项防范措施。要了解进水泵房开停状况，运行水位宜控制在最高允许运行水位和其下 0.5 m 之间。对水质测定结果和处理水量的变化要及时填入生产日记。

(2)出水水质控制。沉淀池出口应设置质量控制点，出水浊度宜控制在 3 NTU 以下。

(3)及时排泥。沉淀池运转中及时排泥极为重要。若排泥不及时，池内积泥厚度升高，会缩小沉淀池过水断面，相应缩短沉淀时间，降低沉淀效果，最终导致出水水质变坏。但排泥过于频繁又会增加耗水量。穿孔管排泥是在池底设置多排穿孔管，利用水池内水位和穿孔管外水位差将污泥定期排出池外，但孔眼易堵，影响排泥效果。采用排泥车排泥时，每日累计排泥时间不得少于 8 h。穿孔管排泥时，排泥周期视原水浊度不同，通常为每 3 ~ 5 h 排泥一次，每次排泥 1 ~ 2 min，每年需定期放空 1 ~ 2 次。

(4)防止藻类滋生、保持池体清洁卫生。原水藻类含量较高且除藻不当时，藻类会在沉淀池中滋生。对此，应采取适当的预处理措施，杀灭滋生的藻类。沉淀池内外都应经常清理，保持环境卫生。

10.1.2.2　澄清池的运行管理与维护

澄清池是利用池中的泥渣与凝聚剂,以及原水中的杂质颗粒相互接触、吸附,以达到泥水分离的净水构筑物,它具有生产能力高、处理效果好等优点。其是集混凝、反应、沉淀于一体的净水构筑物,它是给水处理中最常见的水处理设施之一;可循环利用活性泥渣,使经脱稳的细小颗粒与池中活性泥渣发生接触絮凝反应,大大提高了沉淀效率,使水得以净化。

澄清池分为泥渣循环型和泥渣悬浮型两种形式。

(1)泥渣循环型:泥渣循环型澄清池是利用水力或机械的作用使池中部分活性泥渣不断回流,泥渣在循环过程中不断发生接触絮凝作用,使水中杂质得以去除。常用的泥渣循环型澄清池有机械搅拌澄清池与水力循环澄清池。水厂应用以前者较多。

(2)泥渣悬浮型:加药后的原水从池底部进入向上流动,水的上升流动使活性泥渣保持悬浮状态,进水中的细小颗粒在随水流通过泥渣层时发生接触絮凝作用,使水得以澄清。

常用的泥渣悬浮型澄清池有脉冲澄清池与悬浮澄清池。

1)澄清池运行管理的基本要求

对澄清池运行管理的基本要求是勤检测、勤观察、勤调节,特别要重视投药和排泥两个环节。

(1)投药量调整:澄清池的投药与运行不应间歇进行。根据进水量和水质的变化及时调整混凝剂的投加量,以保证出水水质符合要求。

(2)排泥及时:澄清池中泥渣层浓度应保持不变,及时排泥是保证澄清池正常运行的关键之一。要正确掌握澄清池排泥周期和排泥时间,既要防止泥渣浓度过高,又要避免出现活性泥渣被大量排至池外,降低出水水质。泥渣浓度和出水水质是有一定关系的(见表 10-1)。

表 10-1　泥渣浓度和出水水质的关系

泥渣浓度(mg/L)	出水浊度(NTU)
1 500 ~ 2 000	5 ~ 7
1 000 ~ 1 500	7 ~ 10

泥渣浓度的控制方法:

控制泥渣面高度,在设计泥渣面附近设置活动取样管或在池壁设观察窗检查泥渣面位置。当泥渣面上升到设计位置时开始排泥。

2)澄清池的检修

澄清池最好每年放空 1 ~ 2 次,检修时间宜选在用水低峰季节。进行检修的主要内容有:彻底清洗池底与池壁积泥,维护各种闸阀及其他附属设备,检查各取样管是否堵塞。

3)水力循环澄清池的运行与维护

水力循环澄清池是一种泥渣循环型澄清池,它靠水流条件来完成矾花的悬浮、混合均匀和稳定工作,以保证接触凝聚区的工作要求,达到泥水分离的目的。具体注意事项如下：

(1)注意泥渣回流量的控制。水力循环澄清池在运行过程中，排泥为人工控制，如果人为控制不善经常造成活性泥渣不足，或是旧泥渣过剩，使水力分布不均，失去原有平衡，形成不良的水力循环，既浪费了人力物力，又增大了维护检修费用。

(2)注意原水水质的变化。原水浊度低或短时间内水量、水质和水温变化较大时，运行效果不够稳定，适应性较差，在一定程度上抑制了水力循环功能的发挥。当原水水质变化时，注意调节混凝剂投量、排泥周期，有条件的适当投加石灰、助凝剂。

(3)安装自动排泥装置。取消澄清池内壁的两只泥渣浓缩斗，设置池底泥渣浓缩室，安装自动排泥装置。该装置根据池内运行工况要求，自动采集池底泥渣浓缩室泥渣层界面浊度指数，在确保活性泥渣能正常发挥作用的前提下，实行全自动排泥控制。可有效地克制因人为控制因素造成的活性泥渣不足或是旧泥渣过剩，从而使水力分布平衡，形成良好的水力循环，提高净水效果。

4)机械搅拌澄清池的运行管理与维护

a.初次运行与正常运行

初次运行时，进水流量控制在设计流量的1/2～2/3，投药量应为正常投加量的1～2倍；当澄清池开始出水时，观察分离区与絮凝室水质变化情况，以判断并调整投药量与(低浊度时)投泥量；在絮凝室泥渣沉降比达标后，方可减少药量，间隔增加水量；采用较大的搅拌强度和提升量，以促进泥渣层的形成；初次运行出水水质不好时，应排入下水道，而不能进入滤池。

正常运行后，每隔1～2 h测定一次出水浊度、水温和pH值，水质变化频繁时，应增加测定次数；在掌握沉降比与原水水质、药剂投加量、泥渣回流量及排泥时间之间关系的基础上，确定沉降比控制值与排泥间隔时间。

在不得不停池的情况下，停止运转时间不宜太长，以免泥渣积存池底被压实与腐化；重新运行时，应先排除池底积存泥渣，以较大水量进水；适当增加药剂投加量，使底部泥渣有所松动并产生活性后，再减少进水量；待出水水质稳定后，方可逐渐恢复到正常药剂投加量和进水量。

b.特殊注意事项

起始运行时按机电维护管理和操作要求，对搅拌器及其动力设备进行检查。启动搅拌电机应从最低转速开始，待电机运转正常后再调整到所需的转速。开始运行时的搅拌机转速控制在5～7 r/min，叶轮开启度适当下降。调节转速时要缓慢，叶轮提升可在运转中进行，叶轮下降必须要在停车后操作。当池子短期停水时，搅拌机不可停顿，否则泥渣将沉积、压实并使泥渣活性消失。

c.保养、维护与大修

电机与齿轮箱应按规定的时间进行保养和维修，齿轮油每星期检查一次，不足时应及时添加；要经常检查搅拌设备的运转情况，注意声音是否正常、电机是否发热，并做好设备的擦拭清洁工作。

5)其他情况时的处理

(1)低温低浊时，为了提高混凝效果，往往投加助凝剂，也可适当投加黄泥以增加泥渣量，保证泥渣层浓度；要适当减少排泥，尽可能保持较高的泥渣沉降比，以保证运行正常，满足出水水质要求。

(2)原水碱度不足时，混凝效果不良，以致形成矾花过少，不利于形成活性泥渣层和接触絮凝作用。可投加石灰，提高混凝效果。

10.1.3 滤池

过滤是指用石英砂等粒状滤料层截留水中悬浮杂质，从而使水获得澄清的工艺过程。村镇集中供水常常省略沉淀池或澄清池，但过滤是不可缺少的，它是保证饮用水卫生安全的重要措施。常用的滤池形式有普通快滤池、虹吸滤池、无阀滤池、压力滤罐和V型滤池。滤池运行的主要指标有滤速、滤池水头损失、滤层含污能力、冲洗强度、滤层膨胀率等。

10.1.3.1 过滤的主要影响因素

1)沉淀池出水浊度(简称沉后水浊度)

沉后水浊度即滤池进水浊度，直接影响滤池的过滤周期和滤池出水水质。沉后水浊度较小，即便以较高的滤速运行，也可获得满意的过滤效果。相反，如果沉后水浊度较高，滤池内水头损失很快增大，工作周期明显缩短，使滤后水质难以保证，同时，使反冲洗水量增加。为确保滤池出水水质，且按滤池设计工作周期运行，应控制沉后水浊度在3度以下为宜。

2)滤速和工作周期

滤速大、产水量高，但超出设计滤速时，滤池负荷增加，容易影响出水水质，缩短工作周期。按设计规范要求，单层砂滤池的滤速为8~10 m/h。如果产水量增加，需要的滤速已经超出正常范围，宜将单层滤料改为双层或多层滤料，相应的滤速可提高到10~14 m/h或18~20 m/h。

滤池工作周期的长短涉及滤池实际工作时间和冲洗水量的消耗，故滤池工作周期也直接影响滤池产水量。一般来说，工作周期为12~24 h。

3)滤料粒径、级配与滤层厚度

(1)滤料是滤池实施过滤作用的主体，滤料的粒径、级配与滤层厚度直接影响过滤效果、出水水质、工作周期和冲洗水量。一般来说，单层滤料的有效粒径与厚度的比值应大于等于1 000。

(2)双层滤料或三层滤料滤池是从滤料级配上改善，以提高过滤效率。滤料由上向下的粒径分布是由大到小，质量分布是由轻到重，可实现水的反粒度过滤，能加快滤速，使滤层截污量增加，但不需要大幅度提高反冲洗强度。

(3)滤料较粗且较均匀，则滤速大、水头损失增加慢、过滤周期长、滤料层纳污能力大，但需要滤料层有足够的厚度。如果滤料层厚度不足，因杂质穿透会影响出水水质。另外，粗滤料的反冲洗，仅用水洗时，需要较高的冲洗强度。V型滤池采用均质粒料，粒径为0.95~1.35 mm，滤层厚度1.0~2.0 m，采用气水反冲洗，滤层基本不膨胀，水冲洗强度较低。

4)配水与冲洗条件

配水系统的功能是收集滤后清水和分布反冲洗水。经过一个过滤周期,滤层内截留了大量杂质,如果反冲洗水分布不均匀,会使部分滤料层长期冲洗不足而在滤料层中形成泥球、泥毯等,进而影响正常过滤。因此,将滤料层冲洗干净并恢复到过滤前的状态非常重要。冲洗质量直接影响滤后水质、工作周期和滤池的使用寿命。冲洗条件包括冲洗强度、滤料层膨胀率和冲洗时间。

5)水温

水温低时,水的黏度较大,水中杂质不易分离,故在滤料层中的穿透深度就大。滤池在冬季低水温运行时,应适当降低滤速,以保证出水水质。

6)预加氯

对受有机污染的原水,通常采取预加氯措施,以氧化有机物和杀灭藻类,防止滤料层堵塞。但对预加氯产生的有害健康的有机氯化物,必须有相应的工艺措施予以去除。另外,预加氯会使滤料层对一些污染物的净化能力受到影响,如对氨氮的去除等。

10.1.3.2　滤池的运行

1)普通快滤池的运行

普通快滤池是最普遍应用的滤池,其运行由4个闸阀控制,冲洗水由专设的水塔或水泵供给。

a. 投产前的准备

检查所有管道和闸阀是否完好,排水槽上缘是否水平;初次铺设滤料应比设计厚度增加5 cm左右,保持滤料面平整,并清除滤池内杂物;进水检查时,以较小流速进水,排除滤料内空气;新装滤料应在含氯量0.3 mg/L以上的溶液中浸泡24 h,经检验滤后水合格后,冲洗两次以上方能投入使用。

b. 运行操作

徐徐开启进水阀,当水位上升到排水槽上缘时,徐徐开启出水阀,过滤开始。此时,应注意滤池出水浊度,待出水浊度达到要求时,再将阀门全部开启。按要求控制滤速,记录过滤时间、出水浊度、水头损失等。当滤池滤层内水头损失达到额定值或出水浊度超过规定的指标或滤后水浊度大于1 NTU时,即应停止过滤,进行冲洗。冲洗时,首先应降低池水位至距滤层砂面20 cm左右,关闭过滤水阀。开启冲洗管上的放气阀释放残气后,逐渐开启冲洗阀至最大进行冲洗。冲洗时,排水槽和排水管应畅通,无塞水现象,按要求控制冲洗强度和滤层膨胀率。采用气水冲洗方式时,应防止空气过量造成跑砂。冲洗结束时,排水的浊度不应大于15 NTU。

2)无阀滤池运行

无阀滤池分重力式和压力式两种。与快滤池相比,无阀滤池不用闸阀控制运行,其过滤与冲洗过程全部靠水力自动控制完成。无阀滤池自动运行,正常运行时只要每1~2 h记录无阀滤池的进、出水浊度,虹吸管上透明水位管的水位,冲洗开始时间,冲洗历时等。在滤层水头损失还未达到最大允许值,发现滤池出水水质变坏而虹吸又未形成时,应即刻采用人工强制冲洗。

滤池运行后每半年应打开人孔1次,对滤池进行全面检查,检查滤料是否平整、有无泥球或裂缝、池顶有无积泥并分析原因，采取相应措施。

重力式无阀滤池日常运行维护应注意的问题如下：

(1)滤料应严格筛选。在试冲洗时会带走一定量的细颗粒滤砂，因此在装料时应比要求厚度多装 50 mm。

(2)虹吸管、虹吸辅助管、抽气管、虹吸破坏管等应严格保证不漏气。虹吸辅助管一定要进行水封。虹吸破坏管要保证畅通。

(3)应定期检查滤料是否平整、有无泥球或裂缝等情况，并对滤池的过滤效果进行监测。

(4)进水量应保持平稳，不宜波动太大，更不应超过滤池设计能力。

(5)因水中带气而无法实现自动反洗时，应关掉进水，及时进行强制反冲洗，必要时增加强制反冲洗次数，以保证滤砂的清洁。

防止重力式无阀滤池滤层表面积泥的对策如下：

(1)在重力式无阀滤池的施工及管件安装过程中，水厂负责土建、工艺的技术人员要严格把关、分段验收，反复测量重点高程数据，如发现问题就要提出，主动配合，及时补救。

(2)对购进滤料层层把关，逐项验收。此外，从滤板的铺设到尼龙网的缝制、压板条的打孔、螺栓的拧固，从承托层的分层分级到滤料的每次装填厚度也都要道道把关，一点都不能马虎。

(3)初次投入运行的滤池须多加 8 ~ 15 cm 厚的滤料，并放在清水中浸泡 24 h，以利于滤料中空气的排出。然后反冲洗 3 ~ 5 次，并刮去细滤料或粉末。

(4)初次投入运行的滤池要注意调整好反冲洗强度调节器和虹吸破坏的高程，以满足初始的反冲洗强度和反冲洗时间要求。

(5)根据进水量和沉淀水浊度适时调整滤速，沉淀水浊度宜控制在 3 ~ 5 NTU。每年对滤池停池检查并进行含泥量分析，以确定是否要加料、换料等。

(6)当原水水质发生突变时，要及时分析原因并采取措施，如滤前加氯、投加助凝剂以及缩短滤池工作周期和调整反冲洗强度等，确保滤池运行良好。

3)虹吸滤池运行操作应注意的事项

生产运行中，正常情况下是看不到滤料层的，应认真操作管理，虹吸滤池运行特点是高工作水位正水头过滤。因此，应注意以下事项：

(1)应始终保持前道工序有良好的净化效果，使进入滤池的水的浊度符合内控指标。一般水厂要求进入滤池的水浊度小于 3 NTU。

(2)保证进水、排水虹吸系统正常，保证能自动形成手动反冲洗或定时手动反冲洗，反冲洗效果符合规范(13 ~ 15 $L/(m^2 \cdot s)$)的规定。要观察冲洗均匀情况，须记录初始排出水浊度和终止时的水浊度情况，冲洗时间在 4 ~ 7 min。

(3)每年在夏季用水高峰前后，对滤池放干检查，观察砂层表面洁净平整情况，铲除部分表层脏砂，新增部分洁净砂。当砂层表面出现凹凸不平、裂缝，或砂层含泥量大于 3% ~ 5% 时，应更换砂层。正常情况下，应每 8 ~ 9 年翻砂 1 次。

(4)做好日常运行记录。应填写运行日报表，特别是手动操作的虹吸滤池应有每日运行、停用累计小时数等原始记录。

10.1.3.3　滤池的管理与维护

1)滤料和承托料的质量检验、保管与存放

(1)滤料的质量检验:滤料的质量直接影响过滤效果、出水水质、工作周期和冲洗水量。滤料的质量检验程序复杂,村镇集中供水一般需要委托大型水厂进行检验。

(2)保管与存放:滤料和承托料一般都包装在织物袋中,并有颜色标志,滤料在运输及存放期间应防止包装袋破损使滤料漏失、相互混杂或混入杂物。不同种类和不同规格的承托料和滤料应分别堆放。

2)过滤设施的维护与检修

(1)日常保养:每日检查阀门、冲洗设备和电气仪表等的运行情况,进行相应的加注润滑油和清洁卫生保护。

(2)定期保养:对阀门、冲洗设备和电气仪表等,每月检查维修一次,每年解体修理一次或部分更换,金属件油漆一次。

(3)滤池构筑物及其土建构筑物的管理与维护:滤池、土建构筑物、机械 5 年之内应进行一次大修,翻换全部滤料;根据集水管、滤砖、滤板、滤头、尼龙网等的损坏情况进行更换;对阀门、管道系统、土建构筑物进行恢复性修理;滤料应分层铺填平整,每层厚度偏差不得大于 10 mm,滤料经冲洗后,表层抽样检验,不均匀系数应符合设计要求,滤料应平整,并无裂缝和与池壁分离的现象。

10.1.4　消毒

水经过混凝、沉淀和过滤后也能除掉很多细菌,但由于水里的细菌太多,光靠这两步还达不到饮用标准,还须用消毒来解决。消毒的目的是杀灭水中对人体健康有害的病菌、病毒和原生动物的胞囊等绝大部分病原微生物,以防止通过饮用水传播疾病。《生活饮用水卫生规范》(2001)规定,经过消毒后的水中的大肠菌群数在 100 mL 中不得检出,细菌总数不得超过 100 CFU/mL;水中游离性余氯的浓度,在与水接触到 30 min 后应不低于 0.3 mg/L,管网末梢应不低于 0.05 mg/L,以防止残余微生物在输配水管道中滋生和繁殖。

集中供水消毒方法主要有次氯酸钠、液氯、二氧化氯和漂白粉消毒等。

10.1.4.1　次氯酸钠消毒

次氯酸钠又称漂白水,其溶液是一种非天然存在的强氧化剂,它的杀菌效力同氯气相当,属于高效、广谱、安全的强力灭菌、消毒药剂。

但是,次氯酸钠溶液不易久存(有效时间大约 1 年),加之从工厂采购需大量容器,运输烦琐不便,而且工业品存在一些杂质,溶液浓度高也更容易挥发。因此,次氯酸钠溶液多以发生器现场制备的方式来生产,以使满足配比投加的需要。

次氯酸钠发生器的设备原理是采用不饱和食盐溶液经直流电电解后,生成杀菌能力很强的氧化剂——次氯酸钠($NaClO$),用于对饮用水进行消毒。食盐溶液在电解槽的阳极和阴极之间,在直流电的作用下发生化学反应:

$$NaCl + H_2O \rightarrow NaClO + H_2 \text{(电解)}$$

离子方程式为:

$$Cl^- + H_2O \rightarrow ClO^- + H_2$$

阳极:氯离子在阳极失去电子产生氯气(Cl_2):

$$2Cl - 2e \rightarrow Cl_2$$

阴极:水分子在阴极上得到电子,产生氢气和氢氧根离子:

$$2H_2O + 2e \rightarrow H_2 + 2OH^-$$

阴极产生的氢气(H_2)从液气分离管中出来,经过排气管排至室外,阳极产生的氯气(Cl_2)与阴极产生的 NaOH 发生反应,生成 NaClO。

化学反应方程式为:

$$Cl_2 + 2NaOH \rightarrow NaClO + NaCl + H_2O$$

离子反应方程式为:

$$Cl_2 + 2OH^- \rightarrow ClO^- + Cl^- + H_2O$$

次氯酸钠水解生成次氯酸:

$$NaClO + H_2O \rightarrow HClO + NaOH$$

其杀菌原理与液氯完全相同,其有效成分都是氧化性很强的次氯酸:液氯杀菌原理的化学反应方程式为:

$$Cl_2 + H_2O \rightarrow HCl + HClO$$

而对次氯酸钠发生器来说,国家已于 1990 年 1 月 12 日发布了 GB12176—1990 国家标准,是一种已经被认可、技术非常成熟、工作十分稳定,并有权威资料可查询的产品。诸多实际应用已经证明,次氯酸钠发生器是一种运行成本低、药物投加准确、消毒效果极佳、适用于农村安全饮水工程等小型或微型集中供水单位现场消毒的理想设备。

10.1.4.2 氯消毒

氯是一种有强烈刺激性的黄绿色气体。在大气压力下,温度 0 ℃时,每升氯汽质量为 3.22 g,约为空气质量的 2.5 倍。当温度低于 -33.6 ℃,或在常温下将氯气加压到 6~8 个大气压时,就成为深黄色的液体,俗称液氯。1 L 液氯质量为 1 468.41 g,约为水质量的 1.5 倍。同样质量的液氯体积比氯气小 4~6 倍,便于贮藏和运输。1 kg 液氯可汽化成 0.31 m^3 氯气,氯气能溶于水,即与水发生水解作用。

1)加氯量的确定

加氯量可以分为两部分:一部分是为了杀灭细菌、氧化有机物和还原性无机物所消耗的氯量,即需氯量;另一部分是剩余氯量,以满足国家标准对余氯量的要求。加氯量由加氯量曲线试验确定,并按水源、水质、净化设备的条件和管网的长短经过生产实践检验。

2)加氯点

加氯点选择要根据原水水质情况、净水设备条件,因地制宜合理确定。通常有滤后加氯和滤前加氯。

3)加氯机运行

加氯机用来将氯气均匀地加到水中。加氯机的形式有许多种,应用较多的有转子加氯机和转子真空加氯机。前者构造及计量简单、体积较小,可自动调节真空度,防止压力水倒流入氯瓶;后者加氯量稳定,控制较准确,水源中断时能自动破坏真空,防止压力水倒流入氯瓶。

(1)使用前准备工作:氯属于Ⅱ级(高度危害)物质,操作者必须经专业培训,考试合格并取得特种作业合格证后方能上岗;检查加氯间内检修工具、材料、防毒面具、备用氨水、水射器、氯气导管、加氯管及压力水源、加氯机各部件、氯瓶放置位置等是否符合要求。

(2)运行与检查:严格按照加氯机使用手册控制运行操作与调换氯瓶;记录投入运行的时间和转子流量计显示的加氯量及氯瓶的质量;检查转子流量计的转子位置是否移动,如有移动,及时调整,是否有漏氯现象出现;检查水射器的工作头部,发现问题立即采取措施。进行漏氯检验,氯与氨接触会很快生成氯化铵(NH_4Cl)晶体微粒,形成白色烟雾。漏氯检验方法即用10%氨水,对准可能漏氯的部位,如果出现烟雾,就表示该处漏氯。

4)氯瓶安全使用

液氯钢瓶的使用必须严格按照《氯气安全规程》(GB11984—89)执行。氯瓶装有两只出氯总阀,使用时应一个在上,一个在下。上面一只阀门接到加氯机,氯瓶的出氯总阀都与一根弯管连接,氯气从伸到液氯面以上的弯管出来。如果氯瓶内装氯较满,或弯管位置移动,出来的不是氯气而是液氯时,需转动氯瓶,将下面一只总阀转到上面,或将氯瓶在出氯总阀一端垫高。氯瓶上最重要的部件是出氯总阀,总阀下面装有低熔点安全塞,温度到70 ℃时就会自动熔化,氯气就会从钢瓶中逸出,不致引起钢瓶爆炸。出氯总阀外面有保护帽,防止运输和使用时碰坏。

氯瓶的供热、降温与保温直接影响到液氯汽化效果和加氯机的正常工作。

(1)氯瓶的供热:氯瓶中每千克液氯挥发成氯气时需要吸收280 kJ的热量。氯瓶周围空气中热量被吸收后,会在瓶壳上结露水,继而结霜,阻碍液氯的汽化。用自来水冲淋氯瓶外壳即为氯瓶供热。

(2)氯瓶的降温:夏季气温升高,氯瓶内压力会迅速提高。如果液氯汽化不完善,加氯机会产生喷雾(即氯气和液氯的混合)现象,输氯管也会结霜,影响其正常使用。用自来水冲淋,可以降低液氯的温度,降低氯瓶内压力,消除喷雾。

(3)氯瓶的保温:冬天水温较低时加氯,氯在水中会生成黄色晶体状水化物即氯冰,将阻碍液氯汽化。因此,加氯间应有防冻保暖措施。为了保证液氯充分汽化,在使用时,氯瓶的温度要比输氯管低,输氯管的温度要比加氯机低。加氯间不能采用明火取暖,暖气散热片应离开氯瓶和加氯机。最好采用专门的液氯蒸发器。

5)消毒设施的维护保养

日常维护保养:保持氯瓶、加氯机及其组成部件、输氯系统、起重行车等装置的完好性,保洁。

定期保养与大修:①委托氯气生产厂在充装前维护保养;②定时清洗加氯机、清通和检修输氯管道与阀门;③应每年更换安全阀、针形阀、弹簧膜阀、压力表等。

对于现场采用电解氯化钠制备氯气消毒剂,需要根据厂家提供的规范进行操作维护。

6)加氯间的管理与维护

氯是一种剧毒气体,空气中氯气浓度为1 mg/kg(百万分之一)时,人体即会产生反应。空气中的氯气浓度为15 mg/kg时,即可危及人的生命。因此,在运行管理中,应特别注意用氯安全。加氯间不允许漏氯。如遇氯泄漏,必须立即检查原因并及时采取措施加以制止。

(1)正确控制加氯量,确保出厂水的余氯要求,具体应做好以下工作:掌握原水水质的变化,加强前后处理工序的联系,控制余氯量,并根据余氯量及时调整加氯量。

(2)加强设备维护,预防泄漏。所有设备要定期检查和维护,各种管道阀门要有专人维护,一旦发现漏气,立即调换。务必做好操作记录,使各种设备处于完好状态。

(3)氯瓶的安全使用。运输人员应充分了解氯瓶的安全运输常识。运输车辆必须是经公安部门验收合格的化学危险品专用车辆;氯瓶应轻装轻卸,严禁滑动、抛滚或撞击,并严禁堆放。氯瓶不得与氢、氧、乙炔、氨及其他液化气体同车装运。氯瓶贮存库房应符合消防部门关于危险品库房的规定。氯瓶入库前应检查是否漏氯,并做必要的外观检查。外观检查包括瓶壁是否有裂缝、鼓起或变形。有硬伤、局部片状腐蚀或密集斑点腐蚀时,应认真研究是否需要报废。氯瓶存放应按照先入先取先用的原则,防止某些氯瓶存放期过长。每班应检查库房内是否有泄漏,库房内应常备10%氨水,以备检漏使用。氯瓶在开启前,应先检查氯瓶的放置位置是否正确,然后试开氯瓶总阀。不同规格的氯瓶有不同的放置要求。氯瓶与加氯机紧密连接并投入使用以后,应用10%氨水检查连接处是否漏氯。氯瓶在使用过程中,应经常用自来水冲淋,以防止瓶壳由于降温而结霜。在加氯间内,氯瓶周围冬季要有适当的保温措施,以防止瓶内形成氯冰。但严禁用明火等热源为氯瓶保温。氯瓶使用完毕后,应保证留有0.05~0.1 MPa的余压,以免遇水受潮后腐蚀钢瓶,同时这也是氯瓶再次充氯的需要。

(4)加氯间的安全措施。加氯机使用前应详细阅读加氯机使用说明,并严格按照说明书的要求操作。加氯间应设有完善的通风系统,并时刻保持正常通风,每小时换气量一般应在10次以上。加氯间内应在最显著、最方便的位置放置灭火工具及防毒面具。加氯间内应设置碱液池,并时刻保证池内碱液有效。当发现氯瓶严重泄漏时,应先带好防毒面具,然后立即将泄漏的氯瓶放入碱液池中。

(5)氯中毒的紧急处理措施。在操作现场,一般将氯浓度限制在0.006 mg/L以下。当高于此值时,人体会有不同程度的反应。长期在低氯环境中工作会导致慢性中毒,表现为:眼膜受刺激流泪;呼吸道受刺激咳嗽,并导致慢性支气管炎;牙根炎、口腔炎、慢性胃肠炎;皮肤发痒等症状。短时间内暴露在高氯环境中,可导致急性中毒。轻度急性氯中毒表现为喉干胸闷、脉搏加快等轻微症状。重度急性氯中毒表现为支气管痉挛及水肿、昏迷或休克等严重症状。处理严重急性氯中毒事故,应采取以下方法:设法迅速将中毒者转移至新鲜空气中;对于呼吸困难者,严禁进行人工呼吸,应让其吸氧;如有条件,也可雾化吸入5%的碳酸氢钠溶液;用2%的碳酸氢钠溶液或生理盐水为其洗眼、鼻和口;严重中毒者,可注射强心剂。

以上为现场非专业医务人员采取的紧急措施,如果时间允许或条件许可,首要的是请医务人员处理或急送医院。

10.1.4.3 二氧化氯消毒

二氧化氯是国际公认的新一代强力灭菌消毒剂,现已被广泛应用于饮用水杀菌、消毒、除臭处理。二氧化氯具有广谱、速效、无毒、用量小、药效长的特点。其杀菌能力不受pH值的影响,在弱酸弱碱的水质中不易被氨氮所消耗,均能发挥极强的杀菌作用。二氧化氯对微生物细胞壁有较强的吸附性和穿透力,能迅速有效地氧化微生物蛋白体,导致氨基酸链断裂,从而快速杀死微生物。二氧化氯对大肠杆菌、军团菌、沙门氏菌、霍乱病菌、痢疾杆菌、甲肝乙肝病毒等各种微生物都有较强的杀灭作用,其杀菌能力是现有氯系列消毒剂的3~5倍。其处理过的水中不会产生三氯化甲烷等致癌物质,其安全性被世界卫生组织定为A级。与其他消毒产品相比较,二氧化氯的优点十分明显。

二氧化氯在常温常压下是黄绿色气体,沸点11 ℃,凝固点-59 ℃,极不稳定,气态和液态均易爆炸。因此,使用时必须以水溶液的形式现场制取,即时使用。

二氧化氯易溶于水,在水中以溶解气体存在,不发生水解反应,在10 g/L以下时没有爆炸危险,水处理所用二氧化氯溶液的质量浓度远低于此值。

1)二氧化氯的制取

在水处理中,常用的制取二氧化氯的方法主要有以下两种:

亚氯酸钠加氯制取法:该方法采用亚氯酸钠与氯反应,产生二氧化氯,其反应为:

$$2NaClO_2 + Cl_2 \rightarrow 2ClO_2 + 2NaCl$$

亚氯酸钠加酸制取法:亚氯酸钠在酸性条件(加入盐酸或硫酸)下能生成二氧化氯,其反应式为:

$$5NaClO_2 + 4HCl \rightarrow 4ClO_2 + 5NaCl + 2H_2O$$

$$5NaClO_2 + 2H_2SO_4 \rightarrow 4ClO_2 + 2Na_2SO_4 + 2H_2O + NaCl$$

该制取方法的优点是所生成的二氧化氯不含游离性氯。

2)二氧化氯消毒与氯消毒的比较

二氧化氯的消毒能力高于氯,对细菌和病毒的消毒效果好。因二氧化氯不水解,消毒效果不受水的pH值的影响。二氧化氯的分解速度比氯还慢,能在管网中保存很长的时间,有剩余保护作用。二氧化氯既是消毒剂,又是强氧化剂,对水中多种有机物都有氧化分解作用。

二氧化氯消毒的费用很高,在很大程度上限制了该法的使用。在消毒过程中,二氧化氯还原产生的中间产物亚氯酸盐对人体健康有一定危害。

3)二氧化氯消毒的投加要点

二氧化氯化学性质活泼、易分解,生产后不便贮存,必须在使用地点就地制取。二氧化氯的投加点视应用目的而异。以消毒为目的,则投加点在滤后;如要求配水系统中保持余氯量,则在配水系统中补充投加;为了控制臭和味,可分散多点投加。因为制备的药剂使用不当,或二氧化氯水溶液浓度超过规定值,都会引起爆炸。因此,在二氧化氯设备运行中,必须有特殊的防护措施,二氧化氯水溶液浓度应不大于8 mg/L,并避免与空气接触。

4)设备选型

二氧化氯消毒设备的型号选择,应根据水厂的最大小时处理量和按水源水水质确定的单位投加药量来确定。村镇供水量小、水质相对较好,二氧化氯消毒液的消耗量非常少,一般地下水的投加药量为0.5~1 g/m^3,地表水的投加药量为1~2 g/m^3;简易自来水厂的水一般直接抽取地下水进行供水,水质纯净,杂质较少,可根据水质实际情况确定投加药量。

10.1.4.4 其他含氯消毒

1)漂白粉

漂白粉消毒是我国广大农村目前应用最为广泛的一种方法。漂白粉消毒要求被消毒的水中不含易于形成恶臭味道的化合物或化学污染物,而且亚氯酸钠能使水中的 Ca^{2+}、Mg^{2+} 等离子形成沉淀,导致管线和投药设备结垢。另外,该法具有产生的余氯消失快,维持的有效时间短等缺点,不适合在管道输送的饮用水中作消毒剂。所以,漂白粉作为消毒剂应该逐步被新的更为高效安全的消毒剂取代。

2)漂粉精

漂粉精又叫漂精片,其主要成分是次氯酸钙。因其价格低廉,长期以来一直是被广泛使用的消毒剂。但其在使用中也存在一些缺点,主要是溶解比较困难,消毒后会留下一层白色沉淀物。

10.1.5 清水池运行管理与维护

清水池是给水系统中调节流量的构筑物,并贮存水厂生产用水和消防用水。

(1)清水池运行管理包括:①水位控制。必须设水位计,并应连续检测,或每小时检测一次;严禁超上限或下限水位运行。②卫生控制。清水池顶不得堆放污染水质的物品和杂物,池顶种植植物时,严禁施肥;检测孔、通气孔和人孔应有防护措施,以防污染水质。③排水控制。清水池清刷时的排水应排至污水管道,并应防止泥沙堵塞管道;汛期应保证清水池4周的排水通畅,防止污水倒流和渗漏。

(2)清水池维护包括:①日常保养。检查水位尺,清扫场地。②定期维护。每1~3年清刷一次,且在恢复运行前消毒;每月检修阀门一次,对长期开或关的阀门,每季操作一次;对机械传动水位计或电传水位计定期校对和检修;对池体、通气孔、伸缩缝等1~3年检修一次,并解体修理阀门,油漆铁件一次。③大修维护。每5年对池体及阀门等全面检修,更换易损部件;大修后必须进行满水试验检查渗水情况。

10.2 一体化水处理设备的运行与维护

一体化净水器应符合《饮用水一体化净水器》(CJ3026—1994)的要求。

小型一体化净水器就是把传统自来水厂的三大池(絮凝池、沉淀池、过滤池)设计并制造在一个容器内,同时完成生活用水处理全过程的一种工厂化生产的净水设备。它具有净化效率高、扩容便捷、占地面积小、操作管理简便、造型美观等优点,特别适用于规模较小的村镇供水工程。按照操作运行的自动化程度,净水器分为全自动式、半自动式、手动式等。根据净水器在运行中的受压状态,可分为重力式和压力式两种。

一体化净水器较多采用波形板或折板絮凝,无喉管水力循环澄清,异向流斜管或斜板沉淀,聚苯乙烯轻质滤料或无烟煤石英砂双层滤料过滤等水处理方式,并设置表面冲洗的水力旋转冲洗装置,有效地缩短了净化时间。工作原理:带压原水(要求预留一定进口水压)通过管道混合器与混凝药剂充分混合后,从设备底部进入反应区,在絮凝药剂的作用下水中细小颗粒开始絮凝,形成矾花,随后进入斜管沉淀区,水流经斜管时矾花被吸附于斜管表面，随着吸附量增多，矾花脱落形成污泥从导流沟中排掉，清水上升由集水装置汇流后至过滤区，在过滤区中经过滤料过滤，除去残余矾花及其他微细粒并去除臭味和部分铁、锰，经处理后的水清澈、透明、无色无味。

10.2.1 重力式净水器

国内生产的重力式净水器，外形多为矩形，机身采用8～10 mm的Q235钢板焊接制作，采用无毒涂料防腐。净化工艺流程全部在箱体内装置，由反应澄清区、过滤区、搅拌加药装置等组成。

10.2.2 压力式净水器

压力式净水器外形为罐装，其内部净化处理功能和工作原理与重力式基本相同，但由于压力较高，罐体的制造过程应严格按照GB150—1989钢制压力容器国家有关标准进行，并进行耐压、气密试验等项目检验，保证设备安全运行。

10.2.3 净水器安装操作要求

(1)进水量控制。由于净水器不能超负荷运行，一般要求在净水器的进水口安装流量计。但为节省投资不装时，应选用相同流量的水泵，或在运行管理中根据进入净水器水位的变化，计算单位时间的进水量，形成经验后，即可按阀门开启度(或标记)控制进水量，这样既方便也实用。但对压力式净水器进水量的测定较为困难。

(2)加药。净水器加药是根据原水浊度投加的。一般将药剂溶解后利用流量计投加。不同浊度的水源，投加的药剂量不同。无论是重力式净水器或压力式净水器，都要求设备运行即加药。泵前加药时，要求在开泵前几分钟开始加药；关泵时，要求在关机后几分钟停止加药。由于药剂反应与水的温度、pH值、碱度等因素有关，因此要求在实践中积累经验，按原水浊度调整加药量。

(3)净水器反冲洗。当净水器出水浊度超出国家标准时，必须进行反冲洗，反冲洗周期一般为8～24 h。重力式净水器进行反冲洗操作中，为了不让滤料流失，当反冲水位到达液位顶部(水槽下)时减少反冲进水量，待滤料回落后再加大水量至设计反冲水量；当排污管排出的污水较清时，关闭反冲洗进水阀，最好开出水阀排空滤池存水(也可安装初滤排水阀)，然后关闭出水阀，并反复进行2～3次，即可完成反冲工作。压力净水器在进行反冲洗操作中，当反冲洗水刚流出反冲排污管时，关小反冲洗进水阀，待滤料回落后(约30 s)再加大水量至设计反冲水量，这样可以防止滤料流失。

第11章 供水管网运行与管理

村镇供水管道漏水将影响正常供水并造成经济损失,管道覆土流失或被占压将影响安全,附属设施失灵将影响正常供水、安全和检修。

村镇供水管网系统主要由给水管道材料、附件与附属设施构成。常用的供水管道材料有铸铁管、钢管、钢筋混凝土管、塑料管、塑钢复合管等;常用的供水管道附件有阀门、止回阀、排气阀、泄水阀、消火栓等;常用的供水管道附属设施有阀门井、支墩、管线穿越障碍物等。村镇供水管网分为机械加压给水管网和重力给水管网。

11.1 机械加压给水管网运行与管理

村镇机械加压设备主要是水泵,通过水泵把电能转化为水的机械能,把水送至管网。管网运行管理主要是对管网进行巡查、检漏和管道渗漏的修补等。

检漏是管线管理部门的一项日常工作。减少漏水量既可降低给水成本,也等于新辟水源,经济意义是很大的。位于大孔性土壤地区的一些地区,如有漏水,不但浪费水量,而且影响建筑物基础的稳固,更应严格防止漏水。水管损坏引起漏水的原因很多,例如因水管质量差或使用期长而破损。因此,管线接管网在运行过程中,一定要加强巡查与检漏,加强各管道及配件的技术管理。

11.1.1 管道巡查与检漏

(1)管道巡查工作。管理人员应掌握管网现状和长期运行情况,如各种管道的位置、埋深、口径、工作压力、地下水位及管道周围的土壤类型,管道的维修情况、使用年限等。沿输水管道检查管道、阀门、消火栓、排水阀、排气阀、检查井等有无被埋压、损坏等情况,检查套管内的管道是否完好,用户水表是否正常等。

(2)漏水特征及原因。在管网沿线地面发现有湿印或积水,以及管网供水正常但末端出水不足或供水量与收费水量相差较大等现象,均可能是管网发生了漏水。主要原因是管道或管件加工工艺及施工质量不良,接口密封材料质量不好或插件柔性接头的几何尺寸不合格,造成密封性较差等。对于塑料管,如使用时间长,形成老化,或埋设时用石块等硬质物围塞将管道挤坏也会发生漏水。此外,金属管道或因温度变化引起胀缩,或因管道及配件锈蚀,造成管道刚性接口的松动等,也易发生漏水。

(3)管道检漏方法。应设专职人员进行检漏,查漏的顺序是表前、表后、干管。查暗漏可检查地面迹象及细听,查明漏可直接观察,还可采用溶解气体法,在水中加 N_2O,用红外线探测漏气位置等方法。检漏的方法,应用较广且费用较省的有直接观察和听漏。

11.1.2　压力管道渗漏的修补

管道材质欠佳、管材被腐蚀、不均匀沉陷和安装不符合标准等均可能造成渗漏。渗漏的表现形式有接口渗水、窜水、砂眼喷水、管壁破裂、接口脱落等。不同材料管道渗漏的修补措施如下：

(1)铸铁管渗漏。管道在输水过程中发生渗水,若接口是灰接口,应将填料清除,重新填料封口。若是铅接口,可用钢钻捻打几遍,使填料密实堵漏。若发现砂眼喷水,一般可钻孔丝加塞头处理。由于腐蚀、生锈造成孔洞不规则,孔洞较大时,可用 U 形螺栓管堵水。若管身出现规则的纵向裂纹,可在裂纹两端加刚性填料管箍,若管身破裂,则应更换水管。

(2)镀锌钢管渗漏。若接口螺纹有滴漏,可加麻丝、油漆重新拧好。如果管道因锈蚀引起渗漏,应更换新管,也可用金属卡胶垫嵌固堵漏。

(3)钢管嵌钢管的渗漏。对于局部锈蚀或开裂的管段,可在外壁焊上一块弧形钢板堵漏。焊接时要排除管内积水。如锈蚀严重,应切除更换新管。

(4)钢筋混凝土压力管渗漏。管身蜂窝造成漏水,可用环氧树脂腻子修补。管身裂缝,可用玻璃钢或环氧树脂腻子处理。柔性接口漏水时,可将插口档胶圈凸出部分清除,将胶圈送至适当深度,把接口改成石棉水泥刚性接口。承插部位漏水,纵向部位严重窜水等,可在承插口外焊接钢套圈,修补方法是:如有裂缝,应将裂缝部分凿开 2 ~ 3 cm 的沟槽将钢筋露出,用环氧树脂胶打底,用环氧树脂腻子补平抹实,将接口全部改为水泥石棉接口;用两个半圆钢板箍,焊成一套圈,钢套圈外用水泥砂浆作防腐处理。在进行修补工作时,应将管内水降至无压,使用防水胶浆止水。其制作方法是:将 60 份水,400 份水玻璃,硫酸亚铁、硫酸铜、重铬酸钾和明矾各一份,把水加热至沸点,把硫酸亚铁等四种药品放入水中溶化,搅拌均匀,降温到 50 ℃左右,将其倒入水玻璃中拌匀即成。

(5)塑料管的渗漏:塑料管与铁、钢件连接脱落,应重新安装。有砂眼或较小漏洞时,可用比管径大一个规格的两个半圆塑料电熔件,焊成一个圈;也可用塑料鞍形座焊接处理。发生纵向裂缝,则应更换管道。

11.2　重力流输水管网检测与维修

管网发生漏水最初不易发现,因为一般开始时漏水量少,因此不会出现冲坏路基和管网中的水流失严重的情况。少量漏水可以持续数年而不易被发现,即使少量漏水也很浪费,甚至有可能引起重大危险。及时发现管网漏水有以下好处:①节省水资源;②节省运行费用;③提高系统可靠性(多数漏水将最终导致系统中断或系统崩溃);④使消费者更满意。

11.2.1　管网检测

如果选择的管材有质量保证,并且安装正确,就会减小漏水的可能性。如果配水系统用仪表测量,并能精确测定供水量,又有维修档案的话,一旦发生漏水,就可以及时发现和

定位。如果系统有相当数量可定位的阀门,可以将漏水的管段断开进行维修。管网漏水检测步骤如下:

首先,沿着管线观察是否存在漏水的迹象,如沟渠上方发生塌陷、茂盛的植物生长或地表潮湿等。移开阀门盖子检查阀门是否潮湿。这些地方经常发生严重泄漏。

其次,分析用水情况。用水源处的水表测量总供水量,然后检查用水情况。因为许多农村供水系统没有安装水表,所以要使用其他方法。测量供水量的一种方法是用水泵运转时间、抽水速度,估算供水量。如果不知道抽水速度,可以通过测量一定时间间隔内蓄水池水量的变化计算供水量,使用这种方法时要把出口阀门关上。将供水量与使用量比较。如果使用量比预期值高,说明可能有渗漏。但是需要注意的是,即使实际使用量比预期使用量少,也并不意味着管网就没有漏水。

下面举例说明供水量和实际用水量之间的关系。某供水系统有一个水泵和一个混凝土蓄水池,蓄水池内部尺寸为5 m×5 m×5 m。供水系统内有40个用户,240人,每个用户都有简易水管。

在01:00时,将蓄水池出水阀门关闭,精确测量蓄水池水位,其深度是2 m;在01:30时打开水泵;在02:30时,关掉水泵并再次测量水位,其水位是2.42 m深。即在1 h内水位提高了0.42 m,换算成水量是$5 \times 5 \times 0.42 = 10.5(\mathrm{m}^3) = 10\ 500$ L。

抽水速度$= 10\ 500/60 = 175(\mathrm{L/min})$。

预计每人每天的用水量为100~200 L,那么小区的总用水量为24 000~48 000 L/d。

根据抽水速度175 L/min,抽水时间为:

$$\text{最小时间} = \frac{24\ 000}{175} = 137(\mathrm{min}),\text{最大时间} = \frac{48\ 000}{175} = 274(\mathrm{min})$$

将每天的实际抽水时间与每天预计抽水时间137~274 min相比,如果水泵每天运转的时间更长,就可能有漏水情况。

一旦知道了抽水速度,即可计算供水量。记录每天或每周抽水时间,用抽水时间乘以抽水速度得到供水量。经常分析抽水时间的变化情况,考虑特殊节日,如新年、庆典时间用水量可能增加。如果用水量增加了,而又不能给出合理的解释,就要对管线进行现场勘察并询问当地用户。

如果当地没有安装水表,至少每半年到用户检查一次管路是否漏水,并告知村民管道防漏的重要性。其他容易漏水的地方是公共供水站,比如阀门垫圈磨损、阀门损坏以及阀门未关等,都会造成漏水。

如果经过上述检查仍不能找到漏水点,可利用以下几种方法进行检查:第一种方法是检测裸露地段的管线是否漏水;第二种方法是利用先进的检测设备或者委托相应的检测公司进行检测;第三种方法是关闭阀门,切断系统的一部分,测量一定时间内蓄水池的漏水量。这种方法应该在不用水时操作,最好的时间段是凌晨01:00~04:00。还有一个更可靠的方法,是在支管上安装一个临时水表,如上所述,在凌晨01:00~04:00对水表进行监控。

11.2.2　管网维修

当找到了漏水地点后,首先对需要修复的这部分管线断水。有时也需要对系统的主要部分断水。为了减少中断供水的时间,在停水之前,一定要把所有需要的部件、工具和设备准备好,并且向当地居民发出停水通知。

维修的基本方法有两种。第一种是更换损坏的管道、连接部件或配件,但这比较困难,因为正常的管线是从一头到另一头按顺序安装的。而在修复时,没有"自由"端可以下手。另一种是采用改进修理设备的方法,比如要修复管道上的小孔或裂缝时,可以采用修复夹钳,将夹钳包在有裂缝的管道上并用螺丝固定。如果裂缝太大,用修复夹钳无法覆盖时,就必须去除这节管道,采用一种独特的连接方式(如夹钳)和一个或两个特殊的连接部件(如双头夹钳)。

水泥管道应该允许连接部件在它的整个长度上滑动。用一段水泥管和两个标准的接头修复管道。

聚乙烯管(PVC)可以用管箍按以下方法修复:①将管箍装在管道的一端;②把管道的另一端插到管箍的另一端,调整好相对位置并按结实即可。

同样方法,可利用管箍延长管线。因聚乙烯管具有良好的弹性,可以简单地剪掉损坏部分,用插头和管箍连接。

11.2.3　管网消毒

管道修复后,必须进行消毒和冲洗。方法之一是打开管路后,在管道内放入一些含氯药片。修复结束后,将管线充满水并将药带入管网中。不要让进水过量,防止消毒药从修复部分冲走。30 min 后,可对管道进行冲洗。另一种方法就是对整个系统进行加氯消毒,与新管道安装完毕后的消毒一样。

11.3　给水管道防腐

腐蚀是金属管道的变质现象,其表现方式有生锈、损蚀、结瘤、开裂或脆化等。金属管道与水或潮湿土壤接触后,会因化学作用或电化学作用产生的腐蚀而遭到破坏。按照腐蚀过程的机理,可分为没有电流产生的化学腐蚀和形成原电池而产生电流的电化学腐蚀(氧化还原反应)。给水管网在水中和土壤中的腐蚀,以及流散电流引起的腐蚀,都是电化学腐蚀。

影响电化学腐蚀的因素是很多的,例如,钢管和铸铁管氧化时,管壁表面可生成氧化膜,腐蚀速度因氧化膜的作用而越来越慢,有时甚至可以保护金属不再进一步受到腐蚀,但是氧化膜必须完全覆盖管壁,并且在附着牢固、没有透水微孔的条件下,才能起保护作用。水中溶解氧可引起金属腐蚀,一般情况下,水中含氧越多,腐蚀越严重,但对钢管来说,此时在内壁产生保护膜的可能性越大,因而可减轻腐蚀。水的 pH 值明显影响金属管的腐蚀速度,pH 值越低腐蚀越快,中等 pH 值时不影响腐蚀速度,pH 值高时因金属管表面形成保护膜,腐蚀速度减慢。水的含盐量对腐蚀的影响是,含盐量越高则腐蚀加快。流速和腐蚀速度的关系是,流速越大,腐蚀越快。

防止给水管道腐蚀的方法有:

(1)采用非金属管材,如预应力或自应力钢筋混凝土管、玻璃钢管、塑料管等。

(2)在金属管表面上涂油漆、水泥砂浆、沥青等,以防止金属和水相接触而产生腐蚀。例如可将明设钢管表面打磨干净后,先刷 1 ~ 2 遍红丹漆,干后再刷两遍热沥青或防锈漆;埋地钢管可根据周围土壤的腐蚀性,分别选用各种厚度的正常、加强和特强防腐层。

(3)阴极保护。阴极保护是使被保护的金属设备发生阴极极化以减小或防止阳极的溶解速度。阴极保护通常有两种:外加电流的阴极保护和牺牲阳极的阴极保护。阴极保护的原理就是向被保护的金属通入阴极电流,消除金属因成分不同造成的电位差,使腐蚀电流降为零,从而保护金属免遭电化学腐蚀 。

外加电流的阴极保护优点:可用在要求大保护电流的条件下,当使用不溶性阳极时,其装置耐用。缺点:经常维护、检修,要配备直流电源设备;附近有其他金属设备时可能产生干扰腐蚀,需要经常的操作费用。

牺牲阳极的阴极保护优点:不用外加电流;施工简单,管理方便,对附近设备没有干扰,适用于安装电源困难、需要局部保护的场合。缺点:只适于需要小保护电流的场合。且电流调节困难,阳极消耗大,需定期更换。

应该指出,涂加防腐层与阴极保护法经常同时采用,因为目前还没有一种防腐材料能把金属管道与水或土壤完全隔离开,能长期有效地防止腐蚀,而如果没有防腐层只用阴极保护法时,所需电流过大,经济上不合理。

由于输水水质、水管材料、流速等因素,水管内壁会逐渐腐蚀而增加水流阻力,水头损失逐步增大,输水能力逐步下降。为了防止管壁腐蚀或积垢后降低管线的输水能力,除了新敷管线内壁事先采用水泥砂浆涂衬,对已埋地敷设的管线则有计划地进行刮管涂料,即清除管内壁积垢并加涂保护层,以恢复输水能力,节省输水能量费用和改善管网水质,这也是管理工作中的重要措施。

产生积垢的原因很多,例如,金属管内壁被水侵蚀,水中的碳酸钙沉淀,水中的悬浮物沉淀,水中的铁、氯化物和硫酸盐的含量过高,以及铁细菌、藻类等微生物的滋长繁殖等。要从根本上解决问题,改善所输送水的水质是很重要的。

金属管线清垢的方法很多,应根据积垢的性质来选择。清除管内积垢的方法主要有水力清通法、机械刮管法和酸洗法等,可根据积垢的情况选用。

松软的积垢可用提高水流流速的方法进行冲洗,每次冲洗的管线长度为 100 ~ 200 m,冲洗流速比平时供水速度提高 3 ~ 5 倍,但压力不应高于允许值。冲洗工作应经常进行,以免积垢变硬难以冲洗。在水力清通中,如用压缩空气和水同时冲洗,效果更好。水力清通法清洗操作简便,不需特殊工具,清洗速度快,费用低,不会损坏管内壁防腐涂层,此法亦可用于新敷设管线的清洗。

坚硬的积垢用水力清通难以清除,须采用刮管法清除。刮管法是利用钢丝绳和绞车等工具带动刮管器(机)在管内往返行走,利用刮管器(机)的切割装置将管内壁的积垢清除。刮管法所用的刮管器有多种形式。刮管时,先用切削刀在管壁的积垢上刻划沟槽,然后再用切管刀把管垢刮下,最后用铜丝刷刷净。此外,还有旋转式刮管器、软质材料清管器以及适用大管径水管的刮管机等。刮管法的优点是工作条件好,刮管速度快;缺点是刮管器与管壁之间的摩擦力很大,往返拖动刮管器时相当费力,而且管线不易刮净。

当积垢的主要成分为碳酸盐或铁锈时,还可以用酸洗法清除。酸洗法是将一定浓度的盐酸或硫酸溶液放进积垢的水管，浸泡14～18 h以除去碳酸盐和铁锈积垢，然后再用清水冲洗，直到出水不含溶解的沉淀物和酸为止。

管内积垢清除后，还应在管内壁上衬涂保护层，以防继续积垢，保持管道的输水能力，延长水管的使用寿命。管内壁涂层一般为水泥砂浆或聚合物改性水泥砂浆，前者为M50硅酸盐水泥或矿渣水泥和石英砂，按水泥∶砂∶水＝1∶1∶(0.37～0.4)的比例拌和而成；后者为M50硅酸盐水泥、聚醋酸乙烯乳剂、水溶性有机硅、石英砂等按一定比例配合而成。保护层厚度为水泥砂浆3～5 mm，聚合物改性水泥砂浆1.5～2.0 mm。

衬涂管壁砂浆时，对于敷设前预先涂衬的水管可采用离心法；对已埋设的水管，当管径较小时，可采用压缩空气法，当管径较大(大于500 mm)时，可用喷浆机衬涂。

11.4　给水管网水质的维持

维持管网水质也是管理工作的任务之一。有些地区管网中出现红水、黄水和浑水，水发臭，色度增高等，其原因除了出厂水水质不合格，还由于水管中的积垢在水流冲击下脱落，管线末端的水流停滞，或管网边远地区的余氯不足而致细菌繁殖等。

为保持管网的正常水量或水质，除了提高出厂水水质，还可采取以下措施：

(1)通过给水栓、消火栓和放水管，定期放去管网中的部分“死水”，并借此冲洗水管。

(2)长期未用的管线或管线末端，在恢复使用时必须冲洗干净。

(3)管线延伸过长时，应在管网中途加氯，以提高管网边远地区的剩余氯量，防止细菌繁殖。

(4)尽量采用非金属管道。定期对金属管道清垢、刮管和衬涂水管内壁，以保证管线输水能力不致明显下降。

(5)无论在新敷管线竣工后，还是在旧管线检修后均应冲洗消毒。消毒之前先用高速水流冲洗水管，然后用20～30 mg/L的漂白粉溶液浸泡一昼夜以上，再用清水冲洗，同时连续测定排出水的浊度和细菌，直到合格为止。

(6)定期清洗水塔、水池和屋顶高位水箱。

第12章　供水常用机械设备维护

净水厂使用的机械设备种类较多,保持设备完好是实现水厂正常连续运行的根本保证。水厂常用的主要设备包括泵类、各种阀门、鼓风机、混凝搅拌设备、刮泥设备等。

12.1　水泵运行常见故障处理

(1)启动困难。大多属于底阀、吸水管泄漏,真空系统出故障或排气阀孔未打开造成吸水管及水泵灌不满引水。

(2)不出水或水量过少。主要原因有:引水不满,泵壳中存有空气;水泵转动方向不对;水泵转速太低;吸水管及填料函漏气;吸水扬程过高发生气蚀;水泵扬程低于实际扬程;管路、叶轮等出现堵塞或漏水;水面产生的旋涡空气被带入水泵;出水阀门或止回阀未开等。

(3)振动或噪声过大。主要原因有:基础螺栓松动,隔振装置不够或损坏;泵与电机安装不同心;吸水扬程太高发生气蚀;轴承损坏与磨损等。

(4)水泵运行中突然停止出水。主要原因有:进水管路突然被杂物堵塞;叶轮被吸入的杂物打坏;进水管口吸入大量空气等。

水泵运行中出现故障后一般应停止水泵运行,找出故障原因,排除故障后再行运转。防止故障首先应按照设计及设备技术说明书的要求安装,保证管路连接紧密,保证有足够的水量,保证水泵安装高度符合要求,保证管路阀件等不出现堵塞。

12.2　阀门维护与故障预防

阀门是流体管路的控制装置,其基本功能是接通或切断管路介质的流通,改变介质的流通,改变介质的流动方向,调节介质的压力和流量,保护管路设备的正常运行。

12.2.1　阀门维护

对阀门的维护,可分两种情况:一种是保管维护,另一种是使用维护。

12.2.1.1　保管维护

保管维护的目的是,不让阀门在保管中损坏或降低质量。而实际上,保管不当是阀门损坏的重要原因之一。阀门保管,应该井井有条,小阀门放在货架上,大阀门可在库房地面上整齐排列,不能乱堆乱垛,不要让法兰连接面接触地面。

保管和搬运不当,造成手轮打碎、阀杆碰歪、手轮与阀杆的固定螺母松脱丢失等,这些不必要的损失,应该避免。

对短期内暂不使用的阀门,应取出石棉填料,以免产生电化学腐蚀,损坏阀杆。对刚进库的阀门,要进行检查,如在运输过程中进了雨水或污物,要擦拭干净,再予存放。阀门进出口要用蜡纸或塑料片封住,以防脏东西进入。对能在大气中生锈的阀门加工面要涂防锈油,加以保护。放置室外的阀门,必须盖上油毡之类防雨、防尘物品。存放阀门的仓库要保持清洁干燥。

12.2.1.2　使用维护

使用维护的目的在于,延长阀门寿命和保证启闭可靠。阀杆螺纹经常与阀杆螺母摩擦,要涂一点黄油、二硫化钼或石墨粉,起润滑作用。

不经常启闭的阀门,也要定期转动手轮,对阀杆螺纹添加润滑剂,以防咬住。

室外阀门,要对阀杆加保护套,以防雨、雪、尘土锈污。如阀门为机械驱动,要按时对变速箱添加润滑油。要经常保持阀门的清洁。要经常检查并保持阀门零部件的完整性。如手轮的固定螺母脱落,要配齐,不能凑合使用,否则会磨圆阀杆上部的四方,逐渐失去配合可靠性,乃至不能开动。不要依靠阀门支持其他重物,不要在阀门上站立。

阀杆,特别是螺纹部分,要经常擦拭。对已经被尘土弄脏的润滑剂要换成新的,因为尘土中含有硬杂物,容易磨损螺纹和阀杆表面,影响使用寿命。

12.2.2　常见故障及预防

12.2.2.1　一般阀门

1)填料函泄漏

填料函泄漏的主要原因有:填料与工作介质的腐蚀性、温度、压力不相适应;装填方法不对,易产生泄漏;阀杆加工精度或表面光洁度不够,或有椭圆度,或有刻痕;阀杆已发生点蚀,或因露天缺乏保护而生锈;阀杆弯曲;填料使用太久已经老化;操作太猛。

2)关闭件泄漏

通常将填料函泄漏叫外漏,把关闭件泄漏叫内漏。关闭件泄漏,在阀门里面,不易发现。关闭件泄漏,可分两类:一类是密封面泄漏,另一类是密封件根部泄漏。引起泄漏的原因有:密封面研磨得不好;密封圈与阀座、阀瓣配合不严紧;阀瓣与阀杆连接不牢靠;阀杆弯扭,使上下关闭件不对中;关闭太快,密封面接触不好或早已损坏;材料选择不当,经受不住介质的腐蚀;将截止阀、闸阀作调节使用,密封面经受不住高速流动介质的冲击而磨损;某些介质在阀门关闭后逐渐冷却,使密封面出现细缝,也会产生冲蚀现象;某些密封圈与阀座、阀瓣之间采用螺纹连接,容易产生氧浓差电池,腐蚀松脱;因焊渣、铁锈、尘土等杂质嵌入,或生产系统中有机械零件脱落堵住阀芯,使阀门不能关严。

3)阀杆升降失灵

阀杆升降失灵的原因有:操作过猛使螺纹损伤;缺乏润滑剂或润滑剂失效;阀杆弯扭;表面光洁度不够;配合公差不准,咬得过紧;阀杆螺母倾斜;材料选择不当,例如阀杆与阀杆螺母为同一材质,容易咬住;螺纹被介质腐蚀(指暗杆阀门或阀杆在下部的阀门);露天阀门缺少保护,阀杆螺纹粘满尘沙,或者被雨、露、霜、雪等锈蚀。

4)其他

a. 阀体开裂

阀体开裂一般是冰冻造成的。天冷时,阀门要有保温隔热措施,否则停产后应将阀门及连接管路中的水排净(如有阀底丝堵,可打开丝堵排水)。

b. 手轮损坏

撞击或长杠杆猛力操作所致。只要操作时注意一些,便可避免。

c. 填料压盖断裂

压紧填料时用力不均匀,或压盖有缺陷。压紧填料,要对称地旋转螺丝,不可偏歪。制造时不仅要注意大件和关键件,也要注意压盖之类次要件,否则影响使用。

d. 阀杆与闸板连接失灵

闸阀采用阀杆长方头与闸板 T 形槽连接形式较多,T 形槽内有时不加工,因此使阀杆长方头磨损较快。主要从制造方面来解决,即加工时应有一定光洁度。

e. 双闸板阀门的闸板不能压紧密封面

双闸板的张力是靠顶模产生的,有些闸阀,顶模材质不佳(低标号铸铁),使用不久便磨损或折断。需注意更换顶模。

12.2.2.2　自动阀门

(1)弹簧式安全阀密封面渗漏:原因是密封面之间夹有杂物或密封面损坏。要靠定期检修来预防。灵敏度不高:原因是弹簧疲劳或弹簧使用不当。弹簧疲劳应及时更换。弹簧式安全阀有几个压力段,每一个压力段有一对应的弹簧。如公称压力为 16 kg/cm^2 的安全阀,使用压力是 2.5 ~46 kg/cm^2 的压力段。若安装 10 ~166 kg/cm^2 的弹簧,虽能开启,但很不灵敏。

(2)止回阀常见故障是阀瓣打碎或介质倒流。引起阀瓣打碎的原因:止回阀前后介质压力处于接近平衡而又互相“拉锯”的状态,阀瓣经常与阀座拍打,某些脆性材料(如铸铁、黄铜等)做成的阀瓣就被打碎。预防的办法是采用阀瓣为韧性材料的止回阀。介质倒流的原因是密封面破坏或夹入杂质。实际使用中,还会遇到其他故障,要做到主动灵活地预防阀门故障的发生,最根本的一条是熟悉它的结构、材质和动作原理。

第 13 章　供水水质安全保障

村镇供水在确定工程建设和发展模式时,应与区域规划、村镇规划以及新农村建设相结合,并考虑各村镇社会经济状况、用水需求、水资源、村镇分布和自然条件等现状;同时,对已建工程应加强行业管理、监督,确立工程管理主体和运营主体,明确各自权限,使工程做到长期、良性运行,达到供水安全保障。

当村镇供水水质出现问题时,应采取一定的技术与手段,确保饮水安全。

13.1　供水工程水质监测

供水单位应根据工程具体情况建立水质检验制度,配备检验人员和检验设备,对原水、出厂水和管网末梢水进行水质检验,并接受当地卫生部门的监督。水质检验项目和频率应根据原水水质、净水工艺、供水规模确定,严格按照《村镇供水单位资质标准》(SL308—2004)有关规定执行。

原水采样点,应布置在取水口附近。管网末梢水采样点,应设在水质不利的管网末梢,按供水人口每 2 万人设 1 个;供水人口在 2 万人以下时,不少于 1 个。水样采集、保存和水质检验方法应符合《生活饮用水标准检验法》(GB5750—85)的规定,也可采用国家质量监督部门、卫生部门认可的简便方法和设备进行检验。

供水单位不能检验的项目应委托具有生活饮用水水质检验资质的单位进行检验。当检验结果超出水质指标限值时,应立即重复测定,并增加检验频率。水质检验结果连续超标时,应查明原因,并采取有效措施防止对人体健康造成危害。

水质检验记录应完整清晰并存档。

13.2　供水安全保障技术

13.2.1　村镇强化混凝技术

加强常规处理的技术改造和管理,包括:

(1)合理选择混凝剂、加药点及投加量,必要时选择合适的助凝剂。

(2)调整 pH 值。水中的 pH 值较高或较低对有机物去除影响明显,当 pH 值为 5 ~ 6 时,效果最佳。出厂水 pH 值应控制在 7.0 ~ 8.5。

(3)完善混合、絮凝。要注意管道静态混合器在小于设计负荷运转时的实际效果,有条件的地方应推广机械搅拌混合;折板、网格絮凝要有分格的设施,当生产负荷较小时可用一半的设备以改善水力条件;要逐步推广应用机械絮凝方式。

13.2.2　氧化预处理

氧化剂主要为臭氧、高锰酸盐等,所有与氧化剂或溶解氧化剂的水体接触的材料必须耐氧化腐蚀。氧化预处理过程中的氧化剂的投加点和加注量应根据原水水质状况并结合试验确定,但必须保证有足够的接触时间。

13.2.2.1　预臭氧接触池

(1)臭氧接触池应定期排空清洗。

(2)接触池人孔盖开启后重新关闭时,应及时检查法兰密封圈是否破损或老化,如发现破损或老化应及时更换。

(3)臭氧投加一般剂量为0.5~4 mg/L,实际投加量根据试验确定。

(4)接触池出水端应设置余臭氧监测仪,臭氧工艺需保持水中剩余臭氧浓度在0.1~0.5 mg/L。

13.2.2.2　高锰酸盐预处理池

(1)高锰酸钾宜投加在混凝剂投加点前,接触时间不少于3 min。

(2)高锰酸钾投加量一般控制在0.5~2.5 mg/L。实际投加量通过标准烧杯搅拌试验及保证锰含量合格确定。

(3)高锰酸钾配制浓度为1%~5%,采用计量投加与待处理水混合。配制好的高锰酸钾溶液不宜长期保存。

13.2.3　提高沉淀澄清效果

注意调整斜管沉淀池、澄清池的设计参数。应根据实际情况,科学地核定设计能力,指定技术改造方案。

控制沉淀池、澄清池的出口浊度。如出厂水浊度要达到0.1 NTU以下,则澄清池出口水浊度应控制在1.5 NTU以下;如出厂水浊度要达到0.8 NTU以下,则澄清池出口水浊度应控制在3 NTU以下。

13.2.4　强化过滤

控制好滤速,校准滤料的粒径和厚度。滤床厚度与滤料平均粒径之比在800左右;滤床厚度与有效粒径之比在1 000左右;尽可能实施气水反冲洗,掌握好冲洗强度和冲洗时间。

13.2.5　合理加氯

注意投加点,要有足够的投加浓度和接触时间,控制好出厂余氯值。

13.2.6　应急处理技术

安全供水是突发性水污染事件发生后最为敏感和紧迫的问题。目前,我国在安全供水应急处置方面还很薄弱,一旦事件发生,往往只能断水。如2004年5月跨省河流鉴江的支流罗江在广西境内发生交通事故,50 t苯泄漏入罗江,造成下游广东的化州、吴川两市停水4天,影响人口50多万人。沱江的污染事件更造成四川内江、资阳等地上百万民众前后20多天无水饮用。

突发性事件主要包括:

(1)饮用水源或供水设施遭受生物、化学、毒剂、病毒、油污、放射性物质等污染;

(2)取水涵管等发生垮塌、断裂致使水源枯竭;

(3)地震、洪灾、滑坡、泥石流等导致取水受阻,泵房(站)淹没,机电设备毁损;

(4)消毒、输配电、净化构筑物等设施设备发生火灾、爆炸、倒塌、严重泄漏事故;

(5)主要输供水干管和配水系统管网发生大面积爆管或发生灾害影响大面积及区域供水;

(6)调度、自动控制、营业等计算机系统遭受入侵而失控、毁坏;

(7)传染性疾病爆发;

(8)战争、恐怖活动导致水厂停产、供水区域减压等。

具体预防措施有:

(1)发现停水后,负责人必须在第一时间弄清事故发生的原因以及修复时间的长短,及时用通告和广播的形式通知各用水户,采取临时送水等措施。若断水时间超过2天,要争取消防部门援助,用消防车拉水供应用水。

(2)发现水体被投毒,导致三人以上出现呕吐、头昏、腹泻、昏倒或死亡,应立即采用应急预案。首先停止事发单位供水,通报上级有关部门到场,并配合保护好现场。通过了解中毒者开展各项调查,分析原因,移交相关部门处理。在处理事故的同时,做好应急用水保障工作,若需断水两天以上,要争取消防部门援助,用消防车拉水供应,并对事发单位水池、水塔、水箱、管网进行反复冲洗,等取水送检合格后,方能供水。

(3)传染病高发季度或传染病暴发时,应督导二次供水单位加大对水池、水塔、水箱的余氯投放量,确保饮用水卫生安全。

(4)如遇洪水、山洪暴发,污染了水池、水塔、水箱及管网等,必须立即停水,清理污泥、污沙,反复冲洗水池、水塔、水箱及管网。同时,购买大量纯净水、矿泉水供应用户,等管网恢复后,取水样送检合格后,方能供水。

科学发展观强调以人为本的原则,安全供水是人生存的基本要素,政府应该予以保障,而在各级城镇制订安全供水应急方案,考虑突发性水污染事件或其他事件发生时紧急启用备用水源,是极为紧迫的任务。

第14章　供水企业员工岗位职责与考核考评

14.1 供水企业员工岗位职责

供水管理站由于水源、供水规模和经营方式不同,工作职能和工作岗位多少不一,本着以职设岗、以岗定人的原则,建立岗位责任制,并严格落实执行。对管理人员职位和数一般按照"一人多能,一人多岗,平均每1 000个受益人口设立一名管理人员的办法,核定工作量,合理调配,满负荷工作,用最少的人员,组成精干的管理队伍。

14.1.1　站长岗位责任制

(1)负责供水站的全面工作,处理全站日常事务。

(2)定期组织本站人员学习政治理论及业务知识,树立高度的责任感和强烈的事业心。

(3)协调处理好相关单位及各用户之间的关系,秉公办事,不以权谋私。

(4)严格执行各项规章制度,率先垂范。

(5)注重调查研究,制定供水站经营方略,及时总结工程运行管理经验。

(6)遵守财经政策和制度,勤俭克己,实事求是,不弄虚作假。

(7)检查落实各项规章制度和岗位目标责任制的执行情况,按章办事,奖惩分明。

(8)按有关规定聘任、解聘工作人员,团结职工,搞好各项工作,关心职工生活。

(9)定期向上级主管部门(或董事会)汇报经营管理情况,负责管理费、折旧费、大修理费的上缴。

(10)负责制定日常维修、大修、更新计划。

(11)保障供水安全。

14.1.2　水泵员岗位责任制

(1)熟练掌握水泵的工作性能,严格按水泵的操作规程操作。

(2)随时掌握水泵的工作情况,发现异常及时处理,做好故障处理记录。不明原因或电流过高过低造成不能开泵或停泵,20 min以内必须与机电工联系,并积极主动地查找原因,配合维修人员排除故障。

(3)按时交接班,履行交接手续,开泵期间坚守机房,做好水泵运行原始记录,注明每个水泵的开关时间、电机电流、电压功率因数、效率等,保证原始记录真实完整。

(4)精心操作,爱护运行设备。对水泵、电表、仪器定期进行检查,及时维修,发现隐患,及时排除,保证设备正常运行。及时检查、保养设备,保证设备始终处于良好状态。

(5)非停电等不可抗拒的因素,必须保证蓄水池内有足量的水量,保障用户需要。

(6)总结经验,制定科学合理的提水操作程序,做到节能高效,保障供水。

(7)保持机房内卫生清洁。

(8)对水位、水质进行观测,出现问题随时报告。

(9)提出对水泵、电机等设备的维修、大修及更新建议。

14.1.3　管道管理人员岗位责任制

(1)负责输配水管线的巡视、维护及抢修工作,严守操作规程。

(2)按输配水管线管理范围,对主管线和分管线进行定期全面检查和不定期巡视。

(3)发现管线滴、冒、跑、漏等问题及时修复,发现管道下沉、变形及地埋管裸露等应及时维护、覆盖。

(4)按照下达的任务,根据图纸要求,保质保量按时完成管道安装任务。

(5)管好、用好配备的各种机具,努力节约原材料,降低消耗,杜绝浪费。

14.1.4　收费人员岗位责任制

(1)每月按规定时间进行抄表、收费。收费要使用统一印制的收费收据,不得打白条。收取的水费要按时上缴财会人员,不得截留、挪用、透支等。

(2)收费人员抵押上岗(抵押金以所管辖区1~2个月的水费额度为宜),工资报酬实行和工作量、效益挂钩的浮动工资。

(3)建立用水户用水登记簿,并注明用水户基本情况,包括是否装有水表、用水量大小、水费收缴情况,逐月登记,做到心中有数。

(4)严格按水表计量收费,做到抄表数字准确,计价无差错。对无水表的用户,在核定用水量的基础上,按规定的收费标准收费,不得随意增减,损害用户和供水站的利益。

(5)收费人员抄表时要分析各用水户用水量的合理性,对偷水、漏水、偷接水管等现象要及时向供水站汇报,以便采取措施,迅速处理。

14.1.5　化验员岗位责任制

(1)按国家"生活饮用水标准"及有关规定,严格操作规程,认真分析和检验送验水样。做到方法对,操作严密,按时递交化验报告。

(2)根据需要及时准确地采集理化分析和细菌检验样品,进行水质分析;每天按时完成管网剩余氯测定和出厂水余氯抽查测定工作。

(3)对出厂水、混合水、管网末梢水要定时定期化验。

(4)对分析试剂要定期标定,提高精确度;保存好培养剂,防止变质等情况出现。

(5)加强设备维护,定期进行鉴定。正确安全地使用设备、仪器和玻璃器皿,防止损失和杜绝意外事故的发生。建立登记手续,经常保持各种设备和仪器的清洁,搞好室内外卫生。

(6)做好化验资料的综合分析,发现异常情况要迅速复查,并做好对照性试验,找出原因,为保证水质达标,提出建设性意见。

(7)负责提出仪器、药物购置计划,经领导批准后实施。

(8)在完成本职工作的前提下,接待和承办外来水样的化验分析等项工作。

(9)负责化验资料的整理,逐月按时报出分析、检验结果报表。

14.1.6　净化消毒人员岗位责任制

(1)负责供水站出厂水的加氯、投药消毒工作。

(2)负责加氯设备的使用、维护、管理工作,准确把握药剂投放的品名、数量、时间、效果,并做好记录。

(3)配合化验室人员搞好加氯量、药剂的测定和化验。

(4)熟练掌握净化设备的操作使用,管好、用好、维护好所有工具、器具,做好运行记录。不使净化设备在运行中堵塞,保证净化效果,确保安全供水。

(5)遵守劳动纪律,坚守工作岗位,严格执行各项规章制度和操作规程,确保安全生产。

(6)出现异常情况,及时处理、汇报。

14.1.7　机电工岗位责任制

(1)严格执行安全操作规程,对于不安全因素要有预防措施。

(2)定期检查、维护工程电气设备,发现隐患,及时处理。

(3)明确电器设备使用、维护、修理注意事项,做到设备型号清,维护保养时间准。修理部位、损坏原因要有文字记录。

(4)建立电工器材登记簿,使用或领用要经站长批准,登记去向,并由负责人签名盖章。

(5)电器材料与设备的借用,经站长批准后,办理借用手续,并及时归还。

(6)因玩忽职守,造成设备损坏者,视其情节给予经济处罚;如由于人为原因致使电器设备发生重大事故,影响供水,要追究当事人的行政和经济责任。

14.1.8　保管员岗位责任制

(1)做好材料的出入库工作,入库要有入库单,出库要有出库单。送货人、领货人、批示人、物品、数量等记载明细,手续齐全。

(2)常用材料的库存要保证工作需要,短缺材料要及时报告情况,以便组织货源,保障供给。

(3)所有材料出库时,未经站长或授权人批准,保管员有权拒付。

(4)库存材料设备、公物,要建账立簿,妥善保管。

(5)对于安装维修和生产一线的工人或班组领用的生产工具、维修设备等要建立登记簿,并由班组或个人签名盖章,使用完毕应及时入库保管。

(6)安装维修材料、公共财产,不论是销售、领用或借用,要写明物品、数量,并签名盖章,健全手续。实行签发出门证手续,借出的公物要及时追回,丢失、损坏则要按价赔偿。

(7)全力支持外勤工作,做到服务态度好,工作效率高。

14.1.9　会计职责

(1)负责全站的资金和固定资产账目管理,严格执行财务管理制度,做好账务记录,做到日清月结。

(2)按时向水管员收取水费,对未能按时入账的要记录在册并及时向站长汇报。

(3)遵守财务纪律,杜绝未批先支、超支、收支混乱的现象。

(4)执行站长批准的财务计划,合理安排各项支出。

(5)对于站长审批的开支,进行财务监督,不合理的开支应及时指出。

(6)及时提取工程折旧、大修费,按时存入银行专户。

(7)加强票据、现金、报表管理,大额现金及时存入银行。

(8)严格财经纪律,供水站不得为其他单位或个人担保、抵押财产等。严禁私自借用、挪用、贪污公款。做到票账相符,账账相符,账目清楚,科目合理。

(9)每月终了 5 日内及时向供水管理总站及水行政主管部门报送财务报表及说明书。

(10)年度终了 8 日内及时向供水管理总站报送财务决算表及附表、主要业务收支明细表和财务状况说明书。

(11)各种财务报表要由站长、财务负责人及制表人签名盖章。

14.2　饮水工程管理工作考核考评

饮水工程经营管理考核考评主要是对供水站内部管理、工程管护、经营状况、财务管理、文明服务等指标进行量化打分,综合评价。考核考评一般实行百分制,各项指标权重根据管理实践和管理目标兑现的难易程度确定。评分方法以定量评价为主,定性评价为辅,各项指标评分,根据其最大权重值与最小权重值相应的指标值点,通过直线内插法确定。

每处饮水工程经综合评定,分值越高,供水站经营管理水平越高。按分值高低,对供水站考核分为优秀、良好、合格和不合格四个档次进行考核考评。据各档次占总考核工程的百分数作为评定市、县、乡各级饮水工程管理工作的横向评比指标。

经营管理考核指标具体内容如下。

14.2.1　供水站内部管理(10 分)

(1)机构健全,人员配置合理(3 分):一般集中饮水工程或连片饮水工程要成立供水管理站,单村饮水工程要有专人负责。根据多年来资料统计和调查,受益人口 1 000 人以下的饮水工程,管理人员 2 人(其中 1 人主管);受益人口 1 000 人以上,每增加 1 000 人,增加管理人员 1 人,管理人员分工明确,职责清晰。

(2)规章制度健全(2 分):包括站内各项工作制度、各级岗位职责、固定资产管理制度、安全操作规范、水价公示、水费收缴办法等的健全。

(3)工程档案管理(1 分):包括工程技术档案、施工档案、验收档案及运行管理档案,做到真实完整，专人管理。

(4)站容站貌(1分)：站内干净卫生，物品器材摆放整洁有序。

(5)安全生产(3分)：无重大安全事故发生，工程正常运行，供水有保障。

14.2.2 工程管护(20分)

(1)水源工程、调蓄水池及厂房(6分)：设置卫生防护地带及防护范围标志，防护措施执行得力，无人为损坏。

(2)机电设备(6分)：做到定期检修、保养，规范操作，设备完好，保证随时开机供水。

(3)输水管道(6分)：设有管线标志，做到定期巡查，管道管网无跑、冒、滴、漏水现象。

(4)其他附属设施设备(2分)：设施设备完好，随时能够投入使用，确保供水安全。

14.2.3 经营指标(40分)

(1)供水受益率(8分)：是指实际受益人口与设计受益人口之比，供水受益率应达到100%，一般不得低于80%。

(2)能源单耗(5分)：指提水设备全年工作所耗电量与全年提水量乘以泵站平均净扬程之比。单位：kWh/($km^3 \cdot m$)。能源单耗小于5.44为最佳，一般不大于9。如用柴油机作动力，每消耗1 kg柴油折算电量4.6 kWh。

(3)单位制水成本(5分)：指供水站年生产总费用与年制水总量之比。单位制水成本一般不高于工程设计费用的10%。

(4)供水保证率(5分)：指年实际供水量与年设计供水量之比。供水保证率应在75%以上。

(5)水费回收率(12分)：指年实收水费与年应收水费之比。水费回收率应达到90%以上，一般不低于75%。

(6)全员劳动率(5分)：指供水站年总收入与站内正式职工总数之比，单位：元/人。全员劳动率应达到或超过当地乡镇企业平均全员劳动率。

14.2.4 财务管理(20分)

(1)水价执行(3分)：执行批复水价，有偿供水，计量收费，杜绝“人情水”、“关系水”及“搭车收费”。

(2)折旧费、大修理费提取率(10分)：指每年实际提取折旧费、大修理费与应提取数之比。折旧费、大修理费提取率应达到95%以上，并按时存入专户。一般不应低于50%。

(3)收支合理(5分)：水费收入票证齐全，其他收入及时入账，不得截留和挪用。支出符合有关规定。

(4)财务报表(2分)：接受水行政主管部门财务监督，定期报送财务报表。

14.2.5 文明服务(10分)

每年1～2次向受益群众发放测评表或举行群众代表评议会，对供水站工作进行评议。群众满意率应达到90%以上，一般不应低于70%。

第4篇　供水工程实例

第15章　集中供水实例(一)

15.1　工程概况

15.1.1　概况

某市是一个以采矿企业和化工企业为主的新兴工业城市,长期以来的矿产资源开采,带来了较严重的生态破坏,采矿沉陷区的居民饮水较困难,为解决沉陷区人民群众的安全饮水问题,兴建恩惠水厂。

工程名称:某市农村饮水安全恩惠供水工程。

工程地点:恩惠镇田益村。

工程规模:3 000 m^3/d(其中向旭日水厂供应原水1 000 m^3/d)。

供水系统方案:周口水库→净水厂→配水管网→用户。

受益人口:恩惠镇田益村、宜丰村、苦口村4 088人,石口镇14个行政村20 606人,总计24 694人。

15.1.2　设计依据与设计资料

(1)工程设计委托书。

(2)某市水利局《湖南省某市农村安全饮水现状调查报告》。

(3)某市水利局《湖南省某市农村安全饮水恩惠供水工程规划报告》。

(4)建设单位提供的水源、管道沿线带状地形图及供水区总平面图。

(5)水源地某中型水库水质分析报告。

(6)现行的国家水质标准及给水设计规范规程。

15.2　供水规模与用水量

15.2.1　供水范围和供水方式

根据《村镇供水工程技术规范》(SL310—2004),供水范围应根据区域的水资源条件、用水需求、地形条件、居民点分布等进行技术经济比较，结合恩惠水厂区域地表水资源贫乏、用水需求量大、居民点较为集中、地形起伏较大的实际情况，本次供水工程考虑恩惠镇田益村、宜丰村、苦口村 4 088 人，石口镇 14 个村 20 606 人，总计 24 694 人。供水方式采用联片集中供水。

15.2.2　用水量标准

根据恩惠水厂村民的用水现状、用水条件、供水方式、经济条件、用水习惯、发展潜力等情况，查《村镇供水工程技术规范》(SL310—2004)“最高日居民生活用水定额表”，该水厂属于第五区，城镇居民适用于：“全日供水，户内有洗涤池和部分其他卫生设施”，用水标准为 90 ~ 140 L/(人 · d)；农村村民适用于：“水龙头入户，有洗涤池，其他卫生设施较少”，用水标准为 60 ~ 100 L/(人 · d)。综合考虑后，用水量标准如下：

(1)城镇居民：100 L/(人 · d)(近期)，120 L/(人 · d)(远期)；

(2)农村村民：60 L/(人 · d)(近期)，80 L/(人 · d)(远期)。

15.2.3　供水规模

15.2.3.1　居(村)民用水量

本工程设计基准年 2005 年，近期规划水平年 2010 年，远期规划水平年 2020 年。现状人口及规划年人口统计见表 15-1。

表 15-1　恩惠供水工程现状人口及规划人口统计

序号	村镇		规划现状人口	饮水不安全人口	近期规划人口	远期规划人口	备注
1	恩惠镇	田益村	1 280	540	1 319	1 400	地表水主要细菌学超标
		宜丰村	1 358	608	1 399	1 485	地表水主要细菌学超标
		苦口村	1 450	401	1 494	1 586	200 人饮用细菌学超标的地表水 201 人饮用水水量不达标
		小计	4 088	1 549	4 212	4 472	
2	石口镇	石口村	1 330	1 330	1 370	1 455	地下水污染严重
		石花村	2 221	67	2 288	2 430	水源保证率不达标
		石溪村	2 080	1 480	2 143	2 275	水量不达标
		石星村	2 800	2 495	2 885	3 065	地下水污染严重
		石坑村	978	618	1 008	1 070	400 人饮用水氟超标
		石连村	2 700	2 200	2 782	2 953	地下水污染严重
		石华村	839	156	864	918	
		北石冲村	1 142	642	1 177	1 249	水量不达标
		石科村	469	469	483	513	地下水污染严重

续表15-1

序号	村镇		规划现状人口	饮水不安全人口	近期规划人口	远期规划人口	备注
2	石口镇	石平村	1 048	448	1 080	1 146	地表水细菌指标超标
		石安村	950	250	979	1 039	地表水细菌指标超标
		石湾村	1 420	470	1 463	1 553	
		南石冲村	1 709	510	1 761	1 869	
		石岭村	920	920	948	1 006	
		小计	20 606	12 055	21 232	22 540	
3	合计		24 694	13 604	25 444	27 012	

注:城镇居民按增长率6%计算,农村人口按人口自然增长率6‰计算。

恩惠供水工程居民生活用水量见表15-2。

表15-2　恩惠供水工程居民生活用水量

序号	村、镇		近期用水量(m^3/d)	远期用水量(m^3/d)	备注
1	恩惠镇	田益村	79.14	112.01	农村村民
		宜丰村	83.95	118.84	
		苦口村	89.64	126.89	
	小计		252.73	357.74	
2	石口镇	石口村	82.22	116.39	
		石花村	137.31	194.36	
		石溪村	128.59	182.02	
		石星村	173.10	245.03	
		石坑村	60.46	85.59	
		石连村	166.92	236.28	
		石华村	51.87	73.42	
		北石冲村	70.60	99.94	
		石科村	28.99	41.04	
		石平村	64.79	91.71	
		石安村	58.73	83.13	
		石湾村	87.79	124.26	
		南石冲村	105.65	149.56	
		石岭村	56.88	80.51	
	小计		1 273.90	1 803.24	
3	合计		1 526.63	2 160.98	

15.2.3.2 该工程的供水规模

根据规范要求，结合恩惠水厂的实际情况，本供水工程供水规模（近期）只考虑居民生活用水量、公共建筑用水量、管网漏失水量和未预见用水量。

供水规模用水量列项中，学生人口已统计入村民人口中，因此学校作为公共建筑，每个村学校用水量按居民生活用水量的10%计算。管网漏失水量取10%，未预见用水量取5%，具体计算见表15-3。

表15-3 恩惠供水工程供水规模

项目	计算公式	近期(m^3/d)	远期(m^3/d)
居民生活用水量		1 526.63	2 160.98
公共建筑用水量	按居民生活用水量的10%计算	152.66	216.10
管网漏失水量和未预见用水量	按上述用水量之和的15%计算	251.89	356.56
向旭日水厂补原水		1 000	1 000
合计		2 931.18	3 733.64

根据表15-3可知，确定恩惠镇供水工程供水规模近期为3 000 m^3/d（旭日水厂由于现在规模扩大，原来的水源水量已不能满足要求，此次考虑由恩惠水厂向旭日水厂补原水1 000 m^3/d），远期为3 800 m^3/d。

15.2.4 时变化系数和日变化系数

根据供水工程规模3 000 m^3/d（包括向旭日水厂补原水1 000 m^3/d），结合当地实际情况和相似供水工程的最高日供水情况综合分析后，时变化系数取2.1。

日变化系数应根据供水规模、用水量组成、生活水平、气候条件，结合当地相似供水工程的年内供水变化情况综合分析确定。本地区内规模相当的小型水厂，年内供水变化比较大，综合考虑后，日变化系数取1.3。

水厂自用水量取最高日用水量的10%。

15.2.5 供水水质与水压

15.2.5.1 供水水质

为该工程供水的某中型水库水源水质感官反应比较好，水质清澈，经卫生防疫站化验知，除细菌总数和总大肠菌群超标外，其余各项指标均符合《生活饮用水水源水质标准》（CJ3020—93）的要求，完全满足国家饮用水卫生标准。

15.2.5.2 供水水压

供水水压应满足配水管网中用户接管点的最小服务水头，本供水工程供水范围内楼层普遍不高，最小服务水头按4层楼考虑，为20 m。

15.2.6　防洪与抗震

根据《村镇供水工程技术规范》(SL310—2004),恩惠集中供水工程属Ⅲ型工程,主要建(构)筑物按 20 年一遇洪水设计,50 年一遇洪水校核;抗震设防烈度为本地区抗震设防烈度Ⅵ度再加一度,为Ⅶ度。

15.3　供水工程设计

15.3.1　给水系统设计

15.3.1.1　方案选择

根据恩惠水厂的实际情况:供水范围内平均地面高程为 240 ~ 300 m,净水厂地面高程约为 324.00 m,能达到水压要求。根据规范要求,结合实际情况,从水库低涵引水,通过 3.05 km 长的原水管自流引水至建设在田益村的净水厂,将水消毒净化处理后,再通过配水管网分别向供水范围内的各处送水。

15.3.1.2　工艺流程

恩惠水厂取用水水源为某中型水库,水质较好,采用物理净化和净水器过滤、加氯消毒处理相结合的工艺流程。其流程如下:水库→净水厂→配水管网→用户。

15.3.2　取水构筑物设计

本供水工程设计从水库取水,为使枯水期水量、水质有保障,设计从低涵进水口取水,取水头部采用钢管焊接制作,取水头部前设置铸铁闸门和拦污栅,防止杂质堵塞管道,污染水质。低涵内铺设 ϕ250 mm 的钢管通过低涵引水至原水管,低涵长 200 m,原水管长 3 050 m。这里只介绍原水管的设计。

15.3.2.1　设计流量计算

设计流量

$$Q_{设} = \frac{W_1}{T} = \frac{3\ 000 + 3\ 000 \times 10\%}{24 \times 3\ 600} = 0.038(\mathrm{m^3/s})$$

式中　$Q_{设}$——设计流量,$\mathrm{m^3/s}$;

W_1——最高日取水量,最高日用水量加水厂自用水量,$\mathrm{m^3}$;

T——日运行时间,s。

15.3.2.2　可损失的水头计算

田益村岩门前净水厂高程为 324.00 m,低涵出口高程 333.60 m。计算原水管管径考虑最低水位,低涵最低一级进水口高程为 335.00 m,自流水头 $H = 335.00 - 324.00 = 11.00$(m)。原水引至净化厂后,接两根支管,一根接恩惠水厂的净化厂,另一根支管补充 1 000 $\mathrm{m^3}$原水给旭日水厂,由恩惠水厂往旭日水厂补水的原水管长 2 720 m,自流水头 78.6 m,所以总自流水头为 89.6 m。

15.3.2.3　原水管管径选择

水库到恩惠水厂原水管长 3 050 m,从进水口至水厂净化设备共损失水头 11 m,包括沿程水头损失和局部水头损失,其中局部水头损失按沿程水头损失的 10% 计算,则沿程水头损失为:

$$h_w = \frac{11}{1 + 10\%} = 10(\mathrm{m})$$

结合经验公式,可得:

$$d = \sqrt[4.774]{\frac{0.000\,915Q^{1.774}L}{h_w}} = \sqrt[4.774]{\frac{0.000\,915 \times 0.038^{1.774} \times 3\,050}{10}} = 0.227(\mathrm{m})$$

式中　d——原水管管径,m;

Q——引水设计流量,$\mathrm{m^3/s}$;

L——原水管道长度,m;

h_w——沿程水头损失,m。

本工程原水管取 ϕ 250 mm 的 PVC－U 管(公称压力 0.8 MPa)。

恩惠水厂至旭日水厂原水管全长 2 720 m,自流水头 78.6 m,包括沿程水头损失和局部水头损失,其中局部水头损失按沿程水头损失的 10% 计算,则沿程水头损失为:

$$h_w = \frac{78.6}{1 + 10\%} = 71.5(\mathrm{m})$$

$$d = \sqrt[4.774]{\frac{0.000\,915Q^{1.774}L}{h_w}} = \sqrt[4.774]{\frac{0.000\,915 \times 0.013^{1.774} \times 2\,720}{71.5}} = 0.098(\mathrm{m})$$

通过计算取管径为 110 mm 的 PVC－U 管,管材公称压力按水库正常蓄水位考虑。

本工程从水库至恩惠水厂的原水管取 ϕ250 的 PVC－U 管(公称压力 0.8 MPa),由恩惠水厂至旭日水厂的原水管取 ϕ110 的 PVC－U 管(公称压力 1.0 MPa)。

15.3.3　净水厂设计

15.3.3.1　总体布置

净水厂建于恩惠镇田益村岩门前,在此设 SS 型一体化加药设备、SS 管式静态混合器、SS－60 型压力过滤器,SS 型二氧化氯消毒剂发生器,清水池、综合办公楼依据水厂平面布置,其原则是流程短捷、紧凑布置、节省占地、功能齐全、方便管理。厂区占地面积 874 $\mathrm{m^2}$,厂区所在地地坪标高 324.40 m,设计地面标高 324.00 m。

15.3.3.2　净化工艺

根据本工程水源水质分析报告,水质较好,只有细菌总数和总大肠菌群超标,原水浊度长期低于 100 NTU,可采用混凝、沉淀(或澄清)、过滤加消毒的常规净水工艺。工艺流程如图 15-1 所示。

15.3.3.3　净化过滤设备

SS－60 型压力过滤器适用于生活饮用水的沉淀处理,由优质钢材经焊接制成密闭圆柱罐体,出水质量稳定,占地面积小,安装操作方便。主要性能指标如下:

(1)产水量:60 $\mathrm{m^3/h}$;

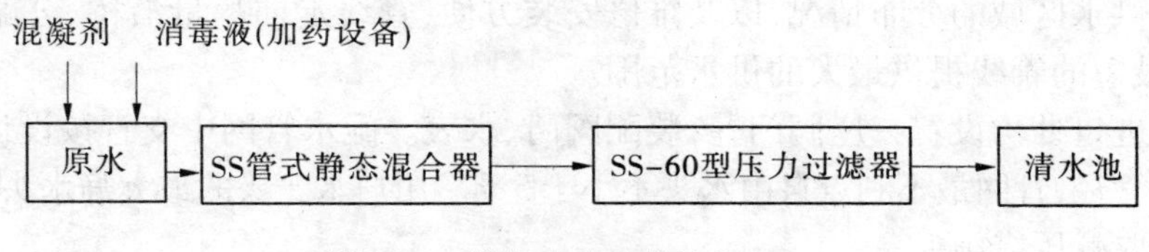

图15-1　常规净水工艺流程

(2)使用压力:0.3 MPa;

(3)外部尺寸:直径 $D=2\ 400$ mm,高 $H=3\ 000$ mm;

(4)滤前水浊度应≤60 NTU,出水浊度≤3 NTU;

(5)冲洗周期:8 ~ 12 h;

(6)冲洗强度:15 L/(m^2·s);

(7)冲洗历时:5 ~ 7 min;

(8)冲洗水头:4.0 ~ 10.0 m;

(9)期终水头损失:0.5 m;

(10)进水管:DN150;

(11)出水管:DN150;

(12)反冲洗管:DN250;

(13)压力表管:DN15;

(14)设备质量:6 200 kg。

整套净化设备设计进水量按净产水量加10%自用水量计。加药的混合设施采用静态管道混合器。

15.3.3.4　消毒设备

根据水质分析报告,设计采用二氧化氯消毒剂进行消毒。选用SS-500型加药设备,溶药箱容积为500 L,搅拌机功率为0.37 kW。转子流量计规格:型号:SS-6;量程:2.5 ~ 25 L/h。

15.3.3.5　清水池

根据《村镇供水工程技术规范》(SL310—2004),清水池的有效容积按最高日用水量的20% ~40%计算,规模小的取大值,本工程取30%。恩惠水厂净化处理最高日用水量为2 000 m^3/d,清水池有效容积为:$V_{有效}=2\ 000\times30\%=600(m^3)$。选用给排水图集《圆形钢筋混凝土蓄水池》(04S803)中300 m^3 的圆形钢筋混凝土蓄水池2个,按池顶覆土厚500 mm考虑。

15.3.3.6　综合办公楼设计

新建综合办公楼包括材料仓库及加药房两间、化验室一间、值班室一间、接待室一间、办公室两间。建筑面积为330 m^2。

15.3.4　配水工程

15.3.4.1　管网设计

配水管网采用树枝状布置,针对恩惠水厂供水范围的地理位置,确定主干道输水管线。按照供水区域的分布情况，以及维修安装方便，管线走向尽量沿桥、公路、沟渠、机耕路等，以最短的管线提供最大的供水范围。

各村进口处均设置一座阀门井，装配阀门、水表。配水管网中支管按设计流量和水头损失确定管径，管网最不利点自由水头不小于5 m。用户水龙头的最大静水头不超过40 m，超过时采取减压措施。

管道凸起点设自动进(排)气阀；长距离无凸起点的管段，每隔600 m设自动进(排)气阀，在管道低凹处设排空阀。树枝状管网的末稍设泄水阀。干管上分段或分区设检修阀，各级支管在末端设检修阀。

15.3.4.2　**配水管网计算**

恩惠水厂供水规模为3 000 m^3/d，但向旭日水厂补水为1 000 m^3 的原水，因此配水管网计算采用2 000 m^3/d。本供水工程包括恩惠镇3个行政村和石口镇14个行政村。

1)恩惠管线设计

a. 最高日最高时设计流量计算

根据表15-2计算，加公共建筑用水量和水量损失，恩惠镇供水量为330 m^3/d。

$$Q_{max} = \frac{330 \times 2.1}{24} = 28.88(m^3/h) = 8.02(L/s)$$

b. 集中流量计算

此段主管后两支管集中供水，集中流量由人数统计得出。一根支管供田益村，集中流量为2.51 L/s；一根支管供宜丰村和苦口村，集中流量为5.51 L/s。

c. 节点流量 q_i 计算

节点流量按下式计算：

$$q_i = 0.5q_l$$

式中　q_i——节点流量，L/s；

q_l——两节点之间的沿线流量，L/s。

计算结果见表15-4。

表15-4　各节点流量

节点	节点流量	集中流量(L/s)	节点流量(L/s)
1			
2		2.51	2.51
3		5.51	5.51
合计			8.02

d. 干管线、支管线计算

根据地形和用水量情况，控制点选取节点3，控制点地面高程为270.0 m，干线定为0－1－3。配水管网管材采用硬聚氯乙烯(PVC－U)给水管，沿程水头损失由下式计算：

$$h_l = iL$$

式中　h_l——沿程水头损失，m；

L——计算管段的长度，m；

i——单位管长水头损失,m/m。

对聚氯乙烯(PVC - U)给水管,可按下式计算:

$$i = 0.000\ 915 Q^{1.774} / d^{4.774}$$

式中　Q——管段流量,m^3/s;

d——管道内径,m。

输水管和配水管网的局部水头损失可按沿程水头损失的 10% 计算。

水力计算结果见表 15-5。

表 15-5　水力计算结果

管段	长度(m)	流量(L/s)	管径(mm)	水头损失(m)
0 - 1	460	8.02	110	4.45
1 - 2	1 600	2.51	65	28.97
1 - 3	2 000	5.51	90	26.14

根据表 15-5 和实际地形条件,选取节点 3 为控制点,反推高位水池底板高程为:

$$H_{池} = H_{23} + H_{自} + \sum h = 270 + 20 + (26.14 + 4.45) = 320.59(m)$$

式中　$H_{池}$——高位水池底板高程,m;

H_{23}——控制点地面高程,为 270 m;

$H_{自}$——自由水压,为 20 m;

$\sum h$——水头损失,m。

供水区域内各控制点自由水压计算见表 15-6。

表 15-6　各控制点自由水压计算　(单位:m)

节点	地面标高	水压标高	自由水压
0	322	325.00	3.00
1	280	317.55	37.55
2	260	288.58	28.58
3	270	291.41	21.41

由供水区域内各控制点的自由水压可以看出,所选高位水池的自由水压完全可以满足本工程的供水水压。对于自由水压超过 40 m 的供水支管设置减压阀,使其自由水压小于 40 m;对于自由水压超过 40 m 的主管采用公称压力为 1.0 MPa 的管材。

配水干管、支管管径选择及水压计算见表 15-7。

2)石口管线设计

a. 最高日最高时设计流量计算

根据表 15-2,石口镇供水量为 1 670 m^3/d。

表 15-7 配水干管、支管管径选择及水压计算

管段	长度(m)	管径(mm)	自由水压(m)	公称压力(MPa)
0-1	460	110	37.55	0.80
1-2	1 600	63	28.58	0.60
1-3	2 000	90	21.41	0.60

b. 集中流量计算

此段管线沿线没有供水,全为支管集中供水,集中流量见表 15-8。

表 15-8 各节点流量计算

节点	节点流量	集中流量(L/s)	节点流量(L/s)
5		1.87	1.87
7		8.76	8.76
9		4.10	4.10
12		11.76	11.76
13		2.62	2.62
15		6.19	6.19
16		5.29	5.29
合计		40.59	40.59

c. 节点流量 q_i 计算

节点流量按下式计算:

$$q_i = 0.5q_l$$

式中 q_i——节点流量,L/s;

q_l——两节点之间的沿线流量,L/s。

无沿线流量的不能按此计算,计算结果见表 15-8。

d. 干管线、支管线计算

根据地形和用水量情况,控制点选取节点 13,控制点地面高程为 240.0 m,干管线定为 0-4-6-8-10-11-13。配水管网管材采用硬聚氯乙烯(PVC-U)给水管,沿程水头损失由下式计算:

$$h_l = iL$$

式中 h_l——沿程水头损失,m;

L——计算管段的长度,m;

i——单位管长水头损失,m/m。

对聚氯乙烯(PVC-U)给水管,可按下式计算:

$$i = 0.000\ 915 Q^{1.774} / d^{4.774}$$

式中　Q——管段流量,m^3/s;

d——管道内径,m。

输水管和配水管网的局部水头损失可按沿程水头损失的 10% 计算。

水力计算结果见表 15-9,供水区域内各控制点自由水压计算见表 15-10,配水干管、支管管径选择见表 15-11,配水管网计算见图 15-2。

表 15-9　水力计算结果

管段	长度(m)	流量(L/s)	管径(mm)	水头损失(m)
0 - 4	754	40.59	250	2.57
4 - 5	152	1.87	63	1.63
4 - 6	885	38.72	250	2.78
6 - 7	672	8.76	125	4.15
6 - 8	1 518	29.96	225	5.01
8 - 9	150	4.10	90	1.16
8 - 10	1 700	25.86	200	7.59
10 - 11	415	14.38	160	1.90
11 - 13	1 157	2.62	63	22.60
11 - 12	512	11.76	160	1.64
10 - 14	1 427	11.48	160	4.37
14 - 15	254	6.19	110	1.55
14 - 16	400	5.29	90	4.86

根据表 15-9 和实际地形条件,选取节点 13 为控制点,反推高位水池底板高程为:

$$\begin{aligned} H_{池} &= H_{23} + H_{自} + \sum h \\ &= 240 + 20 + (22.60 + 1.90 + 7.59 + 5.01 + 2.78 + 2.57) \\ &= 302.45(\text{m}) \end{aligned}$$

式中　$H_{池}$——高位水池底板高程,m;

H_{23}——控制点地面高程,为 240 m;

$H_{自}$——自由水压,为 20 m;

$\sum h$——水头损失,m。

表 15-10　供水区域内各控制点自由水压计算　（单位:m）

节点	地面标高	水压标高	自由水压
0	322	325.00	3.00
4	295	319.43	24.43
5	295	317.80	22.80
6	290	316.65	26.65
7	240	312.50	72.50
8	280	311.64	31.64
9	270	310.48	40.48
10	240	304.05	64.05
11	240	302.15	62.15
12	240	300.51	60.51
13	240	279.55	39.55
14	270	299.68	29.68
15	270	298.13	28.13
16	270	294.82	24.82

表 15-11　配水干管、支管管径选择

管段	长度(m)	管径(mm)	自由水压(m)	公称压力(MPa)	备注
0－4	754	250	21.74	0.60	
4－5	152	63	30.14	0.60	
4－6	885	250	27.51	0.60	
6－7	672	125	71.88	1.00	减压阀
6－8	1 518	225	32.76	0.60	
8－9	150	90	50.85	1.00	减压阀
8－10	1 700	200	75.25	1.00	
10－11	415	160	83.62	1.00	
11－13	1 157	63	59.98	0.60	
11－12	512	160	47.95	1.00	减压阀
10－14	1 427	160	61.49	0.60	
14－15	254	110	26.24	0.60	
14－16	400	90	27.92	0.60	

由供水区域内各控制点的自由水压可以看出,所选高位水池的自由水压完全可以满足本工程的供水水压。7、9、12 三个集中供水点的自由水压超过 40 m,对三个供水区设置减压阀,使其自由水压小于 40 m;10、11 两点自由水压超过 40 m,但这是中间点,不供水,因此不设置减压阀,自由水压超过 40 m 的主管采用公称压力 1.0 MPa 的管材。

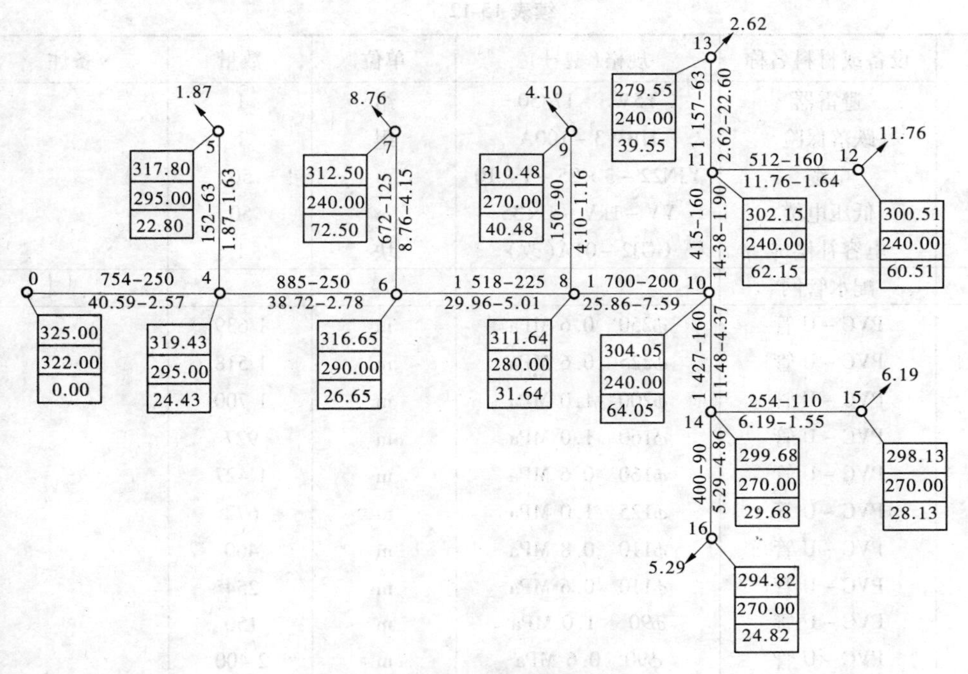

图 15-2 配水管网计算

本工程主要设备材料清单如表 15-12 所示。

表 15-12 主要设备材料清单

序号	设备或材料名称	规格(型号)	单位	数量	备注
一	取水工程				
1	闸阀	Z45T－10	只	4	DN250
2	法兰钢管	壁厚 4 mm	m	200	DN250
3	90°弯头	钢管	只	7	
4	异径三通	ϕ130×250	个	1	
5	异径三通	ϕ200×250	个	1	
6	给水 PVC－U 管	ϕ250 0.80 MPa	m	3 050	
二	净水厂				
(一)	过滤净化设备				
1	管式静态混合器	DN250	个	2	
2	加药设备	SS－500	台	2	
3	压力过滤器	SS－60	台	2	
4	其他弯头等配件		个	50	现场确定
5	排水管	ϕ300	m	200	
6	不锈钢球形水箱	LSS－10	个	1	
7	螺翼式水表	LSS－200	个	1	
8	消火栓		个	2	
9	1.1 kW 潜水泵		台	1	
(二)	电气设备				
1	变压器	S11－45/10	台	1	

续表 15-12

序号	设备或材料名称	规格(型号)	单位	数量	备注
2	避雷器	Y5WS - 17/50	组	1	
3	跌落保险	HRW3 - 100A	组	1	
4	电缆	YJN22 - 3 × 25 + 1 × 10	m	50	
5	低压电缆	VV - 1kV - 4 × 35	m	50	
6	电容补偿屏	GGJ2 - 01A(改)	块	1	
三	配水管网				
1	PVC - U 管	ϕ250　0.6 MPa	m	1 639	
2	PVC - U 管	ϕ225　0.6 MPa	m	1 518	
3	PVC - U 管	ϕ200　1.0 MPa	m	1 700	
4	PVC - U 管	ϕ160　1.0 MPa	m	927	
5	PVC - U 管	ϕ160　0.6 MPa	m	1 427	
6	PVC - U 管	ϕ125　1.0 MPa	m	672	
7	PVC - U 管	ϕ110　0.8 MPa	m	460	
8	PVC - U 管	ϕ110　0.6 MPa	m	254	
9	PVC - U 管	ϕ90　1.0 MPa	m	150	
10	PVC - U 管	ϕ90　0.6 MPa	m	2 400	
11	PVC - U 管	ϕ63　0.6 MPa	m	2 909	
12	PVC - U 管	ϕ110　1.0 MPa	m	2 720	红日原水管
13	阀门井		个	20	
14	闸阀	DN250　1.25 MPa	个	3	
15	闸阀	DN225　1.25 MPa	个	1	
16	闸阀	DN200　1.25 MPa	个	1	
17	闸阀	DN160　1.25 MPa	个	3	
18	闸阀	DN125　1.25 MPa	个	2	
19	闸阀	DN110　1.25 MPa	个	3	
20	闸阀	DN90　1.25 MPa	个	4	
21	闸阀	DN63　1.25 MPa	个	4	
22	闸阀	≤DN32　1.00 MPa	个	400	接入户管
23	三通	ϕ250 × 63	个	1	
24	三通	ϕ250 × 125	个	2	
25	三通	ϕ110 × 90	个	1	
26	三通	ϕ110 × 32	个	1	
27	异径三通	ϕ250 × 225 × 90	个	1	
28	异径三通	ϕ225 × 200 × 90	个	1	
29	异径三通	ϕ200 × 160 × 90	个	1	
30	异径三通	ϕ110 × 90 × 40	个	1	
31	异径三通	ϕ90 × 75 × 32	个	1	
32	异径三通	ϕ75 × 63 × 32	个	2	
33	先导式减压稳压阀	DN160	个	2	

续表 15-12

序号	设备或材料名称	规格(型号)	单位	数量	备注
34	先导式减压稳压阀	DN125	个	2	
35	先导式减压稳压阀	DN90	个	2	
36	排泥阀		个	10	
37	排气阀		个	10	
38	泄水阀		个	10	
39	螺翼式水表	LXS－200	个	10	

15.4 人员编制

本工程由市水利局和镇政府筹资兴建,水厂与一般赢利企业有所不同,属于市政基础设施工程,具有很强的公益性质,根据这一特性,为有利于工程的持续运行和水资源的统一管理,成立恩惠供水有限公司。公司实行定编、定岗、定人,由某市水利局兼管,在保证安全供水的前提下,给予公司自主经营权,实行自负盈亏。

水厂的人员组成由水利局和镇水利站抽调,工作人员的工资福利收入由镇财政保障,水厂以目标形式核定全年收支任务,水费按一定比例返还水厂作为运行成本,为调动工作积极性,任务外的超收部分由水利局、镇财政和公司分成。

参照《村镇供水工程设计规范》及《村镇供水站定岗标准》,并结合工艺要求,某市恩惠供水有限公司需生产及管理人员共11 人,岗位设置为:单位负责岗位,财务科长岗位,出纳岗位,机电设备与仪器仪表运行及维修岗位,制水岗位,水质监测岗位,计量抄表岗位,水费计收岗位,安装维修负责岗位,建筑物,管道与水表安装维修岗位另需辅助类1人。共配备12 人业务相容的岗位可合并,也可一人多岗,但会计与出纳、抄表与收费不得兼岗。岗位人数见表15-13。

表 15-13 岗位人数

岗位类别	岗位名称	定员人数	备注
单位负责类	站长	1	兼安全生产管理
财务与资产管理类	财务科长	1	兼会计、成本及水价管理
	出纳	1	兼物资管理
运行类	机电设备与仪器仪表运行及维修	1	兼机电、自动化技术管理
	制水	1	
计量监测类	水质监测	1	兼计量监测
	计量抄表	1	
	水费计收	1	
安装维修类	安装维修负责	1	兼管网及供水巡查、用户服务
	建筑物、管道与水表安装维修	2	
辅助类		1	
合 计		12	

15.5　工程概算

15.5.1　工程概况

恩惠供水工程位于距县城 20 km 的恩惠镇区和石口镇区，供水工程供水规模为近期 3 000 m^3/d（包括向旭日水厂供原水 1 000 m^3/d）（2010 年），远期 3 800 m^3/d（2020 年）。本次供水工程设计从某中型水库取水，解决恩惠镇 3 个行政村和石口镇 14 个行政村总计 24 694 人的饮水问题，净水厂设置在离水源较近位置相对较高的恩惠镇田益村，最后通过配水管网输送给用户。

该工程主体建筑工程量为土方开挖 36 455.0 m^3，土方回填 21 019.0 m^3，石方开挖 507.0 m^3，混凝土及钢筋混凝土 768.7 m^3，钢筋制作安装 14.6 t，浆砌块石 2 865.5 m^3。

该工程主要材料用量为水泥 535.10 t，钢筋 14.89 t，板枋材 86.11 m^3，河砂 8 812.20 m^3，碎石 825.19 m^3，块石 3 135.55 m^3。

该工程计划工期 12 个月，施工总工日 4.42 万个。

15.5.2　投资主要指标

工程总投资　739.33 万元
工程静态总投资　739.33 万元
基本预备费　35.21 万元
价差预备费　0
预备费占总投资百分比　4.76%

15.5.3　资金筹措方案

本工程总投资 739.33 万元。

其中：国家投资（饮水安全工程）　204.06 万元
省配套资金　68.02 万元
市配套资金　68.02 万元
县配套资金　68.02 万元
自筹资金　331.21 万元

（其中自筹资金 331.21 万元通过初装费收取和投劳投工保证，该市水利局和镇财政局各筹集 50 万元）。

该工程总概算见表 15-14，工程效益费用流量见表 15-15，国民经济评价指标见表 15-16。

表 15-14　**总概算**　(单位:万元)

编号	工程或费用名称	建安工程费	设备购置费	其他费用	合计	占一至四部分投资(%)
	第一部分　建筑工程	283.65			283.65	40.29
一	取水头部工程	2.57			2.57	
二	原水管工程	40.72			40.72	
三	净水厂工程	90.41			90.41	
四	配水管网	140.95			140.95	
五	水土保持及环境保护工程	9.00			9.00	
	第二部分　机电设备及安装工程	20.41	300.07		320.48	45.51
一	取水头部	0.71	9.50		10.21	
二	原水管工程	3.99	97.97		101.96	
三	净水厂工程	3.39	47.68		51.07	
四	配水管网工程	7.64	131.11		138.75	
五	变配电工程	4.68	13.81		18.49	
	第三部分　临时工程	14.74			14.74	2.09
一	临时房屋建筑	2.11			2.11	
二	施工围堰工程	0.55			0.55	
三	其他临时工程	12.08			12.08	
	第四部分　其他费用			85.27	85.27	12.11
一	建设管理费			48.69	48.69	
二	勘测设计费			32.00	32.00	
三	其他费用			4.58	4.58	
	第一至四部分合计				704.14	100.00
	基本预备费				35.21	
	价差预备费				0.00	
	静态总投资				739.33	
	总投资				739.33	

表 15-15　工程效益费用流量　（单位:万元）

序号	项目	年份							
		建设期	运行期						
		1	2	3	4	…	14	15	16
1	效益流量 B	0	132.14	132.14	132.14	…	132.14	132.14	163.97
1.1	项目各项功能的效益	0	132.14	132.14	132.14	…	132.14	132.14	132.14
1.1.1	售水效益		82.75	82.75	82.75	…	82.75	82.75	82.75
1.1.2	减少医药支出		49.39	49.39	49.39	…	49.39	49.39	49.39
1.2	回收固定资产余值					…			29.57
1.3	回收流动资金					…			2.26
2	费用流量 C	665.40	24.84	22.58	22.58	…	22.58	22.58	22.58
2.1	固定资产投资	665.40				…			
2.2	流动资金		2.26			…			
2.3	年运行费用		22.58	22.58	22.58	…	22.58	22.58	22.58
3	净效益流量	-665.40	107.30	109.56	109.56	…	109.56	109.56	141.39

表 15-16　国民经济评价指标

社会折现率 i_s	经济评价指标		
	经济内部收益率 *EIRR*(%)	经济净现值 *ENPV*(万元)	经济效益费用比 *EBCR*
$i_s=12\%$	16.32	75.54	1.10

第 16 章　集中供水实例(二)

16.1　工程概况

湖南省某镇供水工程是隶属县水利局、县某镇、县自来水公司三家参股的县给水有限公司。当地共有 6 个行政村,当地总人口 2.20 万人,其中农业人口 2.10 万人。当地上年工农业总产值 23 000 万元,其中农业 17 000 万元,工业产值 6 000 万元,农民人均收入 3 200元。

供水的区域包括 1 个镇(4 个行政村),现有人口 4 225 人,设计供水人口 4 597 人。人口分布统计见表 16-1。

表 16-1　人口分布统计

乡镇名称	村名	现状人口(人)	设计人口(人)
县某镇	东村	620	693
	西村	500	567
	南村	335	395
	孙家村	2 770	2 942
合计	4	4 225	4 597

16.2　设计用水量

根据对该镇给水工程供水范围内用户的实地考察及测量,并根据村民生活习惯与用水状况,结合本地经济发展状况,确定有关用水参数。其主要参数如下。

16.2.1　设计年限

结合当地发展情况确定,给水工程设计年限为 15 年,即为 2020 年标准年。

16.2.2　设计人口及用水量计算

设计用水居民人数:

$$P = P_0(1+\gamma)^n + P_1 = 4\ 225 \times (1+0.003)^{15} + 178 = 4\ 597(\text{人})$$

式中　P_0——供水范围内的现状常住人口数,其中包括无当地户籍的常住人口;

P_1——设计年限内人口的机械增长总数,取 178 人,可根据各村镇的人口规划以及近年来流动人口和户籍迁移人口的变化情况,按平均增长法确定;

γ——设计年限内人口的自然增长率，取 0.003，可根据当地近年来的人口自然增长率确定；

n——工程设计年限，取 15 年。

16.2.2.1　居民生活用水量

居民生活用水量：

$$W = Pq / 1\,000 = 4\,597 \times 120.00 / 1\,000 = 551.64 (\text{m}^3/\text{d})$$

式中　P—— 设计用水居民人数，人；

q——最高日居民生活用水定额，本工程所在地为湖南西部山区以外地区，设计用水条件为全日供水，户内有洗涤池和部分其他卫生设施，根据《村镇供水工程技术规范》（SL310—2004）中表 3.1.2 规定的最高日居民生活用水定额取值范围为 90.0 ~ 140.0 L/（人 · d），结合当地具体情况，最后取值 120.00 L/（人 · d）。

16.2.2.2　公共建筑用水量

由于有详细的资料，按《建筑给水排水设计规范》（GBJ15—88—1997）确定公共建筑用水定额；条件一般或较差的村镇，可根据具体情况对公共建筑用水定额适当折减。

该镇公共建筑用水统计见表 16-2。

表 16-2　公共建筑用水统计

建筑类别	个数	建筑用水定额（m^3/d）	建筑用水量（m^3/d）
佳木公司	1	1 500.00	1 500.00
田心山庄	1	200.00	200.00
和谐山庄	1	450.00	450.00
合计			2 150.00

16.2.2.3　饲养畜禽用水量

计算方法如下：

某类型畜禽用水量 = 该类型畜禽用水定额 × 该类型畜禽数量 × 放养折算比例

饲养畜禽用水量 = 各类型畜禽用水量之和

集体或专业户饲养畜禽日最高用水量，应根据畜禽饲养方式、种类、数量、用水现状和近期发展计划确定。

（1）圈养时，饲养畜禽用水定额可按表 16-3 选取。

表 16-3　饲养畜禽日最高用水量定额　　（单位：L/（头 · d）或 L/（只 · d））

畜禽类别	用水定额	畜禽类别	用水定额	畜禽类别	用水定额
马	40 ~ 50	育成牛	50 ~ 60	育肥猪	30 ~ 40
骡	40 ~ 50	奶牛	70 ~ 120	羊	5 ~ 10
驴	40 ~ 50	母猪	60 ~ 90	鸡	0.5 ~ 1.0

(2)放养畜禽时,应根据用水现状对按定额计算的用水量适当折减10%。

(3)有独立水源的饲养场可不考虑此项。根据当地实际情况取定额,并计算,计算结果见表16-4。

表16-4 饲养畜禽日最高用水量

畜禽类别	头(只)数	定额(L/(头·d)或L/(只·d))	设计用水量(m^3/d)
育肥猪	850	30.00	2.55
鸡	500	0.50	0.25
合计			2.80

16.2.2.4 工矿企业用水量

企业日用水量应根据以下要求确定:

(1)企业生产用水量应根据企业类型、规模、生产工艺、用水现状、近期发展计划和当地的生产用水定额标准确定。企业内部工作人员的生活用水量,应根据车间性质确定,无淋浴的可为20~35 L/(人·班);有淋浴的可根据具体情况确定,淋浴用水定额可为40~60 L/(人·班)。

(2)对耗水量大、水质要求低或远离居民区的企业,是否将其列入供水范围应根据水源充沛程度、经济比较和水资源管理要求等确定。

(3)确定工矿企业用水量,由于镇产业主要为疗养业,工矿企业少而小,同时用水都有自供系统,故可不考虑企业用水,即工矿企业用水按零计。

16.2.2.5 消防用水量

消防用水量应按照《建筑设计防火规范》(GBJ16—87)和《村镇建筑设计防火规范》(GBJ39—90)的有关规定确定。允许短时间段供水的村镇,当上述用水量之和高于消防用水量时,确定供水规模可不单列消防用水量。最终确定消防用水量为零。

16.2.2.6 浇洒道路和绿地用水量

浇洒道路和绿地用水量,经济条件好或规模较大的镇可根据需要适当考虑,其余镇、村可不计此项。因此,确定浇洒道路和绿地用水量为零。

16.2.2.7 管网漏失水量与其他未预见水量

管网漏失水量和未预见水量之和,宜按上述用水量之和的10%~25%取值,村庄取较低值,规模较大的镇区取较高值。

结合当地发展情况,管网漏失水量和未预见水量之和按上述用水量之和的10%取值,为270.43 m^3/d。

16.2.2.8 供水规模

供水规模(即最高日供水量) = 居民生活用水量 + 公共建筑用水量 + 饲养畜禽用水量 + 企业用水量 + 消防用水量 + 浇洒道路和绿地用水量 + 管网漏失水量及其他未预见水量 = 2 974.76(m^3/d)。

16.2.2.9 人均综合用水量

人均综合用水量 = 供水规模 / 设计人口 = 0.65(m^3/(人·d))。

16.3　供水水质和水压

16.3.1　供水水质要求

该镇给水工程供水水质符合国家《生活饮用水卫生标准》(GB5749—2006)的要求。

16.3.2　供水水压要求

根据村镇供水现行规范要求，供水水压应满足配水管网中用户接管点的最小服务水头；设计时，很高或很远的个别用户所需的水压不宜作为控制条件，可采取局部加压或设集中供水点等措施满足其用水需要。

配水管网中用户接管点的最小服务水头，单层建筑物为 5 ~ 10 m，二层建筑物为 10 ~ 12 m，二层以上每增高一层增加 3.5 ~ 4.0 m；当用户高于接管点时，尚应加上用户与接管点的地形高差。

配水管网中，消火栓设置处的最小服务水头不应低于 10 m。用户水龙头的最大静水头不宜超过 40 m，超过时宜采取减压措施。

16.4　工程设计

16.4.1　给水系统设计

该镇给水工程取水头部位于朱家坝上游右岸 45 m，水厂的设计规模为 2 974.76 m^3/d。按照每天工作 24.00 h，$K_{日} = 1.30$，$K_{时} = 2.00$，进行供水工程设计。

16.4.2　净水工艺

由于地表水属Ⅰ类水质，采用直接过滤净化工艺。

直接过滤净化工艺流程见图 16-1。

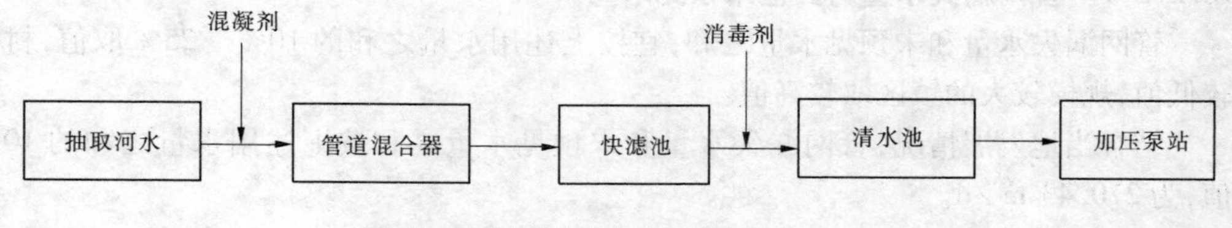

图 16-1　直接过滤净化工艺流程

16.4.3　工程内容

取水工程：包括取水头部、取水泵房。

输水工程：包括输水管道、桥、护坡。

净水工程：包括管道混合器、滤池、消毒系统、清水池等。

配水工程:包括加压泵房、配水干管、配水支管、计量装置等。

供电系统:包括变配电室、地下电缆等。

厂区基础设施:包括厂区给水系统,雨,污水系统,道路,照明,绿化,围墙,大门,场地平整等。

16.4.3.1　**确定取水量**

取水泵房设计流量除满足日供水量2 974.76 m^3/d 的要求,还应保证水厂的自用水量,水厂自用水量按5%考虑,故本工程设计取水量为3 123.50 m^3/d。

16.4.3.2　**取水构筑物**

取水位置选定于朱家坝上游右岸45 m。

由于水源属推移质不多的山丘区浅水河流,可采用低坝式取水,因此可以利用的坝型为取水拦河坝。由于取水量为2 974.76 m^3/d,属于小型水厂,且无木排和流冰的情况,因此取水头部采用工作桥形式伸于河中距岸边7.5 m。取水头部采用钢筋混凝土箱式取水头部。

16.4.3.3　**取水泵房**

因取水泵采用潜水泵,不需建取水泵房,本设计取水点位于坝上游靠右岸,距岸边7.5 m,有人行工作桥相连。设计取水管流速为0.8 m/s,取水管管径为300 mm。

16.4.3.4　**输水工程**

根据取水点至净水厂输水管道长度为3 390.00 m,输水管按最高日工作时用水量加上水厂自用水量,每天工作24 h,设计流量为36.15 L/s。采用聚乙烯管,根据经济流速0.8 m/s,管径选定为300 mm,管道水头损失为4.093 m。

(1)设计流量 Q(m^3/s)高日工作时取水量 =(供水规模 + 水厂自用水)/水厂工作时间。

(2)设计流速 v(m/s),取经济流速,可采用0.8 m/s。

(3)管道设计内径 d(m),应根据设计流量和设计流速确定;设置消火栓的管道内径不应小于100 mm。$d(\text{m}) = 2\sqrt{\dfrac{Q}{v\pi}}$。

(4)沿程水头损失,按下式计算:

$$h_1 = iL$$

式中　h_1——沿程水头损失,m;

L——计算管段的长度,m;

i——单位管长水头损失,m/m。

PVC - U、PE 等硬塑料管的单位管长水头损失计算:

$$i = 0.000\,915 Q^{1.774} / d^{4.774}$$

式中　Q——管段流量,m^3/s;

d——管道内径,m。

(5)局部水头损失,按其沿程水头损失的5%计算。

16.4.3.5　**净水工程**

地表水为Ⅰ类水质,采用直接过滤净化工艺。具体见图16-1。

16.4.3.6　配水工程

1）配水泵房

配水泵房，设计扬程 41.1 m，设计流量 34.4 L/s，进水管的流速 1.0 m/s，水泵出水管并联前的流速 1.5 m/s，泵房地面标高 104.95 m，人行道宽度 2.0 m，机组间隔 1.5 m，高压配电盘前的通道宽度 2.0 m，低压配电盘前的通道宽度 1.5 m，泵的个数 3，连接方式为并连，互为备用。

卧式管道泵型号：HQ80 - 200（Ⅰ），流量 Q 为 40 L/s，扬程 H 为 45 m，转速为 2 900.00 r/min，配电机功率 22.000 kW，配电机型号为 Y180M - 2，效率为 76%，吸程 5.800 m，叶轮直径 200.0 mm，质量 71.0 kg。

2）配水管网

配水管网采用树枝状布置，按照供水区域的分布情况，以及为售后维修安装方便，管线走向尽量沿桥、公路、沟渠、机耕路等，以最短的管线提供最大供水范围。配水量按最高日最高时用水量计算，$K_{时}=2.00$，干管管径按设计流量和经济流速确定；考虑消防用水要求，进入各村的干管管径不小于 50 mm，各进口处均设置一座闸阀、水表井。支管按设计流量和水头损失确定管径，管网最不利点自由水头不小于 17.20 m。供水到每一用户，每户设置一个水表，以便计量。

3）管网水力计算

树形管网计算：

$$设计流量\ Q_{配}=(供水规模-大用户用水量)\times 时变化系数/24\ h$$

$$人均配水当量\ q_0=Q_{配}/设计人口数$$

$$节点出流量\ Q_{节}=人均配水当量\ q_0\times 节点设计人口+大用户用水量$$

$$管段计算流量\ Q_{管}=其沿线出流量的50\%+其下游各管段沿线出流量$$

流速 v 为经济流速 0.8 m³/s；管径 $D = \sqrt{4Q\pi v}$；单位管长水头损失 $i=0.000\ 935\cdot Q^{1.774}/d^{4.774}$；管道水头损失 h = 沿程损失 + 水头损失 = $(1+0.1)i\times$ 管段长度，其中 0.1 为沿程损失率。

节点自由水头确定：村内平房自由水头 5～10 m，每增加一层，加 3.5 m；入村的干管末端自由水头 10～15 m；其他出水点，最高水头不宜超出 30 m 的保护水头。

确定各节点地面高程：根据地形图或实地测量结果，确定各节点地面高程，标在管网图上。

最不利点确定：最不利点为距离水厂最远的干管末端或相对较远的最高点。

确定各节点水压线标高：首先确定最不利点水压线标高 = 最不利点自由水头 + 最不利点地面高程。

计算原理：上游节点水压线标高 = 管道总水头损失 + 下游节点水压线标高。

从最不利点开始向上游推算，例如，最不利点水压线标高 + 管道总水头损失 = 最不利点上游点水压线标高。

高位水池的最低水位大于管网起点水压线标高 2 m。

附　录

附录1　生活饮用水水质卫生规范(2001)

1　范围

本规范规定了生活饮用水及其水源水水质卫生要求。

本规范适用于城市生活饮用集中式供水(包括自建集中式供水)及二次供水。

2　引用资料

生活饮用水检验规范(2001)

二次供水设施卫生规范(GB17051—1997)

WHO Guidelines for Drinking Water Quality,1993

WHO Guidelines for Drinking Water Quality,Addendum to Volume 2,1998

3　定义

3.1　生活饮用水 Drinking water

由集中式供水单位直接供给居民作为饮水和生活用水,该水的水质必须确保居民终生饮用安全。

3.2　城市 City

国家按行政建制设立的直辖市、市、镇。

3.3　集中式供水 Central water supply

由水源集中取水,经统一净化处理和消毒后,由输水管网送到用户的供水方式。

3.4　自建集中式供水 Self - built centralized water supply

除城建部门建设的各级自来水厂外,由各单位自建的集中式供水方式。

3.5　二次供水 Secondary water supply

用水单位将来自城市集中式供水系统的生活饮用水经贮存或再处理(如过滤、软化、矿化、消毒等)后,经管道输送给用户的供水方式。

4　生活饮用水水质卫生要求

4.1　生活饮用水水质应符合下列基本要求

4.1.1　水中不得含有病原微生物。

4.1.2　水中所含化学物质及放射性物质不得危害人体健康。

4.1.3　水的感官性状良好。

4.2　生活饮用水水质规定

4.2.1　生活饮用水水质常规检验项目

生活饮用水水质常规检验项目及限值见表1。

表 1　生活饮用水水质常规检验项目及限值

项　目	限　值
感官性状和一般化学指标	
色	色度不超过 15 度，并不得呈现其他异色
浑浊度	不超过 1 度（NTU）[①]，特殊情况下不超过 5 度（NTU）
臭和味	不得有异臭、异味
肉眼可见物	不得含有
pH	6.5 ~ 8.5
总硬度（以 $CaCO_3$ 计）	450 mg/L
铝	0.2 mg/L
铁	0.3 mg/L
锰	0.1 mg/L
铜	1.0 mg/L
锌	1.0 mg/L
挥发酚类（以苯酚计）	0.002 mg/L
阴离子合成洗涤剂	0.3 mg/L
硫酸盐	250 mg/L
氯化物	250 mg/L
溶解性总固体	1 000 mg/L
耗氧量（以 O_2 计）	3 mg/L，特殊情况下不得超过 5 mg/L[②]
毒理学指标	
砷	0.05 mg/L
镉	0.005 mg/L
铬（六价）	0.05 mg/L
氰化物	0.05 mg/L
氟化物	1.0 mg/L
铅	0.01 mg/L
汞	0.001 mg/L
硝酸盐（以 N 计）	20 mg/L
硒	0.01 mg/L
四氯化碳	0.002 mg/L
氯仿	0.06 mg/L

续表 1

项 目	限 值
细菌学指标	
细菌总数	100 CFU/mL③
总大肠菌群	每 100 mL 水样中不得检出
粪大肠菌群	每 100 mL 水样中不得检出
游离余氯	在与水接触 30 min 后应不低于 0.3 mg/L, 管网末梢水不应低于 0.05 mg/L(适用于加氯消毒)
放射性指标④	
总 α 放射性	0.5 Bq/L
总 β 放射性	1 Bq/L

注:①表中 NTU 为散射浊度单位。
②特殊情况下包括水源限制等情况。
③CFU 为菌落形成单位。
④放射性指标规定数值不是限值,而是参考水平。放射性指标超过表 1 中所规定的数值时,必须进行核素分析和评价,以决定能否饮用。

4.2.2 生活饮用水水质非常规检验项目

生活饮用水水质非常规检验项目及限值见表 2。

表 2 生活饮用水水质非常规检验项目及限值

项 目	限 值(mg/L)
感官性状和一般化学指标	
硫化物	0.02
钠	200
毒理学指标	
锑	0.005
钡	0.7
铍	0.002
硼	0.5
钼	0.07
镍	0.02
银	0.05
铊	0.000 1
二氯甲烷	0.02
1,2 - 二氯乙烷	0.03

续表 2

项 目	限 值(mg/L)
1,1,1-三氯乙烷	2
氯乙烯	0.005
1,1-二氯乙烯	0.03
1,2-二氯乙烯	0.05
三氯乙烯	0.07
四氯乙烯	0.04
苯	0.01
甲苯	0.7
二甲苯	0.5
乙苯	0.3
苯乙烯	0.02
苯并(a)芘	0.000 01
氯苯	0.3
1,2-二氯苯	1
1,4-二氯苯	0.3
三氯苯(总量)	0.02
邻苯二甲酸二(2-乙基己基)酯	0.008
丙烯酰胺	0.000 5
六氯丁二烯	0.000 6
微囊藻毒素-LR	0.001
甲草胺	0.02
灭草松	0.3
叶枯唑	0.5
百菌清	0.01
滴滴涕	0.001
溴氰菊酯	0.02
内吸磷	0.03(感官限值)
乐果	0.08(感官限值)
2,4—滴	0.03
七氯	0.000 4
七氯环氧化物	0.000 2

续表 2

项　目	限　值(mg/L)
六氯苯	0.001
六六六	0.005
林丹	0.002
马拉硫磷	0.25(感官限值)
对硫磷	0.003(感官限值)
甲基对硫磷	0.02(感官限值)
五氯酚	0.009
亚氯酸盐	0.2(适用于二氧化氯消毒)
一氯胺	3
2,4,6-三氯酚	0.2
甲醛	0.9
三卤甲烷①	该类化合物中每种化合物的实测浓度与其各自限值的比值之和不得超过 1
溴仿	0.1
二溴一氯甲烷	0.1
一溴二氯甲烷	0.06
二氯乙酸	0.05
三氯乙酸	0.1
三氯乙醛(水合氯醛)	0.01
氯化氰(以 CN^- 计)	0.07

注:①三卤甲烷包括氯仿、溴仿、二溴一氯甲烷和一溴二氯甲烷共四种化合物。

5　生活饮用水水源水质要求

5.1　作为生活饮用水水源的水质应符合下列要求。

5.1.1　只经过加氯消毒即供作生活饮用的水源水,每 100 mL 水样中总大肠菌群 MPN 值不应超过 200;经过净化处理及加氯消毒后供生活饮用的水源水,每 100 mL 水样中总大肠菌群 MPN 值不应超过 2 000。

5.1.2　必须按本规范第 4.2 节表 1 的规定,对水源水进行全部项目的测定和评价。

5.1.3　水源水的感官性状和一般化学指标经净化处理后,应符合本规范第 4.2 节表 1 的规定。

5.1.4　水源水的毒理学指标,必须符合本规范第 4.2 节表 1 的规定。

5.1.5　水源水的放射性指标,必须符合本规范第 4.2 节表 1 的规定。

5.1.6　当水源水中可能含有本规范第 4.2 节表 1 所列之外的有害物质时,应由当地卫生行政部门会同有关部门确定所需增加的检测项目,凡列入第 4.2 节表 2 及附录 A 中的有害物质限值,应符合其相应规定(感官性状和一般化学指标经净化处理后需符合相关规定)。在此列表之外的有害物质限值应由当地卫生行政部门另行确定。

5.1.7　水源水中耗氧量不应超过 4 mg/L;五日生化需氧量不应超过 3 mg/L。

5.1.8　饮水型氟中毒流行区应选用含氟化物量适宜的水源。当无合适的水源而不得不采用高氟化物的水源时,应采取除氟措施,降低饮用水中氟化物含量。

5.1.9　当水源水碘化物含量低于 10 μg/L 时,应根据具体情况,采取补碘措施,防止发生碘缺乏病。

5.2　当水质不符合第 5.1 节和附录 A 中的规定时,不宜作为生活饮用水水源。若限于条件需加以利用,应采用相应的净化工艺进行处理,处理后的水应符合规定,并取得卫生行政部门的批准。

6　水质监测

6.1　水质的检验方法应符合《生活饮用水检验规范》(2001)的规定。

6.2　集中式供水单位必须建立水质检验室,配备与供水规模和水质检验要求相适应的检验人员和仪器设备,并负责检验水源水、净化构筑物出水、出厂水和管网水的水质。

自建集中式供水及二次供水的水质也应定期检验。

6.3　采样点的选择和监测

检验生活饮用水的水质,应在水源、出厂水和居民经常用水点采样。

城市集中式供水管网水的水质检验采样点数,一般应按供水人口每两万人设一个采样点计算。供水人口超过一百万时,按上述比例计算出的采样点数可酌量减少。人口在二十万以下时,应酌量增加。在全部采样点中应有一定的点数,选在水质易受污染的地点和管网系统陈旧部分等处。

每一采样点,每月采样检验应不少于两次,细菌学指标、浑浊度和肉眼可见物为必检项目。其他指标可根据当地水质情况和需要选定。对水源水、出厂水和部分有代表性的管网末梢水至少每半年进行一次常规检验项目的全分析。对于非常规检验项目,可根据当地水质情况和存在问题,在必要时具体确定检验项目和频率。当检测指标超出本规范第 4.2 节中的规定时,应立即重复测定,并增加检测频率。连续超标时,应查明原因,并采取有效措施,防止对人体健康造成危害。在选择水源时或水源情况有改变时,应测定常规检测项目的全部指标。具体采样点的选择,应由供水单位与当地卫生监督机构根据本地区具体情况确定。

出厂水必须每天测定一次细菌总数、总大肠菌群、粪大肠菌群数、浑浊度和肉眼可见物,并适当增加游离余氯的测定频率。

自建集中式生活饮用水水质监测的采样点数、采样频率和检验项目,按上述规定执行。

6.4　选择水源时的水质鉴定,应检测本规范第 4.2 节表 1 中规定的项目及该水源可能受某种成分污染的有关项目。

6.5　卫生行政部门应对水源水、出厂水和居民经常用水点进行定期监测,并应作出水质评价。

7　本规范由卫生部负责解释。

8　本规范自二〇〇一年九月一日起施行。

附录A　饮用水源水中有害物质的限值

项　目	限　值(mg/L)
乙腈	5.0
丙烯腈	2.0
乙醛	0.05
三氯乙醛	0.01
甲醛	0.9
丙烯醛	0.1
二氯甲烷	0.02
1,2－二氯乙烷	0.03
环氧氯丙烷	0.02
二硫化碳	2.0
苯	0.01
甲苯	0.7
二甲苯	0.5
乙苯	0.3
氯苯	0.3
1,2－二氯苯	1
二硝基苯	0.5
硝基氯苯	0.05
二硝基氯苯	0.5
三氯苯	0.02
三硝基甲苯	0.5
四氯苯	0.02
六氯苯	0.05
异丙苯	0.25
苯乙烯	0.02
苯胺	0.1
三乙胺	3.0
己内酰胺	3.0
丙烯酰胺	0.000 5
氯乙烯	0.005
三氯乙烯	0.07
四氯乙烯	0.04
邻苯二甲酸二(2－乙基己基)酯	0.008
氯丁二烯	0.002

续附录 A

项　目	限　值(mg/L)
水合肼	0.01
四乙基铅	0.000 1
石油(包括煤油、汽油)	0.3
吡啶	0.2
松节油	0.2
苦味酸	0.5
丁基黄原酸	0.005
活性炭	0.01
硫化物	0.02
黄磷	0.003
钼	0.07
钴	1.0
铍	0.002
硼	0.5
锑	0.005
镍	0.02
钡	0.7
钒	0.05
钛	0.1
铊	0.000 1
马拉硫磷(4049)	0.25
内吸磷(E059)	0.03
甲基对硫磷(甲基 E605)	0.02
对硫磷(E605)	0.003
乐果	0.08
林丹	0.002
百菌清	0.01
甲萘威	0.05
溴氰菊酯	0.02
叶枯唑	0.5

附录2　生活饮用水卫生标准(GB5749—2006)

1　范围

本标准规定了生活饮用水水质卫生要求、生活饮用水水源水质卫生要求、集中式供水单位卫生要求、二次供水卫生要求、涉及生活饮用水卫生安全产品卫生要求、水质监测和水质检验方法。

本标准适用于城乡各类集中式供水的生活饮用水,也适用于分散式供水的生活饮用水。

2　规范性引用文件

下列文件中的条款通过本标准的引用而成为本标准的条款。凡是标注日期的引用文件,其随后所有的修改(不包括勘误内容)或修订版均不适用于本标准,然而,鼓励根据本标准达成协议的各方研究是否可使用这些文件的最新版本。凡是不注明日期的引用文件,其最新版本适用于本标准。

GB3838　地表水环境质量标准

GB/T5750　生活饮用水标准检验方法

GB/T14848　地下水质量标准

GB 17051　二次供水设施卫生规范

GB/T17218　饮用水化学处理剂卫生安全性评价

GB/T17219　生活饮用水输配水设备及防护材料的安全性评价标准

CJ/T206　城市供水水质标准

SL308　村镇供水单位资质标准

卫生部生活饮用水集中式供水单位卫生规范

3　术语和定义

下列术语和定义适用于本标准。

3.1　生活饮用水 Drinking water

供人生活的饮水和生活用水。

3.2　供水方式 Type of water supply

3.2.1　集中式供水 Central water supply

自水源集中取水,通过输配水管网送到用户或者公共取水点的供水方式,包括自建设施供水。为用户提供日常饮用水的供水站和为公共场所、居民社区提供的分质供水也属于集中式供水。

3.2.2　二次供水 Secondary water supply

集中式供水在入户之前经再度储存、加压和消毒或深度处理,通过管道或容器输送给用户的供水方式。

3.2.3　农村小型集中式供水 Small central water supply for rural areas

日供水在1 000 m^3 以下(或供水人口在1万人以下)的农村集中式供水。

3.2.4　分散式供水 Non－central water supply

用户直接从水源取水,未经任何设施或仅有简易设施的供水方式。

3.3　常规指标 Regular indices

能反映生活饮用水水质基本状况的水质指标。

3.4　非常规指标 Non - regular indices

根据地区、时间或特殊情况需要的生活饮用水水质指标。

4　生活饮用水水质卫生要求

4.1　生活饮用水水质应符合下列基本要求,保证用户饮用安全。

4.1.1　生活饮用水中不得含有病原微生物。

4.1.2　生活饮用水中化学物质不得危害人体健康。

4.1.3　生活饮用水中放射性物质不得危害人体健康。

4.1.4　生活饮用水的感官性状良好。

4.1.5　生活饮用水应经消毒处理。

4.1.6　生活饮用水水质应符合表1和表3的卫生要求。集中式供水出厂水中消毒剂限值、出厂水和管网末梢水中消毒剂余量均应符合表2的要求。

4.1.7　农村小型集中式供水和分散式供水的水质因条件限制,部分指标可暂按照表4执行,其余指标仍按表1、表2和表3执行。

4.1.8　当发生影响水质的突发性公共事件时,经市级以上人民政府批准,感官性状和一般化学指标可适当放宽。

4.1.9　当饮用水中含有附录A表A.1所列指标时,可参考此表限值评价。

表1　水质常规指标及限值

指　标	限　值
1.微生物指标①	
总大肠菌群(MPN/100 mL或CFU/100 mL)	不得检出
耐热大肠菌群(MPN/100 mL或CFU/100 mL)	不得检出
大肠埃希氏菌(MPN/100 mL或CFU/100 mL)	不得检出
菌落总数(CFU/mL)	100
2.毒理学指标	
砷(mg/L)	0.01
镉(mg/L)	0.005
铬(六价,mg/L)	0.05
铅(mg/L)	0.01
汞(mg/L)	0.001
硒(mg/L)	0.01
氰化物(mg/L)	0.05

续表 1

指　标	限　值
氟化物(mg/L)	1.0
硝酸盐(以 N 计,mg/L)	10 地下水源限制时为 20
三氯甲烷(mg/L)	0.06
四氯化碳(mg/L)	0.002
溴酸盐(使用臭氧时,mg/L)	0.01
甲醛(使用臭氧时,mg/L)	0.9
亚氯酸盐(使用二氧化氯消毒时,mg/L)	0.7
氯酸盐(使用复合二氧化氯消毒时,mg/L)	0.7
3. 感官性状和一般化学指标	
色度(铂钴色度单位)	15
浑浊度(NTU——散射浊度单位)	1 水源与净水技术条件限制时为 3
臭和味	无异臭、异味
肉眼可见物	无
pH (pH 单位)	不小于 6.5 且不大于 8.5
铝(mg/L)	0.2
铁(mg/L)	0.3
锰(mg/L)	0.1
铜(mg/L)	1.0
锌(mg/L)	1.0
氯化物(mg/L)	250
硫酸盐(mg/L)	250
溶解性总固体(mg/L)	1 000
总硬度(以 $CaCO_3$ 计,mg/L)	450
耗氧量(COD_{Mn}法,以 O_2 计,mg/L)	3 水源限制,原水耗氧量 >6 mg/L 时为 5
挥发酚类(以苯酚计,mg/L)	0.002
阴离子合成洗涤剂(mg/L)	0.3
4. 放射性指标②	指导值
总 α 放射性(Bq/L)	0.5
总 β 放射性(Bq/L)	1

注:①MPN 表示最可能数;CFU 表示菌落形成单位。当水样检出总大肠菌群时,应进一步检验大肠埃希氏菌或耐热大肠菌群;若水样未检出总大肠菌群,不必检验大肠埃希氏菌或耐热大肠菌群。

②若放射性指标超过指导值,应进行核素分析和评价,判定能否饮用。

表2　饮用水中消毒剂常规指标及要求

消毒剂名称	与水接触时间	出厂水中限值	出厂水中余量	管网末梢水中余量
氯气及游离氯制剂(游离氯,mg/L)	至少30 min	4	≥0.3	≥0.05
一氯胺(总氯,mg/L)	至少120 min	3	≥0.5	≥0.05
臭氧(O_3,mg/L)	至少12 min	0.3		0.02 如加氯, 总氯≥0.05
二氧化氯(ClO_2,mg/L)	至少30 min	0.8	≥0.1	≥0.02

表3　水质非常规指标及限值

指　标	限　值
1. 微生物指标	
贾第鞭毛虫(个/10 L)	<1
隐孢子虫(个/10 L)	<1
2. 毒理学指标	
锑(mg/L)	0.005
钡(mg/L)	0.7
铍(mg/L)	0.002
硼(mg/L)	0.5
钼(mg/L)	0.07
镍(mg/L)	0.02
银(mg/L)	0.05
铊(mg/L)	0.000 1
氯化氰(以 CN^- 计,mg/L)	0.07
一氯二溴甲烷(mg/L)	0.1
二氯一溴甲烷(mg/L)	0.06
二氯乙酸(mg/L)	0.05
1,2-二氯乙烷(mg/L)	0.03
二氯甲烷(mg/L)	0.02
三卤甲烷(三氯甲烷、一氯二溴甲烷、二氯一溴甲烷、三溴甲烷的总和)	该类化合物中各种化合物的实测浓度与其各自限值的比值之和不超过1
1,1,1-三氯乙烷(mg/L)	2
三氯乙酸(mg/L)	0.1

续表3

指 标	限 值
三氯乙醛(mg/L)	0.01
2,4,6-三氯酚(mg/L)	0.2
三溴甲烷(mg/L)	0.1
七氯(mg/L)	0.000 4
马拉硫磷(mg/L)	0.25
五氯酚(mg/L)	0.009
六六六(总量,mg/L)	0.005
六氯苯(mg/L)	0.001
乐果(mg/L)	0.08
对硫磷(mg/L)	0.003
灭草松(mg/L)	0.3
甲基对硫磷(mg/L)	0.02
百菌清(mg/L)	0.01
呋喃丹(mg/L)	0.007
林丹(mg/L)	0.002
毒死蜱(mg/L)	0.03
草甘膦(mg/L)	0.7
敌敌畏(mg/L)	0.001
莠去津(mg/L)	0.002
溴氰菊酯(mg/L)	0.02
2,4-滴(mg/L)	0.03
滴滴涕(mg/L)	0.001
乙苯(mg/L)	0.3
二甲苯(mg/L)	0.5
1,1-二氯乙烯(mg/L)	0.03
1,2-二氯乙烯(mg/L)	0.05
1,2-二氯苯(mg/L)	1
1,4-二氯苯(mg/L)	0.3
三氯乙烯(mg/L)	0.07
三氯苯(总量,mg/L)	0.02
六氯丁二烯(mg/L)	0.000 6
丙烯酰胺(mg/L)	0.000 5
四氯乙烯(mg/L)	0.04
甲苯(mg/L)	0.7

续表 3

指　标	限　值
邻苯二甲酸二(2-乙基己基)酯(mg/L)	0.008
环氧氯丙烷(mg/L)	0.000 4
苯(mg/L)	0.01
苯乙烯(mg/L)	0.02
苯并(a)芘(mg/L)	0.000 01
氯乙烯(mg/L)	0.005
氯苯(mg/L)	0.3
微囊藻毒素-LR(mg/L)	0.001
3.感官性状和一般化学指标	
氨氮(以N计,mg/L)	0.5
硫化物(mg/L)	0.02
钠(mg/L)	200

表 4　农村小型集中式供水和分散式供水部分水质指标及限值

指　标	限　值
1.微生物指标	
菌落总数(CFU/mL)	500
2.毒理指标	
砷(mg/L)	0.05
氟化物(mg/L)	1.2
硝酸盐(以N计,mg/L)	20
3.感官性状和一般化学指标	
色度(铂钴色度单位)	20
浑浊度(NTU——散射浊度单位)	3 水源与净水技术条件限制时为5
pH(pH单位)	不小于6.5且不大于9.5
溶解性总固体(mg/L)	1 500
总硬度(以 $CaCO_3$ 计,mg/L)	550
耗氧量(COD_{Mn}法,以 O_2 计,mg/L)	5
铁(mg/L)	0.5
锰(mg/L)	0.3
氯化物(mg/L)	300
硫酸盐(mg/L)	300

5　生活饮用水水源水质卫生要求

5.1　采用地表水为生活饮用水水源时应符合 GB3838 要求。

5.2　采用地下水为生活饮用水水源时应符合 GB/T14848 要求。

6　集中式供水单位卫生要求

6.1　集中式供水单位的卫生要求应按照卫生部《生活饮用水集中式供水单位卫生规范》执行。

7　二次供水卫生要求

二次供水的设施和处理要求应按照 GB17051 执行。

8　涉及生活饮用水卫生安全产品卫生要求

8.1　处理生活饮用水采用的絮凝、助凝、消毒、氧化、吸附、pH 调节、防锈、阻垢等化学处理剂不应污染生活饮用水,应符合 GB/T17218 要求。

8.2　生活饮用水的输配水设备、防护材料和水处理材料不应污染生活饮用水,应符合 GB/T17219 要求。

9　水质监测

9.1　供水单位的水质检测

供水单位的水质检测应符合以下要求。

9.1.1　供水单位的水质非常规指标选择由当地县级以上供水行政主管部门和卫生行政部门协商确定。

9.1.2　城市集中式供水单位水质检测的采样点选择、检验项目和频率、合格率计算按照 CJ/T206 执行。

9.1.3　村镇集中式供水单位水质检测的采样点选择、检验项目和频率、合格率计算按照 SL308 执行。

9.1.4　供水单位水质检测结果应定期报送当地卫生行政部门,报送水质检测结果的内容和办法由当地供水行政主管部门和卫生行政部门商定。

9.1.5　当饮用水水质发生异常时应及时报告当地供水行政主管部门和卫生行政部门。

9.2　卫生监督的水质监测

卫生监督的水质监测应符合以下要求。

9.2.1　各级卫生行政部门应根据实际需要定期对各类供水单位的供水水质进行卫生监督、监测。

9.2.2　当发生影响水质的突发性公共事件时,由县级以上卫生行政部门根据需要确定饮用水监督、监测方案。

9.2.3　卫生监督的水质监测范围、项目、频率由当地市级以上卫生行政部门确定。

10　水质检验方法

生活饮用水水质检验应按照 GB/T5750 执行。

附录 A
（资料性附录）

表 A.1　生活饮用水水质参考指标及限值

指　标	限　值
肠球菌（CFU/100 mL）	0
产气荚膜梭状芽孢杆菌（CFU/100 mL）	0
二（2－乙基己基）己二酸酯（mg/L）	0.4
二溴乙烯（mg/L）	0.000 05
二噁英（2,3,7,8－TCDD，mg/L）	0.000 000 03
土臭素（二甲基萘烷醇，mg/L）	0.000 01
五氯丙烷（mg/L）	0.03
双酚 A（mg/L）	0.01
丙烯腈（mg/L）	0.1
丙烯酸（mg/L）	0.5
丙烯醛（mg/L）	0.1
四乙基铅（mg/L）	0.000 1
戊二醛（mg/L）	0.07
甲基异莰醇－2（mg/L）	0.000 01
石油类（总量，mg/L）	0.3
石棉（>10 μm，万/L）	700
亚硝酸盐（mg/L）	1
多环芳烃（总量，mg/L）	0.002
多氯联苯（总量，mg/L）	0.000 5
邻苯二甲酸二乙酯（mg/L）	0.3
邻苯二甲酸二丁酯（mg/L）	0.003
环烷酸（mg/L）	1.0
苯甲醚（mg/L）	0.05
总有机碳（TOC，mg/L）	5
萘酚－β（mg/L）	0.4
黄原酸丁酯（mg/L）	0.001
氯化乙基汞（mg/L）	0.000 1
硝基苯（mg/L）	0.017
^{226}镭和^{228}镭（pCi/L）	5
氡（pCi/L）	300

参考文献

[1] 许保玖.给水处理理论[M].北京:中国建筑工业出版社,2000.
[2] 严煦世,范谨初.给水工程[M].4版.北京:中国建筑工业出版社,1999.
[3] 上海市政工程设计研究院.给水排水设计手册(第1、3、10、11册)[M].4版.北京:中国建筑工业出版社,2004.
[4] 刘玲花,周怀东,等.农村安全供水技术手册[M].北京:化学工业出版社,2005.
[5] 郑达谦.给水排水工程施工[M].4版.北京:中国建筑工业出版社,1998.
[6] 徐鼎文,等.给水排水工程施工[M].2版.北京:中国建筑工业出版社,1994.
[7] 水利部农村水利司.供水工程施工与设备工程安装[M].北京:中国建筑工业出版社,1995.
[8] 陈卫,张金松.城市水系统运营与管理[M].北京:中国建筑工业出版社,2005.
[9] 严煦世,刘遂庆.给水排水管网系统[M].北京:中国建筑工业出版社,2002.
[10] 严煦世,赵洪宾.给水管网理论与计算[M].北京:中国建筑工业出版社,2002.
[11] 张世瑕.村镇供水[M].北京:中国水利水电出版社,2005.
[12] 张志光,魏桂良,官修超,等.管井的成井工艺与使用维护[J].水利天地,2006(11):35-36.
[13] 李成民,葛月兰.浅谈机井维护与增水措施[J].排灌机械,2001(2):25-28.
[14] 张永.V型滤池的运行与维护[J].科技信息(科学教研),2007(17):111-112.
[15] 李三中,陈俊学,郝庆玲,等.斜管沉淀池斜管积泥成因及解决措施[J].中国给水排水,2002,18(8):76-77.
[16] 王旭宁,孙学东,姜红安,等.平流沉淀池运行中存在的问题及改造措施[J].中国给水排水,2006,22(10):27-30.
[17] 陈春平,陈明,唐展.重力式无阀滤池的积泥成因及对策[J].中国给水排水,2003,19(10):101-102.
[18] 孙士权,汪彩文,马军,等.去除太湖B支流水中铁锰的试验研究[J].工业水处理,2007,27(11):42-44.
[19] 孙士权,马军,黄晓东,等.高锰酸盐强化去除太湖原水中稳定性铁锰生产试验研究[J].中国给水排水,2007,23(15):26-33.
[20] 孙士权,马军,黄晓东,等.高锰酸盐预氧化去除太湖原水中稳定性铁、锰[J].中国给水排水,2006,22(21):6-13.
[21] 汤跃,等.泵试验理论与方法[M].北京:兵器工业出版社,1995.
[22] 王胜.故障诊断与性能检测[M].广州:华南理工大学出版社,1987.
[23] 王圃,龙腾锐,文屹.给水泵站的水泵优选及节能改造[J].中国给水排水,2004,20(10):81-83.
[24] Ma J., Li G. B., Chen Z. L., et al. Enhanced coagulation of surface waters with high organic content by permanganate preoxidation Water Science and Technology[J]. Water Supply, 2001,1(1): 51-61.
[25] 水利部.村镇供水工程技术规范[M].北京:中国水利水电出版社,2004.
[26] 薛金龙.饮用水卫生检测技术[M].北京:华夏出版社,1993.
[27] 韩洪军,杜茂安.水处理工程设计计算[M].北京:中国建筑工业出版社,2006.
[28] 许保玖,安鼎年.给水处理理论与设计[M].北京:中国建筑工业出版社,1992.
[29] 杨振刚.农村供水与凿井[M].北京:中国农业出版社,1995.
[30] 贺万峰.湖南省农村供水现状与可持续性发展对策[J].中国农村水利水电,2003(11):30-31.
[31] 水利部.水利部关于加强村镇供水工程管理的意见[J].中国水利,2004(21):93-95.

[32] 郭孔文. 关于村镇供水安全若干问题的探讨[J]. 中国水利,2006(9):44-46.
[33] 白小莉. 农村"水"问题形势严峻[J]. 建设科技,2006(19): 26.
[34] 刘建强,王昕,赵建华. 农村供水工程建设技术与管理模式研究[J]. 水利发展研究,2003(8):31-33.
[35] 李国青. 浅谈村镇供水若干问题[J]. 小城镇建设,2005(1):92-93.
[36] 曹新宏. 浅谈农村饮水安全与供水工程管理[J]. 中国水运,2007,5(10):197-198.
[37] 赵杨,张世华. 浅谈我省村镇供水工程的技术要点[J]. 陕西水利,2006 (4):26-28.
[38] 曾瑞胜. 浙江省农村供水工程存在问题与对策[J]. 工业用水与废水. 中国水利,2005(7):29-31.
[39] 高占义. 中国农村饮水安全的保障体系与科技需求[J]. 环境保护,2007(10A):55-58.
[40] 邓涉珍. 2 423 万农村人口何以告别饮水难[J]. 中国水利,2003,20(1):20,27-28.
[41] 刘扬. 村镇供水技术综合研究[J]. 地下水,2005, 27(1):56-57.
[42] 顾新华. 村镇建设发展现状和对策研究——以江苏南通市为例[J]. 小城镇建设,2002 (12):70-71.
[43] 吴东彪. 村镇水厂设计中的若干问题[J]. 净水技术,2001,20(2):45-47.
[44] 寿胜年. 大力发展村镇供水,确保饮水安全[J]. 中国农村水利水电,2003(12):11-12.
[45] 廖德龙. 化隆县农村饮水安全问题探讨[J]. 水利科技与经济,2007,13(9):668-669.
[46] 吴晓萍. 农村饮水安全分析[J]. 内蒙古水利,2007(3):118-119.
[47] 莫毅. 浅谈村镇供水工程中水源的选择[J]. 中国农村水利水电,2003(12):31-32.
[48] 刘礼东. 上杭县村镇供水工程建设实践与启示[J]. 水利科技,2006(2):59-60.
[49] 曹新宏. 浅谈农村饮水安全与供水工程管理[J]. 中国水运,2007,5(10):197-198.
[50] 郑达谦. 给水排水工程施工[M]. 3 版. 北京:中国建筑工业出版社,1998.
[51] 张勤,李俊奇. 水工程施工[M]. 北京:中国建筑工业出版社,2005.
[52] 孙连溪. 实用给水排水工程施工手册[M]. 北京:中国建筑工业出版社,1998.
[53] 许其昌. 给水排水管道施工及验收规范实施手册[M]. 北京:中国建筑工业出版社,1998.
[54] 郭连科,等. 供水管井设计与施工[M]. 增订版. 北京:中国建筑工业出版社,1974.